大熊猫栖息地空间观测技术与方法

王心源 甄 静 等 著

科学出版社

北 京

内 容 简 介

　　本书以世界自然遗产地"四川大熊猫栖息地"为研究对象，兼顾世界自然遗产地保护面临的问题，系统阐述空间信息技术对珍稀濒危物种栖息地类的自然遗产地监测、评估与预测的技术与方法。全书共分 8 章，主要内容包括自然遗产地与空间观测、自然遗产地空间监测技术与方法、动物生境要素精细信息提取技术与方法、大熊猫栖息地陆表特征关键环境参数变化分析、大熊猫栖息地生态环境变化的空间观测与评估、震后生境状况遥感长期监测与生态环境恢复的评估模型、未来气候变化对大熊猫栖息地影响精细评估与应对和大熊猫栖息地可持续发展建议。

　　本书可作为高等院校及研究所从事自然遗产保护专业、遥感与地理信息系统应用相关专业的教学用书，也可作为自然遗产地管理人员的参考用书或培训教材。

图书在版编目（CIP）数据

大熊猫栖息地空间观测技术与方法/王心源等著. —北京：科学出版社，2020.3

ISBN 978-7-03-064524-1

Ⅰ.①大… Ⅱ.①王… Ⅲ.①空间信息技术–应用–大熊猫–栖息地–观测–四川 Ⅳ.①Q959.838-39

中国版本图书馆 CIP 数据核字（2020）第 032734 号

责任编辑：李秋艳 李　静/责任校对：杨　赛
责任印制：吴兆东/封面设计：图悦社

科学出版社 出版
北京东黄城根北街 16 号
邮政编码：100717
http://www.sciencep.com

北京虎彩文化传播有限公司 印刷
科学出版社发行　各地新华书店经销
*
2020 年 3 月第 一 版　　开本：787×1092　1/16
2020 年 3 月第一次印刷　印张：18 1/2
字数：435 000

定价：168.00 元
（如有印装质量问题，我社负责调换）

序

在各类保护地中，世界遗产地可谓是皇冠上的明珠。截至 2019 年 7 月，被评定为世界遗产的共有 1121 处，其中文化遗产占 869 处，自然遗产占 213 处，文化与自然混合遗产占 39 处。由于全球变化的影响，这些珍贵的世界遗产保护与可持续发展受到极大的挑战。而其中的濒危动物类世界遗产地遇到的问题尤甚，特别是这些珍稀、濒危动物的栖息地，由于气候变化导致的即将发生或正在发生的栖息地改变，以及伴生的灾害例如强降水、干旱、极端气温综合作用导致的动物生存条件发生剧烈变化，加之人类不合理的活动干扰，使得这些珍稀、濒危动物栖息地面临的灾害风险骤增。

大熊猫——世界遗产旗舰物种，曾经作为濒危物种的代表，在中国政府以及世界各界人士共同保护努力下，已于 2015 年脱离"濒危"称号。这一方面有力证明人类在保护这些濒危生物方面是可以有所作为的，可以延缓甚至改变状况；另外一方面，我们绝不可以掉以轻心，暂时脱离"濒危"并不意味永远无忧，我们仍要甚至进一步加强对大熊猫栖息地的监测，进一步增强科学有效的保护措施。

世界遗产的监测、保护与研究是一个长期的过程。如果没有连续的、长时间序列的观测，就不可能真正了解全球变化对于遗产地所产生的影响。空间对地观测技术以其长时间序列、宏观性、及时性、整体性与准确性认知对象的优势，为从空间认知世界遗产提供了独特的视角和宏观的视野。2009 年 10 月，第 35 届联合国教科文组织（UNESCO）全会批准了中国科学院于 2007 年 5 月提出的建议，在中国建立一个国际空间技术中心，目的是利用空间技术开展自然和文化遗产、生物圈保护地、气候变化和自然灾害等领域的工作，并支持可持续发展教育。2011 年 6 月，UNESCO 与中国政府签署了建立"国际自然与文化遗产空间技术中心（HIST）"的协议，同年 7 月，HIST 在北京正式成立。HIST是 UNESCO 在全球设立的第一个基于空间技术的世界遗产研究机构，依托中国科学院遥感与数字地球研究所建设。该中心的目标是帮助 UNESCO 会员国将空间技术应用于文化和自然遗产的研究保护中，从而加强其对世界遗产的管理、保护、宣传及参与 UNESCO的相关活动；加强会员国利用对地观测技术获取数据的能力，以支持可持续发展方面的决策工作；使所有研究成果都能成为新的教育材料，从而支持联合国可持续发展教育活动。由于气候变化与人类活动影响程度的加大，对于珍稀或濒危动植物的栖息地保护研究更显得急迫。当前，有关自然遗产地生态健康诊断方法与技术的研究，特别是在自然遗产地生物多样性稳定性评价、重要物种栖息地生境适宜度评估、自然景观原生性完整性评价和遗产地动态监测技术标准规范与平台建设等方面成为需要重点关注的研究内容，相关研究的方法与模型也成为研究的热点。针对重要物种栖息地不同的气候、水文、植被、土壤等特征，研究表征自然遗产突出普遍价值的要素对象的时-空特征，结合天-空-地不同观测技术的特点，获取适用的时-空分辨率遥感数据，以动态数据驱动范式为指导，选取合适的重要物种生境适宜度影响因子，构建生境适宜度评估模型库。通过分析影响重要物种栖息地生境适宜度的因素及其之间的相互关系，探索其变化机理与驱动力，寻找适用的保护措施与对策，是栖息地类自然遗产地保护研究的重要内容，也是亟待深入开展的研究内容。但是，应用对地观测技术深入开展生物栖息地的这方面研究工作尚不多，特别是在综合研究方面尤感不足。

非常高兴的是，HIST 研究团队在国家和中国科学院支持下，对自然遗产空间观测与认知进行了较深入的研究。特别是科技部国际合作专项、科技部重点研发项目以及中国科学院先导专项的先后支持，使得研究团队有条件对自然遗产进行持续的空间观测与认知研究，尤其是基于空间信息技术开展的全球变化对大熊猫栖息地的影响研究，形成一些科学认知。在王心源研究员的组织和带领下，研究团队在室内深入探求遥感图像隐含之信息；在野外不畏山高路险探寻信息背后之真谛。于是，大家齐心合力，集众人研究所长，共同撰写、集结成书。研究表明：虽然大熊猫栖息地近年遭遇的汶川与雅安两次地震，雅安地震对于栖息地影响较小，汶川地震影响较大，但是植被自然恢复 3~5 年就有明显的成效。但持续的气候变化影响需要高度关注：在大熊猫栖息地因为气温变暖导致山地垂直带植被界限在上升，在纬向上向北推进，从而影响到目前的大熊猫栖息地适宜度。再加上人类的过度活动（修路、开垦、开矿、建水库等），对于大熊猫栖息地适宜度产生了不同程度的影响，导致有的栖息地甚至需要考虑迁移性保护。放眼未来，我们的确要未雨绸缪，特别是对于自然环境长期变化以及人类活动持续带来的高强度影响，需给予高度重视，抓紧对于大熊猫栖息地的科学保护与有效对策开展深入的研究。

在 HIST 进入第二期建设时期，我衷心期望 HIST 研究团队，在新一轮的征程中，披荆斩棘，奋勇探究，在空间信息技术应用于自然与文化遗产保护与认知中，不断实践、不断创新，获取更多更大的科技成就。

是为序。

中国科学院院士

2020 年 2 月

前　言

空间对地观测是从空间探测地球并对地球目标进行科学分析和研究的一门科学技术。应用这一技术，对于地球我们可以从探测与发现、监测与评估以及科学认知与应对策略等方面助力实现科学化、智能化的决策与管理。

近几十年来，空间对地观测随着航空与航天平台技术和光学、微波、激光等有效载荷技术的发展以及信息处理方法的进步而不断发展壮大。目前，全球已建立了面向多种应用的空间对地观测系统，构成了对陆地、海洋、大气等各个层面的多方位、立体观测体系，在资源、环境调查与监测，促进经济、社会与可持续发展方面发挥着越来越重要的作用。

经过近二十多年的发展，空间信息技术在自然与文化遗产的监测与保护方面也发挥了越来越大的作用。如在文化遗产探测方面，1994 年参与航天飞机雷达计划的我国科学家郭华东利用雷达遥感手段发现了被干沙掩埋的明、隋古长城，被誉为该科学计划的"三大发现之一"。2013 年，我国科学家通过光学遥感和历史数据探测到丝绸之路瓜（州）—沙（州）段 6 个古城镇、2 个居民区、1 条古河道，填补了巴州古城遗址以西区域汉唐遗址遥感考古发现的空白。2018 年，利用空间考古技术与方法，在丝绸之路西端突尼斯发现 10 处古罗马时期考古遗存，这些遗存揭示了古罗马时期南线军事防御系统的布局与农业灌溉系统的结构，这也是中国科学家利用遥感技术在中国境外首次发现考古遗存。在利用空间技术开展自然遗产保护的监测与评估方面，中国的世界自然遗产地如黄山、九寨沟在数字化建设方面取得了可圈可点的成绩。从宏观层面而言，空间信息技术在世界名录遗产保护方面是一种非常有效、客观的技术手段，特别是对于人迹罕至的地方，例如大熊猫栖息地，高山峻岭、树草丛生，人的足迹要到达这些地方需要付出艰辛的努力。

大熊猫不仅是中国的国宝，也是世界生物多样性保护的旗舰物种。2006 年 7 月，在联合国教科文组织第 30 届世界遗产大会上，审议通过了我国申报的"四川大熊猫栖息地"列入《世界遗产名录》。该遗产地由世界第一只大熊猫发现地宝兴县及四川省境内的卧龙自然保护区等 7 处自然保护区和青城山-都江堰、鸡冠山-九龙沟、西岭雪山和天台山等 9 处风景名胜区组成，涵盖成都、雅安、阿坝和甘孜共 4 市州的 12 个县，面积 9245km^2。从此，"四川大熊猫栖息地"保护列入世界遗产保护行列。

历史上大熊猫在我国分布广泛，黄河、长江和珠江流域都发现其化石遗迹，但随着气候变迁、地质地貌的改变，以及人类活动范围的不断扩大使得大熊猫栖息地范围不断缩小。现今的大熊猫栖息地仅局限于我国西部地区四川、陕西和甘肃三省交界的秦岭、岷山、邛崃山、大相岭、小相岭和凉山六个狭长的山系。据国家林业局公布的全国第四次大熊猫调查结果显示，截至 2013 年年底，全国野生大熊猫数量达到 1864 只，栖息地面积达到 258 万 hm^2。对大熊猫栖息地进行空间监测和整体保护以及未来环境变化的预测，不仅有助于改善目前栖息地"破碎化"和"岛屿化"的现象，还可以开展栖息地精细尺度上的适宜性评估与未来栖息地变化调整，为自然保护区设置、大熊猫放归等工作创造有利条件。同时，也为珍稀濒危类自然遗产地监测与评估、栖息地在未来全球变化背景下如何研究其变化趋势探索研究思路。

本书是研究团队共同的研究结晶，撷取了甄静博士学位论文的相关部分。各部分内容分工如下：大纲拟定、前言、内容提要，王心源。第 1 章，1.1 节：王心源、骆磊；1.2 节：朱岚巍；1.3 节：王心源、甄静。第 2 章，2.1 节：杨瑞霞、刘传胜；2.2 节：陈富龙、朱岚巍；2.3 节：王成、习晓环；2.4 节：常纯、骆磊、王心源。第 3 章，3.1 节：荆林海、朱岚巍；3.2、3.3 节：荆林海、唐韵玮；3.4 节：宋经纬、唐韵玮、骆磊、王心源。第 4 章，张万昌、聂宁。第 5 章，5.1 节：杨瑞霞、骆磊；5.2 节：陈富龙；5.3 节：王成、习晓环；5.4 节：唐韵玮、荆林海。第 6 章，6.1 节、6.4 节：孟庆凯；6.2 节、6.3 节：陈富龙；6.5 节：刘传胜、孟庆凯。第 7 章，7.1 节：甄静、骆磊；7.2 节、7.3 节、7.4 节：甄静。第 8 章，8.1 节、8.2 节、8.3 节：甄静；8.4 节：王心源。全书由王心源、甄静统稿。王思远对第 1 章、第 2 章进行总体修改。研究生李丽、廖颖、常纯、宋经纬、聂宁、夏少波、张蕴绮等参与遗产地数据处理与分析的工作。刘传胜、甄静先后负责联系出版事宜。

本书的出版得到了科技部国家重点研发计划"自然遗产地生态保护与管理技术"项目"遗产地天–空–地协同监测技术体系"课题（2016YFC0503302）、国家国际科技合作专项项目"全球变化对世界遗产影响空间精细观测与认知"（2013DFG21640）的共同支持。本书的编写得到了郭华东院士的指导并作序，中国人民大学的李海萍副教授、中国科学院成都生物研究所的罗鹏研究员先后对本书的内容提出了很多建设性的修改与建议，作者在此表示深深的感谢！

由于自然遗产地的空间观测正处于迅速发展阶段，一些原理与技术方法还在不断探索，加之水平有限，疏漏和错误之处在所难免，望广大读者批评指正。此外，在本书的编写过程中，引用了互联网或其他来源的参考资料，如若出现因编写疏忽而遗漏的参考文献，敬请指正，不胜感谢。

王心源

2020 年 2 月

目　　录

第1章 自然遗产地与空间观测

1.1 世界自然遗产

1.1.1 世界自然遗产概况

世界遗产是全人类公认的具有突出意义和普遍价值的文物古迹及自然景观，是罕见的、无法替代的财富，也是了解地球演化、认识人类自身进化发展、理解不同民族演进及相关历史的"物证"。它们具有自然保护知识教育、文明传承、精神激励等意义和作用，并可以为世界和平与安全做出独特的贡献。

1972年11月，联合国教科文组织（United Nations Educational, Scientific and Cultural Organization, UNESCO）通过《保护世界文化和自然遗产公约》，规定自然遗产包括以下内容：从科学或保护角度看，具有突出的普遍价值的地质和自然地理结构，以及明确划为濒危动植物的生存区。从美学或科学角度看，具有突出的、普遍价值的由地质和生物结构或这类结构群组成的自然面貌。从科学、保护或自然美角度看，具有突出的普遍价值的天然名胜或明确划分的自然区域。自然遗产评选标准有四条：①构成代表地球演化史中重要阶段的突出例证；②构成代表进行中的重要地质过程、生物演化过程，以及人类与自然环境相互关系的突出例证；③独特、稀少或绝妙的自然现象、地貌或具有罕见自然美的地带；④尚存的珍稀或濒危动植物种的栖息地。截至2019年7月，世界遗产总数达到1121项，其中世界文化遗产869项，世界自然遗产213项、世界文化与自然混合遗产39项。从数量上看，世界文化遗产的数量远远大于世界自然遗产和混合遗产的数量，但从分布与保护面积看，世界自然遗产则占有较大的比例。

中国幅员辽阔，历史悠久，自然环境独特且历史文化遗存丰厚。1985年加入世界遗产公约，至2019年7月，中国的世界遗产达到55项，其中世界文化遗产37处、世界自然遗产14处、世界文化与自然混合遗产4处，世界遗产总数位居世界第一，是名副其实的世界遗产大国。

中国的14项世界自然遗产分别为：武陵源风景名胜区、黄龙风景名胜区、九寨沟风景名胜区、云南三江并流保护区、四川大熊猫栖息地、中国南方喀斯特、三清山国家公园、中国丹霞、澄江化石遗址、新疆天山、湖北神农架、可可西里、梵净山和中国黄（渤）海候鸟栖息地（第一期）。4项世界文化与自然混合遗产分别为：泰山、黄山、峨眉山-乐山大佛和武夷山。

中国的世界自然遗产主要分布在秦岭-淮河一线以南的南方地区，并且围绕大的自然地理单元分布的特征十分明显。四川黄龙、九寨沟风景名胜区、峨眉山-乐山大佛风景区、大熊猫栖息地及云南三江并流保护区，沿南北方向呈条带状依次分布在青藏高原东缘的横断山地；安徽黄山、江西三清山、湖南武陵源主要分布于江南丘陵区；福建武夷山分布于闽浙丘陵区；中国南方喀斯特则分布于云贵高原之上，地跨广西、云南、贵州三省（区）。贵州梵净山也处于云贵高原向湘西丘陵过渡的斜坡地带。在地势上则主要处于三大阶梯中的第二阶梯和第三阶梯上，各自然地理单元无论在地面高程、地貌组合，还是生物气候方面都呈现出显著的差异性和地理梯度，边缘效应明显，变异、扰动、增强、减弱等非均衡变化使得这些区域的自然环境地域分异性更为复杂，因此成为许多珍稀野生动植物资源和奇特自然景观的重要分布地区。

1.1.2　世界自然遗产保护研究

《保护世界文化和自然遗产公约》提出，整个国际社会有责任通过提供集体性援助来参与保护具有突出的普遍价值的文化和自然遗产。发展科学和技术研究，采取适当的科学、技术和其他措施，达到有效地保护、保持和展示文化和自然遗产的目的。

空间对地观测技术具有宏观、及时、准确的特点，这为人类提供了一个从空中去认识世界遗产的平台。UNESCO 名录遗产分布广、面积大、种类多，空间对地观测技术在这方面发挥着非常关键的作用。空间对地观测技术对于人们了解温室气体浓度的变化、土地利用情况和土地覆盖格局的变化，以及城市和其他人类居住区的扩展情况，对于世界名录遗产地的监测与保护具有十分重要的作用和意义。世界遗产的监测、保护与研究需要空间信息技术。2009 年 10 月，第 35 届 UNESCO 全会批准了中国科学院于 2007 年 5 月提出的建议，在中国领土上建立一个国际空间技术中心，帮助其利用这种技术开展自然和文化遗产、生物圈保护地、气候变化和自然灾害等领域的工作，并支持可持续发展教育。2011 年 6 月，联合国教科文组织与中国政府签署了建立"国际自然与文化遗产空间技术中心（International Center on Space Technologies for Natural and Cultural Heritage under the Auspices of UNESCO，HIST）"的协议，2011 年 7 月，HIST 在北京正式成立。HIST 是 UNESCO 在全球设立的第一个基于空间技术的世界遗产研究机构，依托中国科学院遥感与数字地球研究所建设。HIST 属于联合国教科文组织的二类中心，目标是帮助 UNESCO 会员国将空间技术应用于文化和自然遗产的研究保护，从而加强其对世界遗产的管理、保护、介绍和宣传及参与 UNESCO 的有关活动；加强会员国利用对地观测技术获取数据的能力，以支持可持续发展方面的决策工作；使所有研究成果都能成为新的教育材料，从而支持联合国可持续发展教育活动。此外，典型遗产地变化的空间动态监测研究是 HIST 的主要研究方向之一，以"天-空-地"不同高度平台，多尺度、多源遥感数据为基础，对具有代表性的世界自然与文化遗产地进行监测和评估，为遗产地管理部门提供决策参考。

自然遗产面临来自自然环境变化（特别是灾害性的突变）和人类活动的双重影响。其中自然威胁主要源于洪水、疾病、物种自然灭绝、全球变化等引起的环境变化。然而，大多数威胁则是来自人类的不良活动及其影响，目前，非法捕猎、捕捞已成为自然遗产地的首要威胁，是物种消失最主要和最直接的人为活动；放牧、农业和森林砍伐通过改变栖息地进而影响了动植物种群和自然景观；采矿和采集改变了地表形态，破坏了生态平衡；外来种入侵则直接改变了原有物种的生态平衡；水利设施建设直接改变了遗产地内的水循环、生态过程等，因而对遗产地的威胁是致命的。管理不力则无法控制遗产保护的不利因素，进而加剧了遗产地的破坏。周边发展主要是由于周围城市化影响、人口增长和工业发展，使遗产地处于外围开发中的孤岛状态。遗产地一般都或多或少受到旅游开发的影响，表现为游人的涌入和旅游设施的建设破坏了遗产地的生态平衡和景观。火灾是由于落后的农业生产方式或是自然起火，导致了生态的失衡。道路、机场、工程管线等割裂了遗产地的生态联系。武装冲突和军队入侵造成动乱地区的遗产地破坏也是值得严重关注问题（Thorsell and Sigaty，1997）。

由于气候变化与人类活动影响程度的加大，特别对于珍稀或濒危动植物种的栖息地类自然遗产地保护研究，具有非常急迫的意义。当前，开展自然遗产地生态健康诊断方法与技术研究，特别在自然遗产地生物多样性稳定性评价、重要物种栖息地生境适宜度评估、自然景观原生性完整性评价，以及遗产地动态监测技术标准规范与平台建设等成为需要重点关注的方面。相关研究的方法与模型也成为研究的热点。针对重要物种栖息地不同的气候、水文、植被、土壤等特征，研究表征自然遗产突出普遍价值（outstanding universal value，OUV）的要素对象时-空特征，结合天-空-地不同观测技术的特点，并选择合适的时间-空间分辨率遥感数据，以动态数据驱动范式为指导，选取合适的重要物种生境适宜度影响因子，构建生境适宜度评估模型库。通过分析影响重要物种栖息地生境适宜度的因素及其之间的相互关系，探索其变化原因与驱动力，寻找适用的保护措施与对策，是栖息地类自然遗产地保护研究的重要内容。

1.2　全球变化与空间观测技术

1.2.1　全球变化对世界遗产地影响的空间观测与认知

全球变化是指由自然和人文因素引起的地球系统功能的全球尺度的变化，包括大气与海洋环流、水循环、生物地球化学循环，以及资源、土地利用、城市化和经济发展等的变化。全球变暖是全球变化的突出标志（徐冠华等，2013）。

全球变化正越来越成为包括我国在内的世界各国关注的重大议题。政府间气候变化专门委员会（Intergovernmental Panel on Climate Change，IPCC）第四次评估报告（IPCC，2007）指出：20 世纪下半叶，北半球平均温度很可能高于过去 500 年中任何一个 50 年期，并可能是过去至少 1300 年中平均温度最高的 50 年；2005 年大气中 CO_2 和 CH_4 的浓度远超过了过去 65 万年的自然变化范围。与此同时，环境污染、土地退化、物种灭绝和资源匮乏等一系列重大全球性环境问题越来越严重，威胁着人类的生活方式和生存（Foley et al.，2005）。全球变化具有大尺度、长周期的时空演变特点，是一个复杂的系统，需要用多种理论和方法开展研究。对地观测技术的宏观、动态、快速、准确探测特点，使其在全球变化研究中具有独特优势。从政府间气候变化专门委员会的评估报告、地球系统科学联盟（Earth System Science Partnership，ESSP）、世界气候研究计划（World Climate Research Programme，WCRP），到美国的气候变化科学计划（Climate Change Science Program，CCSP）都将空间观测技术的开发应用作为全球变化研究的重中之重（Alonso et al.，2008）。历经半个多世纪的发展，已经形成对陆地、海洋、大气等层面的立体对地观测系统。传感器工作波段覆盖了自可见光、红外到微波的波段范围，多系统的综合组网观测为全球变化现象精细观测提供了十分有效的技术手段。在全球气候观测系统（Global Climate Observing System，GCOS）提出的 50 个关键气候变化变量（essential climate variables，ECVs）中，就有 28 个依赖于卫星观测。卫星观测已经为全球变化研究提供了丰富的数据资料（徐冠华等，2013）。

自 20 世纪 50 年代以来，许多观测到的气候变化是以前的几十年至几千年期间前所未有的。最近几十年，气候变化已经对所有大陆上和海洋中的自然系统和人类系统造成了影响，这说明自然系统和人类系统对气候的变化非常敏感。气候变化与其他诸如栖息地丧失、破碎化等压力源共同作用，会导致物种分布范围、种群组成、物候期和生态系统功能的变化，而对于种群数量小、分布范围狭窄、迁移能力弱、食性单一、遗传能力弱的物种可能就会因气候变化而面临灭绝的风险。如何解读这些变化并据此提出针对性地措施和建议是当前国内外专家学者关注的问题。

世界遗产是自然演化和人类发展过程中留下的具有突出普遍价值的瑰宝，其自然、文化、经济和社会价值无可估量。保护世界遗产关系到民族文化、生态环境和社会经济的可持续发展。全球变化特别是气候变暖对世界遗产地带来巨大破坏，给遗产地保护、生态系统安全和全球生物多样性提出了严峻挑战。全球气候变化几乎影响到所有的生物，且 80% 的物种都受到了气候变暖的胁迫。全球气候变化的地域之广阔，影响之深远已使野生动物受到很大的冲击，从极地到赤道热带、从海洋到内陆，到处都显示着变化的迹象。目前大量研究和观察表明，物种的分布格局已因为气候变化而改变，向高纬度或高海拔地区迁移是多数物种的适应策略。究其原因可能是因为随着全球变暖，野生动物为了寻求和之前类似的较为凉爽的环境分布区会在纬度方向上整体北移，而在动植物分布较为密集的山区则会表现为在海拔方向上向更高处迁移。总的来看，全球气候变暖将使更多的野生动物无所适从。高山地区相比低海拔的地区而言气候变化将更为突出，尤其是温度升高、降水格局变化及其他极端气候事件。因此，如何依托迅速发展的对地观测技术来研究和分析气候变化背景下物种栖息地变化趋势、现有保护地能否继续维持物种和生态系统的完整性，以及如何调整才能减缓和降低气候变化对物种的影响是目前生态保护领域亟待解决的问题。

联合国教科文组织《世界遗产公约》提出：世界遗产保护的目标是通过保护和可持续的资源利用，以确保当前和未来世界遗产的完整性和真实性。为了实现这一目标，必须使用一切最有效和最适当的方法，对世界遗产的性质、空间分布等数据进行收集、整理、检索、维护和交流。空间信息技术可以满足这个要求，它可以描述世界遗产的状况，获得其性质及位置的最新和最精确的数据。借助空间信息技术可以对世界遗产地的物质状况、文化特征、社会，以及行政体系环境进行评价，为制订相应的保护规划做准备；可以监督和评价资源及其保护和管理措施的效果。因此，空间信息技术对于世界遗产监测保护具有广泛而实用的应用价值。

自然遗产监测首要关注的是遗产的突出普遍价值。自然遗产监测分为：①系统性监测，系统监测的内容包括对保护规划执行情况、遗产保护、管理、展示、宣传等情况的全面监测；重点监测内容包括对保护存在问题采取的解决方法及成效的监测；②反应性监测，反应性监测是针对保护管理出现的问题进行的一种专门监测，内容包括对威胁到遗产保护的异常情况或危险因素进行监测。

全球变化特别是气候变暖对世界遗产地带来巨大破坏，给遗产地保护提出了严峻挑战。利用空间对地观测技术，发展基于中高分辨率遥感数据结合地面观测的遗产地生态环境变化空间监测、信息提取与多源数据融合算法，逐步建立从数据到信息获取直至知识发现的理论与技术体系。重点针对生态脆弱区生物多样性问题，研究全球变化背景下的生物栖息地的时间-空间精细变化信息的获取与分析、评估的技术方法迫在眉睫，可在如下四个方面开展探索。

（1）开展基于 GIS 空间分析、人工智能和模糊数学判别的遗产地精细空间变化分析方法研究。深化全球变化对世界遗产影响的过程与机理的认识，实现其特定对象精细空间变化信息识别与提取的技术突破。

（2）发展基于数据密集型（data-intensive）遗产地精细时间变化信息分析技术。开发适合中低空间分辨率遥感数据植被、生态信息提取模型，利用中低空间分辨率遥感数据高时间分辨率的特点，研究与高空间分辨率数据的信息融合（data fusion）算法，实现高时空分辨率对遗产地生态、环境动态信息获取，以及对濒危物种栖息地变化信息快速识别与精准提取方法的突破。

（3）遗产地动物生境适宜度模型与适宜度制图研究。动物生境是动物生存和繁衍的场所，生境质量的优劣，对于物种的延续和繁衍非常重要。生境适宜度是衡量生境质量的重要指标，生境适宜度制图能提供野生动物适宜生境的空间分布信息，从而为野生动物种群管理及保护地规划提供决策依据。结合地面调查及 GPS 追踪定位等技术，再与遥感对生态环境（与植被有关的动物食物及其居住环境）的获取的信息，进行数据同化从而构建更加精确的生境适宜度模型，进行生境适宜度精细空间变化制图。

（4）全球变化对遗产地影响的实证与比较研究。选取典型区域，开展全球变化对遗产地影响的实证与比较研究。重点开展全球变化，以及人类活动对遗产地影响的过程与机理研究。着重研究在自然影响（干旱、洪灾、地震、滑坡、气候变暖等），以及人类活动（砍伐、种植、捕猎、修路等）对珍稀生物的影响研究，揭示不同地区生态系统安全的时空格局及演变趋势，从不同尺度认识其景观格局变化对生物多样性、生态系统稳定性的影响与反馈作用。探讨珍稀濒危动物生境的生态状态评估方法并探讨各植被类型的空间格局与植被生态等环境要素之间的空间关联性。

1.2.2　空间观测技术

在卫星观测获得广泛应用之前，科学家主要通过地面观测来寻求全球视角，这需要形成国际合作和发起大规模的现场调查。将数据点拼凑在一起需要内插和外插填补数据的间断，尤其是那些比较遥远的地方。此外，大尺度的取样工作需要广泛的后勤保障和预先规划以减少频繁的重复工作发生。因为在人造卫星出现之前的时代，许多研究参数的变化速率快于全球地图的绘制速率，所以不可能观测到地球系统完整的动力学特征，即使可以将单独的表面观测组合成一副全球图片，但是由于网络的覆盖率和密度，以及缺乏纵向分辨率还需要做大量工作。其他地球物理和生物学现象更不会频繁取样，通常被作为相互作用的地球过程的一种动态变化的部分"快照"。

人造卫星的出现引发了地球科学的变革，首次向世人提供了完整的生物、物理、化学参数（如云量、风场、冰盖）等的全球记录。人造卫星提供的较大空间覆盖的观测数据的同步性，这是地面测量所不能获得的；人造卫星提供的时间系列数据揭示了未曾被其他方法发现的大尺度过程和特征。因此，人造卫星给科学家提供了可以量化的全球图像和地图，其频率和覆盖率是任何地面观测技术不能相媲美的。

目前自然遗产地空间监测与评价应用中常用的空间观测技术包括：光学遥感技术、微波遥感技术和激光雷达遥感技术。

1. 光学遥感技术

光学遥感（optical remote sensing）是以电磁波做传播媒介，传感器工作波段仅限于可见光波段范围（0.38～0.76μm）的被动式遥感技术，是传统航空摄影测量中最常用的工作波段。

由于感光胶片的感色范围正好在这个波长范围，因此光学遥感可以得到具有很高地面分辨率的黑白全色或彩色影像，从而提高影像判读解译与地图制图的性能。光学遥感主要受太阳光照条件的限制，由于红外摄影和多波段遥感的相继出现，可见光遥感已把工作波段外延至近红外区（约 0.9μm），成像方式上也从单一的摄影成像发展为包括黑白摄影、红外摄影、彩色摄影、彩色红外摄影、多波段摄影和多波段扫描等多种方式，使光学遥感的探测能力得到极大提高。中低分辨率光学遥感技术主要是指基于中低分辨率（低于 5m）的光学遥感影像所开展的科学研究。中低分辨率遥感影像具有观察范围广、观测周期短和数据时效性强等优点（李文武，2008）。

21 世纪之后，航天技术飞速发展，遥感观测系统的发展也出现了新的高潮，世界各国争相研究、开发、发射高分辨率遥感卫星。自 1998 年开始，高分辨率遥感卫星陆续登上遥感应用的舞台，其分辨率较以往的遥感卫星而言有了很大的提高，这些高分辨率的遥感卫星主要包括 Earth-Watch 公司的 EarlyBird（3m 分辨率）和 QuickBird（1m 分辨率）；SpaceImaging 公司的 IKONOS（1m 分辨率）；Orbital Sciences 公司的 OrbView-1（1m、2m 和 4m 分辨率）等。特别是世界上第一颗提供分辨率优于 1m 的高分辨率卫星影像的 IKONOS 卫星的成功发射标志着一个新的更快捷、更经济获得最新基础地理信息的途径的建立。

随后的十几年间，卫星的分辨率水平飞速发展。空间分辨率达到了亚米级，甚至可以媲美低空拍摄的航拍照片，这为提取地物精细信息提供了有利条件。例如，2007 年发射的 WorldView-1 卫星每天能够拍摄多达 50 万 km^2 的 0.5m 分辨率图像；2009 年发射的 WorldView-2 卫星能够提供 0.5m 全色图像和 1.8m 分辨率的多光谱图像；SPOT 卫星家族 2011 年发射的后续卫星 Pleiades-1 卫星，分辨率为 0.5m，而幅宽达到了 20km×20km。

在高分辨率遥感卫星的研究上，中国也取得了举世瞩目的发展。为确保我国空间信息资源的自主权并推进空间信息产业发展，我国将高分辨率对地观测系统国家科技重大专项纳入《国家中长期科学和技术发展规划纲要（2006～2020 年）》，成为 16 个国家重大科技专项之一。高分专项工程自 2010 年启动实施以来，已于 2013 年 4 月 26 日实现了首发星高分一号（GF-1）的成功发射，GF-1 配置了 2 台 2m 分辨率全色/8m 分辨率多光谱相机，4 台 16m 分辨率多光谱宽幅相机。2014 年 8 月 19 日又成功发射了高分二号（GF-2），可在遥感集市平台中查询到分辨率优于 1m，同时还具有高辐射精度、高定位精度和快速姿态机动能力等特点，标志着中国遥感卫星进入亚米级"高分时代"。表 1-1 列出了目前国内外主流高分辨率卫星遥感及其相关技术参数。

表 1-1　国内外主流高分辨率卫星遥感技术参数

卫星	所属国家	发射时间	全色分辨率/m	多光谱分辨率/m	立体采集能力	幅宽/km	光谱特征	定位精度（CE90）	采集能力/（万 km²/d）	轨道高度/km
IKONOS	美国	1999.9	0.82	3.2	有	11.3	全色 +4 个多光谱波段	9m	已停止采集	681
EROS-A1	以色列	2000.12	1.8	无	有	14	全色	—	—	520
QuickBird	美国	2001.10	0.61	2.44	无	16.8	全色 +4 个多光谱波段	14m	已停止采集	482
SPOT5	法国	2002.5	2.5/5	10	无	60	全色 +4 个多光谱波段	30m	400	832
Cartosat-1（IRS-P5）	印度	2005.5	2.5	无	有	26	全色	—	—	618
ALOS	日本	2006.1	2.5	10	有	70	全色 +4 个多光谱波段	1m（有控制点）	已停止采集	691
EROS-B	以色列	2006.4	0.7	无	有	7	全色	—	—	520
KOMPSAT-2	韩国	2006.7	1	4	有	15	全色 +4 个多光谱波段	<50.9m	170	685
WorldView-1	美国	2007.9	0.5	不适用	有	17.7	全色	4m	130	496
RapidEye	德国	2008.8	无	5		77	5 个多光谱波段	—	400	620
GeoEye-1	美国	2008.9	0.41	1.65	有	15.2	全色 +4 个多光谱波段	3m	35	681
WorldView-2	美国	2009.10	0.46	1.85	有	16.4	全色 +8 个多光谱波段	3.5m	100	770
Pléiades（1A、1B）	法国	2011.12	0.5	2	有	20	全色 +4 个多光谱波段	3m	100	695
资源一号 02C	中国	2011.12	2.36/5	10	无	54	全色 +3 个多光谱波段	—	140	780
资源三号	中国	2012.1	2.1	5.8	有	51	全色 +4 个多光谱波段	无控制点平面精度优于 10m，高程精度优于 5m	140	505

续表

卫星	所属国家	发射时间	全色分辨率/m	多光谱分辨率/m	立体采集能力	幅宽/km	光谱特征	定位精度（CE90）	采集能力/（万 km²/d）	轨道高度/km
KOMPSAT-3	韩国	2012.5	0.5	2.8	有	16	全色 +4 个多光谱波段	<27.5m	170	685
SPOT6	法国	2012.9	1.5	6	有	60	全色 +4 个多光谱波段	10m	300	695
高分一号	中国	2013.4	2	8	无	60/800	全色 +4 个多光谱波段	50m	—	645
Deimos-2	西班牙	2014.6	0.75	4	有	12	全色 +4 个多光谱波段	100m	20	620
SPOT7	法国	2014.6	1.5	6	有	60	全色 +4 个多光谱波段	10m	300	695
WorldView-3	美国	2014.8	0.31	1.24	有	13.1	全色 +8 个多光谱波段 +8 个短波红外波段 +CAVIS	3.5m	68	617
高分二号	中国	2014.8	0.8	4	无	45（两台相机组合）	全色 +4 个多光谱波段	20～35m	—	631
KOMPSAT-3A	韩国	2015.3	0.4	2.2	有	13	全色 +4 个多光谱波段 +中波红外	<27.5m	170	528
高分三号	中国	2016.8	条带（1/3/5/10/25）扫描（50/100）波模式（10）全球（500）扩展入射角（25°）	聚束（10×10）条带（25/30, 50/100/150）扫描（300/500）波模式（5×5）全球（650）扩散入射角（≥80°）	—	C 频段多极化 SAR	无控优于230m（入射角20°～50°，3σ）	—	755		
高分四号	中国	2015.12	≤50	≤50, 红外≤400	无	400	全色 +4 个多光谱波段 +红外	—	57600	36000
WorldView-4	美国	2016.11	0.31	1.24	有	13.1	全色 +4 个多光谱波段	<4m	68	617

注：—代表未找到相关参数

可见，与传统的中低分辨率遥感图像相比，高分辨率卫星影像具有地物的几何结构更加明显、地物的位置及相关布局更加清晰、纹理和尺寸信息更加精细，以及从二维信息到三维信息的诸多优点。因此，在自然遗产地和动物栖息地空间观测方面发挥的作用也越来越大。

2. 微波遥感技术

微波遥感是利用传感器接收地物发射或反射的微波信号，藉以提取所需信息，分析或辨别地物的技术（舒宁，2000）。微波指的是波长从 1～1000mm 的电磁波，可分为毫米波、厘米波、分米波和米波。微波信号包含着丰富的地表信息，不同的表面和地物类型会有截然不同的散射特征，根据给定的观测参数，可以识别出地物的几何形状、走向、质地结构、表面粗糙度、含水量、地形等诸多差异。

微波的特性决定了微波遥感有如下几方面的优势：一是全天时、全天候的工作能力。微波与可见光最根本的区别是它不依赖于太阳作为照射源，即使是在夜间也能够探测到地面目标的信息。微波的波长显著大于可见光和红外线，能够穿透云雨，不受气候条件的影响（Ulaby et al., 1981）。二是具有一定的地表穿透能力。穿透深度与波长和地物类型密切相关，长波的穿透能力强，短波更多的是发生散射而穿透能力较弱。三是能获得一些与可见光和红外不同的信息。可见光和微波获得的信息是一种互补关系，前者获取的是地表分子的谐振特性，后者获取的是地物面或体的几何、介电特性。微波对特定走向的地物异常敏感，如道路、水路、管道、围墙和峡谷等。在某些没有明显地表特征和植被遮挡的地区，微波穿透地表和探测介电特性的能力使其成为唯一的遥测工具。主动微波系统还能记录电磁波的相位信息，可以用于大地水准面的测定和地表形变的高精度监测，对自然遗产地的三维显示和灾害监测能起到重要作用。

雷达系统与成像相关的参数包括：①分辨率，雷达的分辨率在方位向上和距离向上有所不同，方位向指的是与飞行方向平行的方向，距离向是与飞行方向垂直的方向，由方位向分辨率和距离向分辨率共同确定的范围称为分辨单元；②波长，用于合成孔径雷达（synthetic aperture radar, SAR）传感器的微波波段主要有六个，波长由短到长依次是：K、X、C、S、L、P，通常短波系统的空间分辨率高，但对能量的要求也高；另外，波长也影响雷达波对地物的穿透能力和表面粗糙度，波长越长，穿透能力越强，地物表面显得也越光滑；③入射角，定义为雷达波束与大地水准面垂线的夹角，选择合适的入射角对目标识别非常重要，因为入射角影响地物的后向散射特征，不同入射角的雷达波照射到地物会产生不同的回波效果，采用多个入射角观测可以获得更多的散射信息，更加有利于地物定性和定量的判别；④极化方式，全极化 SAR 系统可以获取四种不同极化方式的图像，分别是同极化的 HH 或 VV，它们与表面散射有关，交叉极化的 HV 或 VH，它们是体散射的结果，极化方式的差异也能引起地物回波信号的不同，有些地物可能在某极化图像上色调接近，而在另一种极化图像上却差异显著；⑤灰度，雷达系统定义了0～255 的灰度 DN（digital number）值用于成像显示，它与回波信号有关，是后向散射系数的真实反映，需要通过定标实现转换，灰度分辨率指的是区分图像上两个地物的最小灰度对比度，是评价 SAR 图像质量的重要指标；⑥视数，为了提高方位向的分辨率SAR 系统采用了合成孔径的思想，每个子孔径都等间距地向地物发射脉冲，通过天线接收生成多普勒有关的信号，存储起来并处理成图像，这些独立的子图像称为视数，处理一个视能获得高分辨率影像，但斑点噪声影响大，而多视平均处理，虽然能增加 SAR 图像的可解译性，但同时却降低了空间分辨率。

国内外星载 SAR 卫星主要包括欧洲遥感卫星 ERS-1/2 和地球环境卫星 ENVISAT，日本高级陆地观测卫星 ALOS-1/2，加拿大的 RADARSAT1/2 卫星，美国航天飞机机载 SAR 系统，德国的 TerraSAR 和意大利的 CosMo-skyMed。

2016 年 8 月 10 日，我国高分三号卫星（GF-3）在太原卫星发射中心发射升空，这是我国首颗分辨率达到 1m 的 C 频段多极化合成孔径雷达（SAR）成像卫星，有效地改变了我国高分辨率 SAR 图像依赖进口的现状。高分三号卫星具备 12 种成像模式，涵盖传统的条带成像模式和扫描成像模式，以及面向海洋应用的波成像模式和全球观测成像模式，是世界上成像模式最多的合成孔径雷达卫星。卫星成像幅宽大，与高空间分辨率优势相结合，既能实现大范围普查，也能详查特定区域，可满足不同用户对不同目标成像的需求。此外，高分三号卫星还是我国首颗设计使用寿命 8 年的低轨遥感卫星，能为用户提供长时间稳定的数据支撑服务，大幅提升了卫星系统效能。

应用 SAR 对自然遗产地的研究主要集中在 C、L 和 P 三个波段，其中，L 和 C 波段较多用于森林和地上生物量等生态学参数的估测，是目前研究生物量最常用的两个波段。随着技术的发展，SAR 影像的分辨率在逐步提高，在自然遗产地生态研究中作用也越来越大。

3. 激光雷达遥感技术

激光雷达即光探测与测量（light detection and ranging，LiDAR），采用光电探测技术，以激光器为发射光源，通过发射高频率的激光脉冲并接收被测目标反射的回波信号，直接、快速获取地物表面的三维空间信息。相对于传统雷达遥感，激光雷达遥感具有以下七个特点。

（1）获取地物三维空间信息快速、直接。激光雷达最大的特点是测距功能，能够直接、快速获取目标高精度、高密度的三维空间信息。

（2）分辨率高。激光波长短、方向性好，具有极高的角度、距离和速度分辨率，通常角分辨率约 0.1mrad，可同时跟踪多个目标。

（3）抗干扰能力强。激光直线传播、方向性好，光束窄、隐蔽性好；不受无线电波干扰，能穿透等离子鞘，低仰角工作时受地面多路径效应影响小。

（4）激光波长短，可在分子量级上对目标探测，其他雷达不具备这样的功能。

（5）低空探测性能好。微波雷达易受各种地物回波的影响，低空探测时存在盲区，而激光雷达只有被照射的目标才会产生反射，不受其他地物的影响。

（6）在功能相同情况下，通常激光雷达比微波雷达体积更小、重量更轻。

（7）穿透性强。激光雷达脉冲频率高，可以穿透森林植被到达林下，蓝绿激光雷达还可以穿透一定深度的水体获取水下地形信息。

由于具有以上诸多优势，激光雷达已经与成像光谱、成像雷达技术并称为对地观测三大前沿技术，成为当前获取地物三维空间信息的主要途径，并被广泛应用于基础测绘、数字城市、林业资源调查、数字电网、水利工程、交通及通信等诸多领域，为国民经济、社会发展和科学研究提供了极为重要的数据源，并取得了显著的经济效益，展示出良好的应用前景。

1.2.3　空间观测全球变化研究现状与趋势

1. 获得不同时空尺度的动力学特征

卫星观测技术的出现使地球系统完整的动力学特征得以观测或刻画，有可能研究先前无法解释的现象，如同温层臭氧的产生与消耗、大气污染物的传输过程、全球能流、冰盖流动、全球初级生产力、洋流和中尺度特征及全球风场地图等。冰盖流动速度变化的发现再一次证明，直到可靠的且可重复的卫星观测技术得以实现，人们才能够识别地球系统的动力学特征。这一发现引起了冰盖动力研究的变革，并产生了重要的共识：源自大陆冰盖的淡水导致的海平面变化不是冰盖融化和高海拔地区的降水量之间的平衡的作用，而是流体动力学的作用。气候变化导致大陆冰流入海洋的速度加快，以及劳尔森冰架（Larsen ice shelf）的断裂都强调了变化的气候对冰盖动力学的敏感性。

气候变化研究是跨学科研究。一个著名的例子就是地球辐射收支的长期观测，揭示出海洋和大气传输热量的作用，以及 Pinatubo 火山喷发的气溶胶对气候的降温作用。由于认识到气溶胶对气候系统的重要性，就需要持续不断地对自然源和人为源的气溶胶进行观测。人造卫星观测在揭示重要气体（如水蒸气和臭氧）在气候系统中的作用方面尤其重要。

对不同相的水进行长时间观测对理解气候系统亦尤其重要。海冰对地球反照率产生影响，海冰的减少不仅预示着更暖的气候，而且也是一种正反馈作用；大陆冰架的融化导致海平面上升；液态水的可利用性对控制陆地生态系统的生产力特别重要，依次影响着 CO_2 的吸收量；水蒸气在海洋、陆地和大气之间热传导过程中是一种重要的温室气体。由于水有较高的比热值及大尺度的循环过程，海洋在储存和传输地球热量方面发挥着重要作用。事实上，超过 80% 的地球热量都储存在海洋。增强人们对海洋循环及热量传输的理解是精确度较高的气候模型和预测所面临的主要挑战。

过去 50 年空间地球科学获得的长期观测与数据同化、计算机模型、地面过程研究相结合，将气候科学家引领到他们可以开始预测气候变化将会如何影响区域水平的天气及自然资源的时代，这些尺度的信息具有最重要的社会相关性。气候系统认识的提高对社会经济的活力很重要，是因为季节性到年际的气候波动强烈地影响着农业、能源部门和水资源。但是，重要的科学挑战，如气候模型中的云水反馈，一定要在合适的季节性-年际的气候信息，以及合适的空间尺度上能够获得之后，才能在持续不断的卫星数据的辅助下被完全了解。在过去的几十年里，由于更复杂的模型，地球科学团体已经具备将所有部分整合成一个集成系统的能力。由于科学团体正准备在不同尺度的气候科学和气候变化预测方面取得重要进展，提供全球数十年测量的可持续能力将非常关键。基于卫星和实地观测数据的、在其完全显现出来之前观测和预测厄尔尼诺/拉尼娜的能力，阐明了气候科学家为资源管理者提供区域气候信息方面取得的重大突破。正如许多研究成果所显示的，已知数据记录的长度和连续性通常会带来另外的科学收获，超出任务的最初预期。例如，如果没有地球辐射收支实验（earth radiation budget experiment，ERBE）的持续观测，火山爆发释放的气溶胶对全球气候的影响就不可能被识别。因此，除了可以促进社会应用，维持长期校准好的数据集可能会在理解地球系统方面取得重要的科学进展。稳定、准确、相互校准的长期气候数据记录获得了普遍认同，如何收集和维持诸如数据流的策略已经在以前的许多报告中有所涉及。人造卫星的长期气候数据的重要组成部分包括保证下一代任务，在考虑到交叉校准的情况下可以重叠的长期战略、数据管理的领导能力，以及机构间的有力合作。

下一代任务将以前用于技术开发的投资回报最大化，包括传感器和数据分析工具。最初短暂持续的过程分析任务分配，可以通过一个连续的全球变化研究数据记录来提供重要的科学数值。特别是如果仔细对以后研制的卫星传感器进行校准的话，连续的数据记录的价值就可以通过不间断的下一代任务的发展而增加。来自 Landsat 和高级甚高分辨率辐射计（advanced very high resolution radiometer，AVHRR）的长期数据记录显示了这些精细维持的数据源的科学价值。

2. 长时间序列的数据集为定量评价全球变化提供基础

由于科学家已经积累了通过卫星观测研究地球的经验，他们已经定义了新的技术需求，以促进技术的发展，从而提供更多的准确测量数据，形成更复杂的方法来理解卫星数据。许多的科学成就都源于相应科学需求的卫星技术的快速发展，以及推动地球科学主要进展的能力建设。空间对地观测的价值增长快速，形成了更精准的测量仪器。最初，卫星提供了获得图像的手段。如今，通过将反射或放射的电磁辐射的测量数据转换成需要的参数，卫星可提供大量的地球物理或生物变量。对于诸如海洋和陆地地形学、冰架动力学、大气气体浓度等应用，如果它们的精确度高，观测就具有科学价值，而这已经推动了技术革新。例如，威廉姆斯墩报告（Williamstown report）概述了卫星传感器测量重力势和平均海平面以满足测定海洋大气环流并研究重力场的空间变化的需要，并且将其作为地球物理学和物理海洋学的目标。在威廉姆斯墩会议后的 9 年时间里，美国国家航空航天局（National Aeronautics and Space Administration，NASA）通过发射 3 颗卫星对这一挑战做出回应，发射的第三颗也是技术最先进的卫星 Seasat 提供了精确到数十厘米的准确的海洋正视图。空间观测结合海底探测技术第一次能够揭示大西洋中部的洋中脊和海沟。随着测高数据精确度的进一步提高，"涡"在大洋混合中的重要性才被发现。

对于任何特定的空间卫星或设备而言，提供的数据经过设计或偶然发现能够被地球科学的多个领域所用是很平常的。尽管 Landsat 是为观测陆地变化（包括陆地生态系统）而设计的，然而装配了大约 5000 个全球时间序列的个体图像证实计算太密集了。AVHRR的数据（为监测大气而设计）被证实生成的全球陆地初级生产力预测的价值不可估量。由于在不同传感器之间的精确校准，现在 AVHRR 的数据记录已延续超过了 20 年，并且对陆地初级生产力进行了探测。事实上，AVHRR 的数据也已经用于具体领域来进行过程研究，如冰雪覆盖、海表面温度、云光学参数，以及全球土地覆盖变化。

MODIS 的设计说明了单个仪器服务于多项应用的潜力。其光谱带适用于地球科学用户团体的不同需要，可以对以下参数进行观测：土地、云、气溶胶性质；海洋颜色及生物地球化学；大气中的水蒸气；表面及云层温度；云性质；卷云水蒸气；大气温度；臭氧；云冠高度。它带来了许多科学突破，如褐云的发现。海洋生产力、低云光学深度，以及有效颗粒半径的年度测量数据，可以服务许多不同的科学用户团体。

此外，就多重传感器的一些情形而言，某个特定变量的测量通常会对地球科学的多个领域做出贡献。例如，过去 50 年里，很少有科学成就能够像地球空间观测一样"快速转变"。这一突破不仅改变了测地学的范围，而且为研究全球海平面变化、地震、火山提供了重要信息。另外，所有领域的地球科学家都依赖于国际地球参考框架（international earth reference frame），通过它相对于地球质量中心的地理位置可以很准确地被描述为精确到厘米的三维笛卡儿坐标，这与过去 50 年相比已经提高了 2～3 个数量级。

由 AVHRR 和 SAGE（平流层气溶胶和气体实验，stratospheric aerosol and gas experiment）的气溶胶测量结果阐述了地球物理变量对地球辐射收支、空气质量预报、天气预报的云组成，以及水利用的重要性。因此，一个领域的科学成就可以推进其他领域的进展，促进多学科研究。理解和预测厄尔尼诺与南方涛动（El Niño-Southern Oscillation，ENSO）现象的研究进展说明将地球作为一个集成系统研究的优势，以及将实地观测、卫星观测与模型研究相结合的益处。

3. 空间对地观测的科学与技术之间的协同作用

空间观测的优势增加了对许多以前已知的地球科学过程的复杂性的认识。因为地面观测工具的时空欠采样问题，组成一个概要图像需要在数据空隙间进行插值。因此，通过插值过程更复杂的特征最终得到平衡，直到卫星直接观测到这些特征，它们才会被揭示出来。同理，每天卫星自由飞越获得的概要图像的时间分辨率达到了前所未有的程度。由于高度测量学精确到厘米尺度，它们揭示了时间的决定性作用和海洋的波动性，这与卫星时代之前海洋具有缓慢改变、大尺度循环的稳态特征的观点相悖。这种转变，预示着气候变化研究仍需要进一步深入。就这些许许多多的科学成就而言，重要的结果不仅仅基于卫星数据，还包括了实地观测数据和模型模拟。事实上，空间观测的价值随着地面观测、次轨道观测/卫星补充仪器间的交叉校准的协调性的增加而增加。地面观测也为卫星数据提供了重要的"地面验证"，并用来校准空间仪器。这些地面验证在促进卫星传感器提供更多、更准确的测量数据方面变得日益重要。海洋浮标、漂流物及船上观测被广泛用于验证卫星观测的海水表面温度、海水颜色及风。另外，由于更多的卫星数据已经更容易地被广泛的研究团体所使用，因此，它们有助于现场调查，推进了科学事业的发展。例如，由于卫星观测信息，地面调查会更有效地规划和实施。正如卫星和地面观测之间的协同作用产生的新认识一样，不同仪器的卫星观测的联合也有新的收获。所以，为了充分地利用卫星传感器的一些投资，同步测量是十分必要的。从 TOPEX/Poseidon 和 ERS 得到的联合测高数据集的最新分析揭示了西部传播涡的盛行，它们没有被单独的传感器所发现。如果不是将传感器的两个数据集进行合并，就不可能有这一发现。

4. 协同观测与模拟帮助了解过去更为复杂的现象

当数据集成到最先进的模型中，将地面观测网络与过程研究相结合，用复杂方法进行分析，空间对地观测的最大益处便会实现。模型的发展有助于形成地球科学的多学科思想。创建复杂模型和数据分析工具常常需要长期的积累，需要对技术娴熟的参与者进行培训。因此，重要的科学突破可能会在首次获得卫星数据之后出现。为了充分地利用投资，卫星数据也需要仔细校准。此外，创建气候研究的长期数据记录，需要在不同的传感器和下一代任务中进行交叉校准和相互校准，数据处理和保存，以及元数据的维护。

　　为了发展上述基础设施、数据同化及分析工具，需要培训科学家使用和分析卫星数据。因此，用于培训和扶持遥感团体对于保证卫星数据的科学发展很重要。如果卫星数据的供给稳定的话，吸引青年科学家从事遥感事业会变得更容易。相反，数据空隙可能会导致高水平的专门人才的流失。只有将充满活力的科学团队训练成可以使用数据解决基本问题和应用研究问题，卫星数据的全部益处才能实现。

　　Landsat 的经历，被无数的报告提及，就是一个很好的例子。数据的大规模商业化导致科学和商业应用急剧下降，直到回归负担得起的数据存取的早期政策时，数据的大规模使用才得以恢复。只有学术界、政府部门、商业用户可以自由获取数据，很多人都可以得到有效使用这些数据培训机会的时候，分析工具才会实现所有群体的利益。同理，从天气卫星获得最大的利益需要数十年的时间来改进辐射数据同化方法。

5. 关键基础设施保障地球卫星观测的效益

　　NASA 免费开放数据的政策已经拥有了世界范围内的地球科学相关团体。这一开放获取政策鼓励科学研究目的的数据使用，将观测的潜在社会效益最大化。如果没有鼓励该领域发展的数据开放政策，空间对地观测的科学成果就不容易实现。如前所述，当 Landsat 计划在 20 世纪 80 年代末 90 年代初实行私有化时，数据是如此昂贵，以致于严重阻碍了研究计划，说明获得免费或者能够负担得起的数据源的重要性。开放获取也增加了数据的社会效益，允许那些不具备发达国家对地观测能力的国家可以进行重要的环境观测。饥荒早期预警系统正是一个很好的例证，虽然它由美国的一个部门研发，但是却帮助发展中国家进行资源管理，而不需要进行地面观测能力建设。因此，机构间和国家间的数据分享，其结果大于各组成部分的总和，特别是如果拥有绕地卫星的国家在有关观测地球系统的重要卫星任务和数据需要方面开展的国际战略合作的话。向国际受众全面开放全球数据会更充分地利用卫星技术的投资，创建更多交叉学科和集成地球科学团队。有关卫星任务的国际数据分享与合作将会减少个别国家维持地球观测能力的负担。

1.3　大熊猫栖息地的空间观测

1.3.1　世界自然遗产"四川大熊猫栖息地"

　　大熊猫（*Ailuropoda melanoleuca*）是我国特有的珍稀濒危动物，被誉为"国宝"与"活化石"，作为公认的濒危物种之一于 1990 年被列入世界自然保护联盟（The International Union for Conservation of Nature，IUCN）红色名录，同时它也是世界生物多样性保护的"旗舰物种"、世界自然基金会（World Wide Fund for Nature, WWF）组织的会旗和会徽标志，是世界自然保护的象征。大熊猫具有很高的生态价值、科研价值、经济价值和观赏价值，在政治、经济、外交等领域也发挥着十分独特的作用，其声誉、影响及生存、保护现状受到国际社会的普遍关注。

据化石考证，历史上大熊猫曾广泛分布于我国东南黄河、长江和珠江流域，北及北京周口店，南达东南亚一些国家，如泰国、老挝、缅甸等。其数量和分布范围随着气候变迁、地质和人类活动范围的不断扩大急剧缩小。目前仅局限在中国四川、陕西和甘肃三省交界地带孤立的六大山系之中，从北到南依次为秦岭山系、岷山山系、邛崃山系、大相岭山系、小相岭山系和凉山山系。在六大山系中，以四川省境内的岷山山系和邛崃山山系为最大分布区。据 2015 年 2 月国家林业局公布的最新的全国第四次大熊猫调查工作结果显示：截至 2013 年年底，全国野生大熊猫数量达到 1864 只，栖息地面积达到 258 万 hm^2。2006 年 7 月联合国第 30 届世界遗产大会在立陶宛首都维尔纽斯召开，会议正式审议通过了由世界第一只大熊猫发现地宝兴县及四川省境内的卧龙自然保护区等 7 处自然保护区和青城山－都江堰、鸡冠山－九龙沟、西岭雪山和天台山等 9 处风景名胜区组成，涵盖成都、雅安、阿坝和甘孜共 4 市州的 12 个县，面积 9245km^2“四川大熊猫栖息地”为世界自然遗产，从此，“四川大熊猫栖息地”列入世界遗产名录。遗产地是大熊猫种群的重要栖息地，这一地区目前保存了全世界 30%以上的野生大熊猫，是全球最大、最完整的大熊猫栖息地，也是全世界温带区域中植物最丰富的区域。

除了被确定为世界自然遗产地之外，四川大熊猫栖息地也是保护国际（Conservation International，CI）选定的全球 25 个生物多样性热点地区之一，被 WWF 确定为全球 200 个生态区之一。

美国和英国等国家的学者很早就开始对邛崃山系的生物进行研究，并到实地搜集有关信息，因此，这一地区长期以来也一直是全世界知名的生物多样性地区。目前，从生物保护的角度来看，这里无疑是一个“活的博物馆”，不仅有大熊猫、金丝猴和羚牛等独有的珍稀物种，还是小熊猫、雪豹及云豹等濒危物种的栖息地，有高等植物 1 万多种，是全球所有温带区域（除热带雨林以外）中植物最丰富的区域，自然环境与古近纪和新近纪的热带雨林相似。

1.3.2　大熊猫栖息地的空间观测

自 1869 年法国神甫戴维在四川穆坪（现雅安市宝兴县）邓池沟发现并命名大熊猫以来，野生大熊猫的种群数量与地理分布一直受到国内外政府机构、国际组织、新闻媒体，以及社会大众和科研人员的高度关注，尤其吸引着自然资源保护管理者和生物多样性研究家的极大热情（周世强等，2009）。

早在 1987 年就有学者提出了“大熊猫生态走廊”工程建设，期望通过在一个个相对孤立的大熊猫栖息地之间种植箭竹林，将不同的栖息地连接起来，以扩大大熊猫活动范围，增加大熊猫的种群交流。自 1998 年四川率先在全国实施天然林保护工程以来，四川大熊猫的栖息地面积逐年扩大。在汶川大地震发生前，大熊猫栖息地面积已达 177 万 hm^2，成为 1206 只野生大熊猫的乐园。

在“5·12”汶川大地震中，四川省 57391hm^2 大熊猫栖息地、1914hm^2 大熊猫潜在栖息地遭到损毁。为尽快修复大熊猫栖息地，四川省震区各大熊猫及其栖息地保护管理机构通过对大熊猫栖息地灾后恢复重建，不仅使被损毁的大熊猫栖息地得以恢复，同时新增 4 万 hm^2 大熊猫栖息地，并建成土地岭、泥巴山野生大熊猫遗传基因交流的一条走廊，以利于野生大熊猫种群的繁衍和发展。

四川大熊猫栖息地的价值是不言而喻的，对大熊猫栖息地的整体保护将有助于改善目前栖息地"破碎化"和"岛屿化"的现象，不仅可以扩大大熊猫的基因库，也将为大熊猫放归野外工作创造有利条件。温战强等（2009）、温战强和郑光美（2009）对全国大熊猫及其栖息地的监测技术进展进行了概括和总结，简要回顾了我国大熊猫监测工作的发展历程，评述了当前监测工作存在的主要困难和问题，并指出一些大尺度层面的监测指标，如植被分布格局、土地利用、大中型建设项目等，完全靠徒步监测和手工运算是难以做到的，必须借助 RS、GIS 等技术才能实现。

遥感等空间观测技术在动物栖息地观测研究方面具有十分明显的技术优势，因此，采用遥感、地理信息系统和全球定位系统等技术对大熊猫栖息地进行的相关研究也越来越多，本书将从遥感技术的基本原理入手，论述自然遗产地空间监测技术与方法及其在动物生境要素精细信息观测和提取、大熊猫栖息地生态环境变化的空间观测与评价等方面的应用，重点介绍光学遥感、微波遥感、激光雷达、高分辨率遥感技术在大熊猫栖息地空间监测上的方法与应用。

参 考 文 献

李文武. 2008. 中低分辨率光学遥感图像舰船目标检测算法研究. 长沙: 国防科学技术大学硕士学位论文

联合国教科文组织. 1972. 保护世界文化和自然遗产公约. 巴黎: 联合国教科文组织世界遗产委员会

舒宁. 2000. 微波遥感原理. 武汉: 武汉大学出版社

温战强, 任毅, 金学林, 等. 2009. 全国大熊猫及其栖息地监测技术探讨. 45（1）: 70~74

温战强, 郑光美. 2009. 全国大熊猫及其栖息地监测刍论. 四川动物, 28（3）: 468~472

徐冠华, 葛全胜, 宫鹏, 等. 2013. 全球变化和人类可持续发展: 挑战与对策. 科学通报, 58（21）: 2100~2106

周世强, 冯莉, 张亚辉, 等. 2009. 野生大熊猫地理分布格局的空间尺度分析. 四川林业科技, 30（5）: 53~57

Alonso S, Míguez D G, Sagués F. 2008. Differential susceptibility to noise of mixed turing and hopf modes in a photosensitive chemical medium. Europhysics Letters, 81(3): 30006

Foley J A, Defries R, Asner G P, et al. 2005. Global consequences of land use. Science, 309（5734）: 570~574

IPCC. 2007. Climate Change: Synthesis Report. Geneva: IPCC

Thorsell J, Sigaty T. 1997. Human Use of World Heritage Natural Sites: A Global Overview. Switzerland: IUCN

Ulaby F T, Moore R K, Fung A K. 1981. Microwave Remote Sensing: Microwave Remote Sensing Fundamentals and Radiometry. New Jersey: Addison-Wesley Publishing Company

第 2 章　自然遗产地空间监测技术与方法

2.1　光学遥感技术

2.1.1　光学遥感的特性

光学遥感（optical remote sensing）是以可见光（0.38～0.76μm）作为工作波段的一种遥感技术手段。目前世界各国已经研发了多类光学传感器。近年来，我国也研发了多种不同分辨率的光学传感器，能获取高、中、低不同分辨率的光学遥感影像。研究目标不同，需要的光学遥感数据的类型也不尽一致，因此，在获取遥感数据之前，需要了解不同类型光学传感器的基本参数及特征。当前常用的光学遥感系统及主要特征见表 2-1。

表 2-1　当前常用的光学遥感系统及主要特征

系统分类	遥感数据		波段数	空间分辨率	国家
低空间分辨率	NOAA/AVHRR		5	1100m	美国
	MODIS		36	250～1000m	美国
	SPOT VEGETATION		4	1000m	法国
	FY-1/2		10	1100m/1250m	中国
	GMS		5	1000m	日本
	HY-1		8	1100m	中国
中空间分辨率	Landsat	MSS 4		80m	美国
		TM 7		30m,第 6 波段 120m	美国
		ETM 8		全色波段 15m,第 6 波段 60m,其他多光谱波段 30m	美国
		OLI 11		全色波段 15m,热红外波段 100m,其他多光谱波段 30m	美国
	ASTER		14	15～90m	日本
	CBERS-2		5	20m	中国-巴西
	SPOT1-4		5	多光谱波段 20m,全色波段 10m,短波红外波段 20m	法国
	SPOT5		6	多光谱波段 10m，全色波段 5m	法国
	高分四号		6	全色波段、可见光波段优于 50m，红外优于 400m	中国
高空间分辨率	资源一号 02C		4	P/MS 相机，全色 5m，多光谱 10m，HR 相机 2.35m	中国
	航片			亚米级	
	IKONOS		5	全色波段 0.82m，多光谱波段 3.2 m	美国
	QuickBird		4	全色波段 0.61m，多光谱波段 2.44m	美国
	GeoEye-1		5	全色波段 0.41m，多光谱波段 1.65m	美国
	资源三号		5	全色波段 2.1m，多光谱波段 5.8m	中国

系统分类	遥感数据	波段数	空间分辨率	国家
高空间分辨率	ALOS	5	全色波段 2.5m，多光谱波段 10m	日本
	SPOT6-7	5	全色波段 1.5m，多光谱波段 6m	法国
	KOMPSAT-3A	6	全色波段 0.4m，多光谱波段 2.2m	韩国
	Deimos-2	5	全色波段 0.75m，多光谱波段 4m	西班牙
	Pléiades（1A、1B）	5	全色波段 0.5m，多光谱波段 2m	法国
	WorldView4	5	全色波段 0.31m，多光谱波段 1.24m	美国
	高分一号	5	全色波段 2m，多光谱波段 8m	中国
	高分二号	5	全色波段 0.8m，多光谱波段 4m	中国

遥感探测是信息传递的过程，是将地面多维的、无限的信息通过遥感成像转化为二维、有限的信息（陈述彭，1991）。因此遥感影像数据包含的是一种瞬时、间接性的综合信息，具体表现出以下性质。

1. 综合特征

从信息论角度看，遥感数据是多种信息的综合，不仅是地质、地貌、水文、土壤、植被、社会生态等相互关联的自然及社会现象的综合，而且是不同波谱分辨率、空间分辨率和时间分辨率的光谱特征的综合。

由于研究对象和目标的不同，可从不同角度运用不同方法，从这个"综合信息"中各取所需，寻找和提取所感兴趣的专题信息。可将复合信息简单表示为如下形式：

$$x_1 = f(T) + f_1(V) \tag{2-1}$$

式中，x_1 为专题信息的图像变量；T 为专题信息；$f(T)$ 为感兴趣的专题信息；V 为干扰信息。

干扰信息的图像变量为

$$x_2 = f_2(V) \tag{2-2}$$

式中，x_2 为反映干扰信息的图像变量；$f_1(V)$ 和 $f_2(V)$ 分别为 x_1 和 x_2 中的干扰信息，如植被等背景信息。

2. 时相特征

遥感信息的时相主要表现为两个方面：一是获取遥感信息的遥感仪器的时间分辨率；二是遥感信息的时间序列性。遥感影像最具价值的方面之一在于能定期重复覆盖地球的相同区域，保证不断获得具有良好时间序列性的空间数据。

1）时间周期

地表物体是随着时间而不断发生变化的，它的光学特性也随时间而不断变化，光学特性的变化具有一定的规律性，以不同方式表现在各类地物外观变化上。地物变化按时间尺度可分为五类：多年变化、年变化、季节变化、日变化和昼夜变化。

（1）多年变化：　新构造运动、气候周期、植被覆盖演替、土壤侵蚀、土壤的形成、人类活动（固有的、稳定的、可变、更替的）。

（2）年际变化：水文、气候的年际变化。

（3）季节变化：农作物生长及植被物候变化。

（4）日变化：河流水位、流量等日尺度变化。

（5）昼夜变化：植被生产力及光合作用。

2）时间序列

许多地物都具有时相变化：一是自然变化过程，即发生、发展和演化的过程；二是节律，即事物的发展在时间序列上表现出某种周期性重复的规律，亦即地物的波谱信息与空间信息随时间的变化而变化。所以必须考虑研究对象所处的时态，充分利用多时相影像，如农业监测对于遥感数据的要求比较严格，首先是数据的时效，如果在所需要的时间内无法获得必要的遥感数据，就意味着遥感监测的失败。

3）空间特征

遥感影像因地物的综合复杂和时空变化的动态而具有混合抽象特征，像素中往往形成组合光谱。除由色调和图形直接反映地物轮廓层次、阴影及形状、大小、位置和相关关系，用以识别多种地物类别外，还包括许多需应用地学领域专业知识、判读经验和其他方法推理判断获取的影像上确实存在而不易识别的间接特征，如依据影像的纹理判断是否为断裂破碎带，水系和冲积扇排列确定地下水分布等。

遥感是从空间感知地面的特征和变化，其范围可从全球到局地不同的细节层次间变化。在影像应用分析中，分辨率（resolution）是一至关重要的概念，并表现为多重含义。图像分辨率简单来说就是成像系统对图像细节分辨能力的一种度量，也是图像中目标细微程度的指标，它表示景物信息的详细程度（Devi et al., 2008; Dirnbock et al., 2003）。强调"成像系统"是因为系统的任一环节都有可能对最终图像分辨率造成影响，对"图像细节"的不同解释又会对图像分辨率有不同的理解。对图像光谱细节的分辨能力的表达称光谱分辨率（spectral resolution）；对图像成像过程中对光谱辐射的最小可分辨差异称作辐射分辨率（radiometric resolution）；把对同一目标的序列图像成像的时间间隔称为时间分辨率（temporal resolution）；而把图像目标的空间细节在图像中可分辨的最小尺寸称为图像的空间分辨率（spatial resolution）。中低空间分辨率光学遥感技术主要是指基于中低空间分辨率（低于 5m）的光学遥感影像所开展的科学研究。

任何物体都能借助反射太阳光或通过自身辐射来反映自身特征，因此，遥感技术在地物变化监测等相关研究中得到了极为广泛的应用。与高空间分辨率遥感影像相比，中低空间分辨率遥感影像具有观察范围广、观测周期短、数据时效强等特点。

采用中低空间分辨率遥感数据进行初步分析，然后辅以高空间分辨率数据进行验证，是目前一种常用的遥感探测的方法。此外，也可将高空间分辨率影像通过重采样降为中等分辨率影像，再用中低空间分辨率影像的监测方法进行地物目标识别，检测出地物目标后再映射到高空间分辨率影像中对目标进行识别，这样既可以降低目标结构和背景的复杂性，也能减少数据处理量。

与传统的中低空间分辨率遥感图像相比，高空间分辨率卫星影像具有以下特点（郭华东等，2000）。

（1）地物的几何结构更加明显。几何结构是指地物的外部轮廓和内部组成。高空间分辨率遥感图像中，地物的纹理、结构特征能够更清晰地表现出来，地物内部组成也更加详尽，不仅可以获得丰富的地物光谱信息，还可以获取更多的地物目标的结构、形状和空间语义信息（周成虎等，2009）。

（2）地物的位置及相关布局更加清晰。目标地物总是与周围的地理环境存在一定的空间联系，并受周围环境的制约，位置是识别目标地物的基本特征之一，如水田总是邻近沟渠，而相关布局是多个目标地物之间的空间配置关系，依据空间布局可以推断目标地物的属性。高空间分辨率遥感图像因其清晰地描述了位置的布局特征，所以更能识别组合型目标。

（3）纹理和尺寸信息更加精细。纹理是指目标地物的内部结构，是区别地物属性的重要依据。纹理在高空间分辨率遥感图像上可以形成目标物表面的质感，在视觉上看起来平滑或者粗糙，这在一定程度上可以提高地物信息的区分程度。

（4）从二维到三维信息。在高空间分辨率遥感影像上，地物的三维立体属性能够更好地展现出来，如高层建筑物的阴影及侧面。三维信息对于地物目标的解译具有重要意义。

随着高空间分辨率传感器及获取数据的增加，高分辨率遥感数据在野生动物生境要素的观测方面的应用与日俱增。遥感作为高效便捷的对地观测技术，具有数据可比性、经济性、客观性，在生境观测中有良好的应用（姜鲁光等，2014；刘东起等，2012）。高空间分辨率遥感影像的优势在于在小区域范围内对动物生境的监测、生境影响因子的分析，以及适宜栖息地模型的建立，传统的中低空间分辨率的遥感图像单个像元面积较大，混合像元严重，对小区域范围内的地物信息提取的结果势必造成一定的误差（邵芸等，2001）。

选择合适的遥感数据源是进行动物栖息地信息提取的关键，高空间分辨率遥感影像的发展为生境信息提取提供了更多的选择。栖息地信息提取经常需要利用不同的数据源，对遥感影像上的地物进行分类与提取，以获得更加精确的生境信息，因此多源数据融合、树冠圈定及遥感影像分类等技术对精细信息提取及建立适宜栖息地模型具有重要作用。

2.1.2　自然遗产地光学遥感监测方法

1. 自然遗产地地面特征的光谱特征分析

遥感数据中，最直接利用的是光谱信息。遥感图像中每个像元的亮度值代表的是该像元中地物的平均辐射值，它随地物的成分、纹理、状态、表面特征及所使用电磁波段的不同而变化。传统的遥感自动分类，主要依赖地物的光谱特性，采用数理统计的方法，基于单个像元进行（Klikoff, 1965; Attema and Ulaby, 2009），如监督和非监督方法对于早期的 MSS 这样较低空间分辨率的遥感图像分类较有效（Fornaro et al., 2005; Fung et al., 1992）。但由于地物光谱的复杂性和受环境因子的干扰，且由于近年来传感器的改进，较高空间分辨率的图像中地物内部变异增大，仅利用光谱特征进行统计分类的精度不能满足要求。

为此，人们做出各种努力尝试，将时相、空间和上下文等信息共同用于单像素光谱分类中以提高分类效果，如分类前将像幅分割为不同类区域，再对每个区域进行分类（Peake and Oliver，1971），利用时相信息，Holtmeier（1976）开发"模板扩充"参与监督分类。但是对逐个像元的分类技术不会由于分辨率的提高而获得更高的分类精度（Ulaby et al.，1981；Marlow，1998）。

鉴于逐个像元分类的缺点，基于遥感图像的空间结构的分析有助于提高分类精度，帮助从影像中提取各种信息。空间特征包括地物的形状、结构、大小等，利用最多的是纹理特征。空间结构分析的处理方法有邻域分析（neighbour analysis）、纹理分析（texture analysis）、线性特征提取（linear feature extraction）等。近年来人们研究出了许多纹理特征的统计方法，应用最广的是利用统计方法的共生矩阵法（Massonnet and Feigl，1998），它能提高分类的总体精度，如 Ulaby 等（1988）和 Rauste（2005）针对大片林区进行特定纹理研究。分形模式广泛存在于自然界各种现象中，它成为由空间进行景观模式分析的有效工具，近来有关分形纹理方法的研究表明能提高分类精度（Zebker and Goldstein，1986，Price and Sandwell，1998；Massonnet and Feigl，1998）。

随着新算法的引进，小波、分形及模糊集逻辑对真实世界不精确表述等新方法都得到普遍关注和研究，并在遥感影像分析中得到应用。模糊分类认为一个像元混有所有类别，只是隶属度不同（刘东起等，2012）。因此进行分类处理时，不需要任何关于统计分布的先验知识，而只需事先确定训练像元中各类别的隶属度。Jasinski 利用子像素方法对 TM 影像中树木和灌木进行分析，Hlavka 等对 AVHRR 和 TM 影像的森林覆盖进行研究。Wang 给出了有关使用模糊方法进行图像分类的详细步骤。模糊分类方法中像元隶属度的确定过程比较复杂，这影响了该方法的推广应用。

近年来对于神经网络分类方法的研究相当活跃。人工神经网络分类方法在分类时综合考虑了地物的光学特性、空间特性和时相特性。Gomez 等（2006）运用神经网络对 AVHRR 数据进行云分割，Santoro 等（2013）对多种传感器机载 TM、机载 SAR 影像进行分类，Huang 和 Li（2011）利用 TM 影像对城市土地利用进行分类，并对神经网络分类和最大似然法进行比较。它区别于传统分类方法在于：在处理模式分类问题时，并不基于某个假定的概率分布，在非监督分类中，从特征空间到模式空间的映射是通过网络自组织完成的；在监督分类中，网络通过训练样本的学习，获取权值，形成分类器，且具备容错性，但神经网络本身也存在一些问题，如训练速度较慢，中间层的结点不易确定等。此外，神经网络分类所需的并行计算等软、硬件条件较高，因而尚未大范围推广应用。

2. 自然遗产地遥感影像目视解译

遥感解译是指地学专家依据地物目标在遥感影像上的波谱特性、时相特性、空间特征等成像机理及其所掌握的各种地学发展规律和地学现象规律，通过分析地物在影像上的特征来获得对地物目标的识别和特征信息的提取。目前阶段，遥感解译主要包括纯粹的地学专家目视解译和计算机辅助下交互式的解译。一般，遥感解译的前后都需要经过对实地进行调查，以获得影像覆盖区域的地学知识并验证解译的精度。

地学解译标志是指能用来判读和识别地物目标的影像特征，其中包括直接解译标志和间接解译标志。直接解译标志主要包括如下六个方面。

（1）形状和大小：是地物目标轮廓的缩影，是地物在二维平面上的空间特征量的反映。

（2）色调或颜色：是地物波谱特性的表征，揭示地物属性的重要标志。

（3）阴影：是地物三维空间特征在影像色调上的间接表示。

（4）模式结构：是地物内部或地物与地物之间在平面上以一定的结构形式的表达，对判断复杂地物具有重要意义。

（5）纹理：反映地物影像色调变化的频率。

（6）位置：反映地物与背景或其他地物的空间关系。

间接解译标志是通过其他地物在影像上反映出来的直接标志，间接判断地物的存在及其属性。间接解译标志隐含于影像中各种地物单元的相互联系中，对判读具有复杂性和模糊性特征的地物目标，是重要的解译手段。间接解译标志的获得需要对客观地学规律具有更深层次的了解，要求解译系统具备更丰富的地学知识和具体的地学解译模型。例如，军事卫星影像上对隐含军事目标的识别、资源卫星影像上对被植被覆盖的矿化岩体的识别、海洋渔业资源调查、农作物长势监测等遥感影像解译过程中，都需要融合间接的解译标志，才能获得更精确的解译和分析结果。

遥感影像智能地学图解需要重点解决以下六个方面的问题。

（1）遥感影像复杂性研究及影像知识自动获取：如利用遗传算法（genetic algorithm，GA）逐步获取影像中的特征规则、通过分层聚类获取影像复杂度、基于决策树获得影像分类过程等。

（2）空间信息融合：地理信息与遥感信息复合；多源遥感信息复合。

（3）遥感影像视觉认知层信息提取：频率域分类、结构信息提取；人工神经网络方法（BP、RBF、FUZZY-ART、ARTMAP）。

（4）遥感影像逻辑认知层地学理解：地学知识处理模型、地学知识与遥感地学分析模型的融合和基于地学知识模糊逻辑判断。

（5）遥感影像自动解译：遥感影像综合地学理解。

（6）遥感地学的综合决策分析：在影像理解基础上，进一步在地学模型的支持下进行预测和决策分析。

3. 自然遗产地空间数据融合

数据融合是在一定的算法支持下，把多源数据和信息以同一种表达形式进行集成，以获得更多的改善性的信息，为进一步的决策分析服务（陈述彭等，1998）。空间数据融合，是根据明确的分析应用目标，通过一定的技术手段，集成相异或互补的空间数据，使反映某种地学现象或地学过程的那部分信息得到增强。和单一来源的空间数据相比较，多源空间数据的主要特点具有冗余性和互补性。冗余性使经融合后的数据能减少整个分析系统总的不确定性，同时能增加提取特征的精确性，在部分空间数据来源发生错误的情况下增强数据的可靠性和互补性；互补性是指多源空间信息相互间具有独立性使得融合后得到的信息相互补充。

空间数据融合从低到高主要有三个层次的融合方式，包括基于像素（pixel）级、特征（feature）级、决策（decision）级等空间数据融合（Gabriel and Goldstein，1988）。其中像素层融合是最基本，也是最常规的，通过多源空间数据间地理位置的几何纠正和像元重采样等预处理工作，使得像素互相匹配；特征层空间数据融合，首先根据融合的目的需要，从各空间数据源中以一定的方式（如统计方法或人工神经网络方法等）抽取各自的特征，然后再以共同的表达形式作融合处理；决策层空间数据融合，是在特征抽取基础上，融合了地学决策知识，对特征进行了分析处理，使得各数据源的特征量含有一定的地学决策特性。

空间信息融合研究的关键在于复杂先进的融合算法和地学模型的支持，传统的融合方法可分为彩色合成方法与统计和代数叠加两种方法。其中彩色合成方法包括简单的RGB 合成和 IHS、HSV 变换等；典型的统计融合方法包括：BAYES 估计、多 BAYES 估计、最小方差估计、KALMAN 滤波、稳健统计决策理论、主成分分析（principal component analysis，PCA）、聚类；另外，近年来小波分析、人工神经网络、各种金字塔变换等新的融合方法已经在一定程度上得到成功应用（舒宁，2000）。

不同应用目标的数据融合方法不尽相同，遥感地学智能图解中的数据融合主要采用以下五种方法。

（1）信息波段的选择：在多波段影像数据融合中，选取哪几个波段进行融合，是一个关键问题。通常有两种方法：①根据主观先验知识，直接从多维数据中选取波段组合；②根据一定的统计定量标准客观地选择波段，如最佳指数因子（optimal index factory，OIF）方法等。多波段组合的作用是协同突出信息、消除不确定信息等。

（2）主成分分析：是统计特征基础上的多维正交线性变换，其目的是把原来多维数据中的有用信息集中到数目尽可能少的主成分数据维中，并使这些主成分数据维之间互不相关。在几何意义上，主成分分析相当于进行空间坐标的旋转，其中第一主成分取空间中数据散布最大的方向；第二主成分则取与第一主成分正交且数据散布其次大的方向，其余依此类推。PCA 方法除了降低特征维数，同时还在第二以上分量中可能突出异常信息。

（3）代数操作组合：在数据融合中，经常采用几个数据维之间的代数操作，提高空间分辨率、突出反映某种地物特征的指数（如各种植被指数）、反映时相变化等。代数操作主要分为加、乘操作和减、除操作。典型的如利用 SPOT 全色波段和多光谱波段的代数组合，使 SPOT 的多光谱数据的空间分辨率提高 1 倍。

（4）高通滤波法（high pass filter，HPT）：将高空间分辨率影像中的边缘信息提取出来加入低空间分辨率高光谱影像中。首先，通过 HPT 提取高空间分辨率影像中对应空间信息的高频分量，去掉大部分的光谱信息；然后将高通滤波结果加入空间分辨率，使光谱分辨率高的影像，形成高频特征信息突出的融合影像。HPT 将高空间分辨率影像中的空间信息与高光谱分辨率影像中的光谱信息有效地结合起来，如利用合成孔径雷达（synthetic aperture radar，SAR）的高频信息增强 TM 的空间结构信息。

（5）人工神经网络：神经网络可根据系统所接收到的样本的相似性，通过确定网络的平行权值分布来确定分类标准，还采用神经网络特定的学习算法来获取知识，得到不确定性推理机制。具有置信因子的产生式规则，应用于数据分割等低层数据融合中（陈述彭等，1998）。

2.2　微波遥感技术

2.2.1　微波遥感的特性

微波遥感是利用传感器接收地物发射或反射的微波信号，藉以提取所需信息，分析或辨别地物的技术（舒宁，2000）。微波指的是波长从 1～1000mm 的电磁波，可分为毫米波、厘米波、分米波和米波。微波信号包含着丰富的地表信息，不同的表面和地物类型会有截然不同的散射特征，根据给定的观测参数，可以识别出地物的几何形状、走向、质地结构、表面粗糙度、含水量、地形等诸多差异，这就是微波遥感工作的基本原理。微波传感器有很多种，可分为非成像传感器和成像传感器，根据工作模式的不同又可分为主动式和被动式。其中应用最广的是侧视雷达，它是一种主动式成像微波传感器，工作方式是雷达发生器首先向地表发射微波信号，穿过大气到达目标表面，经过反射和各个方向的散射，其中一部分信号经原路返回，被雷达系统按时间先后顺序重新接收、记录并处理，最终以图像的形式显示出来。侧视雷达又可分为真实孔径与合成孔径两种，合成孔径雷达（SAR）采用了多普勒频移理论和脉冲压缩技术，是一种高分辨率相干成像雷达（郭华东等，2000），也是当今最主流的微波传感器。本节介绍的微波遥感主要指SAR 遥感。

完整的雷达系统是由发射机、接收机、天线、振荡器、记录处理器和显示器等组成。微波遥感的工作基础是电磁波的一些基本特征，如基于波的叠加特性，傅里叶变换把复杂的周期函数用一系列简单的正弦波、余弦波表示，在信号处理等多个领域得到了广泛的应用；利用波的干涉特性，SAR 干涉测量技术在提取地表的精细地形和微小形变上展现了巨大的潜力。另外，雷达系统采用的是相干微波源，在一个分辨单元内波束遇到地物可能会发生随机散射，回波相干叠加造成雷达图像上出现颗粒状或斑点状的噪声，这是雷达图像的最基本特征，在降低了图像分辨率的同时也影响了后续的判别和处理；根据电磁波的极化特性，雷达系统可以获得不同极化方式的图像，地物的极化散射特性也成为微波遥感中非常重要的信息。

微波的特性决定了微波遥感有如下几方面的优势：第一是全天时、全天候的工作能力。微波与可见光最根本的区别是它不依赖于太阳作为照射源，即使是在夜间也能够探测到地面目标的信息。微波的波长显著大于可见光和红外线，能够穿透云雨，不受气候条件的影响。第二是具有一定的地表穿透能力。穿透深度与波长和地物类型密切相关。长波的穿透能力强，短波更多的是发生散射而穿透能力较弱。例如，在相同的条件下 L 波段（25cm）的穿透能力约是 K 波段（1cm）的 25 倍。穿透能力强意味着能获取更多的地物信息。以植被为例，短波只能给出植被冠层信息，长波则能给出植被冠层、树干和次地表的信息，如森林，发射厘米波的传感器只能接收到树顶反射的雷达信号，发射米波的传感器则可以接收到树顶、树干，以及地面反射的信号；如小麦，厘米波接收的是小麦和表层土壤反射的信号，米波接收的则是表层土壤和下层土壤反射的信号。第三是能获得一些与可见光和红外不同的信息。可见光和微波获得的信息是一种互补关系，前者获取的是地表分子的谐振特性，后者获取的是地物面或体的几何、介电特性。微波对特定走向的地物异常敏感，如道路、水路、管道、围墙和峡谷等。在某些没有明显地表特征和植被遮挡的地区，微波穿透地表和探测介电特性的能力使其成为唯一的遥测工具。主动微波系统还能记录电磁波的相位信息，可以用于大地水准面的测定和地表形变的高精度监测，对自然遗产地的三维显示和灾害监测能起到重要作用。

雷达系统与成像相关的参数包括以下六方面。

（1）分辨率。遥感中的分辨率定义为判别空间中邻近目标的最小距离，雷达的分辨率在方位向上和距离向上有所不同。方位向指的是与飞行方向平行的方向，距离向是与飞行方向垂直的方向。由方位向分辨率和距离向分辨率共同确定的范围称为分辨单元。

（2）波长。用于 SAR 传感器的微波波段主要有六个，波长由短到长依次是：K、X、C、S、L、P。通常短波系统的空间分辨率高，但对能量的要求也高。另外，波长也影响雷达波对地物的穿透能力和表面粗糙度。波长越长，穿透能力越强，地物表面显得也越光滑。

（3）入射角。定义为雷达波束与大地水准面垂线的夹角。选择合适的入射角对目标识别非常重要，因为入射角影响地物的后向散射特征，不同入射角的雷达波照射到地物会产生不同的回波效果。采用多个入射角观测可以获得更多的散射信息，更加有利于地物定性和定量的判别。

（4）极化方式。全极化 SAR 系统可以获取四种不同极化方式的图像，分别是同极化的 HH 或 VV，它们与表面散射有关，交叉极化的 HV 或 VH，它们是体散射的结果。极化方式的差异也能引起地物回波信号的不同。有些地物可能在某极化图像上色调接近，而在另一种极化图像上却差异显著。

（5）灰度。雷达系统定义了 0～255 的灰度 DN（digital number）值用于成像显示。它与回波信号有关，是后向散射系数的真实反映，需要通过定标实现转换。灰度分辨率指的是区分图像上两个地物的最小灰度对比度，是评价 SAR 图像质量的重要指标。

（6）视数。为了提高方位向的分辨率 SAR 系统采用了合成孔径的思想，每个子孔径都等间距地向地物发射脉冲，通过天线接收生成多普勒有关的信号，存储起来并处理成图像。这些独立的子图像称为视数。处理一个视能获得高分辨率影像，但斑点噪声影响大。多视平均处理，能增加 SAR 图像的可解译性，但降低了空间分辨率。

SAR 图像具有一些显著特征，理解它们有助于正确分析图像。首先就是斑点，也称为斑点噪声，是分辨单元内包含的大量随机分布的独立散射体，与雷达波相互作用产生的回波相干叠加的结果，在 SAR 图像上的表现为随机分布的颗粒状斑点。它们属于纹理信息的一种，在高分辨率图像上最为常见。过多的斑点会影响到图像的解译，因此首要目标就是要去除它的影响。其次 SAR 图像是斜距图像，方位向上的比例尺是固定的，距离向上的比例尺与入射角有关。近距离向比例尺要小于远距离向，这就是近距离压缩现象。另外 SAR 系统对地形非常敏感，在山区成像时经常会发生一些变形或异常，在图像上的表现就是透视收缩、叠掩和阴影。斜坡在 SAR 图像上量得的经比例尺换算过的距离总是比实际距离要短，甚至会出现在图像上变成一个点或线的现象，这就是透视收缩。它会引起电磁能量的高度集中，在图像上形成很亮的区域。叠掩指的是山顶和山脚在图像上显示的位置与实际情况相反的现象。因为雷达是测距系统，离传感器近的地物回波先到达，远的后到达，因此在某些情况下山顶就会先于山脚成像。这多是近距离的现象，俯角越大叠掩的可能性越高。阴影指的是受到高大地物阻挡，雷达波没法到达的区域在图像上形成的暗区，该现象多见于地形起伏的山区。阴影会引起区域信息的丢失，但也可以增加图像的立体感。

　　虽然会受到成像参数的影响，但是地物的回波信号还是能够反映地物目标的特征，与其所处的位置、地物结构、表面形态和介电特性等因素相关。因此有必要研究雷达波与地物的相互作用形式：反射、散射、穿透和吸收，通常它们是并存的，地物的性质和雷达波长决定了哪种形式占据主导地位。其中只有经过反射或散射后沿原路返回的那部分能量才能被雷达接收，这部分能量越多，代表回波信号越强，在图像上也就越亮。极端情况是雷达波完全被吸收或者发生镜面反射（如平静水面），回波信号就非常弱，在图像上就显示为暗色调。地物目标在雷达图像上可分为点目标、线目标和面目标。点目标是几何尺寸远小于分辨单元的点状地物，在图像上以亮点形式出现。它的后向散射能力远强于周边地物，整个像素都被它的回波信号占据，只反映了它的存在。常见的点目标有孤立的楼房、电线塔、船只、小山峰、沙丘或人工角反射器等。线目标在图像上表现为一定形状的线或者是一连串的点，它可以是不同地物的分界线，如岩性界线、断层、海岸线等，也可以是目标本身，如铁路、公路、桥梁等。面目标又称为分布式目标，由许多同类型地物随机分布组成，每一处地物都有一个散射中心，且没有一个散射中心在整个分辨单元内占据主导地位，总的回波相位和强度也都是随机的。大块的草地和农田都可以是面目标。

　　这三种地物目标的散射机制有较大差异，在图像上的表现也不同。点目标的回波较强是因为自身的强散射能力或者是发生了角反射器效应。角反射器指的是由两个（或三个）相互垂直的光滑表面组成的物体，雷达波束入射到角反射器后经过几个表面的反射又沿原路返回，这些行进方向相同、相位相同的波相互叠加就使得回波信号极强。线目标散射特性比较复杂，有的在图像上显示为暗色调，有的则显示为亮色调。成为亮色调的原因有很多种，包括可能发生了角反射器效应或谐振效应。谐振效应指的是当线性地物走向与飞行方向平行，且地物间距是雷达波长整数倍时发生回波增强的现象。面目标的回波信号是面散射或体散射，或两者同时作用的结果。面散射是雷达波与地物表面作用的结果，体散射是雷达波穿透表面后，因物体内部介电性质不均匀引起的多次散射。它们所占的比例由雷达波长、地物的表面特征、表面下的介电特性等因素决定。面目标会出现回波强度时高时低的现象，这是信号衰落引起的，会出现大量的斑点噪声。

　　地物的表面形态和介电特性也是影响回波信号的关键因素。表面形态主要指的是表面粗糙度，它是描述地表几何体的计量单位，可分为小尺度、中尺度和大尺度三类。其中小尺度粗糙度指的是一个雷达分辨单元内表面起伏高差的均方根值，它会影响到图像的灰度，根据与雷达波束作用关系又可分为光滑表面、稍粗糙表面和非常粗糙表面。光滑表面发生镜面反射，在图像上为暗色调。稍粗糙表面在各方向上发生程度不同的反射或散射，部分可以被雷达天线接收，在图像上为灰色调。非常粗糙表面发生漫反射，所有方向均匀的反射能量，在图像上显示为亮色调。三种类型的划分与波长和入射角有关，波长越长，入射角越小，表面就会显得越光滑。非常粗糙表面的后向散射系数与入射角关系不大，光滑表面的后向散射系数则对入射角非常敏感。地表的介电特性可以用复介电常数表示，它对雷达回波的影响很大。复介电常数由表示介电常数的实部和表示损耗因子的虚部组成。介电常数是介质响应外电场的施加而电极化的度量，体现了传输电场的能力。损耗因子指电磁波在传输过程中的衰减，与物质传导率有关。通常情况下，复介电常数的实部和虚部值越大，地物的回波信号就越强，可穿透性就越差。

国内外星载 SAR 卫星主要包括欧洲遥感卫星 ERS-1/2 和地球环境卫星 ENVISAT、日本高级陆地观测卫星 ALOS-1/2、加拿大的 RADARSAT1/2 卫星、美国航天飞机机载 SAR 系统、德国的 TerraSAR 和意大利的 Cosmo-SkyMed。应用 SAR 对自然遗产地的研究主要集中在 C、L 和 P 三个波段，其中，L 和 C 波段较多用于森林和地上生物量等生态学参数的估测，是目前研究生物量最常用的两个波段。随着技术的发展，SAR 影像的分辨率在逐步提高，在自然遗产地生态研究中作用也越来越大。

2.2.2　微波遥感在自然遗产地的应用

因长期暴露于大自然，自然遗产受风化侵蚀、自然灾害和人类活动等诸多因素影响，导致自然遗产地及其赋存环境的保护与可持续发展面临严峻挑战。传统的自然遗产地环境监测研究多采用人工作业方式，不能满足大面积、近实时、定量化的监测与评估需求。因此，亟须引进高新技术来支撑自然遗产地的科学管理与可持续发展。目前，星载 SAR 正朝着高分辨率、多极化、多波段方向发展，重访周期越来越短，丰富的多时相 SAR 数据使得开展遗产地及其周边环境的长时序变化检测成为可能。同光学遥感相比，SAR 系统可全天候、全天时获取遥感数据，是重要的变化检测信息源。

SAR 在自然遗产地的应用是多方面的，一是所谓的变化检测，通过对不同时期 SAR 图像进行比较分析，根据对图像的差异分析来提取所需要的地物变化信息，如对地震区域等自然灾害影响分布范围的界定和灾害评估，对植被覆盖区域生物量变化的监测，对土地使用和覆盖类型的变化检测等。大体上可将 SAR 变化检测分为地表形变和后向散射特征变化的监测。形变主要是由自身或周边地物的运动引起的。运动可以是缓慢的，如缓慢的地表沉降，也可以是迅速的，如地震引起的坍塌、滑坡等；地物目标后向散射特征的变化，如含水量的变化引起的后向散射特征改变等。二是对遗产地现状的监测，如生物量、微地形及土壤湿度等。下面就这些应用及采用的方法做详细的讨论。

1. 自然遗产地形变监测

半个世纪以来，合成孔径雷达对地观测，作为空间技术的重要手段之一，经历了单波段、单极化 SAR，多波段、多极化 SAR 和极化与干涉 SAR（interferometric synthetic aperture radar，InSAR）三个阶段的发展（郭华东等，2000）。差分干涉 SAR（differential interferometric synthetic aperture radar, D-InSAR）在高精度捕获各种地球物理现象引起的地表位移表现出特有能力，且该方法现已成功应用于多种地表形变监测，包括火山活动、地震灾害、城市地表沉降等所引起的地表形变（Massonnet and Feigl, 1998）。

1）三维形变场重建方法

InSAR 仅能够监测雷达视线向上的一维地表形变，并不能完全反映自然遗产地监测区域的变形情况，特别是当形变主要发生在卫星飞行方向上时，InSAR 就很难监测到地表形变。为得到真实的三维形变场，有学者提出利用不同成像几何关系的多航过 InSAR 解算三维形变分量，但利用目前在轨 SAR 系统尚无法准确得到完整的三维形变场。对于目前的在轨卫星，如果能同时获得某一区域的升降轨 SAR 数据，利用 InSAR 即可得到形变的两个分量，还需求解卫星飞行方向（方位向）的形变信息。

目前，通常采用偏移量追踪技术（offset-tracking）和多孔径雷达干涉测量技术（multiple-aperture SAR interferometry，MAI）方法来提取方位向形变量。offset-tracking 是通过两景 SAR 影像精确配准获得亚像元配准偏移量，以此来估算单个像元沿卫星方位向和距离向上的位移，其实是影像精确配准和形变偏移量分离的综合过程。根据使用的 SAR 数据不同，offset-tracking 算法可以分为基于相干性的追踪法和基于强度图的追踪法两种。offset-tracking 方法的缺点是监测精度和空间分辨率都相对较低。MAI 方法使用分裂波束的 InSAR 处理算法获得较高精度的方位向形变量：首先利用两幅单视复数影像分裂生成前、后视两对主从影像，将前视和后视主从影像分别进行干涉处理得到前视和后视干涉纹图，然后将这两幅前后视干涉图共轭相乘产生一幅多孔径差分干涉图，从而获得方位向形变量。MAI 法较 offset-tracking 法的测量结果更精确，分辨率也更高，而且它无需相位解缠，且不受大气延迟相位影响，但对相干性要求较高。

2）长时序 InSAR 形变监测方法

采用长时序多基线 InSAR（multi-temporal InSAR, MT-InSAR）技术，通过将观测时间段内的多幅 SAR 影像按照一定的组合模式进行配对形成干涉图，对干涉相位进行信号分离和提取，可实现非侵入式提取自然遗产地全局的精细形变信息与时空演化模式，及时探测和发现潜在形变病害，为自然遗产地风险评估和科学管理提供技术支撑。

根据 SAR 干涉对组合模式的不同，可将 MT-InSAR 分为单主影像模式、多主影像模式和混合模式（陈富龙等，2013；刘国祥等，2012）。单主影像干涉对组合模式的基本思想是：对观测时间段内获取的同一地区 N 幅 SAR 影像进行分析，以其中一幅作为主影像，其余作为从影像配准到主影像空间，形成 M 个干涉对。对其分别进行差分干涉处理，可获得 M 幅差分干涉图。永久散射体（permanent scatters, PS）雷达干涉是该模式的代表性方法。该方法由意大利米兰理工大学提出，是从一组时间序列 SAR 影像中选取那些散射特性在观测时间内保持稳定的点作为 PS 点（如人工建筑、裸露岩石等），这些点受空间与时间去相干的影响小，在长时间间隔内仍保持高相干，利用提取的离散、稀疏 PS 点上的可靠相位信息，消除大气影响，充分利用长基线据的干涉影像对，最大限度地提高数据的利用率，从而建立形变模型反演地表形变时间序列、形变速率和高程残余误差等信息。由于 PS 点的尺寸通常小于 SAR 影像的像元大小，即使是基线距的长度超过临界基线距也能保持相干。该方法适用于人工建筑或裸露岩石分布较多的自然遗产地。

多主影像模式的代表性方法是小基线集（small baseline subsets, SBAS）雷达干涉，即采用自由组合方式构成干涉对，并利用空间基线阈值法选取短基线干涉对，进一步减弱空间失相关的影响。该方法通过提取在一定范围内具有后向散射均匀统计特性的分布式散射体，解算形变参数和高程误差，适用于大范围自然遗产地形变监测。混合模式的代表性方法有 Hooper（2008）年提出的一种集成 PS 与 SBAS 的形变监测方法，以及 Ferretti 等（2011）提出的 SqueeSAR 方法。

3）地基 InSAR 形变监测

针对聚焦自然遗产地小范围区域的形变监测，亦可采用地基 InSAR（ground based InSAR, GB-InSAR）。地基 InSAR 具有最优的观测姿态和连续观测能力，避免了星载 SAR 固定的重返周期、受时空失相干影响较大、低空间分辨率等方面的局限性。此外，GB-InSAR 设备放置较为灵活，可根据先验知识在可能产生形变的主要方向上进行形变测量，测量精度可达毫米甚至亚毫米级。此外，还可将星载 InSAR 与地基 InSAR 联合实施形变监测，将 GB-InSAR 作为星载 InSAR 测量 LOS 向形变的重要补充，联合获取多维形变信息。

简而言之，地震、崩塌、滑坡和泥石流等自然灾害对遗产地的破坏强度大、范围广。中国位于世界两大地震带即环太平洋地震带与欧亚地震带之间，受太平洋板块、印度板块和菲律宾海板块的挤压，地震断裂带十分活跃。我国的五大主要地震活动区包括：台湾及其附近海域、西南地区、西北地区、华北地区和东南沿海，而我国的世界自然遗产地分布与以上区域严重耦合，尤其在西南地区、东南沿海分布较为密集。此外，由于地下水抽取、城市扩建、旅游开发等因素的影响，遗产地也面临地表沉降的直接或潜在危险。由自然资源部等部委联合编制的《全国地面沉降防治规划（2011~2020 年）》中表明：目前全国遭受地面沉降灾害的城市超过 50 个。

大量实践证明，雷达干涉方法可有效提取大范围、长时间缓慢地表形变信息，可广泛用于地壳运动引起的地震、火山活动等形变监测；潜在滑坡形变监测；填海造陆和矿区地表形变监测。借助雷达干涉技术的独特优势，可实现遗产地定量、近实时监测，进而分析自然和人类活动对遗产地影响的分布和演化规律，监测地表形变的时空过程并预测其发展趋势。联合国教科文组织已将该雷达干涉应用于形变病害的示范监测研究。

2. 后向散射变化检测

变化检测算法的最终目的是检测图像发生显著变化的区域，舍弃那些不重要、低置信度的伪变化。通常情况下，需要在变化检测之前，对图像做辐射校正和几何纠正，尽可能抑制那些伪变化。辐射校正分为绝对辐射定标和相对辐射定标。绝对辐射定标就是使用卫星星历数据，反演内插 SAR 图像地物雷达后向散射截面值；而相对辐射定标，就是以一幅图像为基准，把其他数据序列集图像映射投影变换到基准亮度空间。几何纠正即把图像数据集映射到统一的坐标框架下。

1）基于图像代数运算的检测方法

基于图像代数运算的检测方法主要包括图像差分法、图像比值法、图像对数比值法、图像回归法等。图像差分法是将多个 SAR 图像相同像元的灰度值或地物的后向散射系数逐一相减。图像比值法进行的是除法运算。图像对数比值法则是先进行除法运算，再取对数。它们常采用单一阈值对图像进行处理。这几种方法都简单直接，应用较广的是图像对数比值法，它将乘性噪声转换为了加性噪声，同时也压缩了图像变化范围。图像回归法需要首先建立多个 SAR 图像之间的回归等式，然后再相减。总体来说，简单的代数运算应用于 SAR 图像的变化检测存在着很大的缺陷。最根本的问题是检测的可靠性不高，配准误差、辐射校正误差，以及混合像元的存在等都对检测结果有较显著的影响。而且阈值的选取非常困难，目前为止还是仅凭个人经验来确定。

2）统计假设检验法

当把 SAR 数据看作信号叠加形式时，其数据往往满足一定的统计特性，因此在使用 SAR 数据进行变化检测时，可采用统计假设检验法。假设检验分为两种类型：零假设（原假设），表示对应图像像素未发生改变；备择假设，表示对应图像像素发生了改变。零假设表征方式比较直观，因为无变化发生时，数据序列的差异只跟噪声相关，对差值图像进行显著性检验可通过使用零假设检验执行。此外，在零假设和备择假设的条件概率密度函数都已知时，采用最大似然比决策可在保证最小错误率的情况下达到最优。

3）基于图像变换的检测方法

基于图像变换的检测方法主要包括主成分分析法、典型相关分析法及变化向量分析法等。主成分分析法又称 KL（Karhunen-Loève）变换，通过对协方差矩阵进行特征分解，以得到特征向量和特征值。在变化检测中，它可以把多时相的 SAR 图像信息集中到不相关的新图像中，达到冗余压缩的目的。不足之处是需要凭经验判断哪个成分最能表征变化信息，凭经验设定阈值以确定变化的区域范围。典型相关分析法是在两个变量组中分别将各个变量线性组合提取两个有代表性的综合变量，然后用这两个综合变量之间的相关性反映两组指标之间的相关性。在多时相的 SAR 图像变化检测中，每一景 SAR 图像都可以看作是一组变量，通过寻找变量间的最大相关性进行图像变换。这在最大程度上可以消除图像间的线性冗余，但是在变化信息的解释上存在缺陷。变化向量分析法主要用于多极化 SAR 图像的变化检测，它是一种简单图像差值法的扩展。首先对不同时相的各个极化的 SAR 图像进行像元级的差值运算，求得每个像元在各个极化上的变化量，然后组成变化向量。变化的强度用变化向量的欧式距离表示，当它超过设定的阈值时认定该像元发生变化。变化向量的方向表示变化的内容，也就是像元的变化类型信息。该方法也可以应用于多入射角的空间结构、纹理特征分析。缺点是对配准误差较为敏感，阈值也需要凭经验设定。

4）基于图像分类的检测方法

从图像分类的角度出发进行变化检测，能够克服波长、入射角、环境条件等变化对多时相图像的影响，同时能够直接获取地物变化的类型和区域范围。这类方法主要包括分类后比较、多时相图像同时分类以及其他的一些数字图像分类技术。基本思路是先对每幅图像单独进行分类，然后比较分类结果以确定变化的类别和区域。这种方法最为直观和易于理解，但是检测精度要依赖于图像分类的精度，而且当 SAR 图像的时相较多时，对未变化区域的分类会形成大量的重复工作，导致总体工作量极大。为了减少工作量，可以把多时相的 SAR 数据首先进行组合，然后对组合图像进行监督或非监督的分类。这种分类不仅要有静态的类别先验知识，还要有动态的类别变化的先验知识。最后从分类的结果中获取地物目标的变化信息，这就是多时相图像同时分类的变化检测。该方法标记变化的类别有一定困难，而且分类方法更加复杂。人工神经网络是模仿生物神经网络的结构和功能的自适应计算模型，应用于图像分类时是一种数据本身的分类方法，通过训练样本以估计数据的属性。它是一种非参数的监督方法，不需要进行参数的估计和假设数据模型。该方法的难点是确定神经网络的结构和选择合适的训练样本。

5）基于结构特征的检测方法

基于结构特征的检测方法更加适用于高分辨率 SAR 图像，主要针对规则的人工目标，通过分析它们在多时相图像中的空间结构变化进行检测。地物在 SAR 图像上的表征有点、线和面三种，对它们的提取和分析决定了变化检测的性能，也是算法中的难点。常用的方法有基于线性特征、基于空间纹理、基于模型结构等。

6）相干模型法

相干模型进行变化检测大致有两种模式：InSAR 技术和多时域相干系数（temporal coherence coefficient, TCC）技术。这两种模式都以获取相干影像对为基础。InSAR 技术是通过建立两时域数字高程模型（digital elevation model, DEM）来重建、分析城镇变化，一般使用在高分辨率 SAR 图像上。TCC 技术是通过相干系数度量目标时域的稳定性，TCC 在地物变化区域明显下降，而在场景稳定区域仍能保持较高的相干值。

3. 自然遗产地生物量提取

生物量是单位面积内某时刻生存的有机物质总量，一般以干重表示，它与地表的固碳能力和区域碳平衡密切相关。估算自然遗产地的生物量，对研究自然遗产地生态状况有重要意义。通常自然遗产地覆盖区域大，生态系统多样，地形地貌环境复杂。采用传统调查方法需要占用大量的人力物力、工作量大、周期长、花费高、难以对自然遗产地范围内的生态环境变化进行总体把握。遥感数据以其覆盖面广、时效性强、信息量大且无破坏等优势成为生物量估计的有力工具。目前光学遥感的应用最广，但是会受到雨云天气等因素的影响。激光雷达也有成功反演森林树高等参数的例子，但是该数据获取成本非常高，只适合小区域的高精度研究。利用 SAR 数据反演地表生物量，是近期发展的一个趋势。SAR 具有全天时、全天候、对水和地形反应敏感，对地物具有一定的穿透能力的优势，可在自然遗产地的生物量数据提取中发挥极其重要的作用。

对于不同的生态系统和植被类型，SAR 数据用于监测生物量的能力和机理具有一定的差别，研究和应用最多的是森林。已有的试验结果证实，长波段的 SAR 后向散射与森林生物量呈显著正相关性，随着生物量的增加而增加。当生物量达到 $1t/hm^2$，后向散射系数趋于饱和状态，变化小于 0.01dB，此时的生物量水平成为雷达后向散射饱和点（Lucas et al., 2010）。雷达后向散射系数对森林生物量的敏感性，随着波长的增加而增加，P 波段最敏感，C 波段最差。因为树叶对短波吸收能力较强，散射能力较弱，叶面积指数越大，散射源的位置越远离地面。长波段能反映冠层及冠层以下的枝干、地表信息，如 L 波段的森林后向散射构成包括：冠层的单次散射、冠层和枝干间多次散射、地表之间散射、地表和枝干间的二面角散射等。SAR 系统更容易监测针叶林，监测密度较大的阔叶林，容易达到饱和点（不超过 60t/hm²）；有观点认为 L 波段非常适合针叶林的生物量制图，但是受到辐射和地形校正的影响，在山区的应用也是非常困难的（Rauste, 2005）。C 波段适合于中低等水平生物量的反演，如含水量较高的湿地。极化方式也对生物量估计有重要影响。通常认为交叉极化（HV/VH）对生物量最敏感，因为对林分结构和龄级最敏感，HH 极化次之，VV 极化最不敏感。H 极化穿透冠层的能力强于 V 极化，因此 HH 反映的更多的是树干和树冠的生物量，而 VV 更多的是与树冠相关，但是 HH 更易受到地形的影响。由于不同极化方式的后向散射来自地物不同层次的散射，因此采用多极化通道是生物量监测的一个好的选择。除了波长和极化方式外，影响生物量监测的因素还有入射角、地形、地表水分及林分特点等。通常 20°～40°的入射角有利于生物量的反演，星载 SAR 系统传感器基本都满足这个条件。入射角较小时，枝条成为主要反射目标，敏感性较差。入射角较大时，冠层影响增大，电磁波穿透地表的能力降低。地形对生物量反演精度的影响非常大，也是制约 SAR 应用的主要因素。SAR 影像的后向散射在坡度较陡地区会出现偏差，能达到数 dB 值，在透视收缩和叠掩区域更为严重；因此生物量反演需要高精度的 DEM，且要对 SAR 影像做精确的地形校正。电磁波对土壤的含水量非常敏感，湿润环境下 SAR 后向散射系数的动态范围会变小，生物量的饱和点也会降低，进而影响到生物量的估计能力。在生物量水平较低时，这种影响更为显著。含水量对不同极化数据的影响也不同，HH 极化的影响较大，对 HV/VH 影响较小。林分结构也会影响生物量的估测，物种类型越单一，估测精度越高。厚的粗糙冠幅，对电磁波散射较强，监测难度较大。反之冠幅较薄的森林，更易监测。生物量水平较低时，地表对生物量的监测也会产生影响。

　　基于 SAR 数据的生物量估计主要采用统计的方法，建立遥感因子与生物量之间的关系。统计模型有对数模型、多元线性回归（multivariable linear regression）、K 指数分布、非线性回归及水云模型等。遥感因子包括不同波段、不同极化的后向散射系数、不同极化数据的比值、不同时相数据的相干参数、极化分解参数，以及海拔、坡度等因子。根据不同的遥感因子可以将方法归为三类。

　　1）利用 SAR 后向散射系数反演生物量

　　SAR 的后向散射系数与地表目标的特征密切相关，常被用来反演各种地表参数，如地表粗糙度、土壤湿度、地物形状与走向等。生物量同样可以由后向散射系数反演，在 SAR 发展的早期就有学者研究过不同波段、不同极化数据与生物量之间的关系。Le Toan 等（1992）通过实验得出 P 波段、HV 极化与树干生物量最相关（R^2 达 0.95），并认为反演算法的关键是 SAR 参数的有效作用范围问题。邵芸等（2001）采用 RADARSAT 数据分析了水稻产量与后向散射系数的关系，并结合经验模型的结果进行对比。已有的研究表明，长波段的后向散射系数对生物量更加敏感，短波段容易达到饱和点，因此长波段更适合森林生物量的反演。也可以从多时相、多极化方式的角度来反演生物量，利用多通道 SAR 数据来估测地表总生物量是一个较好的选择。但是利用 SAR 后向散射系数反演生物量是有限制的，这就是饱和点的问题，等生物量达到某个阈值时，后向散射系数和生物量之间的关系就不再成立。

2）利用 SAR 干涉反演生物量

SAR 传感器记录的是复数信号，除了后向散射系数还有相位信息，它也包含了丰富的地表信息。有学者将 InSAR 中的相干性引入生物量反演之中，这也会遇到饱和点和敏感性的问题。因此理想状态是将后向散射系数和相干性联合起来进行反演，如研究不同空间基线、时间基线、特征区域的 InSAR 数据在生物量制图上的潜力，综合利用后向散射强度图、后向散射变化强度图和相干图估算森林生物量，并评估气候条件对其影响。据此，Askne 和 Santoro（2003）提出了干涉水云模型，将总的相干性分为地表的高相干和冠层的低相干两部分。该模型广泛应用于北方针叶林的生物量反演，但由于输入的环境参数较多，应用受到了限制。Santoro 等（2013）在干涉水云模型基础上提出了 BIOMASAR 算法，使用单幅 ASAR ScanSAR 反演生物量，然后将时间序列上的结果按权重叠加，最终能大幅提高饱和点。

3）极化干涉信息反演生物量

极化干涉 SAR（polarimetric interferometric SAR, Pol-InSAR）集合了极化信息和干涉信息的优势，对地表散射体的空间分布特征、散射体的形状和方向都十分敏感，还具有分解得到不同散射机制特征分量的能力。Pol-InSAR 能提取地表植被的垂直结构信息，可以将不同极化数据形成的干涉图之间的相位差与树高联系起来，因此反演树高一直是极化干涉的一个重要应用。Cloude 和 Papathanassiou（2003）首次给出了极化干涉模型的几何解释，以及利用查找表方法进行参数反演的三步法，并通过实际数据进行了验证。ESPRIT 算法的引入大大提高了反演的效率，但是在反演地面相位的时候会出现偏差。Krieger 等（2005）提出了基于 RVoG 模型和相位统计特性的相位管分析方法，总结了干涉 SAR 中的各类去相干因素。除了树高之外，Pol-InSAR 还用于植被垂直结构散射机制的研究。

4. 自然遗产地地形提取

DEM 是数字高程模型（digital elevation model）的简称。提取 DEM 是 InSAR 技术最早也是最基本的应用。20 世纪 70 年代，美国宇航局（National Aeronautics and Space Administration，NASA）和喷气推进实验室就首次提出来用 InSAR 生成地形图的畅想。2000 年美国宇航局牵头实施了对全球进行三维地形快速测图的项目，就是利用航天 InSAR 技术获取了覆盖全球 80%陆地面积的数字高程模型，即 SRTM（shuttle radar topography mission）DEM。它的绝对垂直精度为 10m，分辨率有 90m 和 30m 两种，在军用和民用方面都取得了广泛的应用。SRTM DEM 给地理学家提供了一个新的工具，可以用作地理信息底图，对其他图像进行几何校正，用于自然遗产的可视化显示和区域的背景环境调查等。此外，地形还与土壤侵蚀、洪水、滑坡和泥石流等自然灾害密切相关，SRTM DEM 也能用于自然遗产地的监测和保护工作。

生成 DEM，需要利用解缠后的地形相位计算出对应的高程值，然后再由 SAR 坐标系转到平面坐标系上，最终生成正射高程图像，这就是地形重建过程。干涉对的选取在提取 DEM 过程中至关重要，基线要保持适中，过短则模糊高度越大，过长则引起严重失相干。为了在两者之间取得平衡，多基线的思想被提了出来并逐渐成为发展的趋势，如 Fornaro 等（2005）又利用多基线 SAR 数据联合干涉获得了厘米级精度的 DEM。2007年后，德国宇航局分阶段发射了两颗先进的星载 SAR 卫星 TerraSAR-X，两颗卫星按照螺旋轨道构型组成编队观测，卫星平台上装有双频 GPS 接收机，三维基线测量精度可达1～2mm。两颗卫星联合观测获取的 DEM 已经完成了第一次全球覆盖，其相对测高精度为 2m，绝对测高精度为 10m，水平定位精度为 10m。这种高精度全球 DEM 产品在科研、国防、生活等各个领域可发挥重要作用。

5. 土壤湿度反演

土壤水分是地球生态系统和全球水循环的重要组成部分，是陆地植物、土壤生物赖以生存的基础，同时也是气候模型、水文模型及大气模型重要的输入参数。大面积实时监测土壤水分是公认的难题。常规的测量方法，虽然精度高，但是测点稀疏，代表性有限，时效性差，且要花费大量人力物力。遥感特别是微波雷达技术的出现，为解决这个问题提供了可能，自 20 世纪 70 年代已经出现了这方面的大量试验和研究。在微波波段土壤含水量会直接影响土壤的介电常数，这是微波反演土壤湿度的基础。微波类型按照工作模式可分为被动微波和主动微波两种：被动以微波辐射计为代表，主动以成像雷达为代表。被动微波通过土壤亮温来估测土壤湿度，土壤亮温由土壤的介电常数和温度决定，而介电常数、温度与土壤含水量有关。被动微波遥感是土壤湿度监测的一种有效手段，优点是幅宽大、缺点是空间分辨率低，不适合区域性尺度的土壤水分监测。以先进微波扫描辐射计 AMSR（advanced microwave scanning radiometer）和 AMSR-E 等为代表的星载被动传感器的发射，大幅提升了时间分辨率，推动了全球土壤湿度反演的进程。

主动微波通过土壤的后向散射系数测量土壤湿度，土壤的后向散射系数主要由介电常数（或者含水量）和土壤的粗糙度决定。在地形平坦、岩性均一的条件下，土壤湿度对介电常数有决定性影响。干土的介电常数为 2～3，而水的介电常数为 80，因此土壤含水量的微小变化都会引起土壤介电常数的剧变。由干土到含水量饱和的湿土，介电常数不断增大，进而引发 SAR 后向散射系数的增大，在影像上的表现就是亮度逐渐增加，这是主动微波提取土壤湿度的理论基础（Ulaby et al., 1988）。但是 SAR 影像的亮度除了受土壤湿度影响外，还会受到植被、粗糙度及雷达本身系统参数的影响，在特定情况下它们对微波信号的作用甚至要超过土壤水分，这就给土壤湿度的反演增加了很大的不确定性。因此反演土壤水分首先要考虑土壤粗糙度的时空差异、植被层的信号衰减和散射，最终确定后向散射系数和土壤湿度的关系。在这个过程中选择适当的工作参数是非常重要的，它能够最大程度的降低粗糙度或植被的影响；例如建议的参数：频率 4.25GHz，极化方式 HH，入射角 7°～17°。

为了建立 SAR 后向散射系数与土壤湿度之间的关系，30 多年的时间内学者们进行了大量的试验研究，建立了许多模型和算法，包括理论模型和经验、半经验模型。常用的理论模型有 Kirchhoff 模型、积分方程模型（integral equation model，IEM）（Fung et al.,1992）。适用于裸地、稀疏和中等密度植被的经验、半经验模型有：Oh 等（1992）和 Shi 等（1997），适用于茂密植被的有：水-云模型（water-cloud model）（Attema and Ulaby,2009）和基于辐射传输方程的 MIMICS 模型（McDonald et al., 1990）。

2.3　激光雷达遥感技术

2.3.1　激光雷达遥感的特性

1. 概述

激光雷达源于 1970 年美国的军事需要，目前已广泛用于商业和民用领域。激光雷达即光探测与测距（light detection and ranging），采用光电探测技术，通过激光器发射高频激光脉冲并接收被测目标反射的回波信号，直接、快速获取地物表面的三维空间信息。相对于传统雷达遥感，激光雷达遥感具有以下特点：

（1）获取地物三维空间信息快速、直接。激光雷达最大的特点是测距功能，能够直接、快速获取目标高精度、高密度的三维空间信息。

（2）分辨率高。激光波长短、方向性好，具有极高的角度、距离和速度分辨率，通常角分辨率约 0.1mrad，可同时跟踪多个目标。

（3）抗干扰能力强。激光直线传播、方向性好，光束窄、隐蔽性好；不受无线电波干扰，能穿透等离子鞘，低仰角工作时受地面多路径效应影响小。

（4）激光波长短，可在分子量级上对目标探测，其他雷达不具备这样的功能。

（5）低空探测性能好。微波雷达易受各种地物回波的影响，低空探测时存在盲区，而激光雷达只有被照射的目标才会产生反射，不受其他地物的影响。

（6）在功能相同情况下，通常激光雷达系统比微波雷达体积更小、重量更轻。

（7）穿透性强。激光雷达脉冲频率高，可以穿透森林植被到达林下，蓝绿激光雷达还可以穿透一定深度的水体获取水下地形信息。

由于具有以上诸多优势，激光雷达已经与成像光谱、成像雷达技术并称为对地观测三大前沿技术，成为当前获取地物三维空间信息的主要途径，并被广泛应用于基础测绘、数字城市、林业资源调查、数字电网、水利工程、交通及通信等诸多领域，为国民经济、社会发展和科学研究提供了极为重要的数据源，并取得了显著的经济效益，展示出良好的应用前景。

2. 激光雷达系统类型

激光雷达种类很多，通常根据搭载平台、激光波长、发射波形、传播介质、探测方式及功能用途等进行分类（王成等，2015），本节结合数字自然遗产应用特点，按以下四种方式进行激光雷达系统分类。

1）搭载平台

按照搭载平台，激光雷达可分为天基、空基和地基三类。天基激光雷达主要以卫星、航天飞机、太空站等航天器为平台；空基激光雷达主要以固定翼飞机、直升机、无人机等航空器为平台；地基激光雷达主要包括地面（三脚架固定）、船载、车载，以及手持激光雷达等。

2）发射波形

按照发射波形的不同，激光雷达可分为脉冲激光雷达和连续波激光雷达。前者主要利用激光脉冲在发射和接收信号之间往返传播的时间差来进行空间距离测量；后者是一种间接方式，利用无线电波段频率对激光束进行幅度调制，测定调制光往返观测目标一次所产生的相位延迟，最后根据调制光波长计算此相位延迟所代表的距离。

3）接收回波类型

按照激光器接收回波类型的不同，激光雷达可分为离散激光雷达和波形激光雷达两种。离散激光雷达系统往往只能接收地物返回的一个或者几个离散的回波信息，仅进行有限次回波采样，其光斑大小与飞行高度、波束发散、瞬时扫描角有关。波形激光雷达系统以非常小的采样间隔，记录地物的回波信息并以数字化形式存储，并能进行波形重构，反映地物目标丰富的垂直结构信息。图 2-1 显示了全波形激光雷达与离散回波激光雷达的区别（Lefsky et al., 2002）。

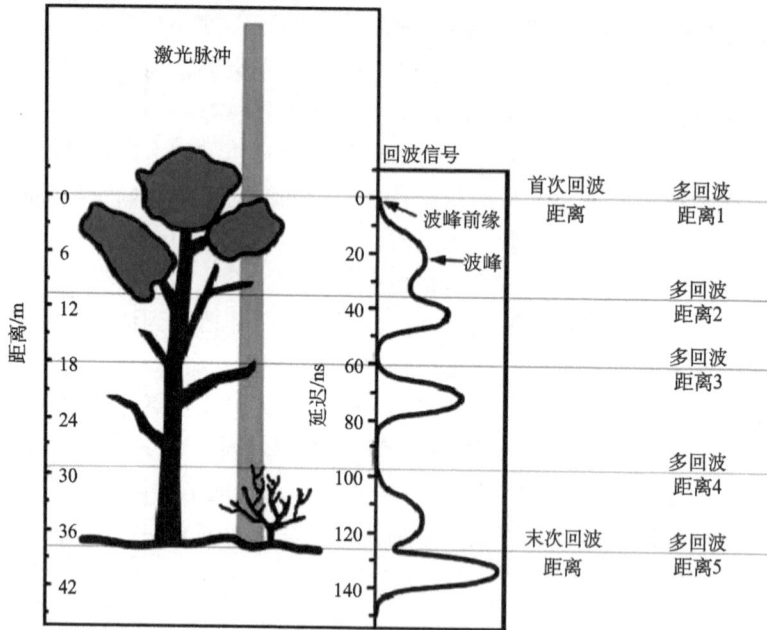

图 2-1　全波形和离散回波激光雷达的接收信号示意图（Lefsky et al., 2002）

4）光斑大小

按照激光脉冲在地面成像的大小，可以分为大光斑激光雷达和小光斑激光雷达。如星载激光雷达（geoscience laser altimeter system，GLAS）的光斑直径约为 70m，属于大光斑激光雷达系统，其点密度小，通常无法成像，但可以形成完整的波形数据。机载激光雷达光斑大小通常从几厘米到几十厘米，属于小光斑激光雷达系统（骆社周等，2015）；扫描密度高，可以对扫描区域进行三维成像。

3. 激光雷达观测机理

目前大多数遥感应用主要还是基于激光雷达的测距能力来获取目标高精度、高密度的三维空间信息。激光测距通常采用两种测量模式：脉冲式和连续波式。

1）脉冲测距模式

目前，大部分激光雷达的测距模式都采用脉冲测距模式（图 2-2），即激光器向目标发射一个或一束很窄的光脉冲，系统测量从信号发射到信号返回的时间间隔（time of flight，TOF），由此计算出激光器到目标的距离，如式（2-3）：

$$R = \frac{1}{2} \cdot c \cdot t \tag{2-3}$$

式中，R 为激光测距仪到目标的距离；c 为光在空气中的速度；t 为光从发射到接收的时间间隔。对式（2-3）求微分得式（2-4）：

$$\Delta R = \frac{1}{2} \cdot c \cdot \Delta t \tag{2-4}$$

式中，ΔR 为测距分辨率，表示两个物体能够区分的最小距离，由时间量测的精度决定。

$$R_{\max} = \frac{1}{2} \cdot c \cdot t_{\max} \tag{2-5}$$

式中，$R_{\max}$ 为最大量测距离，由量测的最长时间（$t_{\max}$）决定，同时又受到激光功率、光束发散度、大气传输、目标反射特性、探测器灵敏度、飞行高度和飞行姿态记录误差的影响（Qin et al.，2018），为了保证能够区分不同波束的回波，通常脉冲测距仪必须接收到上一束激光脉冲的回波信号后再发射下一个激光脉冲，因此必须考虑最大量测距离。

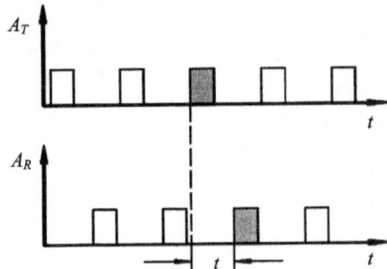

图 2-2　脉冲测距示意图

A_T 表示发射的激光脉冲的振幅；A_R 表示接收的激光脉冲的振幅

2）连续波式激光测距

连续波激光测距雷达也称为相位式测距雷达，即利用连续波激光器向目标发射一束已调制的激光束，激光器接收由目标反射或散射的回波，通过量测激光器发射波和接收波之间的相位差来测量目标与发射器之间的距离（图 2-3），通常相位式测距激光雷达系统的脉冲频率和测距精度高于脉冲式激光雷达（习晓环等，2012）。

相位差量测的时间间隔可通过式（2-6）表示：

$$t = \frac{\phi}{2\pi}T + nT \qquad\qquad (2\text{-}6)$$

式中，n 为经历的波长数；T 为经历一个波长所需的时间；ϕ 为相位差。当 n 等于 0 时，得到式（2-7）：

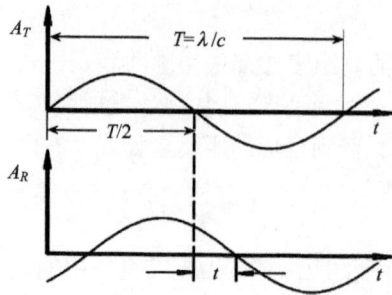

图 2-3　连续波激光测距示意图

$$R = \frac{\phi}{4\pi} \cdot \frac{c}{f} \qquad\qquad (2\text{-}7)$$

对上式求微分，得到测距分辨率 ΔR：

$$\Delta R = \frac{c}{4\pi} \cdot \frac{\Delta\phi}{f} \qquad\qquad (2\text{-}8)$$

最大量测距离 R_{max} 可以表示为

$$R_{max} = \frac{\phi_{max}}{4\pi} \cdot \frac{c}{f} = \frac{2\pi}{4\pi} \cdot \lambda = \frac{\lambda_{max}}{2} \qquad\qquad (2\text{-}9)$$

式（2-8）表明，测距分辨率（ΔR）与相位差（$\Delta\phi$）量测精度和所用的波段（f）有关。所用的波段频率越高其测距分辨率越大，因而相位差测距易获得较高的测距精度，但其最大量测距离（R_{max}）由最大波长（λ_{max}）决定，波长越长，量测距离越大。但是由于高能量的连续波激光器很难实现，限制了连续波激光器的使用，因而目前多数商业化的激光雷达系统都是基于脉冲式的（王成等，2015）。

2.3.2　激光雷达技术在自然遗产地的应用

《保护世界文化与自然遗产公约》定义自然遗产为划定的自然地貌、自然地带和濒危动植物物种生态区，具有美学、科学和生态学等价值。因此，自然遗产地往往都是珍贵的旅游资源，表现为范围广、面积大，所处地形复杂，物种丰富，植被覆盖率高。近年来很多学者利用光学遥感、微波遥感开展了遗产地环境监测研究，取得了有价值的研究成果。从遗产地可持续发展的角度，自然遗产地环境监测的主要指标有自然生态环境变化、地质灾害、森林火灾、森林病虫害、土地退耕与还林还草率、植被种类、动物种类、地形地貌的变化、文物古建保护状况、水体景观、外来物种比例、建筑用地占用程度、建设用地占景区面积百分比、道路用地占景区面积百分比、建筑物和周围环境的协调性等。当然遗产地类型和功能不同，监测指标及各个指标所发挥的作用也有差异，如对于动物保护区，还需要监测动物赖以生存植被的生长状况等。

激光雷达的最大特点是快速、直接获取对象表面高精度的三维空间信息,特别是在森林植被覆盖区域,通过激光雷达获取的点云数据及强度数据,可以反演植被高度、类型、覆盖情况、森林病虫害、森林火灾等;高频率激光脉冲可以穿透森林植被得到林下地形地貌信息等。

1. 自然遗产地森林植被结构参数反演

植被是自然遗产地非常重要的环境因子,是许多自然遗产地 OUV 的重要表征要素。良好的植被生长状况体现了自然遗产地的生态学和美学价值。植被高度、叶面积指数(leaf area index,LAI)、生物量等是林木生长最具代表性的立体结构参数,直观反映了植被生长状况,是森林生态系统能量交换过程的基本生理变量。很多学者利用不同类型的激光雷达数据,开展了植被结构参数的反演研究并取得了有价值的研究成果(Luo et al., 2013, 2014;尚任等,2015)。

1)植被高度

森林植被的垂直结构(冠层高、枝、叶)及其在空间分层排列的状态和格局是森林生长状况的反映;激光雷达系统获取的森林回波的振幅和宽度记录着林木枝叶回波的能量和相对高度,这一响应机理从理论上科学、准确地解释了激光雷达回波波形特征和能量所对应的物理现象,是激光雷达准确反演森林植被结构参数的理论基础。无论是星载和机载激光雷达,还是大光斑、小光斑,或者离散和全波形激光雷达,植被的激光回波信号通常从树冠开始,然后激光脉冲穿过树冠和林下植被,并到达地面,激光器可以接收到地面回波信号和植被冠层反射信号。

星载大光斑激光雷达系统获取的光斑直径往往大于单木冠幅,因此获得的波形数据通常包含了光斑内所有探测目标的回波信息,空间分辨率低但覆盖范围广。此类大光斑激光雷达系统以美国 NASA 2003 年发射 ICESat-1 卫星上搭载的 GLAS 为代表,这也是全球首颗星载、全波形、大光斑激光雷达系统(光斑直径约 70m)。很多学者利用 GLAS 数据,或者融合光学、微波等遥感数据,开展了森林植被高度的反演研究,取得了很多有价值的研究成果(Yang et al., 2014),如 Yang 等(2014)利用中国区域 2008 年 2 月的 GLAS 数据和同时期 MODIS 数据,通过对 GLAS 数据进行预处理、波形特征参数提取,并辅以 ASTER GDEM 数据计算的地形指数和 GLC2000 植被分类数据,分三个植被类型建立了基于波形特征参数和地形指数的树高估算模型;同时选择 MODIS/BRDF 数据的最佳波段,通过神经网络训练建立了基于 GLAS 和最佳波段组合的树高反演模型,并应用该模型制作了中国森林植被平均高度的连续分布图(王成等,2015)。美国已于 2018 年 9 月 15 日成功发射第二代星载激光雷达系统,该系统有别于 GLAS,采用微脉冲光子计数原理,具有更高的点云密度和空间分辨率,有更大的应用潜力。

相对于 GLAS,机载激光雷达系统获取数据的方式灵活,可以根据研究需要获取不同密度的点云数据,而且还可以反演小区域尺度甚至单木尺度上的植被高度信息。相对于林木的冠幅,机载激光雷达系统获取数据的光斑尺寸较小,因此高密度的点云数据即可满足需求。对于低矮植被,全波形机载激光雷达数据能够记录地物所有的回波信息,通过对接收的全波形数据进行分析和处理,可以得到植被垂直结构上的精细信息,如可以探测高度小于 0.15m 的植被信息（Luo et al., 2014）。Wang 和 Glenn（2009）利用机载点云数据建立植被冠层激光点密度的垂向频率分布图，通过分层回归方法精确地计算树高。近年来，美国徕卡（Leica）和奥地利 Riegl 公司相继研制了多脉冲机载激光雷达系统，大大增强了激光雷达数据的点密度，提高了森林结构参数反演精度。

地面激光雷达，也称为地面三维激光扫描技术（terrestrial laser scanning, TLS），兴起于 20 世纪 80 年代，近年来得到了广泛应用。相对于机载和星载激光雷达，TLS 获取数据的方式更加灵活，点云密度和精度更高，获取地物的信息更完整（习晓环等，2012）。国内一些学者基于树干点云垂直连续分布的特点，利用手工量测得到单木树高。尚任等（2015）开展了 TLS 数据提取包括树高等单木结构参数的研究工作，利用改进的 Hough 变换提取了单木高度等信息。

2）叶面积指数

叶面积指数（LAI）是单位地表面积上所有叶片表面积的一半，是分析冠层结构最常用的参数之一，与植物的光合、呼吸、蒸腾、碳循环和降水截获等过程密切相关，因此准确客观地估算 LAI 对研究自然遗产地环境具有重要的生态学意义和实际应用价值。利用激光雷达采集的高精度数据，以及激光脉冲穿透冠层的特性来描述冠层空隙度，并通过朗伯比尔定律转换为叶面积指数，不仅可以克服传统光学遥感反演 LAI 的饱和问题，而且提高了 LAI 的反演精度（骆社周等，2012）。

星载激光雷达在反演大尺度森林 LAI 方面具有优势，GLAS 发射的激光脉冲能部分穿透植被冠层，通过对回波波形进行分析，不仅可以得到整个植被冠层的三维结构和冠层下地形，而且结合光学数据（如 TM 等）可以实现大区域森林植被 LAI 的连续反演（骆社周等，2015）。机载激光雷达反演森林 LAI 的研究较多，多利用机载激光雷达的回波数据和原始强度值，或者校正后的强度数据，建立激光穿透指数与实测 LAI 的统计回归模型进而实现 LAI 制图（Luo et al., 2013）。Luo 等（2014）针对低矮密集植被中存在点云穿透性弱等问题，研究并发展了机载 LiDAR 湿地低矮植被 LAI 的反演模型，实现了基于机载激光雷达数据的湿地植被 LAI 制图。地面激光雷达可以非常容易地获得单木尺度的 LAI，通过对高密度树冠点云进行二维投影，直接计算投影面面积即可得到单木的叶面积指数。

3）生物量/蓄积量

自然遗产地的森林生物量/蓄积量是反映遗产地生态系统功能和生产力的重要指标，而目前很多生物量反演模型或者模型的输入参数都与森林的垂直结构（如冠层高）密切相关。利用星载激光雷达，或者激光雷达与光学数据融合反演，可得到高精度的森林冠层高度模型，实现大区域森林生物量空间制图（董立新等，2011）。对于小光斑激光雷达点云数据，如果点密度较高（>4～5pts/m^2），可实现单木级别的平均高、胸径、单位面积胸高断面积反演，然后直接或间接地建立回归模型估算生物量/蓄积量。也有学者利用机载激光点云数据提取树高，并建立树高和冠幅线性模型及树高曲线来推算冠幅和胸径，最后利用平均标准木法推算蓄积量并通过生物量转换因子估算蓄积量。

4）树种识别

LiDAR 与光学数据结合可以综合利用森林植被的垂直结构信息和光谱信息，实现树种的高精度识别（Holmgren et al., 2008）。另外，近年来发展的多角度（multiple angles）LiDAR 系统，可以从不同的发射方向获取森林植被信息，提高对单木垂直结构的获取和对树冠体积的估测能力，结合其获取的强度信息，可以有效地实现树种的识别。

2. 自然遗产地地质灾害监测

地震、滑坡等地质灾害会给自然遗产地造成破坏性影响，如 2008 年汶川特大地震对大熊猫栖息地的影响。机载激光雷达可以用于地震等地质灾害造成的断裂带监测研究，如美国学者在西雅图 Bainbridge 岛屿发现了一个高达 5m 的断裂带，切断了沿南北方向的冰蚀沟，而由于断裂带周围森林植被茂密，传统人工勘察和高分辨率航片均未发现该断裂，由此美国于 1999 年成立了专门的激光雷达委员会，研究利用激光雷达技术提取地质断裂带信息，分析断裂带的位移情况，并评估地震等灾害的环境影响。

另外，滑坡也是自然遗产地一个重要的地质灾害，需要及时进行滑坡稳定性分析，并预测滑坡发生后的规模以及危害性。2008 年汶川大地震后，武汉大学利用机载 LiDAR 测量都（都江堰）-汶（汶川）公路上的滑坡，在 $1km^2$ 范围内发现了多个滑坡体，并测量和估算了滑坡体的面积、土石方等，为滑坡灾后应急响应提供了可靠的数据。

除了以上应用，激光雷达在自然遗产地环境监测中的应用还有森林火灾、森林病虫害监测、灾后评价及森林植被覆盖情况监测等。

2.4　景观变化空间信息提取方法

全球变化特别是气候变暖对世界遗产地带来潜在威胁，给遗产地保护提出严峻挑战。群落交错带是相邻生态系统之间相互作用的复合体，具有明显的过渡性、脆弱性、敏感性、尺度性和动态性（付玉等，2014）。此区域内大部分植物共生种都达到了生存临界值，被认为是对气候变化响应最为敏感的地带之一（朱芬萌等，2007），因此，加强世界遗产地群落交错带的研究，对遗产地保护及其可持续发展具有重要意义。

高山林线（alpine timberline）是当海拔达到一定高度时出现的树木尚能生长到一定郁闭度且高度大于 3m 的特殊过渡区域（Holtmeier, 1994）；而高山树线（alpine treeline）是在高海拔地带的树高不足 2m 的乔木生长上限，是地球上最明显的植被分界线之一，在树线以上还分布有树高不足 2m 的矮曲木生长的上限，称为树种分布上限（tree species line），通常人们把从山地郁闭森林（closed tall forest）到高山树线之间的区域称为高山林线区域（Holtmeier, 1994），从山地郁闭森林上限到树种分布上限之间的整个过渡带被称为高山树线群落交错带（alpine treeline ecotone, ATE）。高山林线作为高山区景观类型的一条重要生态界限，因其特有的敏感性和动态性，其对气候变化的响应特征可作为表征全球变化的指示器（Holtmeier and Broll, 2007），能为深刻认识气候变化对区域森林生态系统的影响及其所带来的后果、预测未来森林生态系统分布格局的时空变化提供科学参考。同时，也能为保护和恢复诸如大熊猫等濒危珍稀物种的栖息环境提供理论依据，为生物多样性保护优先区域的生态系统管理提供数据支撑。

目前国内外关于林线动态研究的方法主要分为地面调查法、生态模型法和遥感解译法三大类。

2.4.1　地面调查法

地面调查法是基于地面样线、样方调查结果（王晓东和刘惠清, 2011），主要是通过人工采集大量地面样点，确定其地理及生态环境属性，进而对一些群落分布格局、植被结构和组成等进行定性描述（王晓春等, 2005），或引入数量分类和排序、多元统计方法等对高山林线进行初步定量研究（Klikoff, 1965）。其中，应用最为广泛的就是利用代用指示资料重建历史植被或环境，然后判断环境变化对林线的影响。常用的代用指示资料包括历史记录、树木年轮、湖泊沉积物、冰心、黄土、孢粉、海底岩心、古土壤等，一般要求具有较高的时间分辨率（张英和陈建飞, 2011），这种方法被国内外研究人员广泛用于植被分布状况及所处环境的模拟分析中。根据所利用历史代用资料的不同，常用的代用指示资料重建法主要包括沉积物孢粉信息研究法、同位素研究法、树木年代学研究法（又称年轮分析法）等。该方法利用局部生态特征表征区域生态特征，具有一定的误差，且存在样点采集困难，耗时长，成本高等缺点。对于高山植被景观信息的获取，这些不足则显得更为明显。

2.4.2　生态模型法

生态模型法就是尽可能使用简单的数学工具，来定量研究生态系统中物质与能量的流动，以及复杂生态系统的生态过程的方法。生态模型多种多样，目前已被用于林线动态研究，如 SnowTran-3D 模型（Hiemstra et al., 2006）、Common Land Model 模型、林窗模型-FAREAST、LINKAGES 模型等。该方法不仅可以模拟高山林线对古气候的响应，还可以对未来气候变化对高山林线的影响进行预测。但这种方法还不够成熟，模型构建时要考虑的关键是如何提高模型的适用范围和预测精度。在预测林线变化时，目前尚没有理想的预测模型。

2.4.3　遥感解译法

随着 3S（RS, GNSS, GIS）等空间信息技术的发展，以遥感技术为代表的大面积宏观长时序的观测成为可能，且获取数据受地面条件限制小，能够形成历时时序数据，为研究高山林线生态交错带提供了广阔的平台。遥感解译法就是将遥感科学与地理信息系统融入林线景观格局分析中的空间分析法，将不同时期的遥感影像进行时序对比分析，从而监测气候变化背景下的林线动态变化趋势。

目前，遥感动态监测已成为探究植被覆盖时空分布动态最为方便快捷的方法，也逐渐成为树线长期动态监测的有效手段（付玉等, 2014）。以往的研究中，利用遥感解译的方法对高山林线进行提取主要分为两大类：一类是基于对遥感影像进行土地利用分类，再结合目视解译(张英和陈建飞, 2011)、形态学(姜鲁光等, 2014)、地学统计(张英, 2012)、景观学原理（王晓东和刘惠清, 2011）等方法来进行林线提取；另一类是通过分析归一化植被指数（normalized difference vegetation index，NDVI）与海拔等环境因子的相关性来进行林线位置分析。前一类方法依赖于影像分类的精度，后一类方法则是先利用地面采样获取地理属性，再根据地理位置获取样点遥感影像中的 NDVI 值，最后利用样点分析生态环境特征，归根结底，并没有脱离地面样点调查。

2.4.4　DEM-NDVI 方法

DEM-NDVI 方法的核心思想就是构建 DEM-NDVI 散点分布图并模拟成连续曲线来反映植被分布随海拔的变化。首先，通过辐射定标、大气校正等预处理获取研究区 NDVI 和 DEM 数据；其次将配准后的 NDVI、DEM 数据叠加并构建散点图，并根据散点图分析 NDVI 随高程升高的变化规律；在此基础上，结合研究区地面调查资料，以及高分辨率遥感卫星解译结果对 DEM-NDVI 散点分布结构进行分析，得到 NDVI 随高程变化各个阶段对应植被类型，从而提取林线分布范围；最后根据长时间序列散点分布结构动态分析，结合气候变化特征，分析得到林线对气候变化的响应特征。具体流程图如图 2-4 所示。

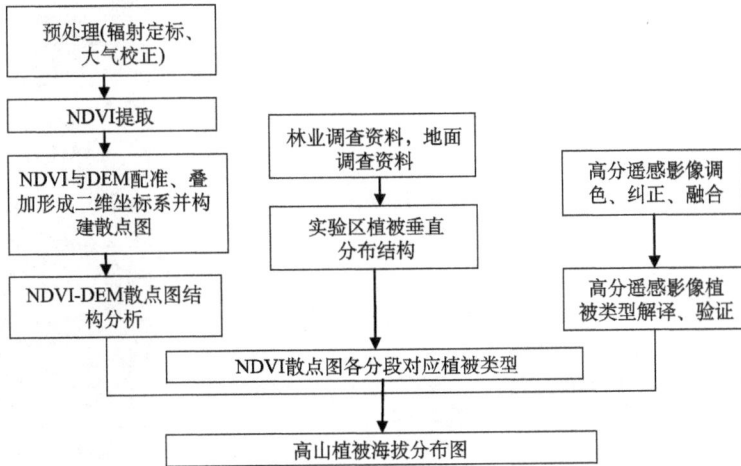

图 2-4　总体流程图

1. 高分遥感影像植被类型解译

以四川大熊猫栖息地为例，主要利用 WorldView2 高分辨率遥感影像进行解译。该影像空间分辨率达到 0.5m，具有 8 个多光谱波段。参考野生大熊猫对生境选择的特征，研究将实验区遥感解译系统设置为以下四类：裸土与裸岩、高山草甸与高山灌丛、针叶林和阔叶林。利用高分遥感影像解译结果如表 2-2 所示。

2. DEM-NDVI 散点图构建及其结构分析

不同海拔，NDVI 有不同的分布特征。例如，对于四川亚热带-暖温带山地，在海拔较低地区，NDVI 值总体较高（图 2-5）；在海拔较高的山顶部分，NDVI 值较低（图 2-6）；在山腰处，NDVI 值随海拔升高而降低（图 2-7）。利用 NDVI、DEM 散点分布图，可以明显看出此分布特征。因此，利用此分布特征可以提取闭郁林上限和草甸灌丛之间的过渡带，如图 2-8 所示。

表 2-2　高分遥感影像解译标志

植被类型	影像特征	遥感图像
裸土与裸岩	裸土在真彩色遥感影像中呈灰色,具有细颗粒均匀分布,中间夹杂大颗粒裸岩。裸岩呈灰色,颗粒较大,背光一侧有阴影	
阔叶林	阔叶林在真彩色影像中呈墨绿色,不同植株之间间隔小。植株树冠不完整,造成阔叶林结构呈现片状特征	
针叶林	针叶林呈暗绿色,植株之间间隔较大,受光照、山体坡度、坡向原因,可能出现较多像素的阴影。植株树冠较完整,呈近似圆形或椭圆形	
高山草甸与高山灌丛	高山灌丛有单年生与多年生,单年生灌丛在影像上呈灰褐色,多年生灌丛呈绿色。高山草甸一般为单年生草本植物,在影像中呈灰褐色。高山草甸与高山灌丛相间生长。高山灌丛较低矮,植株之间比较密集,呈片状,阴影像素较少	

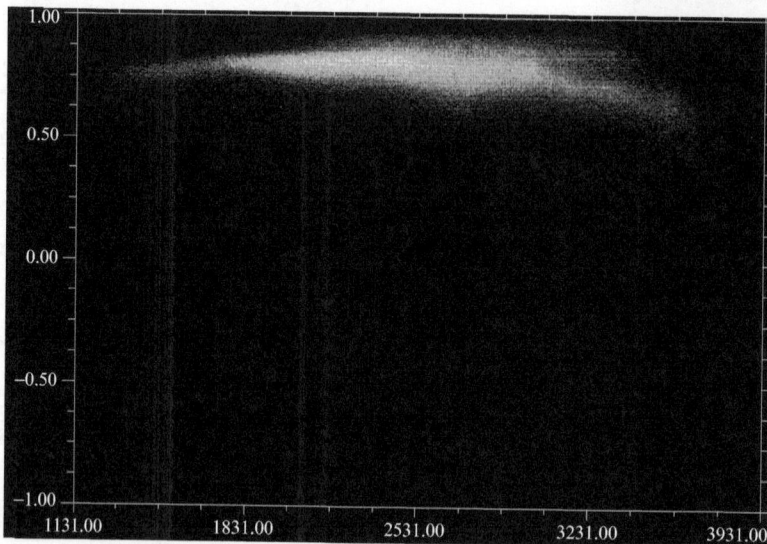

图 2-5　低海拔地区 NDVI 分布图

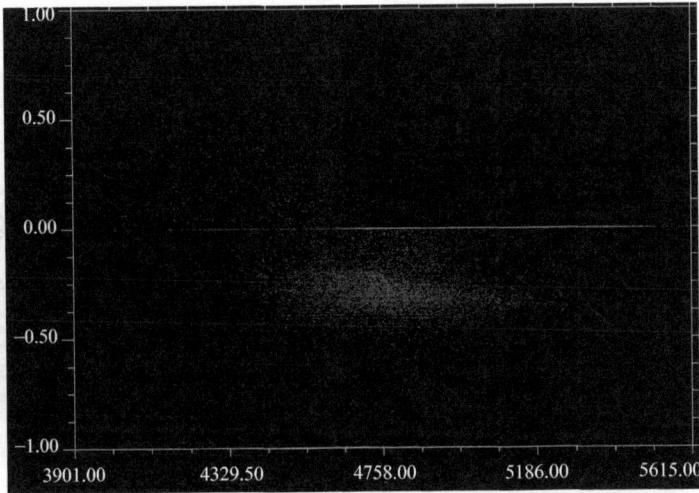

图 2-6　高海拔地区 NDVI 分布图

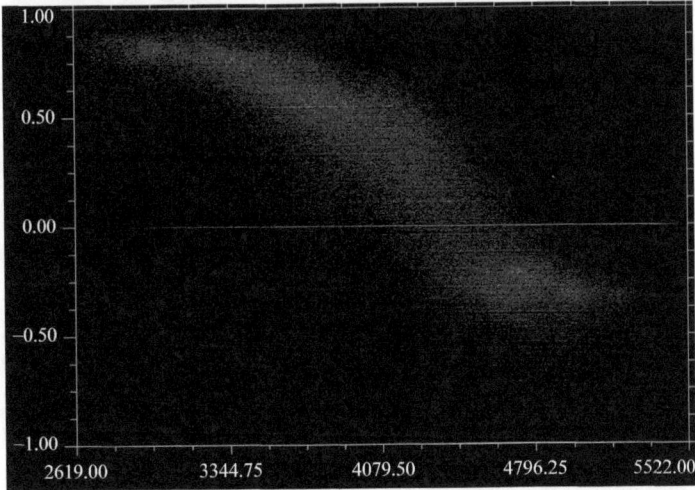

图 2-7　山腰处 NDVI 分布图

将 DEM 数据与 NDVI 配准后，进行叠加，得到的每个像元同时具有海拔与 NDVI 信息。将 DEM 和 NDVI 叠加组合后的数据映射到以海拔为横坐标，NDVI 为纵坐标的坐标系中，从而得到 DEM-NDVI 散点分布图。需要说明的是，在进行 DEM-NDVI 散点图构建时，实验区的选取极为关键，选区应为人类干扰较小的区域，同时包含山顶和山底，且从山顶到山底各类植被均匀分布，以保证 DEM-NDVI 散点图结构的显著性。

利用滑动平均法求各海拔 NDVI 平均值，确定 DEM-NDVI 散点图拟合曲线，进而得出随海拔变化各个阶段的海拔区间。滑动平均法能够有效地消除观测值中的随机波动，便于下一步定量刻画各阶段海拔位置。NDVI 平均值滑动窗口大小为 100m，每次滑动距离为 10m（为保证精度不丢失，滑动距离为 DEM 高程精度一半），如将海拔 2090～2190m 内 NDVI 求平均值作为海拔 2140m 的平均 NDVI，滑动 10m 后，将海拔 2100～2200m 内 NDVI 求取平均值作为海拔 2150m 的平均 NDVI。

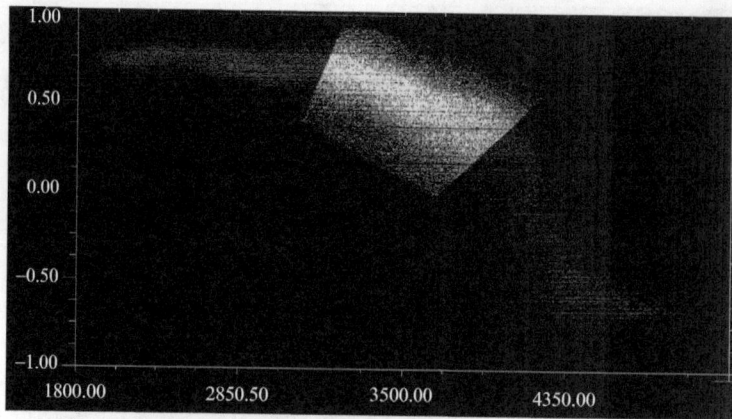

(a) 高山林线交错带NDVI分布图

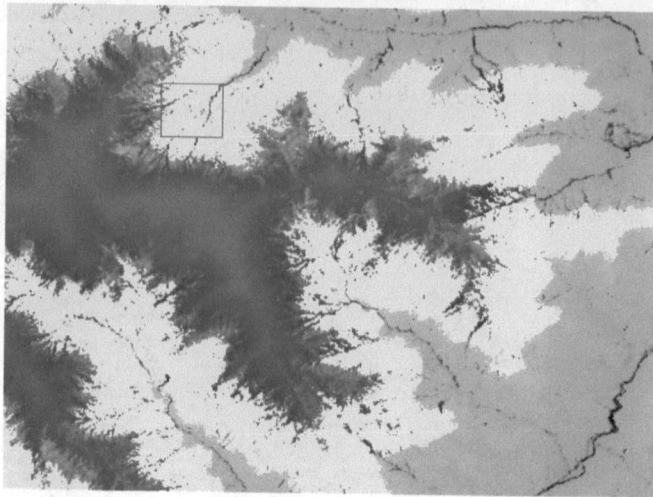

(b) 高山林线交错带地理位置分布图

图 2-8　高山林线交错带分布图

　　DEM-NDVI 散点图及其拟合曲线的构建主要采用 MATLAB 与 C++混合编程来实现。MATLAB 是美国 MathWorks 公司出品的商业数学软件,是一种智能度很高的语言,被广泛应用于算法开发、数据可视化、数据分析和数值计算中。相较于传统的非交互式语言(如 C、C++)等,它将数值分析、矩阵计算、科学数据可视化、系统建模和仿真等功能集成在一个易于交互操作的视窗环境中。因此,采用 MATLAB 和 C++混合编程的方式,能各取所长,使程序达到最简化。

　　DEM-NDVI 散点数据的读取、筛选及滑动求平均主要通过 C++程序实现,该程序包括"TransPointData"、"CleanData"、"BuildPoint"、"SortData"、"statistic"和"slideaver" 6 个子程序,最终以 txt 格式文件输出各高程滑动平均值。DEM-NDVI 散点图及拟合曲线的绘制主要在 MATLAB 中进行。以中国卧龙大熊猫自然保护区关沟东南坡和西北坡为例,滑动平均值曲线如图 2-9 所示。

　　对于大熊猫栖息地,我们选择卧龙保护区中部的关沟作为实验区,关沟东南坡、西北坡的 NDVI 随海拔升高呈下降规律：

（1）NDVI 随海拔升高呈"Z"字形下降；

（2）按照 NDVI 随海拔升高速率不同，可分为 4 个阶段；

（3）不同的山坡各阶段海拔不一致，同一山坡各阶段海拔接近；

（4）高海拔与低海拔地区 NDVI 波动较小，中等海拔地区同一海拔内 NDVI 波动剧烈。

NDVI 随海拔变化反映了植被类型及其分布随高程变化的特征。在海拔较低的第一阶段，NDVI 值较高且相对稳定，反映了该区段植被分布茂密，植被类型为阔叶林、针叶林。在第二、三阶段，NDVI 值迅速下降，原因是随着海拔超过高山林线后，主要植被类型为高山灌丛、高山草甸，且逐渐稀疏。达到海拔较高地区后的第 IV 阶段，NDVI 值呈现出最低且较为稳定的特征，反映的是该区高山植被极少分布。造成 NDVI 随海拔升高呈"Z"字形下降的主要原因为植被类型，植被分布面积随海拔升高而变化。

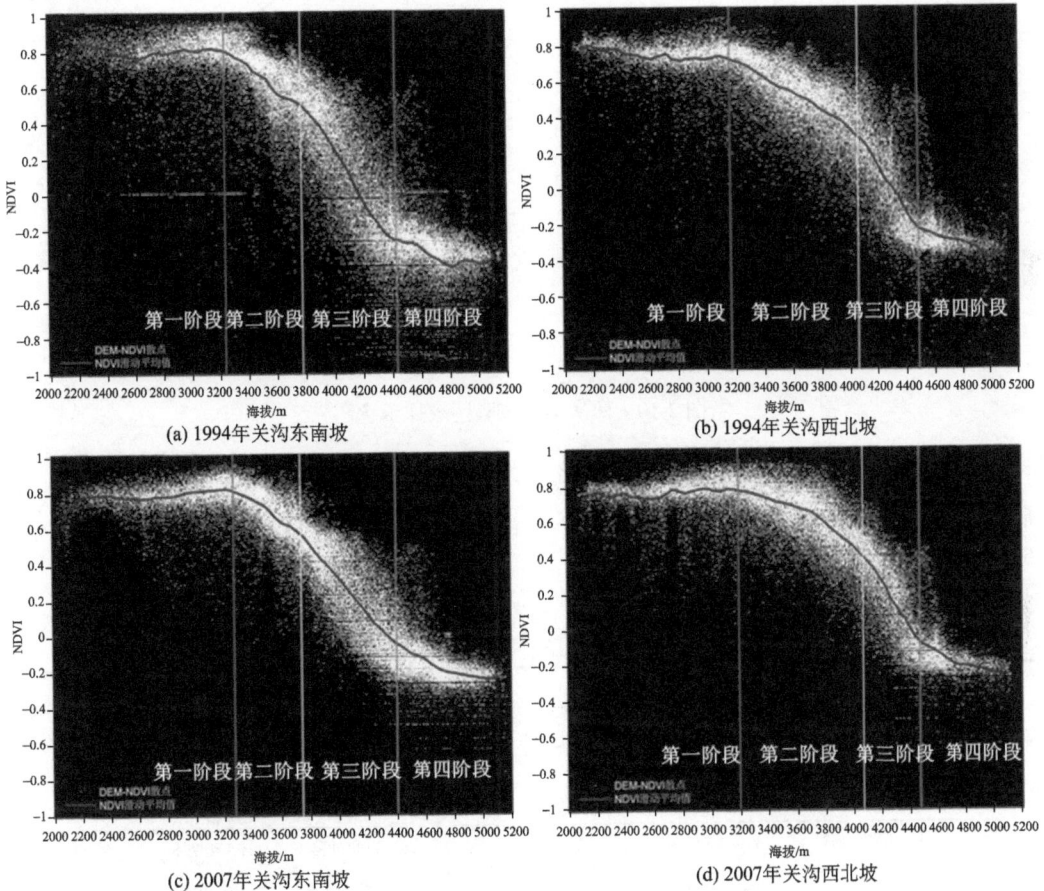

图 2-9　DEM-NDVI 散点分布图

3. 植被垂直度定量刻画

利用 NDVI 移动平均值变化趋势，将 NDVI 下降速率接近的海拔区间划分为同一阶段。划分方法为以下四步。

第一步：分析四阶段核心分布区间。

第二步：对核心分布区间 NDVI 滑动平均值求线性回归线。

第三步：通过不同区间回归直线求交点。

第四步：NDVI 滑动平均值曲线上，离回归线交点最近点作为不同阶段的分割点。

该划分方法中人工参与部分为第一步，为验证本方法的稳定性，对同一 NDVI 滑动平均值曲线选取两次不同范围核心区，分别求取各阶段海拔范围。以卧龙关沟西北坡 1994 年数据为例，该实验区基于两种不同核心区所确定的植被带定量刻画如图 2-10 所示。

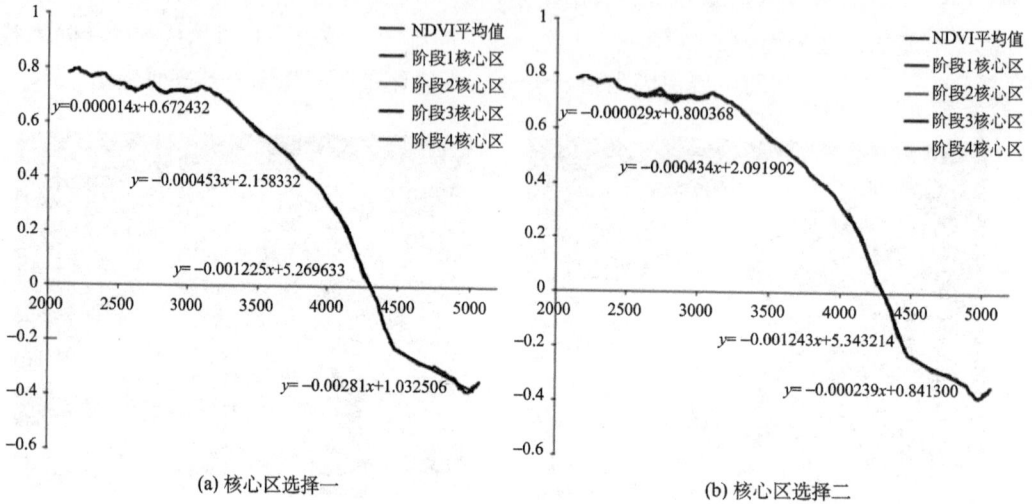

(a) 核心区选择一　　　　　　　　　　　　(b) 核心区选择二

图 2-10　两次不同核心区选择示意图

由图 2-10 可见，各阶段核心区选择总体一致。但第一阶段考虑到前期波动剧烈，只取后半段作为核心区。利用各区段回归直线，计算交点，并求离曲线最近点，结果如表 2-3 所示。

表 2-3　两次不同核心区定量刻画结果

核心区选择一				核心区选择二			
回归线	斜率、截距[*1]	交点[*2]	最近点	回归线	斜率、截距[*1]	交点[*2]	最近点
一	$a=0.000014$ $b=0.672432$	$X_{12}=3182$	$X'_{12}=3180$	一	$a=-0.000029$ $b=0.800368$	$x_{12}=3189$	$x'_{12}=3190$
二	$a=-0.000453$ $b=2.158332$	$Y_{12}=0.717$ $X_{23}=4029$	$Y'_{12}=0.711$ $X'_{23}=4030$	二	$a=-0.000434$ $b=2.091902$	$y_{12}=0.708$ $y_{23}=4019$	$y'_{12}=0.705$ $x'_{23}=4020$
三	$a=-0.001225$ $b=5.269233$	$Y_{23}=0.333$ $X_{34}=4488$	$Y'_{23}=0.297$ $X'_{34}=4490$	三	$a=-0.001243$ $b=5.343214$	$y_{23}=0.348$ $x_{34}=4484$	$y'_{23}=0.306$ $x'_{34}=4480$
四	$a=-0.000281$ $b=1.032506$	$Y_{34}=-0.229$	$Y'_{34}=-0.229$	四	$a=-0.000239$ $b=0.841300$	$y_{34}=-0.230$	$y'_{34}=-0.224$

注：*1 回归线 $y=a*x+b$；*2：X_{ij}、Y_{ij} 分别代表第 i、第 j 阶段交点 X、Y 坐标

表 2-3 中 X'_{12}, X'_{23}, X'_{34} 分别和 x'_{12}, x'_{23}, x'_{34} 相差–10, 10, 10。其差值都小于 DEM 高程精度 20m，因此利用回归线对平均值曲线划分为不同阶段是可行的。

从表 2-3 中可以看出，选取不同核心区对定量刻画结果有一定的影响，但在精度范围内。

利用上述方法，分别将东南坡 1994 年、2007 年和西北坡 1994 年、2007 年 NDVI 平均值曲线划分不同阶段，如表 2-4 所示。

表 2-4　DEM-NDVI 散点图各阶段海拔及 NDVI 值

	第一阶段		第二阶段		第三阶段		第四阶段	
	海拔/m	NDVI	海拔/m	NDVI	海拔/m	NDVI	海拔/m	NDVI
1994SE	<3240	>0.7	3240～3790	0.3～0.95	3790～4430	−0.45～0.7	>4430	−0.5～0
2007SE	<3270	>0.7	3270～3750	0.45～0.9	3750～4400	−0.25～0.7	>4400	−0.3～0.05
1994NW	<3185	>0.65	3185～4025	0.1～0.8	4025～4485	−0.35～0.4	>4485	−0.35～−0.15
2007NW	<3200	>0.7	3200～4030	0.2～0.9	4030～4460	−0.25～0.5	>4460	−0.25～0
SE 平均	<3255	—	3255～3770	—	3770～4415	—	>4415	—
NW 平均	<3193	—	3193～4028	—	4128～4473	—	>4473	—

注：SE 代表东南坡；NW 代表西北坡

分析表 2-4 可以发现：首先，同一山坡，高山植被垂直带海拔分布范围刻画结果差异较小。其中东南坡 1994 年与 2007 年各阶段海拔范围相差最大的为第三阶段与第四阶段分界线，高程差为 30m。西北坡 1994 年、2007 年各阶段海拔范围高程差最大为 15m。造成差异的原因可能包括遥感影像成像条件不一致、遥感影像拍摄月份有较大差异、刻画方法的系统误差等。一般而言，定量刻画山区植被垂直分布精度约为 100m。因此，本方法能够提供更高精度的高山植被垂直带定量刻画。其次，东南坡、西北坡各阶段海拔范围有较大差异。东南坡第一、二阶段分界线平均比西北坡第一、二阶段分界线高 62m，然而第二、三阶段分界线比西北坡低 358m，第三、四阶段分界线比西北坡低 58m。因此，东南坡、西北坡各阶段海拔分布差异主要体现在第二、三阶段。

4. 林线提取及动态分析

DEM-NDVI 散点分布图表明 NDVI 随高程升高呈阶段性下降。这种阶段性下降特征是由植被垂直分布导致的。以卧龙关沟东南坡为例，利用高分遥感影像解译出东南坡 119 个均匀分布的样本点（其中：高山灌丛、高山草甸样本点 54 个，阔叶林样本点 7 个，针叶林样本点 31 个，裸土裸岩样本点 27 个），通过分析各类植被在 DEM-NDVI 散点图中的分布位置来得出各个阶段植被类型。样本点分布如图 2-11 所示。样本点 2007 年 NDVI 随高程变化如图 2-12 所示。将样本点投影到 DEM-NDVI 散点分布图结果如图 2-13 所示。

图 2-11 样本点分布

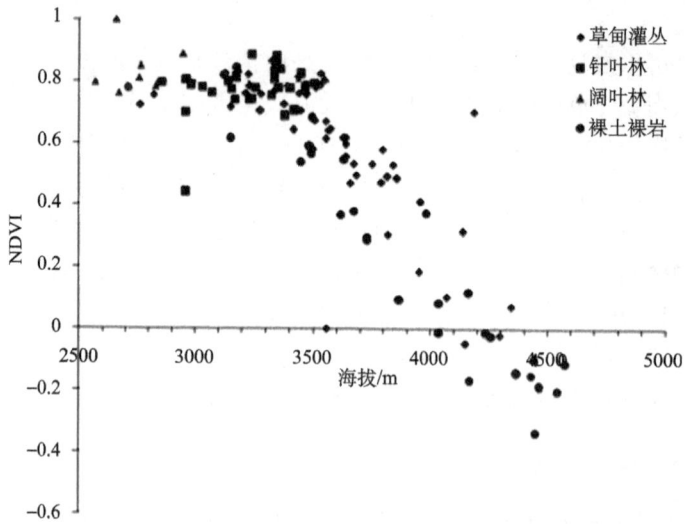

图 2-12 样本点 NDVI 随高程变化

对比图 2-11、图 2-13 可以得出 DEM-NDVI 散点图中各个阶段植被类型，如表 2-5 所示。

第一阶段的植被以针、阔叶林为主，同时也有少量草甸灌丛分布。这是由于该区域内存在滑坡现象，造成郁闭林破坏，草甸、灌丛的次生植被在滑坡体优先生长。

第二阶段即林线交错带分布区。针叶林随海拔升高分布面积降低具有渐变性特点。在渐变区域内，针叶林与高山灌丛、高山草甸相间生长。从渐变区开始，NDVI 开始下降。后期主要植被为高山灌丛、高山草甸，同时随着海拔升高其面积缓慢下降。高山植被带应以本区域为低海拔起始点，对于东南坡，起始点为海拔 3255m，西北坡为海拔 3193m。

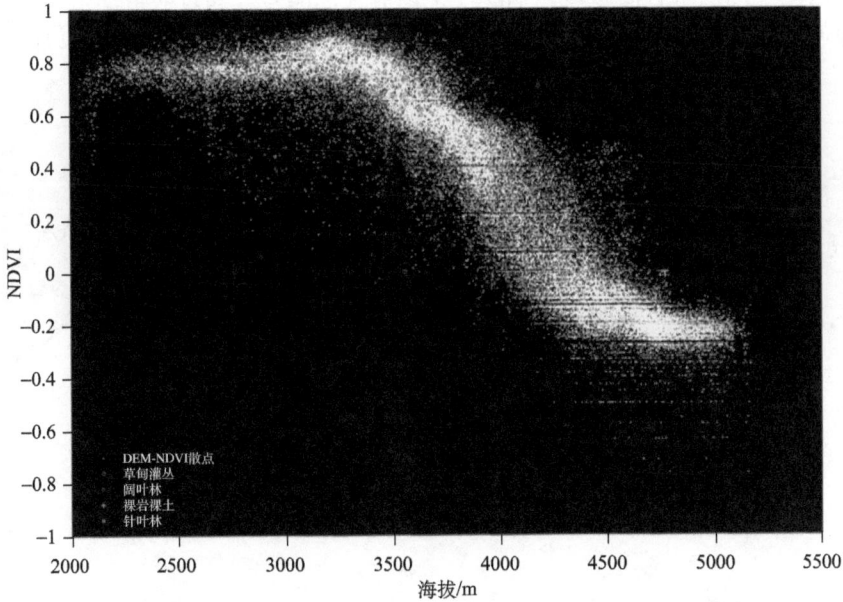

图 2-13　样本点与 2007 年东南坡 DEM-NDVI 散点图叠加结果

表 2-5　DEM-NDVI 各阶段植被类型

阶段	海拔范围	植被类型
第一阶段	SE: <3255m	主要类型：阔叶林、针叶林；次要类型：高山灌丛、高山草甸
	NW: <3193m	
第二阶段	SE: 3255～3770m	主要类型：高山草甸、高山灌丛；次要类型：针叶林
	NW: 3193～4028m	
第三阶段	SE: 3770～4415m	主要类型：高山草甸、高山灌丛
	NW: 4128～4473m	
第四阶段	SE: >4415m	无植被分布
	NW: >4473m	

　　第三阶段为高山灌丛、高山草甸及其面积急剧下降区域。

　　第四阶段为裸岩裸土。高山草甸分布上限即为第三阶段与第四阶段的分界处，东南坡高山草甸、高山灌丛分布上限约为海拔 4415m，西北坡约为 4473m。

　　从表 2-5 中可以看出，东南坡、西北坡的第二、第三阶段分界线有较大差异，通过分析图 2-11 和图 2-12 可以发现，该差异并不是针叶林造成的。实验区内针叶林分布海拔远小于 3770m。因此造成该差异的主要原因为东南坡、西北坡植被生长条件差异或植被分布类型差异，造成这一差异的原因需要通过地面调查数据进行深入研究。

5. DEM-NDVI 滑动平均值相关性分析

利用滑动平均法求各海拔段内 NDVI 平均值及标准差。通过对滑动平均值做相关分析，来说明利用 DEM-NDVI 分析高山植被垂直分带的可靠性与稳定性。以卧龙关沟为例，其东南坡、西北坡 NDVI 滑动平均值及标准差如图 2-14 所示。

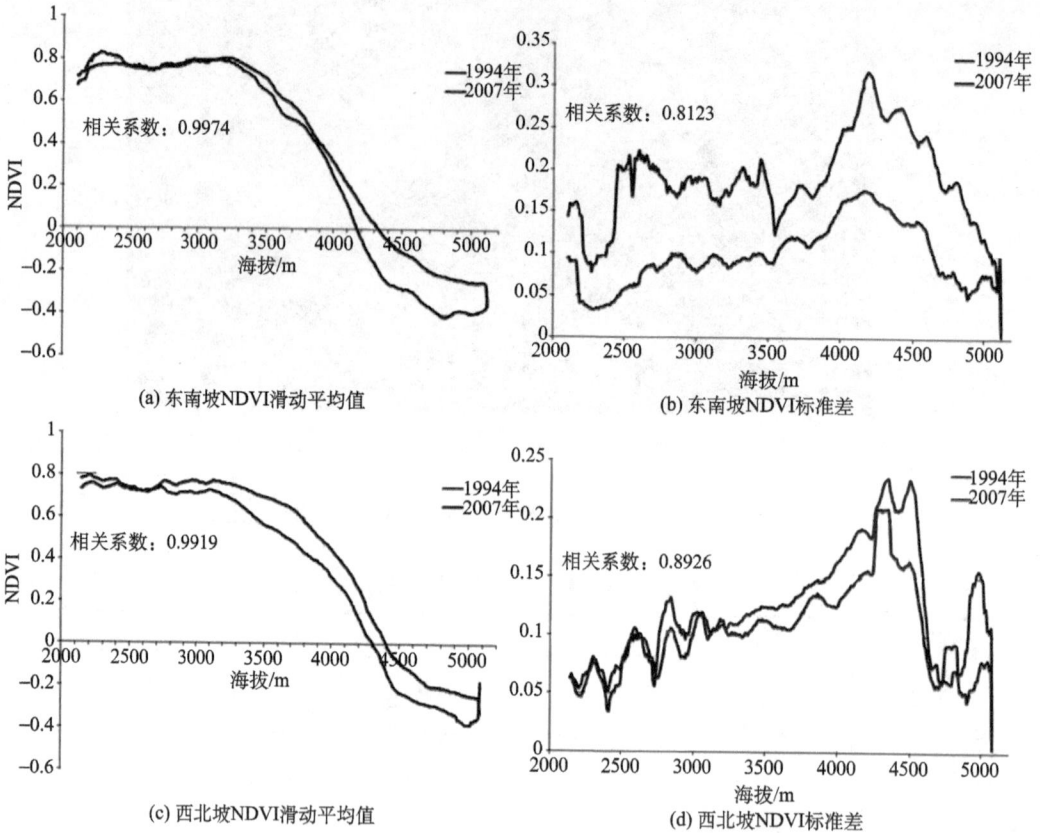

(a) 东南坡NDVI滑动平均值

(b) 东南坡NDVI标准差

(c) 西北坡NDVI滑动平均值

(d) 西北坡NDVI标准差

图 2-14　NDVI 分段平均值及方差

理论上，NDVI 滑动平均值曲线是一条平滑的"刀刃"曲线。然而植被分布不仅受海拔的影响，而且还受局部地理因素，如坡向、土壤等因素的影响。因此图 2-14 中 NDVI 平均值曲线呈现出一定的波动。NDVI 平均值标准差代表窗口内 NDVI 集中程度。标准差越小，说明 NDVI 分布越集中，该 NDVI 值更能代表该海拔的平均 NDVI 值，反之亦然。

从图 2-14（a）、（c）中可以看出：同一区域 1994 年、2007 年 NDVI 的相关系数较高，都达到了 0.99 以上。说明对同一区域，不同年份之间 NDVI 随 DEM 变化具有一致性。这就说明了对于存在植被垂直分带的高山地区生成的 DEM-NDVI 散点分布图都呈现出分段结构。因此，利用 DEM-NDVI 散点分布图定量刻画高山植被垂直分带能够推广到其他具有垂直分带特征的高山地区。

东南坡 2007 年 NDVI 标准差与西北坡 1994 年、2007 年 NDVI 标准差都较为接近，东南坡 1994 年 NDVI 标准差明显偏高。这说明 1994 年东南坡 NDVI 分布比其他三个案例更加分散。尽管如此，东南坡 1994 年 DEM-NDVI 滑动平均值曲线与东南坡 2007 年 DEM-NEVI 滑动平均值曲线相关系数达到 0.9974。这说明 NDVI 集中程度对 DEM-NDVI 散点分布结构分析影响不大。

参 考 文 献

常锦峰, 王襄平, 等. 2009. 大兴安岭北部大白山高山林线动态与气候变化的关系. 山地学报, 27(6): 703~711

陈富龙, 林珲, 程世来. 2013. 星载雷达干涉测量及时间序列分析的原理、方法与应用. 北京: 科学出版社

陈述彭. 1991. 地理系统与地理信息系统. 地理学报, 58(1): 1~7

陈述彭, 童庆禧, 郭华东. 1998. 遥感信息机理研究. 北京: 科学出版社

董立新, 吴炳方, 唐世浩. 2011. 激光雷达 GLAS 与 ETM 联合反演森林地上生物量研究. 北京大学学报(自然科学版), 47(4): 703~710

付玉, 韩用顺, 张扬建, 等. 2014. 树线对气候变化响应的研究进展. 生态学杂志, 33(3): 799~805.

郭华东, 等. 2000. 雷达对地观测理论与应用. 北京: 科学出版社

郭华东, 王为民, 朱博勤. 2004. 多模态传感器辐射模态数据在 SZ-4 飞船模拟验证研究. 武汉: 全国国土资源与环境遥感技术应用交流会

姜鲁光, 刘晓娜, 封志明. 2014. 三江并流区高山林线的遥感识别及其空间格局分析. 资源科学, 36(2): 259~266

刘东起, 范文义, 李明泽. 2012. 利用小光斑激光雷达估测林分参数和生物量. 东北林业大学学报, 40(1): 39~43

刘国祥, 等. 2012. 永久散射体雷达干涉理论与方法. 北京: 科学出版社

骆社周, 王成, 习晓环, 等. 2015. 星载激光雷达 GLAS 与 TM 光学遥感联合反演森林叶面积指数. 红外与毫米波学报, 34(2): 243~249

尚任, 习晓环, 王成, 等. 2015. 基于地面激光扫描数据的单木结构参数提取. 测绘科学, 40(9): 78-81

邵芸, 郭华东, 范湘涛, 等. 2001. 水稻时域散射特征分析及其应用研究. 遥感学报, 5(5): 340-345

舒宁. 2000. 微波遥感原理. 武汉: 武汉大学出版社

王成, 习晓环, 骆社周, 等. 2015. 星载激光雷达数据处理与应用. 北京: 科学出版社

王晓春, 周晓峰, 孙志虎. 2005. 高山林线与气候变化关系研究进展. 生态学杂志, 24(3): 301~305

王晓东, 刘惠清. 2011. 长白山北坡林线岳桦种群与土壤关系. 地理研究, 30(3): 531~539

魏伟, 赵军, 王旭峰. 2008. 天祝高寒草原区 NDVI、DEM 与地表覆盖的空间关系. 干旱区研究, 25(3): 394~401

习晓环, 骆社周, 王方建, 等. 2012. 地面三维激光扫描系统现状及发展评述. 地理空间信息, 10(6): 13~15

张英. 2012. 近 50 年来广东山地林线高度的时空变化分析. 广州: 广州大学硕士学位论文

张英, 陈建飞. 2011. 林线对气候变化响应的国内研究进展与展望. 世界林业研究, 24(6): 18~22

周成虎, 欧阳, 马廷. 2009. 地理格网模型研究进展. 地理科学进展, 28(5): 657~662

周年兴, 林振山, 黄震方, 等. 2008. 世界自然遗产地面临的威胁及中国的保护对策. 自然资源学报, 23(1): 25~32

朱芬萌, 安树青, 关保华, 等. 2007. 生态交错带及其研究进展. 生态学报, 27(7): 3032~3042

Askne J, Santoro M. 2003. Multitemporal repeat-pass SAR interferometry of boreal forests. IEEE Transactions on Geoscience and Remote Sensing, 41(7): 1540~1550

Attema E P W, Ulaby F T. 2009. Vegetation modeled as a water cloud. Process in Physical Geography, 33(4): 457~473

Chen F, Lin H, Yeung K, et al. 2010. Detection of slope instability in Hong Kong based on multi-baseline differential SAR interferometry using ALOS PALSAR data. GIScience & Remote Sensing, 47(2): 208~220

Cloude S R, Papathanassiou K P. 2003. Three-stage inversion process for polarimetric SAR interferometry. IEE Proc. Radar Sonar Navig, 150 (3): 125~134

Devi N, Hagedorn F, Moiseev P, et al. 2008. Expanding forests and changing growth forms of Siberian larch at the Polar Urals treeline during the 20th century. Global Change Biology, 14: 1581~1591

Dirnböck T, Dullinger S, Grabherr G. 2003. A regional impact assessment of climate and landuse change on alpine vegetation. Journal of Biogeography, 30(3): 401~417

Ferretti A, Fumagalli A, Novali F. et al. 2011. A new alogorithm for processing interferometric data-stacks: SqueeSAR. IEEE Transactions on Geoscience and Remote Sensing, 49(9): 3460~3470

Fornaro G, Guarnieri A M, Pauciullo A, et al. 2005. Joint multi-baseline SAR interferometry. EURASIP Journal on Applied Signal Processing, 20: 3194~3205

Fung A K, Li Z, Chen K S. 1992. Backscattering from a randomly rough dielectric surface. IEEE Transactions on Geoscience and Remote Sensing, 30(2): 356~369

Gabriel A K, Goldstein R M. 1988. Crossed orbit interferometry: Theory and experimental results from SIR-B. International Journal of Remote Sensing, 9(5): 857~872

Gomez-Chova L, Fernandez-Prieto D, Calpe J, et al. 2006. Urban monitoring using multi-temporal SAR and multi-spectral data. Pattern Recogniti on Letters, 27: 234~243

Hiemstra C A, Liston G E, Reiners W A. 2006. Observing, modelling, and validating snow redistribution by wind in a Wyoming upper treeline landscape. Ecological Modelling, 197(1~2): 35~51

Holmgren J, Persson A, Soerman U. 2008. Species identification of individual trees by combining high resolution LiDAR data with multispectral images. International Journal of Remote Sensing, 29(5): 1537~1552

Holtmeier F K. 1994. Ecological aspects of climatically caused timberline fluctuations. In: Beniston M. Mountain Environment in Changing Climates. London, New York: Rautledge. 220~233

Holtmeier F K, Broll G. 2007. Treeline advance-driving processes and asverse factors. Landscape Online, 1: 1~33

Hooper A. 2008. A multi-temporal InSAR method incorporating both persistent scatterer and small baseline approaches. Geophysical Research Letters, 35: L16302

Huang H B, Li Z. 2011. Automated methods for measuring DBH and tree heights with a commercial scanning LiDAR. Photogrammetric Engineering and Remote Sensing, 77(3): 219~227

Klikoff L G. 1965. Photosynthetic response to temperature and moisture stress of three timberline meadow species. Ecology, 46(4): 516~517

Krieger G, Papathanassiou K P, Cloude S R. 2005. Spaceborne polarimetric SAR interferometry: Performance analysis and mission concepts. EURASIP Journal on Advances in Signal Processing, 20: 3272~3292

Le Toan L, Beaudoin A, Riom J, et al. 1992. Relating forest biomass to SAR data. IEEE Transactions on Geoscience and Remote Sensing, 30(2): 403~411

Lefsky M A, Cohen W B, Parker G G, et al. 2002. Lidar remote sensing for ecosystem studies. Bioscience, 52(1): 19~30

Lucas R, Armston J, Fairfax R, et al. 2010. An evaluation of the ALOS PALSAR L-band backscatter-Above ground biomass relationship Queensland, Australia: Impacts of surface moisture condition and vegetation structure. Selected Topics in Applied Earth Observations & Remote Sensing IEEE Journal, 3(4): 576~593

Luo S Z, Wang C, Pan F F, et al. 2014. Estimation of wetland vegetation height and leaf area index using airborne laser scanning data. Ecological Indicators, 48: 550~559

Luo S Z, Wang C, Zhang G B, et al. 2013. Forest leaf area index(LAI) estimation using airborne discrete return LiDAR data. Chinese Journal of Geophysic, 56(3): 233~242

Malila W A. 1980. Change vector analysis: An approach for detecting forest changes with Landsat. LARS Symposia, 385: 327~335

Marlow G P. 1998. Palaecology of postglacial treeline shifts in th enorthern Cascade Mountains, Canada. Palaeoecology, 141: 123~138

Massonnet D, Feigl K. 1998. Radar interferometry and its application to changes in the earth's surface. Reviews of Geophysics, 36(4): 441~500

McDonald K C, Dobson M C, Ulaby F T. 1990. Using mimics to model L-band multiangle and multitemporal backscatter from a walnut orchard. IEEE Transactions on Geoscience and Remote Sensing, 28(4): 477~491

Oh Y, Sarabandi K, Ulaby F T. 1992. An empirical model and an inversion technique for radar scattering from bare soil surfaces. IEEE Transactions on Geoscience and Remote Sensing, 30 (2): 370~382

Peake W H, Oliver T L. 1971. The response of terrestrial surfaces at microwave frequencies. Columbus: Ohia State University. Columbus Electroscience Lab

Price E J, Sandwell D T. 1998. Small scale deformation associated with the 1992 Landers, California Earthquake mapped by synthetic aperture radar interferometry phase gradients. Journal of Geophysical Research, 103(B11): 27001~27016

Qin H M, Wang C, Xi X H, et al. 2017. Simulating the effects of the airborne Lidar scanning angle, flying altitude, and pulse density for forest foliage profile retrieval. Applied Sciences, 7(712): 1~18

Rauste Y. 2005. Multi-temporal jers sar data in boreal forest biomass mapping. Remote Sensing of Environment, 97(2): 263~275

Santoro M, Askne J I H, Wegmuller U, et al. 2007. Observations, modeling, and applications of ERS-ENVISAT coherence over land surfaces. IEEE Transactions on Geoscience & Remote Sensing, 45(8): 2600~2611

Santoro M, Beer C, Cartus O, et al. 2013. Retrieval of growing stock volume in boreal forest using hyper-temporal series of Envisat ASAR ScanSAR backscatter measurements. Remote Sensing of Environment, 115(2): 490~507

Shi J, Wang J, Hsu A, et al. 1997. Estimation of bare surface soil moisture and surface roughness parameter using L-band SAR image data. IEEE Transactions On Geoscience and Remote Sensing, 35(5): 1254~1266

Ulaby F T, Batlivala P P, Dobson M C. 1978. Microwave backscatter dependence on surface roughness, soil moisture, and soil texture: Part I~bare soil. IEEE Transactions on Geoscience Electronics, 16(4): 286~295

Ulaby F T, Moore R K, Fung A K. 1981. Microwave Remote Sensing: Microwave remote sensing fundamentals and radiometry. New Jersey: Addison Wesley Publishing Company, Advanced Book Program World Science Division

Ulaby F T, Van Deventer T E, Haddock T F, et al. 1988. Millimeter wave bistatic scattering from ground and vegetation targets. IEEE Transactions on Geoscience & Remote Sensing, 26(3): 229~243

Wang C, Glenn N. 2009. Integrating LiDAR intensity and elevation data for terrain characterization in a forested area. IEEE Geosciences and Remote Sensing Letters, 6(3): 463~466

Yang T, Wang C, Li G C, et al. 2014. Forest canopy height mapping over China using GLAS and MODIS data. Science China: Earth Sciences, 57(1): 1~11

Zebker H A, Goldstein R M. 1986. Topographic mapping from interferometric synthetic aperture radar observations. Journal of Geophysical Research Solid Earth, 91(B5): 4993~4999

第3章 动物生境要素精细信息提取技术与方法

3.1 多源高分辨率遥感图像融合技术

遥感图像融合是指将不同类型传感器的遥感图像数据，采用一定的方法进行优势互补，产生新图像的过程。它可以综合多源遥感数据的诸多优势于一体，实现富集优势、减少缺陷的目的。用户可以从融合后的图像中挖掘出许多原始图像上不明显的、有价值的信息，实现一加一大于二的效果。通过图像融合可以改善后续的图像分割、图像分类的精度，这对于高层次的影像分析和影像理解有很大帮助。因此，图像融合技术在军事目标识别、图像处理等领域应用广泛。

利用遥感图像融合算法得到合成图像，在保持多光谱（multispectral，MS）图像光谱信息的同时增强了 MS 图像的空间细节，进而增强了遥感图像的分析与处理能力，有利于对目标的提取和分类（Simone et al., 2002）。遥感图像融合可以达到多重目的（李洪娟，2013）：①在保持 MS 图像光谱信息的同时增强了其空间细节，有效增加了其空间信息；②突出了在单幅图像中不太明显的地物；③提高了后续的图像分割和分类的精度；④可以用于变化检测，即将同一个地区、不同时相的遥感影像进行融合可得到该地区的变化信息；⑤实现了数据互补：将不同类型传感器获取的遥感数据进行融合处理，可以弥补单一图像中缺乏的空间信息和光谱信息，克服单一传感器的局限性，达到数据利用效率的最大化。

根据融合过程中信息的抽象程度及应用层次的不同，遥感图像融合可分为像素级图像融合、特征级图像融合及决策级图像融合（赵云霞和王沛，2013）。像素级融合直接在原始数据层上进行融合。该层次的融合准确性最高，能够提供其他层次的融合处理所不具有的更丰富、更精确、更可靠的细节信息，有利于图像的进一步分析、处理与理解。像素级融合是特征级图像融合和决策级图像融合的基础，但是与其他两个层次的融合相比，它需要处理的信息量更大，处理时间较长，对图像处理设备的要求也比较高。

3.1.1 像素级图像融合

像素级图像融合是在可见光、红外及 SAR 等原始数据基础上进行的数据综合分析。现有的像素级图像融合方法可以分为三类（Zhang, 2010）：成分替代法、图像调制法和多分辨率法。

（1）成分替代法首先对低空间分辨率的 MS 图像进行空间变换，得到图像的多个成分，然后用全色（panchromatic，PAN）波段图像代替某一个成分，最后进行空间逆变换得到融合图像。成分替代法的典型算法包括：IHS（亮度-色度-饱和度，intensity-hue-saturation）融合方法、PCA（主成分分析，principal component analysis）融合方法（Chavez et al., 1991）和 Gram-Schmidt 光谱锐化法（Laben and Brower, 1998）等。这类融合算法速度快、易实现，但融合结果存在明显的光谱失真，主要用来辅助进行原始图像解译、地物分类、地物识别和信息提取等任务。

在 IHS 融合方法中，首先采用 IHS 空间变换将三个波段的 MS 图像由红绿蓝空间变换到颜色空间，得到图像的亮度（I）、色调（H）和饱和度（S）三个成分，然后用高空间分辨率的 PAN 图像替换颜色空间中的亮度分量 I，最后将亮度、色调和饱和度三个成分进行 IHS 逆变换，得到空间增强后的融合图像。这个融合图像既具有 PAN 图像的高空间分辨率，又保持了 MS 图像的光谱特征，有利于改善图像判读，提高分类和制图精度等，适用于目视解译和资源调查等。由于 PAN 和 MS 图像不可能完全相关，因此融合图像中会存在明显的光谱失真，而且 IHS 融合方法只能同时对三个波段的 MS 图像和 PAN 图像进行融合。

PCA 融合方法采用 PCA 技术来对原始 MS 图像进行融合处理。主分量分析是在统计基础上的一种最小均方误差的多维（多波段）最优正交线性变换。遥感图像的不同波段之间往往存在较高的相关性，主分量变换可以去掉这种相关性，并且将图像中的有用信息集中到新的主成分中，从而达到减少数据量、增强图像信息的目的。PCA 融合算法主要包括如下几个步骤：根据 MS 波段间的相关矩阵计算图像的特征值和特征向量，将特征向量按特征值的大小从大到小进行排序，从而得到转化矩阵；参照转化矩阵将 MS 图像进行空间变换得到图像的各个主成分；将 PAN 图像进行灰度拉伸，使之具有与第一主分量相近或相同的均值和方差，然后用 PAN 图像代替第一主分量；将所有主成分做主成分逆变换得融合后的 MS 图像。PCA 融合方法能有效提高 MS 图像的清晰度，增强图像的可判读性和量测性，并且可以同时处理多个波段。

（2）图像调制法主要包括基于波段比值的图像融合算法，代表性算法有：Brovey 法、Pradines 法（Pradines, 1986）、SVR（支持向量回归, support vector regession）法（Munechika et al., 1993）、SFIM（smoothing filter-based intensity modulation）法（Munechika et al., 1993）、HR（high resolution）法（Jing and Cheng, 2009）等。对于来自同一传感器的 MS 和 PAN 图像，这类算法能有效降低融合图像的光谱失真，但当这两个图像来自于不同的传感器，或者它们的空间分辨率差异较大时，这类算法的应用效果会受到限制。该类算法中涉及的低分辨率 PAN 图像是通过波段算术运算、物理模型模拟，或统计分析等方法估算的，并不是真正存在的低分辨率 PAN 图像。

（3）多分辨率法主要采用多分辨率分析技术对原始图像进行多尺度分解，推导出 MS 图像在高分辨率下应具有的 PAN 图像空间细节信息，然后向 MS 图像注入这些空间细节信息来增强 MS 图像的空间细节。多分辨率分析技术不仅具有在空间域和频率域的局部聚焦能力，也提供了人眼视觉比较敏感的对比度信息。基于该技术的融合算法对 MS 和 PAN 图像的融合过程与人眼视觉系统和计算机视觉中对事物由粗到细的认识过程十分类似。典型的多分辨率融合算法包括 àtrous 小波融合法（Teggi et al., 2003）、AWLP（additive wavelet luminance proportional）法（Otazu et al., 2005）、Laplacian 金字塔法（Alparone and Aiazzi, 2006）和非采样的轮廓变换（non-subsampled contourlet transform, NSCT）法（Yang and Jiao, 2008）等。

小波变换作为一种多分辨率图像分析工具,在遥感图像融合领域中得到了广泛应用,这主要得益于其良好的时频分析特性。小波变换对高频成分采用逐步精细的时间域（或空间域）取样步长，可以"聚焦"到对象的任意细节，从而被誉为"数学显微镜"。小波变换能够将一个信号分解为空间域（或时间域）上的独立部分，同时又不丢失原始信号所包含的信息，并且可以找到正交基，实现无冗余的信号分解。传统的小波图像融合方法主要包括基于降采样小波变换（discrete wavelet transformation，DWT）和基于 àtrous（有洞）小波变换的图像融合算法。该类方法的融合规则是分别对低频和高频小波系数进行处理。然而这一规则忽略了后两者间的联系，并且计算量大、处理速度较慢，直接应用于遥感图像特别是高分遥感图像的融合局限性较大。针对这一局限性，各种新型的、基于小波变换的图像融合算法不断涌现，如基于提升小波变换的快速多聚焦图像融合方法（邵国峰等，2014）和利用图像对比度将高频系数和低频系数的处理联系起来，并以对比度作为度量系数取舍的准则进行的图像融合（王正林，2014）。前一个方法首先利用提升小波算法将原始图像分解为四个子带，然后采用提升小波反变换来获得各个方向子带的高频细节图像，并计算所得到的高频细节图像的非均匀加权区域能量，最后根据基于能量的图像融合规则得到最终的合成图像。该方法较原始的小波融合方法速度提升很多。

多分辨率融合方法能有效保持 MS 图像中的光谱信息，但在 PAN 图像的高频细节信息注入之后，合成图像可能会出现空间畸变，典型的现象有振铃效应、虚景混淆、边缘及纹理模糊等（Amolins et al.，2007）。

最近几年，越来越多的研究者开始将现有的图像融合算法进行重新组合从而开发出了新的融合算法。例如，为综合成分替代融合算法在空间信息保留方面的优势和多分辨率融合算法在光谱信息保留方面的优势，一些研究人员提出了结合小波分解和成分替代的融合算法。这类方法虽然能获得优于成分替代法和多分辨率法的融合结果，但增加了计算复杂度。在 MS 和 PAN 波段的相关性较低的情况下，合成图像会存在较多的光谱失真。为进一步降低光谱失真，并使合成图像保持 MS 图像的物理意义，将传感器光谱响应函数和地物光谱特性与以上三大类融合算法相结合的算法也被提了出来。此外，光学和微波图像的融合，高光谱图像和 LiDAR 数据的融合，这些不同平台遥感数据的融合也都发展了起来。

3.1.2　特征级图像融合

特征级遥感图像融合属于图像融合的中间层次，该类融合既可以对不同图像的特征的融合，也可以对一个图像的不同特征进行的融合。该类融合的处理方法是首先对来自不同传感器的原始信息进行特征提取，然后再对从多传感器获得的多个特征信息进行综合处理和分析，以实现对多传感器数据的分类、汇集和综合。与像素级图像融合不同的是，特征级图像融合强调特征在空间上的一一对应而非像元在空间上的一一对应。特征级融合实现了可观的信息压缩，有利于实时处理，提供的特征也直接与决策分析相关，但其融合的精度要低于像素级。特征级图像融合主要应用于基于多元信息融合的遥感图像分类、从遥感图像中提取不同类型的特征信息并进行综合分析、变化检测、地物特征参数的量化分析等方面。

3.1.3 决策级图像融合

决策级图像融合是特征提取和特征识别过程后的融合，是一种高层次的信息融合。决策级融合的结果将为各种控制或决策提供依据，为此，必须结合具体的应用目标有选择地利用特征信息。决策级融合的优点是容错性强、开放性好、处理时间短、数据要求低、分析能力强。由于对预处理及特征提取有较高要求，决策级融合的代价较高。

决策级遥感图像融合是对多种分类器识别结果进行取舍、综合的过程。在进行决策融合前，需要已经完成对遥感图像的基本分类判断。决策融合的方法有模糊集理论、神经网络、多数投票法、Bayes 理论等。

3.1.4 遥感图像融合新方法——RMI 法

MS 和 PAN 图像在空间上应该严格对齐，它们之间的错位往往会使融合图像中的地物边界模糊，显著降低融合图像的光谱质量和视觉效果。如果一个 PAN 像元与 MS 亚像元 M_1 对应于同一地物，但两者在空间上有微小错位，则 PAN 像元在空间上对应另一个亚像元 M_2。M_2 与 M_1 在空间上相邻，其像元矢量的长度不同，但像元矢量的方向却是相近的。因此，可以通过"保持 M_2 的矢量方向、参照 PAN 像元来重新设置 M_2 的像元矢量长度"这一方式来模拟产生一个新的亚像元 M_1 来与 PAN 图像融合，从而降低 MS 和 PAN 像元间的错位对融合结果的影响，提高融合图像的目视效果和光谱质量。基于这一思想，Jing 和 Cheng（2011）提出了 RMI（reduce misalignment impact）融合方法。

RMI 方法的第一步是建立低分辨率的 PAN 图像与 MS 图像之间的线性拟合关系：

$$P_L = \sum_{i=1}^{n} a_i M_i + b + e \tag{3-1}$$

式中，M_i 为 MS 像元的第 i（$i = 1, \cdots, n$）个波段；P_L 为用平均法估计的低分辨率 PAN 像元；系数 a_i 和 b 可由最小二乘法计算得到；e 为残差。由于 MS 和 PAN 图像间可能有错位，建立该线性拟合关系时可以排除 MS 和 PAN 图像的边缘部分，只使用图像的中间部分。

假设式（3-1）也适用于高分辨率的 PAN 图像 P 和 MS 图像 M，那么该公式可以写为

$$P = \sum_{i=1}^{n} a_i M_{i,\mathrm{f}} + b + e = |M_{\mathrm{f}}| \sum_{i=1}^{n} \frac{a_i M_{i,\mathrm{f}}}{|M_{\mathrm{f}}|} + b + e \tag{3-2}$$

式中，M_{f} 为融合后的 MS 图像；$M_{i,\mathrm{f}}$ 为融合后的第 i 个 MS 波段；"| |"为矢量长度。融合后的 MS 像元的矢量长度则为

$$|M_{\mathrm{f}}| \approx \frac{P - b}{\sum\limits_{i=1}^{n} \dfrac{a_i M_{i,\mathrm{f}}}{|M_{\mathrm{f}}|}} \tag{3-3}$$

融合后的 MS 像元的单位像元矢量 $M_{\mathrm{e,f}}$ 就可以表示为

$$M_{e,f} = \frac{M_f}{|M_f|} = \frac{M}{|M|} \qquad (3-4)$$

综合以上公式，可以得到融合像元 M_f：

$$M_f = |M_f| M_{e,f} = \frac{P-b}{\sum_{i=1}^{n} a_i M_i} M \qquad (3-5)$$

大气效应是图像融合过程中必须考虑的一个重要因素（Jing and Cheng, 2009）。大气效应中的主要部分是大气程辐射。大气程辐射可以用暗像元法较容易地确定。大气程辐射可以在图像融合过程开始前从原始图像中消去，然后在融合过程结束后重新加到融合图像中去。

图 3-1 是北京城区伊科诺斯卫星（IKONOS）图像融合的示例。从图中可以看出，RMI 融合方法能够更有效地处理植被与非植被分界处的混合像元，使融合图像中的地物边界更清晰。该方法的融合效果与 PANSHARP 类似，优于传统的 Brovey、SDM、Gram-Schmidt 等融合方法。

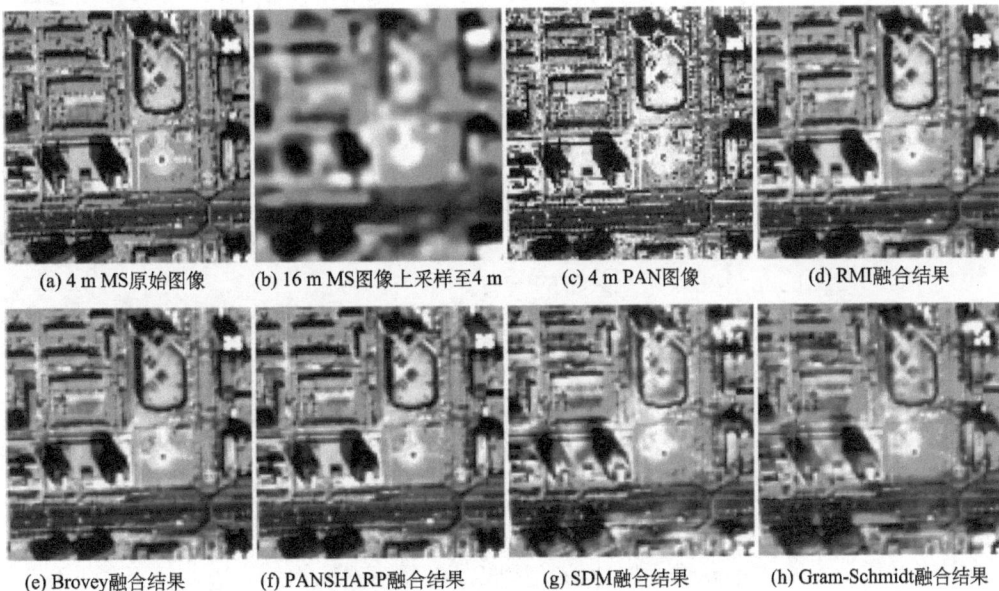

(a) 4 m MS原始图像　　(b) 16 m MS图像上采样至4 m　　(c) 4 m PAN图像　　(d) RMI融合结果

(e) Brovey融合结果　　(f) PANSHARP融合结果　　(g) SDM融合结果　　(h) Gram-Schmidt融合结果

图 3-1　原始图像及融合图像

3.2　高分辨率遥感影像精细信息提取方法

遥感信息提取是遥感成像过程的逆过程，是从遥感图像上获取目标地物信息的过程。遥感信息提取包括特定地物和状态的提取、指标提取、物理量的提取、变化检测等。遥感信息提取工作可以大致分为定量遥感、遥感分类和目标识别三大类。

高分辨率（高分）遥感影像的信息提取和目标识别技术目前还处于研究发展阶段，

数据量大、算法复杂、自动化程度低、识别率不高是高分遥感影像信息提取面临的最大困难。随着影像空间分辨率的提高，图像中的地物空间、几何结构和纹理信息越来越丰富，单个地物会以连片分布的多个像元的形式呈现，每个像元只代表地物的局部一小块，而不是全部，同时，地物内像元间的光谱差异更加显著，甚至超过地物间的光谱差异。在此情况下，传统的基于像元光谱统计的自动分类技术难以满足当前遥感图像信息提取的要求，用户难以利用遥感数据来做进一步的研究。高分遥感数据的这一特点成为当前制约其应用的主要瓶颈（肖鹏峰和冯学智，2012）。

近年来，面向对象的影像分析方法逐步发展成熟。与传统的基于像元的处理方法不同，该方法首先利用图像分割技术对遥感影像进行分割，得到众多的基元（内部属性相对一致或均质程度较高的图像区域），然后提取基元的各种特征，并在特征空间对基元进行对象识别和标识，从而最终完成高分图像信息的分类与提取。由于对象具有比像元更具体的意义，以此为基础的分析可以应用各种地学的核心概念（如距离、方向特征、空间模式、多尺度等），以此为基础的语义知识表达、推理等也符合人类的思维和推理。由于处理的对象从像元过渡到了特征基元的对象层次，面向对象的图像分析更接近人们观测数据的思维逻辑，可以参与后继分析的特征数量上也远较前者丰富，所以也更易于地学知识的融合。

综合运用多种解译手段的人机交互仍然是当前主要的遥感图像解译方式，但人工目视解译的精度与个人经验有关。对于同一影像，不同的人可能得出不同的结果或结果有所差异。而且，人机交互解译方式的工作流程复杂，效率较低，客观性差，智能化程度不高，成本也高，难以与现有软件系统集成。随着海量高分遥感影像的获取和遥感图像处理技术的发展，基于计算机技术的遥感影像智能解译与定量分析逐渐成了当前的研究热点，而面向对象的高精度分类是其中的关键一环。

3.2.1 分类方法概述

遥感图像分类是利用计算机对遥感图像中各类地物的光谱信息和空间信息进行分析，选择作为分类判据的特征（地物的光谱特征、空间特征、时相特征等），并用一定的手段将特征空间划分为互不重叠的子空间，然后将图像中的各个像元划归到各个子空间去，最后建立判别标准进行分类的过程。传统的分类方法主要是基于像元的分类方法，这种方法以像元为基本单元进行遥感信息提取，主要根据地物的光谱特性来进行分类，即同类地物像元的特征向量将集群在同一特征空间区域，而不同的地物其光谱信息特征或空间信息特征将不同。传统的分类方法主要包括非监督分类和监督分类这两类方法。

非监督分类方法不必对影像地物获取先验知识，不需要人工选择训练样本，仅依靠影像上不同类的地物光谱信息（或纹理信息）进行特征选取，然后统计特征的差别来进行分类，最后对已获得的类别的实际属性进行确认。常用的非监督分类法有：分类集群法、波谱特征曲线图形识别法、平行管道分类法、动态聚类法和 *K*-means 法。监督分类是以建立统计识别函数为基础、依据训练样本进行分类的技术。常用的监督分类法有：最小距离法、多级切割法、特征曲线窗口法、最大似然比法等。近年来，许多人工智能新方法不断地应用于遥感影像分类，较大程度地改进了分类精度。

支持向量机（support vector machine，SVM）是一种基于最小结构风险和统计学习理论的模式识别方法（Vapnic，1995）。该方法理论严密、适应性强、全局优化、训练效率高、泛化性能好（方瑞明，2007），主要应用于模式识别领域。遥感图像分析与处理是SVM 应用的一个热门研究方向，特别在遥感的土地利用分类、混合像元分解、遥感影像融合、多光谱/高光谱遥感分类等领域。

对于分类问题，SVM 是从线性可分情况下的最优分类超平面角度提出来的。其基本思想是通过非线性变换将输入空间变换到一个高维的特征空间，然后在这个新的高维特征空间中求取最优分类超平面。该分类超平面不但能够将所有的训练样本正确分类，而且使训练样本中离分类面最近的点到分类面的距离最大，即分类间隔最大。如图 3-2 所示，圆圈与叉号代表两类样本，假如这两类样本可分，则机器学习的结果就是一个超平面或者称为判别函数，即图中的实线。SVM 在高光谱遥感分类中具有明显的优越性，因此 SVM 应用被认为是高光谱遥感分类最重要的进展之一。

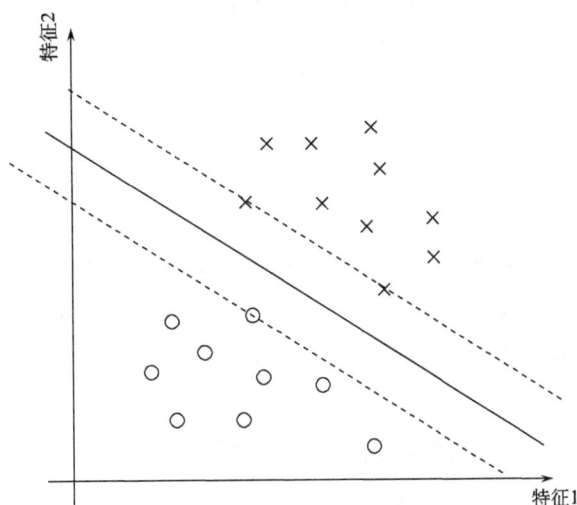

图 3-2　支持向量机 SVM 分类示意图

神经网络分类是基于人工神经网络（artificial neural networks，ANN）技术的遥感影像分类技术。ANN 是由大量简单的基本元件——神经元和节点进行相互连接，通过模拟人的大脑神经处理信息的方式来进行信息并行处理和非线性转换的复杂网络系统（葛哲学，2007）。人工神经网络特有的自组织、自学习和高容错性等功能使得其在解决复杂的非线性问题时有独特的功效。

多层感知器（multi layer perception，MLP）神经网络是一种广泛应用的人工神经网络，已被国内外众多学者成功应用到遥感等领域，特别是模式识别、遥感图像分类和遥感数据参数反演等方面。反向传播（back propagation，BP）学习算法是 MLP 神经网络最常用的学习算法，该算法的结构如图 3-3 所示。MLP 神经网络有良好的非线性映射能力，也经常用于遥感分类研究中。它采用 BP 神经网络算法对遥感影像分类，其基本过程为（王伟，1995）：向网络提供训练样本，包括输入单元的活性模型和期望的输出单元活性模型；确定网络的实际输出和期望输出之间允许的误差；通过反向传播算法改变网络中所有联接权值，使网络产生的输出更接近于期望的输出，直到满足确定的允许误差。当样本训练过程结束时，遥感影像分类中使用的 BP 神经网络模型的各个参数就确定了，然后即可将影像上待分类区域代入训练好的网络分类器中获得分类结果，完成对遥感影像的分类任务。

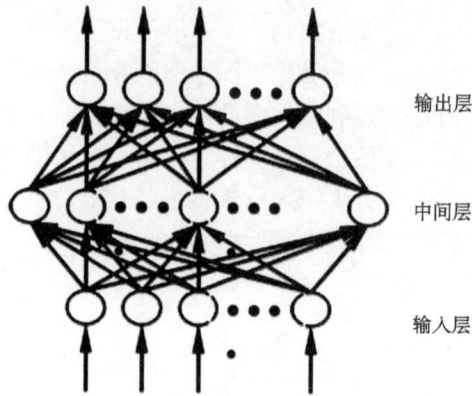

图 3-3 BP 网络结构图

随机森林（random forests，RF）是一种统计学习理论。它利用自助抽样法（bootstrap method）从原始样本集中抽取多个样本集，抽取样本集的样本个数与原始样本集的样本个数相等，然后对每个 bootstrap 样本集进行决策树（decision tree，DT）建模，每个样本的最后分类结果是通过多棵决策树的结果投票决定的（方匡南等，2011），如图 3-4 所示。具体步骤如下：

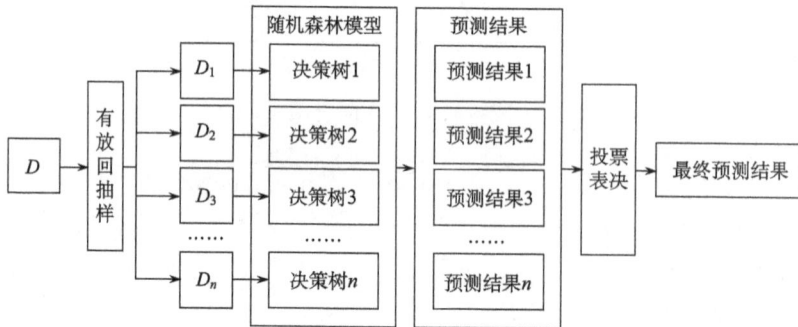

图 3-4 随机森林示意图

（1）从原始训练数据中生成 K 个自助样本集，每个自助样本集是每棵分类树的全部训练数据。

（2）每个自助样本集生长为单棵分类树。在树的每个节点处从 M 个特征中随机挑选 m 个特征（$m \ll M$），按照节点不纯度最小的原则，从这 m 个特征中选择一个特征进行分支生长。让这棵分类树充分生长，不进行通常的剪枝操作，使每个节点的不纯度 d

达到最小。

（3）根据生成的多个树分类器对新的数据进行预测，分类结果按照每个树分类器的投票多少而定。每次抽样生成自助样本集，全体样本中除去自助样本外的剩余样本称为袋外数据（out-of-bag, OOB），OOB 数据用来预测分类正确率，汇总每次的预测结果得到错误率的 OOB 估计，用于评估组合分类器的正确率。

3.2.2　面向对象的分类方法

当前的高分辨率遥感影像数据的空间信息丰富，但光谱分辨率低，光谱信息相对不足，所以仅仅依靠像元的光谱信息进行分类，着眼于局部像元而忽略邻近整片图斑的纹理、结构等信息，必然会造成分类精度的降低。此外，高分辨率遥感影像的光谱统计特性不如中、低分辨率影像稳定，类内光谱差异较大。仅考虑单个像元光谱信息的方法极易出现大量错分，结果往往出现大量的椒盐噪声。利用基于像元的遥感分类算法对高分辨率遥感影像进行分类，往往难以取得满意的效果。

Baatz 和 Schäpe（1999）、Baatz（2000）根据高分辨率遥感影像空间特征比光谱特征丰富的特点，提出了面向对象的遥感影像分类方法（Baatz and Schäpe，1999；Baatz, 2000）。该方法突破了传统分类方法以像元为基本分类和处理单元的局限性，以含有更多语义信息的多个相邻像元组成的对象（含超级对象和子对象）为处理单元，可以实现较高层次的遥感图像分类和目标地物提取。通过该方法对遥感图像进行分割，首先得到同质对象（或基元），再根据遥感图像分类或目标地物提取的具体要求，检测和提取目标地物的多种特征（如光谱、形状、大小、结构、纹理、阴影、空间位置、相关布局等），以达到对遥感图像进行分类或目标地物提取的目的。面向对象的遥感图像分类方法的本质是以对象（或基元）为分类或检测的最小单元，从较高层次（对象层次）对遥感图像进行分类，以减少传统的基于像元层次分类方法语义信息的损失率，使分类结果含有更丰富的语义信息。

面向对象的信息提取技术主要包括两个关键技术——多尺度遥感影像分割和面向对象的影像分类。多尺度遥感影像分割是面向对象信息提取的基础和关键，分割的好坏直接关系到后续信息提取结果的精度。不同目标在影像上具有不同的尺度，因此不同分析目的所关注的尺度也会不同。多尺度分析方法是通过不同层次的对象体系结构来实现的，如图 3-5 所示。

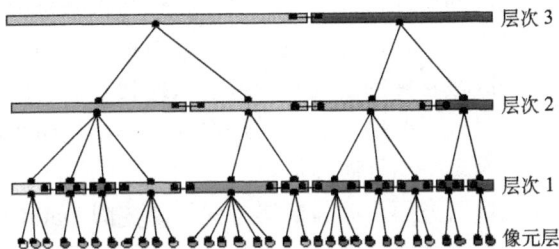

图 3-5　网络层次结构示意图

不同尺度的分割构建一个网络层次结构。由于是网状结构，每个对象都可以知道自己的上下文关系（相邻）、父对象和子对象。这个网状结构是一个拓扑关系，如父对象的边界决定了子对象的边界，父对象的区域大小由子对象的总和决定。每一层都由它直接的子对象来构成，在下一个高层上，子对象合并为父对象，这个合并会被已有父对象的边界所限制。如果是不同的父对象，相邻的对象不能进行合并（Baatz and Schäpe, 1999）。

图像分割是面向对象遥感信息提取的前提，精确的图像分割是后续的面向对象图像分类和其他各种图像分析的基础。图像分割的概念首先于 20 世纪 50~60 年代在计算机视觉领域提出来。经过几十年的发展，图像分割技术得到了很大的发展，并在医学图像、计算机视觉、遥感图像处理等领域得到了广泛的应用。

现有的图像分割算法大致可以分为四类：阈值法、基于边界的方法、基于区域的方法和混合方法（Adams and Bischof, 1994）。第一类方法通过在灰度空间（或多维特征空间）上设定阈值将图像分为两类或几类。第二类方法通过检测地物边界圈定地物，如基于图论的分割算法。第三类方法通过判定当前区域与邻近区域的差异来确定区域，如聚类算法、区域生长算法、种子区域生长算法和降水分水岭分割算法（Zahn, 1970; Urquhart, 1982; Adams and Bischof, 1994; Cramariuc, 1995; Moga and Gabbouj, 1995）。第四类方法综合了区域和边界的判别规则来区分图像中的地物，如图形图像学中的沉浸分水岭法和次变表面匹配法（Beucher and Lantuejoul, 1979; Meyer and Beucher, 1990; Vincent, 1991; Meyer, 1994; Moga and Gabbouj, 1995）。这些算法都有一定的适用范围，并没有很好的通用性。由于遥感图像具有更多的波段和更复杂的信息，计算机视觉领域开发的、针对灰度图像或三波段彩色图像的分割算法并不完全适用于多波段的遥感图像。

为了高质量地分割高分辨率遥感影像，人们常常采用多尺度图像分割的思想。多尺度图像分割的基本思想是区域合并，即将具有相似性质的像元集合起来构成小片的连通区域，生成具有异质性最小的基元。图像分割的原则是"基元内差异尽量小，而基元间差异尽量大"。在最终的分割图像中，基元内的像元拥有相似的光谱和纹理特征，而基元间的差异（光谱、纹理、形状等的函数）要大于一个特定的尺度阈值。多尺度图像分割通常分两步：原始图像的初始分割和初始基元的合并。在这两个步骤中，图像初始分割是关键，初始分割的好坏直接决定后面的分割图像、分类图像的质量，以及其他后续处理的效果。

遥感影像分割过程中综合考虑影像对象的空间特征、光谱特征和形状特征，因此生成的影像对象不仅包括光谱同质性，而且包括空间特征与形状特征的同质性。分割得到的影像基元根据异质性最小的原则进行区域合并。异质性最小的区域合并算法是一种从像元开始由下至上、逐级区域合并的过程。经过多次迭代，小的同质区域变成大的同质区域。分割过程中多边形对象不断增长而异质性保持最小，从而实现整幅图像在给定分割尺度的情况下所有影像对象平均异质性最小。

在高分辨率遥感信息提取方面，尤其值得一提的是德国 Definiens Imaging 公司研发的第一个面向对象的遥感信息提取软件 eCognition。该软件采用了面向对象和模糊规则的处理与分析技术，开创了基于对象遥感信息提取的先河。eCognition 软件的主要特点包括：①采用了面向对象和基元的特征提取和决策过程，该过程模拟人的大脑认知过程，利用对象的特征，以及和邻近对象的关系来识别目标；②采用了模糊分类器；③将计算机自动分类和人工手动信息提取相结合，可以对结果实施必要的人工干预。该软件采用了基于分形网络演化算法（fractal network evolution approach, FNEA）的多尺度图像分割方法。该方法包含两个主要步骤：首先将图像初始分割，产生众多的、互不重叠的初始基元；然后对初始基元进行合并，生成最终的分割图像。在基元合并过程中，基元的光谱、几何形状等信息都被考虑进去，包括基元内像元的波段光谱方差、基元的紧致度（compactness）和基元边界的光滑度（smoothness）等，从而使合并产生的新基元内的像元光谱均一、排列紧致，并且基元边界光滑平直。在基元模糊分类过程中，基元的各种统计值，如基元内的光谱和纹理统计值、基元的几何形状、基元间的空间拓扑关系等，都被用来确定目标基元的类别。该软件还能够将一幅超大的多波段遥感图像高速分割，处理过程占用的内存较少。然而，由于该软件中尺度参数的定义没有公布，用户难以将这个函数与基元的物理尺度、光谱、紧致度和光滑度等参数有效联系起来。用户在图像分割过程中，需要预设尺度参数的值，以及光谱、紧致度和光滑度的权重，然后对分割结果进行人工判断，之后调整各参数的值或权重来重新分割，直到分割结果符合用户预期为止。这一不断尝试的过程耗费时间，最终的结果也依赖用户的先验知识。

3.2.3　模糊逻辑分类法

过去几十年，模糊逻辑已经广泛应用于各个领域。相对于经典的二值逻辑，简单地将命题归于"是"与"不是"或者"真"与"假"已经不能满足需求。在模糊逻辑中，一个命题不再非真即假，隶属度成为解决问题的新方法。模糊集合就是指数据集中的元素都有隶属度。元素的隶属度可以为完全属于，也可能是部分属于。也就是元素的隶属度不再仅仅是严格的两个值 0 与 1，可以为 0~1 的任意值。隶属度表示隶属的程度，其值越大，表明元素属于模糊集合的程度越高。定义元素隶属度的数学函数称为隶属度函数。

模糊分类是模糊理论的一个应用。模糊分类考虑了以下因素：传感器测量的不确定性、由传感器校正带来的参数变动、不明确的类别描述、有限的分辨率带来的类别混合（Benz et al., 2004）等。模糊分类需要一个完整的模糊系统，包括输入参数模糊化（以得到模糊数据集）、模糊数据集的模糊逻辑组合，以及模糊分类的去模糊化。模糊分类因其复杂性而能较布尔逻辑更好地描述现实世界。模糊逻辑培养了人们的不精确思维，能够表述语言学的规则，因此，模糊分类系统非常适合处理遥感信息提取中出现的大多数数据模糊。模糊系统主要包含三个步骤：模糊化、模糊数据集的组合和去模糊化。

模糊化描述了刚性系统到模糊系统的转变。它定义于地物特征的几个模糊集合，这些模糊集合代表了地物的特征类别，如"低等"、"中等"和"高等"。这些模糊的地物特征类别是由隶属度函数定义的。隶属度函数需定义地物特征及其类别的关系，这就需要引入专家知识。隶属度函数描述现实世界的专家知识越全面，最后的分类效果越好。

模糊规则库是模糊规则的一个组合，结合了不同的模糊集合。最简单的模糊规则只依赖于一个模糊集。模糊规则是"如果……就……"的形式，即如果某条件满足，则某动作发生。更高级的模糊规则是由不同的模糊集合通过不同的运算得到的，这些运算包括"与"、"或"、"非"等。一个模糊规则库实现一组模糊分类，包含输出等级的返回值，这些值代表了属于该等级的可能性。

为了产生标准的土地覆盖与利用地图，模糊分类的结果必须再转换为清晰分类的结果。模糊分类的最大隶属度将会用于清晰分类的分配。这是去模糊化的最重要的一步。但是如果最大隶属度值小于某一阈值，为确保准确性，分类将不会进行。

3.2.4　层次分析分类法

层次分析分类法（analytic hierarchy process，AHP）是美国运筹学家托马斯·塞蒂（T. L. Saaty）于 20 世纪 70 年代中期提出的灵活、简便的多准则决策方法。该方法把一个问题分解成几个基本因素，按照支配关系决定因子的层次结构，然后将各因子之间两两比较得到各个因子的权重。该方法是系统工程中能有效地处理那些难于完全用定量方法来分析的复杂问题的一种手段。它将复杂问题分解成若干层次，在比原问题简单得多的层次上逐步分析，进而达到解决复杂问题的目的。也就是将复杂的问题逐层分解，变成一系列简单的问题，通过对简单问题的分析研究，达到解决复杂问题的目的（刘振军，2001）。

大量的实际问题往往是一个由相互关联、相互制约的众多因素形成的无法定量的复杂系统。层次分析法为该问题提供了一种简便易行的解决思路。由于该方法的核心是将决策者的经验判断予以量化，从而为决策者提供定量形式的决策依据，在目标结构复杂且缺乏必要数据的情况下更为实用。该方法的基本步骤如下。

（1）构建层次结构模型。将各个因素按照其基本分解成若干层次，同一层的各因素既从属或影响上一层的因素又支配或影响下一层的因素。最上层为目标层，最下层为方案或对象层，中间有一个至多个准则或指标层。

（2）构造成对的比较矩阵。从第二层开始，对从属于上一层的每个因素进行成对比较，直到下一层。

（3）计算权向量并做一致性检验。对于每一个成对比较阵，计算其最大特征根及对应特征向量，利用一致性指标、随机一致性指标和一致性比率做一致性检验。若检验通过，特征向量（归一化后）即为权向量；若不通过，重新构造成对比较阵。

（4）计算组合权向量并做组合一致性检验。计算最下层对目标的组合权向量，并根据公式做组合一致性检验。若检验通过，则可按照组合权向量表示的结果进行决策，否则需要重新考虑模型或重新构造那些一致性比率较大的成对比较阵。

层次分析法计算简便，结果明确，是系统分析的重要工具，定性与定量结合，应用范围广，决策者与分析者都可以直接有效地应用，便于决策者直接了解和掌握。但是，层次分析法也存在一定的局限，如只能从原有方案中优选而不能创新得到更好的方案；比较、判断及计算过程也比较粗糙，不适用于精度较高的问题；主观因素影响较大，包括建立层次结构模型和给出比较矩阵等过程。

3.2.5　决策树分类法

决策树算法起源于概念学习系统，　是应用较广的归纳推理算法之一　，它对噪声数据有很好的鲁棒性。决策树是用样本的属性作为结点，用属性的取值作为分支的树结构，根节点是所有样本中信息量最大的属性，中间结点是以该节点为根的子树所包含的样本子集中信息量最大的属性，叶节点是样本的类别值。一般情况下，树越小则说明树的预测能力越强。决策树包含许多不同的算法，主要分为三类：①基于统计论的方法，该类方法以 CART 为代表，在这类算法中，对于非终端结点来说，有两个分枝；②基于信息论的方法，该类方法以 ID3 算法为代表，此类算法中，非终端结点的分枝数由样本类别个数决定；③以 AID、CHAIN 为代表的算法，在此类算法中，非终端结点的分枝数在两个到样本类别个数范围内分布。

Quinian 基于决策树的雏形 ID3 算法，针对其存在的局限性进行了不断地改善，先后形成了 C4.5 算法、C5.0 算法。C5.0 算法由 C4.5 算法（Quinlan，1992）改进而成，该算法根据提供最大信息增益的字段分割样本数据，并通过对节点的修剪或合并来保证决策树的精度和复杂度之间的权衡，最终快速构造最佳多分枝的树结构，能提取既准确又简单易懂的分类规则。通常不需要花费大量的训练时间即可建立决策树，且生成的决策树容易进行解译。C5.0 增加了强大的 Boosting 算法以提高分类精度。Boosting 算法依次建立一系列决策树，后建立的决策树重点考虑以前被错分和漏分的数据，最后生成更准确的决策树。

决策树算法可以用来对遥感影像进行分类，具体流程如下：

（1）输入遥感图像，确定图像待分区域中的主要地物类型；

（2）统计训练区内各地物类型的特征，包括光谱特征，每个地类信息各个波段的统计分析（均值、方差、协方差等），以及波段间各个地类之间的可分性，还包括非光谱特征：各个地类的几何信息（形状、大小等）、高程信息、纹理信息等；

（3）根据上一步的统计分析，确定可分性最大的特征及波段（或波段组合）作为根节点，选择分类器开始进行分类；

（4）对上一步得到的每一个类别分别选择可分性相对较大的特征及波段（或波段组合）建立决策树的一个内部节点，依据不同属性值进行分类；

（5）重复上一步的过程，用递归的方式形成每个划分上的样本子决策树，直到出现下列情况之一，停止递归：该节点上的所有像元属性值相同，没有剩余的属性能进行下一步的划分，或分支中没有样本；

（6）检查分类结果是否满足第一步确定的地物类型。如果不能满足要求，需要对决策树进行调整，如剪枝或增加节点，直到建立一棵正确的决策树。

决策树算法的优点主要有：①决策树是没有参数的，而且不需要对输入数据的分布做假设；②决策树可以处理地物与类别之间的非线性关系，即使存在缺失值；③对输入变量类型没有特定的要求，分类型输入变量和数值型输入变量均可以，但要求其输出变量必须为分类型。此外，决策树有非常直观的示意图，因此分类结构非常精确、易于说明，在遥感分类问题上表现出巨大的优势。

3.2.6　K 最邻近分类算法

K-NN（K-nearest neighbor，KNN）最邻近分类法主要应用领域是对未知事物的识别，即判断未知事物属于哪一类。其判断思想是：基于欧几里得定理判断未知事物的特征和哪一类已知事物的特征最接近。近邻（nearest neighbor，NN）法是模式识别非参数法中最重要的方法之一，NN 法的一个很大特点是将各类中全部样本点都作为"代表点"（Vapnic，1995），因此在分类时需要计算待识别样本 x 到所有训练样本的距离，结果就

是与 x 最近的训练样本所属的类别。K-NN 法是 NN 法的推广，是一个理论上比较成熟的方法，也是最简单的机器学习算法之一。该方法的思路是：如果一个样本在特征空间中的 K 个最相似（即特征空间中最邻近）的样本中的大多数属于某一个类别，则该样本也属于这个类别。K-NN 法中，所选择的邻居都是已经正确分类的对象。该方法在定类决策上只依据最邻近的一个或者几个样本的类别来决定待分样本所属的类别。K-NN 方法虽然从原理上也依赖于极限定理，但在类别决策时，只与极少量的相邻样本有关。由于 K-NN 方法主要靠周围有限的邻近的样本，而不是靠判别类域的方法来确定所属类别的，因此对于类域的交叉或重叠较多的待分样本集来说，K-NN 方法较其他方法更为适合。

3.3 高分辨率遥感数据树冠圈定技术

森林资源是地球上最重要的自然资源之一。森林资源可以用多种指标来评估，如树木的胸径、高度、冠幅、郁闭度等。树冠是树木获取光能、进行能量转换的主要场所，也是遥感影像中反映树木信息最明显的部位。单木树冠圈定在精细林业管理中有重要的作用。高分辨率遥感图像包含精细的树冠信息，基于高分辨率遥感影像的单木树冠圈定技术在最近 20 年取得了长足发展。

单木树冠圈定的第一步是确定每个树冠的位置。树冠通常表现为中间高、四周低的形状：阔叶树的树冠近似为中心高、四周低的圆拱形，而针叶树的树冠近似为中心高、四周低的尖塔形。因此，无论针叶树冠还是阔叶树冠都能找到一个中心最高点来代表树冠的位置，在遥感影像上，树冠的这一几何最高点与树冠的亮度最高点接近。从遥感光学图像中圈定单木树冠的方法一般是利用了树冠的辐射特征，即图像中树冠顶端附近具有亮度局部极大值，而外围区域的亮度值逐步降低。

3.3.1 传统的单木树冠圈定方法

传统的单木树冠圈定方法主要基于树冠的光学特征，如射线法、专家分类法、颜色纹理法和谷地跟踪法等方法。

（1）射线法可以对树冠进行自动识别和圈定。Pouliot 等（2002）依据次生林树冠顶部具有亮度局部极大值这一光谱特性，自动检测树顶，然后从树顶引出若干条射线，沿各条射线检测树冠的边界点，将边界点相连即确定树冠的范围。熊轶群和吴健平（2006）提出了一种基于射线法的半自动树冠圈定方法。该方法由用户指定树冠中心，从树冠中心引出多条光谱射线得到树冠亮度的高次拟合曲线，然后在曲线上寻找拐点作为树冠的边界点，将拐点连接成多边形，并将多边形做平滑处理得到单个树冠，最后对树冠的重叠区域进行处理，得到树冠轮廓。射线法不能提取树冠的阴影区域，圈定出的树冠的面积一般小于目视解译的结果。

（2）专家分类法是指利用影像分类来圈定树冠时，加入专家知识建立专家知识库和推理机。当分类精度不够时，分析原因，修改推理机规则，重新分类，直到树冠圈定精度达到精度要求为止。

（3）基于颜色纹理特征的方法是将遥感图像上相似颜色和纹理的树冠勾绘出来，进而获得林分的密度、大小和树种等信息。颜色信息可以将背景中的道路和建筑物等分离出去，纹理特征可以将色调上难以区分的草地、灌木等分离。在将非森林区域剔除的基础上，再对森林区域进行单木树冠进行圈定，可以达到较高的圈定精度。

（4）谷地跟踪法（Gougeon, 1995, 2014）由 Gougeon 于 1995 年提出。该方法通过跟踪树冠边界的亮度局部极小值来探测和圈定树冠轮廓。该方法首先区分开森林区域和非森林区域，然后在森林区域寻找局部极小值，并寻找周围像元中的谷地像元，最后将连通的谷地像元围成的区域作为单木树冠。谷地跟踪法对于密林效果欠佳。

高点密度的机载激光雷达（LiDAR）数据也可用于单树冠圈定。基于激光雷达数据的树冠圈定方法通常先根据激光点云的分布特征和波形特征来区分出林木的点云，然后从林木点云中计算出树冠高程模型，之后利用标记分水岭等算法进行树顶位置判断和树冠边缘提取，最后圈定出单木树冠。

随着高分辨率遥感技术的发展，人们逐步利用高分辨率的遥感数据来圈定单木树冠。在高分辨率遥感图像中，树冠的空间信息极其丰富，树冠的几何结构和纹理信息清晰可见，常规的基于像元的信息提取技术难以高效地满足树冠信息提取的要求，人们更多地采用面向对象的技术来实现单木树冠圈定。

3.3.2　面向对象的单木树冠圈定

面向对象技术突破了传统的以像元作为基本单位的提取方法。它以对象为基本单元，利用地物的光谱、纹理、结构、几何等信息，在对象基础上实现对目标地物的提取。利用面向对象技术提取树冠信息的思路一般是：先对影像进行多尺度分割，建立图像对象，然后利用各种图像分析方法，对影像进行分类，最终将树冠的大小、形状等信息提取出来。可以采用最大最小值法来提取树冠的边界并圈定树冠，也可以基于样本的模糊分类提取树冠大小等信息，或者利用空间特征提取树冠。

3.3.3　MSAS 单木树冠圈定方法

从 LiDAR 数据中得到的树冠高程模型（canopy height mode，CHM）经过分割后可以得到单木树冠。然而，树枝、树冠和树丛的形状、大小类似，它们之间的相似性在密集的森林中会显著降低单木树冠圈定的精度。基于多尺度分析和分水岭分割技术，Jing 等（2012a）提出了一种基于多尺度分析和图像分割（multi-scale analysis and segmentation，MSAS）的树冠圈定新方法。该方法首先通过数学形态学方法确定树冠的尺度范围，然后将从 LiDAR 数据中得到的树冠高程模型 CHM 进行多个尺度的滤波，将滤波后的 CHM 中的局部最大值点作为标记对原始 CHM 进行标记分水岭分割，最后对多尺度分割结果进行叠合与优选，得到完整的树冠图。该方法主要包含下面三个处理步骤。

1. 尺度分析

在 CHM 上运用数学形态学开运算，确定目标树冠的主要尺度。

选用大小及形状合适的结构元素（structuring element，SE），利用数学形态学开运算可以将灰度图像上不同尺寸的物体分开。结构元素 SE 是一个只包含 0 和 1，可以为任意形状的矩阵。在经过开运算的图像上，能够完全把包含结构元素的物体保留下来，其他的物体会被剔除。当将一系列不同尺寸的圆盘结构元素和开运算应用于森林图像的 CHM（图 3-6）上时，就可以统计得到目标树冠的尺度分布。

进而得到树冠的多个主要尺度 $\{k_1, k_2, \cdots, k_n\}$，其中，$k_i$ 代表每个主要尺度分布的最小尺度。

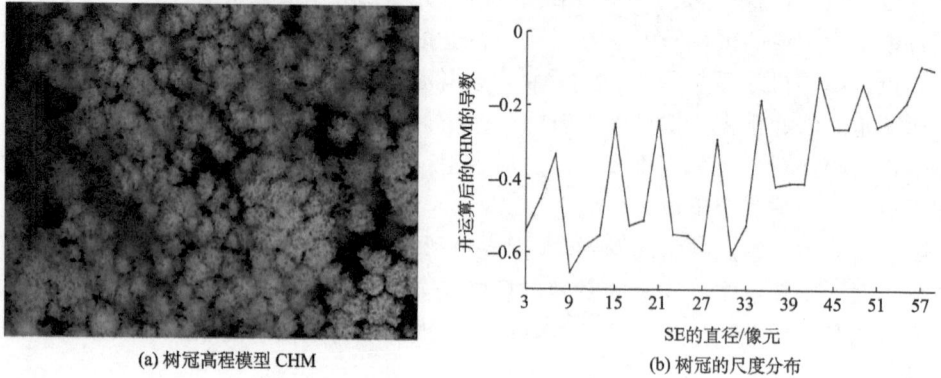

(a) 树冠高程模型 CHM　　　　　　　(b) 树冠的尺度分布

图 3-6　森林树冠与多尺度分布

2. 多尺度滤波和图像分割

对树冠高程模型 CHM 进行不同尺度的滤波，然后利用标记分水岭算法分割得到不同尺度的分割图像。

基于树冠的多个主要尺度，设计一系列高斯滤波器。具体来讲，对于主要尺度为 k_i 个像元的树冠，可以将高斯滤波器的窗口大小设置为 $k_i \times k_i$ 像元，滤波器的标准方差 σ 设置为尺度 k_i 的一小部分。不同尺度的高斯滤波器用于模拟树冠的几何三维形状，即树冠的三维模型。当用该滤波器对 CHM 滤波时，与滤波器大小、形状相似的树冠会被增强，较小的树冠会被压制（图 3-7）。标记分水岭算法用于在不同尺度下分割 CHM（图 3-8）。分水岭方法模拟从标记点开始的浸没过程来确定汇水盆地。算法中最关键的一步是寻找标记点。这里将不同尺度下滤波后的 CHM 的局部最大值作为标记点。

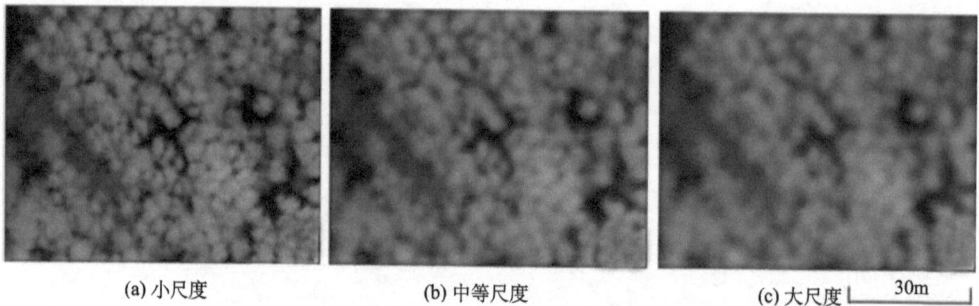

(a) 小尺度　　　　　　(b) 中等尺度　　　　　　(c) 大尺度　 30m

图 3-7　不同树冠尺度滤波后的树冠高程模型 CHM

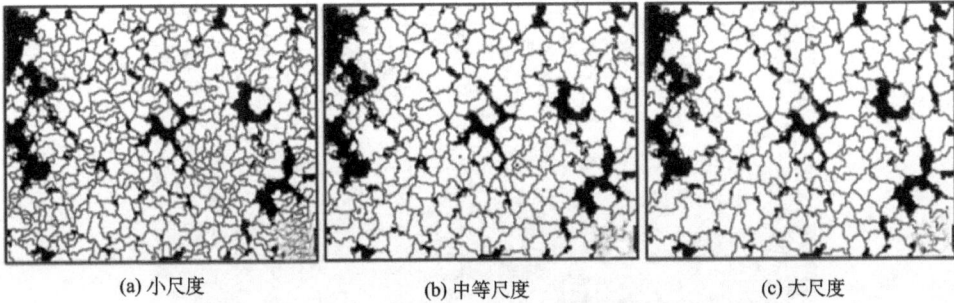

(a) 小尺度　　　　　　　　(b) 中等尺度　　　　　　　　(c) 大尺度

图 3-8　树冠高程模型在不同树冠尺度下的分割结果

3. 合并多尺度分割图层得到最终的树冠图

大树冠尺度下的基元可能覆盖小尺度下的多个基元。为了合并不同尺度下的基元，需要知道大尺度下的基元（简称粗糙基元）是单棵树还是一个树丛。在 CHM 中，树冠一般为圆形，而树丛是多个树冠的组合，相对来说没有那么圆。基于此种现象，粗糙基元可以与相对应的精细尺度下的基元（简称精细基元）进行圆度对比。基元的圆度 c 可以如下计算：

$$c = A / (\pi r^2) \tag{3-6}$$

式中，A 为基元的面积；r 为基元边缘到中心点的最大距离。圆度值越接近 1，基元越接近圆形。粗糙基元与对应的精细基元可以按照如下步骤进行合并：①去掉未被粗糙基元覆盖的精细基元，使精细基元和粗糙基元可以更好地匹配；②如果粗糙基元的圆度小于预设的阈值，并且精细基元满足以下条件[式（3-7）]，那么该粗糙基元将被当作树丛，并且被其对应的所有精细基元所替代：

$$(A_L > T_A A_0) \ \& \ (c_L > c_0) \tag{3-7}$$

式中，A_0 和 c_0 分别为粗糙基元的面积和圆度；A_L 和 c_L 分别为精细基元的面积和圆度；T_A 为一个用户自定义的阈值。

经过以上步骤，较大尺度的基元首先与中等尺度的基元结合，结合后产生的基元再与小尺度的基元结合。此合并过程最终生成一个包含多种尺度基元的图层。将图层中的小基元去掉并将基元中的空洞填补上之后，就得到一幅树冠分布图（图 3-9）。

3.3.4　MFS 单木树冠圈定方法

森林由多尺度的树枝、树冠和树丛构成。当用分水岭分割方法进行单木树冠圈定时，树枝往往造成图像的过分割。为了减少这种过分割现象，Jing 等（2012b）提出了一种基于图像多尺度滤波和图像分割的单木树冠圈定新方法，简称 MFS（multi-scale filtering and segmentation）方法。该方法首先确定树冠的主要尺度，然后对灰度图像用高斯滤波器进行低通滤波，并用分水岭分割算法进行分割，最后将得到的多尺度分割图像进行组合得到树冠分布图。该方法主要包括以下五个步骤。

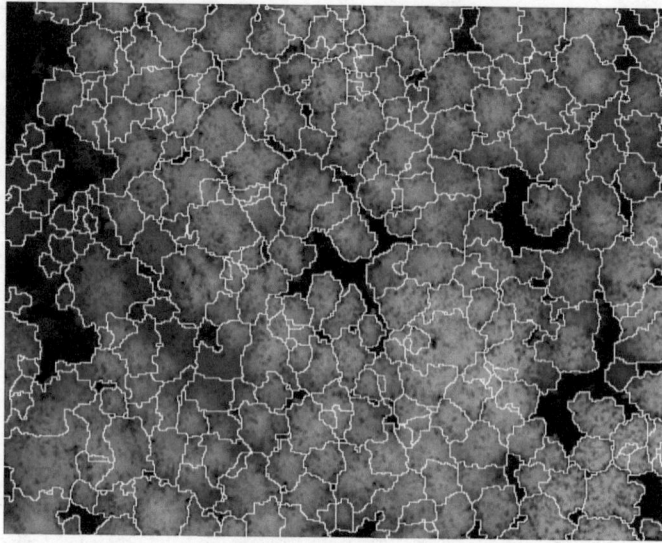

图 3-9　从树冠高程模型中得到的树冠分布图

1. 尺度分析

树冠的形状可以认为是代表最外侧树枝的一个半椭圆经过旋转形成的三维椭球，底层圆盘的周长就是半椭圆的周长，也是树冠的周长。因此，运用图像形态学的开运算和圆盘形结构元素 SE，可以确定图像中树冠的主要尺寸，如图 3-10 所示。开运算的主要目的是去除"前景"物体，也就是那些小于结构元素的地物。结构元素的形状大小由目标地物来决定，每个元素为 0 或者 1，如图 3-11 所示。

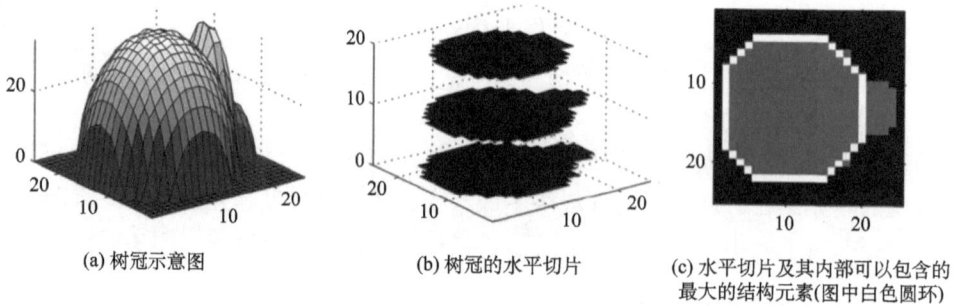

(a) 树冠示意图　　　　　　(b) 树冠的水平切片　　　　(c) 水平切片及其内部可以包含的
　　　　　　　　　　　　　　　　　　　　　　　　　　　　最大的结构元素(图中白色圆环)

图 3-10　树冠及其水平切片示意图

2. 滤波

参照尺度分析得到的树冠主要尺度来设计多个高斯滤波器，利用高斯滤波器对森林灰度图像进行滤波以产生森林的多尺度图像，如图 3-12 所示。假设树冠的直径为 d 个像元，则建立 $d \times d$ 的高斯滤波器，并且标准方差设为 $0.3d$。当高斯滤波器作用于森林灰度图像时，相似形状、大小的树冠将会被增强，小的地物会被过滤掉。

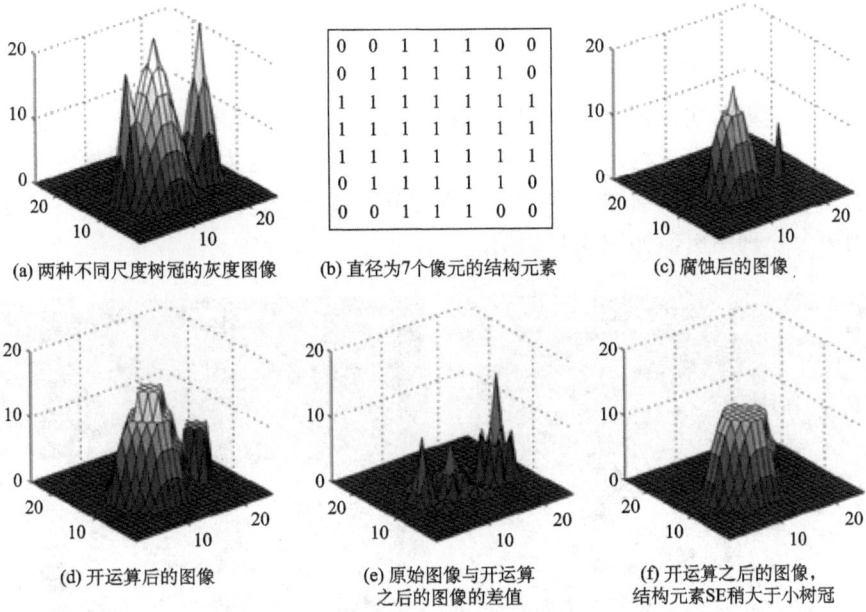

0	0	1	1	1	0	0
0	1	1	1	1	1	0
1	1	1	1	1	1	1
1	1	1	1	1	1	1
1	1	1	1	1	1	1
0	1	1	1	1	1	0
0	0	1	1	1	0	0

(a) 两种不同尺度树冠的灰度图像　　(b) 直径为7个像元的结构元素　　(c) 腐蚀后的图像

(d) 开运算后的图像　　(e) 原始图像与开运算之后的图像的差值　　(f) 开运算之后的图像，结构元素SE稍大于小树冠

图 3-11　开运算分离不同尺度的树冠

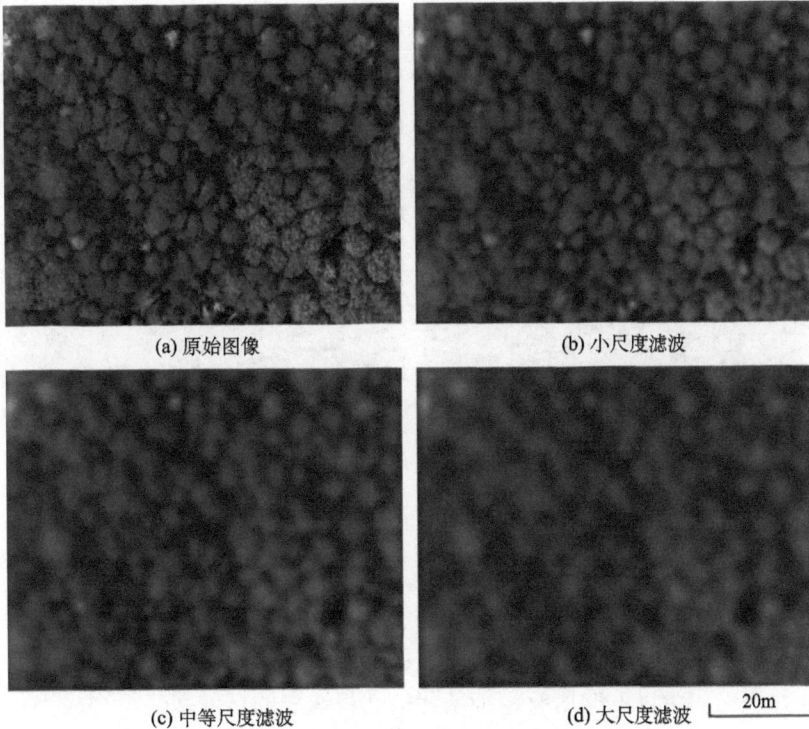

(a) 原始图像　　(b) 小尺度滤波

(c) 中等尺度滤波　　(d) 大尺度滤波

图 3-12　不同尺度滤波后的森林灰度图像

3. 分水岭图像分割

分水岭分割算法起初被用于分割 DEM。该方法寻找 DEM 中的局部最小值作为标记，然后从标记处开始灌水，将两股不同来源的水相遇的地方定为分水岭，将每一片由分水岭包围的区域标记为一个盆地。利用该分水岭分割算法处理高斯滤波后的多尺度图像，就会得到多个分割图层，如图 3-13 所示。

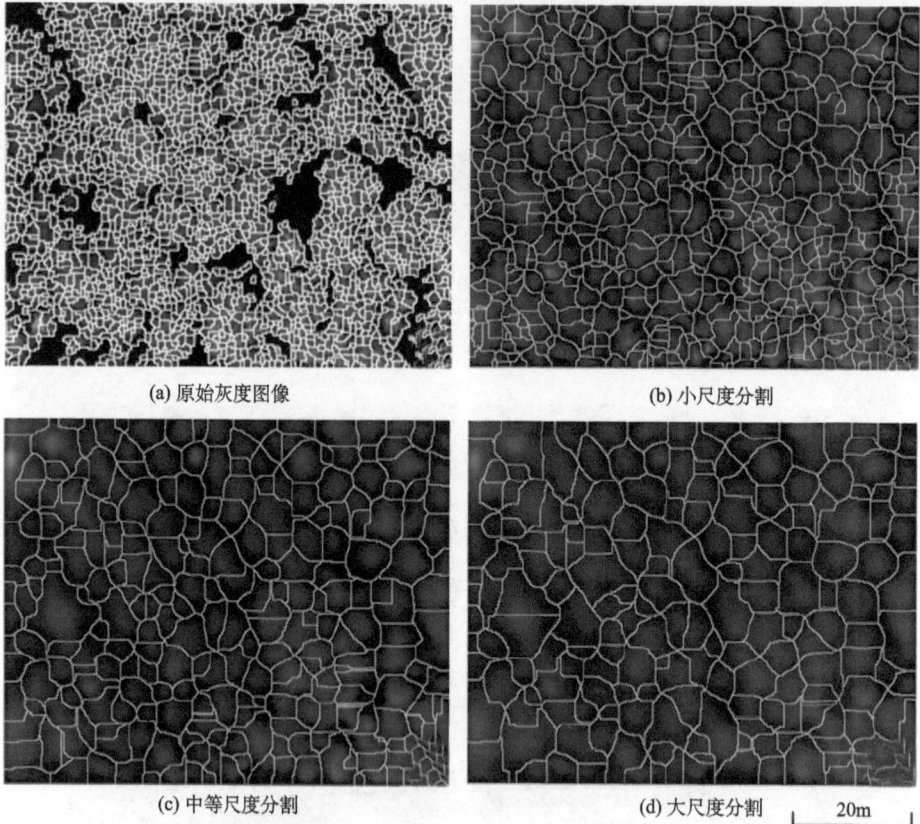

(a) 原始灰度图像　　　　　　　　　　　　(b) 小尺度分割

(c) 中等尺度分割　　　　　　　　　　　　(d) 大尺度分割　　20m

图 3-13　不同树冠尺度下的分割图层

4. 边缘细化

大尺度的分割图层和小尺度的分割图层叠加在一起时，一个粗糙基元并不总是能很好地与精细基元相重叠。粗糙基元的边界可以参照精细基元的边界进行如下细化：①选择被粗糙基元覆盖一半以上的所有精细基元；②将选取的精细基元组合成为一个新的基元；③用组合后的新基元代替原来的粗糙基元。边缘细化过程中，大、中尺度的树冠分割图层得到了细化，细化后的基元边界可以更好地与树冠间的缝隙重叠在一起。

5. 综合多尺度分割图层

为了将大尺度与小尺度的分割图层进行结合，一个基元可以通过分析其扁率（thinning ratio）来判断是树冠或树丛。基元的扁率 k 由以下公式计算得到：

$$k = 4\pi A/P^2 \tag{3-8}$$

式中，A 和 P 分别为基元的面积和周长。基元形状越复杂，k 值越小。当基元形状为圆形时，k 值达到最大值 1。树冠的形状一般为圆形。树丛是由相邻的圆形组成，树丛的边缘往往呈现锯齿状。基于此现象，树冠比树丛更接近圆形。参照树冠和树丛的不同扁率，粗糙基元与精细基元可以按照以下步骤进行组合：

（1）去除未被粗糙基元覆盖的精细基元；

（2）寻找比面积阈值稍大的精细基元；

（3）若找到的精细基元数目少于 2 则退出程序，否则继续下一步；

（4）若粗糙基元的扁率小于阈值，并且其覆盖的面积最大的精细基元满足以下条件，则认为该粗糙基元为树丛，将精细基元裁剪后代替该粗糙基元，产生最终的树冠图（图 3-14）：

$$(A_m > T_A A_0) \ \& \ (k_m > k_0) \tag{3-9}$$

式中，A_0 和 k_0 分别为粗糙基元的面积和扁率；A_m 和 k_m 分别为面积最大的精细基元的面积和扁率；T_A 为阈值（此处取 0.85）。

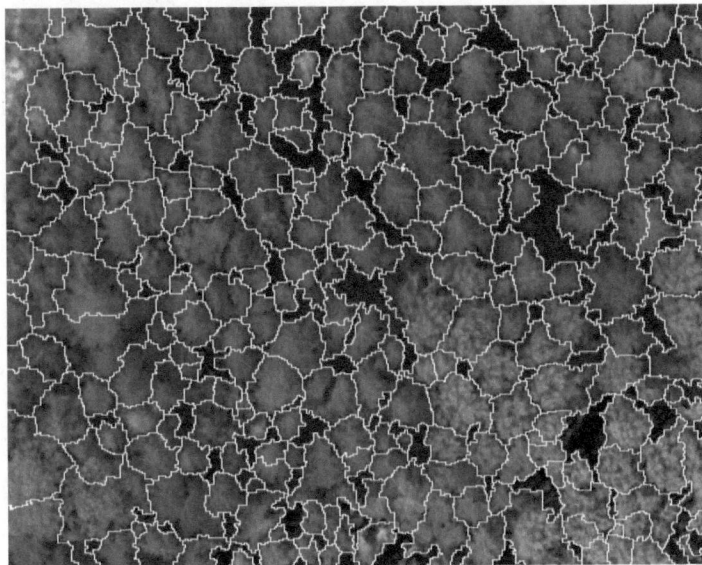

图 3-14　树冠分布图

3.4　动物栖息地的空间精细观测方法

生境（habitat）的概念由美国的 Grinnel 于 1917 年首先提出，指的是生物的生活空间及调节其生活的空间条件的总和。生境，又称动物栖息地、栖地，是动物栖居、生存和繁衍的场所及其周围的环境，任何栖居于此的动物经过千百万年的自然演化，逐渐适应了栖息地的环境，二者之间相互作用，相互依存，构成最基本的生态系统（胡锦矗，2001）。生境是生物和非生物因子所构成的综合体。一个特定物种的主要生境是指被该物种或种群所占有的资源（如食物、隐蔽物、水）、环境条件（温度、雨量、捕食及竞争者等）和使这个物种能够存活和繁殖的空间。

生境中的野生动物在种群结构、动态变化和行为方式上都与生境密切相关（易雨君等，2013），任何一种生物都是通过长久以来不断的进化来适应栖息地的环境特征，同时生物的进化也对生境产生反作用。因此这两者之间是相互作用，相互依存的，如果一种物种适宜的栖息地数量变少或者质量下降，该物种的生存状况就会发生恶化，该物种的习性也会受到相应的影响。由此可见，生境是野生动物生存的必要条件，对于生境适宜度的理论与方法的研究能够为野生生物保护提供科学依据。

3.4.1　动物适宜栖息地研究概况

栖息地适宜度指数（habitat suitability index, HSI）是生境适宜度评价体系中最重要用途最广泛的方法，其概念最早来自美国渔业及野生动物署在 1982 年所提出的河道内流量增加法论文中。栖息地适宜度指数是一种广泛用于陆生和水生生物栖息地评估和监测的定量化指数，它常被用来支持野生动物管理决策（Larson et al., 2004）、潜在栖息地的空间预测及栖息地的紧急情况评估（Zhang et al., 2011；Li et al., 2012）。随着 3S 技术的发展，栖息地适宜度指数变得更加精确可靠。

最早的大熊猫生境选择与评价研究开始于 20 世纪 30 年代，西方学者 W.G Sheldon 发表了《关于野生大熊猫的记录》（张巍巍，2014）。国内最早对大熊猫生境进行科学系统的研究分析开始于 1962 年。这些早期研究数据获取过程大多采用传统的动物学上野外观测，以及对当地居民的走访咨询，获取的数据种类为传统的大熊猫生活习性、种群分布及生殖等方面。90 年代之前的大熊猫生境研究主要是对大熊猫活动的特征进行定性描述（张巍巍，2014；金学林，2012）。90 年代之后随着统计学技术的不断引入，大熊猫生境分析逐渐朝着定量化方向发展。Reid 采用格网统计分析方法研究了大熊猫对栖息地的季节性选择。唐平等利用 Vanderploeg 和 Scavia 指数分析了大熊猫对于地形、植被郁闭度、主食竹的偏好。杨兴中和雍严格（1997）、杨兴中等（1998）通过采用 20m×20m 的随机样方和主成分分析法，对佛坪大熊猫栖息地选择问题进行了研究。欧阳志云等利用 GIS 技术对卧龙自然保护区内大熊猫分布和生境关系进行了研究，评价大熊猫生境质量及其空间格局，并讨论生境评价的方法和技术（欧阳志云等，1995）。

21 世纪以来，随着 3S 技术不断发展成熟，其在大熊猫生境适宜度研究中的意义也逐渐凸显。目前大熊猫栖息地环境监测主要采用遥感数据解译与地面数据采集分析相结合的方式。大熊猫生境评价主要包括生境适宜度评价、生态位评价和破碎化分析三个方面。欧阳志云和刘建国（2001）首先对大熊猫生境质量检测参数体系进行研究，将大熊猫的影响因素分为物理环境、生物环境和人类活动因素三大类并探讨因素之间互相影响互相作用的关系，采用地理信息系统，以及空间模拟技术来实现这个质量评价体系。这种方法本质上是建立在 GIS 空间分析中的层次分析法，利用建立好的质量评价体系得到大熊猫生境图。为了丰富层次分析法的数据源，遥感数据、数字地形模型（DEM）、大熊猫 GPS 项圈数据开始广泛加入到生境模型之中，极大地丰富了原数据及模型的可靠程度。在层次分析法的基础上，后续的改进方法逐渐向多元统计法、专家系统、模糊赋值等方向发展完善。针对层次分析法线性分析对于模拟要素之间相互作用的不足，目前已有一些方法采用神经网络等机器学习算法来进行大熊猫生境适宜度监测（Liu et al., 2005; 刘雪华, 2006; Vina et al., 2007; Linderman et al., 2005），这些人工智能类的方法能够很好地拟合非线性系统，达到对要素之间复杂性的模拟仿真。这些方法是建立在专家知识基础之上，机器学习拟合的输入和输出值都是通过专家知识得到的。

　　当前大熊猫栖息地生态环境评价分析主要存在以下问题：①地面调查困难，野生大熊猫所处的环境是人迹罕至的山地，尤其是取食时喜欢在周围有大树等利于隐蔽的地段，其踪迹获取十分困难，已进行的三次大熊猫普查往往历时 3～4 年，踪迹搜寻也从齿痕转向粪便 DNA 提取（张泽钧和胡锦矗, 2002）。②调查模型不可靠，现有的大熊猫生态环境评价模型往往是专家系统和模糊数学相结合的方法，这些方法属于 GIS 空间分析中的层次分析法。该方法的核心是专家打分定权，受主观因素影响较大，不同的专家打分往往得出相反的结论。以汶川地震对大熊猫影响评估为例，很多研究认为（Yu et al., 2011; Zheng et al., 2012）汶川地震对于大熊猫影响很小，而另一些研究则得出了相反的结论（Zhang et al., 2011; Xu et al., 2009）。这些分歧很大程度上来自不同专家对影响因子重要性的看法不一致。因此在专家经验支持下的更为客观有效的大熊猫生境评价模型亟待提出。③缺乏准实时的地面监测手段。以第三次大熊猫普查为例，其开始时间为 1999 年 6 月，结束时间为 2003 年年底，而调查报告直到 2006 年才出版。新的第四次大熊猫普查在 2011 年 10 月底才开始。因此关于大熊猫比较全面的空间分布状况、主食竹的生长情况往往都停留在几年前甚至十几年前的状态，这对于全面了解大熊猫生长生活情况极为不利。有鉴于以上几点，以遥感、GIS 为基础的大熊猫生境评价模型应该在其中发挥更加重要的作用。

　　随着遥感技术的发展，多平台（地面、航空、航天）和多传感器（雷达、光学、激光）的观测手段为大熊猫栖息地监测、评估提供了更加丰富的数据源。丰富精细的观测数据为生物栖息地评价与研究提供了有力支撑，也对海量数据有效处理利用提出了更高的要求。有别于传统的统计、地统计和层次分析法，新型的用于处理非同源、多时相空间数据挖掘、分析的新算法亟须提出。特别是对于如何利用准实时的遥感数据去克服低效、滞后的地面勘察，是一个极富有挑战的工作。对大熊猫栖息地的评价最终目的是利用多源数据来构建大熊猫栖息地生态环境实时评价系统，利用实时的遥感数据、地面数据及其他可用数据，结合大量的历史观测进行生境适宜度指数空间预测与推断，对大熊猫种群及其所在环境状况进行评估，为后续大熊猫实时监测、大熊猫生境的时空变化分析、全球变化高敏感响应因子提取和相应的珍稀濒危动物生境的影响与保护状态评估提供理论依据和技术支撑。

　　随着人类活动范围的不断增大，人类对自然界动物的生境破坏也越来越严重，造成生态系统大规模破坏，动物生境破碎化、动物多样性减少。生境破碎化，主要是人为活动的结果，使得生境的功能下降。

野生动物生境主要包括三大要素，即食物、隐蔽物和水。食物是动物与生境联系的纽带也是动物群落种间关系的基础。食物的种类、数量和质量都会影响动物的生境选择。食物的丰盛度与动物种群的存活与繁衍密切相关，在生境选择中有重要意义。隐蔽物是任何能够提供野生动物完成其功能，提高繁殖和生存所需的环境结构资源，生境中任何能提供野生动物需要的结构性实体。主要由植被和复杂地形等环境因素组成。水与动物的新陈代谢密切相关，是动物生存所必需的条件。

目前用于描述物种-生境关系的栖息地适宜度评价方法，包括栖息地适宜度指数、多元统计方法、模糊逻辑方法、人工神经网络、对多物种和群落的统计分析（易雨君等，2013）。

1. 栖息地适宜度指数

栖息地适宜度指数用来定量生物对栖息地偏好与栖息地生境因子之间的关系，是栖息地定量的经典方法，该方法由美国鱼类及野生动物署在栖息地评估程序（habitat evaluation procedures，HEP）中率先提出，并已得到广泛应用。栖息地适宜度指数有二元格式、单变量格式、多变量格式，一般物理栖息地都依赖于多个变量，所以要将多个适宜度指数结合成为综合适宜度指数。实际应用中多变量格式应用较多。常用的计算综合适宜度指数的方法有算术平均法、几何平均法、乘积法、最小值法、加权求和法和加权乘积法。综合适宜度指数也可以用多元函数表达。这取决于生境因子的组合和相互关系，通常由指数为多项式的指数函数表示。多变量格式方法直观、所需数据容易获取、实际操作性强，是栖息地定量化的经典方法，也是目前应用最多的方法，然而其对专家经验依赖较多，主观性较强。

动物栖息地适宜性评价主要考虑物理环境因子、生物环境因子、人类活动因子（欧阳志云和刘建国，2001），但动物对生境的选择又会随时间地点发生变化，因此生境评价因子可能会有所不同。高程及其衍生因子（坡度、坡向）、森林类型、主食类型、乔木郁闭度、道路、水系、人类影响等是影响较高的一些因子。

1）物理环境因素

物理环境因素包括高程、坡向、坡度、水源等。

高程因子与环境气温和动物食物分布有直接的关系。尤其是在山区，温度的垂直分布使得动物栖息地的选择具有选择性，而温度不同，动物的食物分布也会不同。随着季节的变化，动物会迁移到食物资源丰富、气温适宜的地区。

坡度也是影响动物栖息地选择的重要因子。坡度的陡缓直接影响动物活动时的体力消耗状况，对于不同动物的生活习性，选择状况有所不同。例如，大熊猫往往在缓坡上活动，活动地形坡度不会过大，有利于其节省能量。

坡向对于区域内生长的植被种类有重要影响。阳坡由于受到太阳照射较多，植被生长情况比较好，且温度较高，阴坡太阳照射较少，温度较低，更阴凉，不同的坡向适宜于不同习性的动物。

2）生物环境因素

生物环境因素包括植被类型、植被生长状况等。

植被类型主要从两个方面影响动物的栖息地分布。一是以植物为食的动物，主要依靠植物来提供能量，所以植物也就是食物的分布状况直接影响动物的生境选择。二是植物类型不同，可作为隐蔽物的情况不同，如素食性动物往往选择有遮蔽性的草丛、灌木丛等作为栖息地选择的重要条件。

植被生长状况同样影响栖息地选择。植被生长状况良好，该地区的生物多样性往往也较高，丰富的食物资源是吸引动物聚集的重要因素。

3）人类活动因素

人类活动因素包括距居民点距离、距道路距离等。

随着人类活动范围的不断增大，动物的生活环境越来越多地受到人类活动的影响。居民日常活动、地质灾害、道路交通、耕种砍伐等都会使动物活动范围受到影响。尤其是对野生动物的捕猎与栖息地的破坏，直接导致了动物生境的隔离化及破碎化。

2. 其他方法

多元统计方法是同时对多个随机变量进行研究分析，通过对多个随机变量观测数据的分析，来研究随机变量总的特征、规律，以及随机变量之间的相互关系，它考虑物理变量之间的相互作用和相关性。多元统计方法在栖息地适宜度评价方面的应用不断增加。

模糊逻辑法在处理栖息地模拟中的不确定性方面具有优势，能更好地利用专家知识，更合理的处理建模过程中测量的不准确性和不确定性，同时也考虑了多个变量之间的相互作用，但是当考虑的变量数增加时，模糊规则的数量会迅速增加，给计算带来不便。

人工神经网络能够隐性地找出响应变量和环境变量之间的复杂关系，但是其解释能力不足，并需要大量的实测数据对其进行训练，实际应用受到限制。通过排序分析或梯度分析可以对多物种和群落进行统计分析。

3.4.2　动物生境适宜度因素选取

栖息地的质量和结构对于动物的丰度和密度起着决定性作用，高质量的栖息地应该能够满足大熊猫长期生存和繁衍需求。栖息地质量决定大熊猫个体的存活率和繁殖率，与它们后代的生活力保持，以及占领栖息地时间长短有密切联系，然而大熊猫的生境受到多种因素影响和制约，其生境选择也受到各种因素的影响，这些因素影响程度各不相同且互相干扰，从大量文献记载看，相关的影响因素高达 80 多种，然而在实际栖息地适宜度评价中，应该尽量抓住主要影响因子，忽略次要因素，在生境要素的选择方面应该注意以下三点。

（1）生境因素具有代表性，在整个生境评价中所占权重较大。

（2）生境要素应该能够测量或量化。

（3）生境因子应具有合理性。

从各文献所选用的常用因子看，高程及其衍生因子（坡度、坡向）、森林类型、主食竹类型、乔木郁闭度、道路、水系、人类影响等是选用频率较高的一些因子，这也反映了研究者对于大熊猫生境影响因子重要性的观点。本书采用三类影响因子：地理环境因素、生物因素和干扰因素，层次结构见图 3-15。

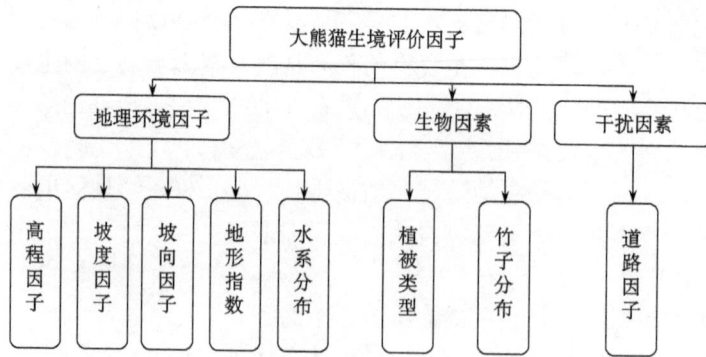

图 3-15　　大熊猫生境因子分类图

1. 地理环境因素

地理环境因素包括高程、坡度、坡向、地形指数和水系分布。

高程因子对于气温和大熊猫食物分布有决定性作用。在不同的季节里，温度和食物的变化同时促使大熊猫进行垂直迁移。秋季大熊猫迁移到低海拔地区而春季则迁往高海拔，这样不仅可以保证大熊猫食源充足，而且也使其处于一个温度较为舒适的环境。大熊猫活动上限往往由竹子决定，而活动下限则受人类活动影响较大，在不同的地区人类活动影响所占的比例往往不同（郭晋平和阳含熙，1999）。

坡度是影响大熊猫活动的重要因子（胡锦矗，2001）。由于在缓坡上大熊猫活动消耗体力较少，因此有利于其节省能量。另外大熊猫每天花费大量的时间在觅食竹子，如果地形坡度过大，大熊猫觅食不便且体能消耗太大。

坡向对于区域内生长的植被种类有重要影响。阳坡由于受到太阳照射较多，植被生长情况比较好、温度较高，大熊猫喜欢有阳光的坡面（胡锦矗和夏勒，1985）。统计学研究也发现大熊猫更喜欢在阳坡较多的区域内栖息（Zhang et al., 2011）。

坡位指数（topographic position index，TPI），是 2001 年由 Andrew Weiss 提出，衡量一个研究点所处地形纵剖面的上下位置。其基本思想是：用某点高程与其周围一定范围内平均高程的差，结合该点的坡度，来确定其在坡面上所处的部位。它在地貌分类中具有十分重要的意义。表 3-1 是坡位指数值所对应的地貌意义。

表 3-1　坡位指数对应的地貌意义

编号	类型	分类依据
1	山脊	TPI > 1 SD
2	上坡	0.5 SD < TPI ≤ 1 SD
3	中坡	−0.5 SD < TPI ≤ 0.5 SD, 坡度 > 5°
4	平坡	−0.5 SD < TPI ≤ 0.5 SD, 坡度 ≤ 5°
5	下坡	−1 SD ≤ TPI ≤ −0.5 SD
6	山谷	TPI < −1 SD

注：SD 表示研究点与邻域像元高程的标准偏差值

尽管大熊猫能从竹子中获取水分，但植物中的水分不能完全满足大熊猫每日所需，其仍需直接饮用水。由于大熊猫活动范围在 4～7km 直径范围内，因此应该将包括水源的活动范围内的区域定义为适宜或较适宜区域。

2. 生物因素

大熊猫属于专食性动物，竹子占其食物比例的 99%。大熊猫主食竹的健康及分布直接关系其生存、繁衍、扩散和发展，竹子是评价栖息地适宜度的直接和标准指标。研究将第三次大熊猫普查所圈定的冷箭竹、短锥玉山竹、拐棍竹分布作为适宜区，其他竹子作为较适宜区。

竹子与其所处的植物群落在长期的演化过程中形成了紧密的协同关系，既相互影响又彼此促进。竹子的健康状况和稳定性受到周围植被的影响。在各种植被类型中，适宜大熊猫生存的植被类型主要有针叶林、针叶阔叶林、落叶阔叶林和常绿阔叶林。大量研究发现大熊猫偏好一定郁闭度的原始森林，常绿阔叶林和草甸分布极其稀少，人工林则难以发现其踪迹。根据第三次大熊猫普查，大约有 70% 以上的大熊猫活动在针叶林与针阔混交林，只有少于 30% 的大熊猫活动在阔叶林、灌丛及草甸中。研究将针叶林、针阔混交林定义为大熊猫生境适宜区，阔叶林、灌丛及草甸作为较适宜区。

3. 干扰因素

目前，大熊猫受到干扰因素较多，且各因素所起的作用比较复杂。居民日常活动、地质灾害、木材砍伐、交通、农业活动、林下资源采集是影响大熊猫生境质量的主要因素。这些因素直接破坏了大熊猫生境，尤其加重了大熊猫生境的破碎化和隔离化。由于数据的缺乏及因素影响力的不确定性，本次研究暂时只考虑道路交通的影响。与水源距离一样，考虑到大熊猫活动范围较大，因此要将干扰因素临近的一定范围的区域划为不适宜区。

4. 生境适宜性评价准则

基于前人的研究成果，再结合对研究区部分区域实地考察获取的资料及研究区内影响因素的特点，本书将各指标划分为适宜、次适宜与不适宜三类，建立研究区大熊猫生境适宜度影响因子评价准则表。

5. 单因子生境评价

单因子生境评价的基本思路是依据生境适宜度评价准则所制定的单项指标对各个单项因子进行等级划分，即分别利用 GIS 软件的空间信息再分类（reclassify）、DEM 空间信息提取、空间内插分析（interpolation）和缓冲区分析（buffer）等方法进行单因子评价。再利用面积统计工具，分析各种适宜性区域所占的面积比例，得到适宜大熊猫生存的区域。

3.4.3　基于层次分析法和专家定权法的模型

传统的大熊猫生境适宜度评价采用层次分析法，其中层次定权策略采用专家定权打分法。具体是对研究所用的 8 个因子（高程、坡度、坡向、地形指数、与水源地距离、植被分布、竹子和道路距离）进行权重估计，并对各因子进行无量纲化处理，再用 ArcGIS 中的栅格计算（raster calculator）生成适宜性分布图。

1. 评价指标的构建

根据研究区的实际情况，确定评价目标一个，因素层三个，因子层八个，见表 3-2。

表 3-2　层次分析法中大熊猫生境影响因子种类

目标	因素层	因子层
大熊猫生境适宜度指数	地理环境因素	高程
		坡度
		坡向
		地形指数
		与水源地距离
	生物因素	植被分布
		竹子
	干扰因素	与道路距离

2. 构造两两比较的判断矩阵

Saaty 提出的层次分析法基本思路是：假定上一层元素作为准则，对下一层的元素有支配关系，用经验判断两元素对上一层元素的重要程度。其中 1～9 比较标度法（Saaty，1988）是用来确定两两比较指标的重要程度，确定各层的判断矩阵，如表 3-3 所示。

表 3-3　层次分析法的判断矩阵

适宜度	高程分类
1	两个元素对某个属性具有同样重要性
3	两个元素比较，一元素比另一元素稍微重要
5	两个元素比较，一元素比另一元素明显重要
7	两个元素比较，一元素比另一元素重要多
9	两个元素比较，一元素比另一元素极端重要
2、4、6、8	上述两相邻判断的中值
1、b_{ij}	两个元素的反比较

3. 判断矩阵归一化与一致性检验

通过判断矩阵可以生成特征向量，由于归一化后存在多个判断矩阵，利用归一化方法将多个特征向量矩阵归一到一个统一的权重度量上，这样就得到了所有因素的相对权重。该过程基本步骤如下：

（1）计算矩阵每一个层权重值的乘积；

（2）对权重乘积开 n 次方根；

（3）对向量 $\overline{W_i} = (\overline{W_1}, \overline{W_2}, \cdots, \overline{W_n})$ 进行归一化；

（4）将多个判别矩阵生成的特征向量，根据其中重叠的因素统一到一个度量上，得到的结果即为每个因子的权重。

对计算出的判别矩阵还应该进行一致性检验，以确保所创建的矩阵是合理的。首先对原始的判读矩阵进行计算获得最大特征根和对应特征向量。然后检验该矩阵的一致性，主要包括一致性指标检验、一致性比率检验及随机一致性指标检验。如果判断矩阵能够达到一致性检验标准，则归一化处理后得到的权重向量为所需向量；相反，如果无法达到一致性检验标准，则需要再次构建对比阵或者对原有的矩阵进行调整。

4. 指标的无量纲化

不同的影响因子平均值和值域范围经常相差很大，它们表示的物理意义也不同，因此需要进行指标的无量纲化。指标的无量纲化在生境质量评价中起着关键作用，评价是否可靠在一定程度上依赖无量纲化的策略。在多因素生境综合评价中影响因子有两种存在形式：一是各指标因素的实际值；二是各指标因素的评价值。无量纲化的过程即把各个影响因素的实际值统一到评价值上。考虑到层次分析法本身是基于线性的，大量研究也都基于线性函数或分段线性函数为影响因素打分，研究采用同样的分段线性函数对大熊猫影响因素进行无量纲化。首先按照前文所述方式将大熊猫影响因子分成适合、较适合和不适合，然后再按照影响因子中的最大值和最小值将所有数值统一到一个线性的范围内。

5. 综合评价

研究的评价模型是建立在层次分析法基础上的加权求和。

利用 ArcGIS 中栅格计算器（raster calculator）可以将同等分辨率和尺寸的栅格类型图层进行叠加计算，只要事先设置好权重，就能够方便地生成生境适宜度图。研究采用该工具进行制图。首先根据前文所述单因子评价方式，将所有图层统一到一个坐标系内，并且保证像元大小相同，图层长宽一致。然后对所有图层进行无量纲化，根据影响大熊猫生境质量的各因子的权重值，生成多因子综合影响下的大熊猫生境适宜度图。为了统计不同适宜度的面积，同时也为了分层展示大熊猫生境适宜度图，必须对生成的生境适宜度图设置阈值分类再输出。从输出后的结果中，可以统计适宜、次适宜和不适宜区域的面积，评价研究区生境适宜度好坏。

3.4.4　集成专家系统和神经网络的改进方法

1. 基本原理

在传统的基于层次法基础上，人工智能也被引入野生动物生境评价之中，其中以简便易行著称的神经网络得到广泛应用。神经网络以其良好的容错性、适应性、鲁棒性，能够很好地嵌套到基于 GIS 的生境适宜度制图之中。

传统的基于层次分析法大熊猫生境适宜度制图是建立在各影响因子重要性是线性变化的这一假设上，因子之间的相互影响也是以线性形式存在，然而实际情况是影响因子的重要性以及它们之间的相互影响是复杂的、非线性的，这是因为：① HSI 指数是复杂的，即使在传统的大熊猫生境评价中，HSI 指数的指标也常常作为分段函数（Liu et al., 2005; Vina et al., 2007; Zhang et al., 2011; Shalaby and Tateishi, 2007），实际情况中非线性的公式要更好（Song et al., 2014）；②阈值通常是建立在专家知识或统计结果上，然而在实际情况下，阈值都是模糊和不准确的，而且某些影响因子的变化会同时导致其他影响因子的变化，如不同的坡面所受光照差异很大，阴坡和阳坡植被生长状况不同，湿度、温度差异很大，关于海拔的权重在阴坡和阳坡就不同；③即使在一个固定的区域，不同的专家知识和统计结果得出的结论也往往不同，很多因素可能在小范围内施加某些难以察觉的影响。

综上所述，基于层次分析法的大型动物生境制图不能很好地利用专家知识，其线性的特征决定其难以得到较理想的效果，而人工智能通过充分拟合影响因素之间的非线性特性和复杂性，更好地挖掘专家打分法中的知识。在研究中，人工神经网络被用作传递函数，来深入挖掘影响因子与适宜度之间的关系。Liu 通过建立集成专家系统和神经网络分类器（echo state neural network classifier，ESNNC）来进行大熊猫生境制图，其核心思路就是以层次分析法的输入和结果为神经网络训练的初始输入输出，利用这些样例数据训练完神经网络之后，重新计算得到基于神经网络的生境适宜度图，这样就充分利用了神经网络的非线性特性，得到的结果较传统层次分析法更具有说服力。

集成神经网络的大熊猫生境评价基本步骤如图 3-16 所示。其中基于专家打分法和层次分析法的生境适宜度指数图生成步骤与 3.4.3 节中所述一致。将影响因子图层（输入）和生境适宜度图层（输出）叠加，利用采样点提取输入和输出值，这些输入输出值可以挖掘出更为复杂的生境适宜度与影响因子之间的潜在知识。将输入输出值放入神经网络进行训练，得到较为满意的神经网络后可以输出成新的基于 ANN（人工神经网络，artificial neural network）的生境适宜度图。

2. BP（back propagation）神经网络结构

神经网络是受到人脑活动的启发而被设计出来的，通常被用来解决复杂的非线性的问题，如拟合、模式识别、聚类和时间序列预测。前文已充分论述了大熊猫生境适宜度和影响因子之间的复杂性和非线性关系，因此神经网络能被用来拟合这种复杂关系。研究采用传统的误差反向传播神经网络（BP 神经网络）。图 3-17 是 BP 神经网络的基本结构图。

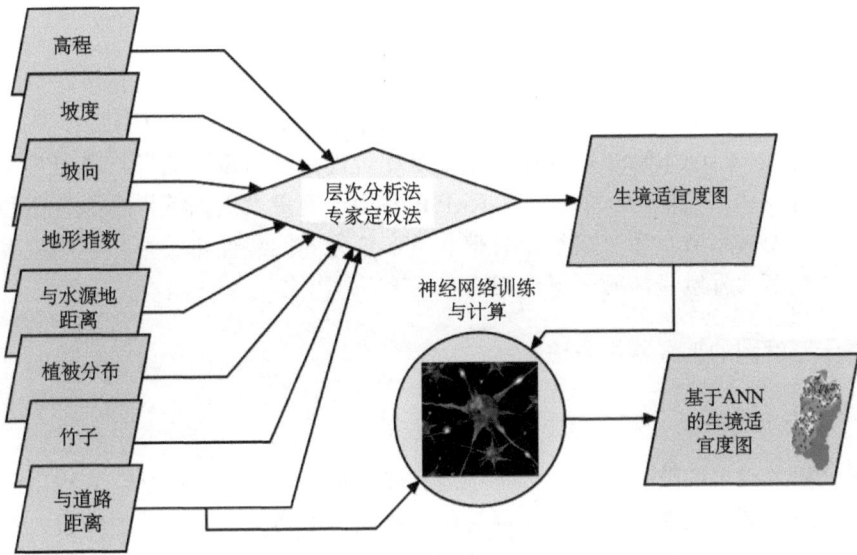

图 3-16　改进的基于神经网络的大熊猫生境适宜度图

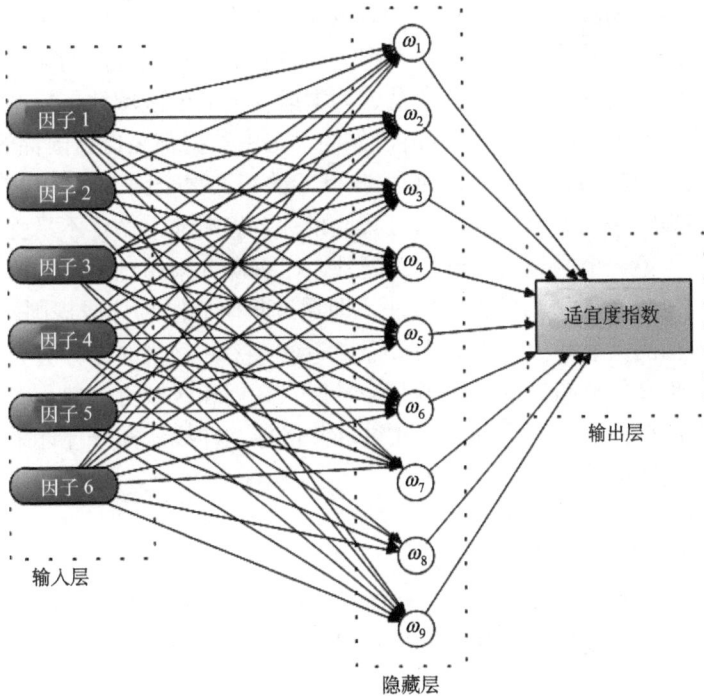

图 3-17　BP 神经网络基本结构

研究采用的 BP 神经网络是由输入层、输出层和一个隐藏层组成。输入层的节点个数由影响因子数目决定，输出层有一个节点，隐藏层则根据训练效果来调整。

3. 拟合精度评定

研究采用平均绝对百分误差（mean absolute percentage error, MAPE）、均方根误差（root-mean-square error, RMSE）和相关系数来评价神经网络拟合效果。MAPE 是一种常用的衡量拟合值和真实值偏差的工具。RMSE 常用于度量大量训练样本拟合值和真实值标准差偏差。相关系数是用来表征拟合值和真实值之间的线性相关性。它用来表征拟合值和真实值在多大程度上能被一条线拟合。

3.4.5 基于密度图的神经网络方法

1. 两个基本假设

为了使研究提出的改进的大熊猫生境适宜度评价方法理论上可行，先提出两个基本假设：①单位区域内大熊猫痕迹点出现的频率越高，说明大熊猫活动越频繁，该单位区域的生境适宜度指数越高；②大熊猫痕迹点在任何区域内被发现的概率相等，忽略人工考察中由于光照、植物遮挡和人工熟练度等随机因素造成的影响。

在实际小范围的调查中，这两点基本假设在很多生境适宜度研究中并不成立，这是由于不同的研究采用的数据种类不同，考察方式也各异。在大范围的大熊猫生境适宜度考察中，这两个假设能够得到保证。这是因为大熊猫所处的区域地形复杂，进行一次全面考察需要耗费大量人力物力，所以目前可靠的大范围数据都来自全国性的大熊猫普查。目前可以查阅到的最新的普查资料是 2001 年开始的第三次全国大熊猫普查，该普查采用竹子上的大熊猫齿痕作为调查指标，相对其他指标，齿痕非常稳定不易受到环境变化的干扰，因此保证了第一个假设的正确性。另外，已有研究采用过类似的假设。对于第二个假设，大熊猫野外普查采用的是样线法，即通过将研究区划分成规则网格（2km²），研究每个网格内部的大熊猫痕迹点。为了提高考察效率，网格的划分会充分考虑地形因素、植被分布、主食竹分布、水系、道路、悬崖、高程和区域可达性。考察过程中寻找并记录样线穿过区域内的大熊猫痕迹。通过这些措施，样线法充分保证采样过程的客观性以及样本点被发现的等概率性。

2. 基于两个假设的大熊猫生境密度图

密度分析，即将测量的痕迹点或者线生成连续表面，从而在图中反映点或面集中和稀疏的空间分布。也就是说，密度分析是根据输入要素数据计算整个区域的数据聚集的空间分布。

密度分析的基本原理是通过离散点数据或者线数据进行内插的过程，根据插值原理不同，可以将密度分析分为核密度分析和普通的点/线密度分析。核密度分析中，落入搜索区的点具有不同的权重，靠近搜索中心的点或线会被赋予较大的权重，反之，权重较小，它的计算结果分布较平滑。在普通的点或线密度分析中，落在搜索区域内的点或线有相同的权重，先对其求和，再除以搜索区域的大小，从而得到每个点的密度值。由于大熊猫痕迹点没有权重之分，但为了更准确地表达痕迹点对某一个像元的影响力，研究采用的密度分析方法是核密度分析。

核密度分析的基本原理是，以每个栅格像元作为搜索单位，以某个栅格像元中心的周围定义了一个邻域（邻域可以采用圆形、矩形、环形、楔形等不同形状来定义），加权统计邻域内所有的点，离像元距离越近的点按照核密度函数赋予更高的权重，然后除以邻域面积，即得到点要素的密度。

假设①将生境适宜度与大熊猫出现的频率联系起来，如果这种频率能够在一定误差内定量获取到，即如果假设②成立，那么单位区域内大熊猫痕迹可以用来衡量大熊猫适宜度，即将痕迹点的密度图等同于生境适宜度图。实际上以前的研究已经发现生境适宜度指数和密度之间有密切联系（Shalaby and Tateishi, 2007），Tirpak 等就将密度图等同于生境适宜度指数并通过它推断鸟群的空间分布特征。可见用密度图衡量大熊猫生境是可行的。

没有一种完全通用的生境适宜度指数方法和公式，这是因为应用过程中面临的实际情况差别很大，在某一区域可靠的专家知识在另一区域不一定适用。因此在没有可靠专家知识的情况下，如果有客观的大熊猫痕迹点，密度图也可以作为生境适宜度制图的一种选择。然而密度图存在的问题是，并不是所有区域都会进行痕迹点考察，实际上很多危险区域、难以进入的区域没有经过考察，但大熊猫可能在此处非常活跃。因此尽管密度图相对可靠，但也并不能替代基于专家知识的层次分析法。

3. 基于密度图的生境适宜度评价法

1）算法基本思路

图 3-18 是改进方法的基本流程。该方法的核心是建立选中的影响因子和密度图之间的非线性传递函数。该方法影响因子的数据预处理与层次分析法和传统的神经网络法一

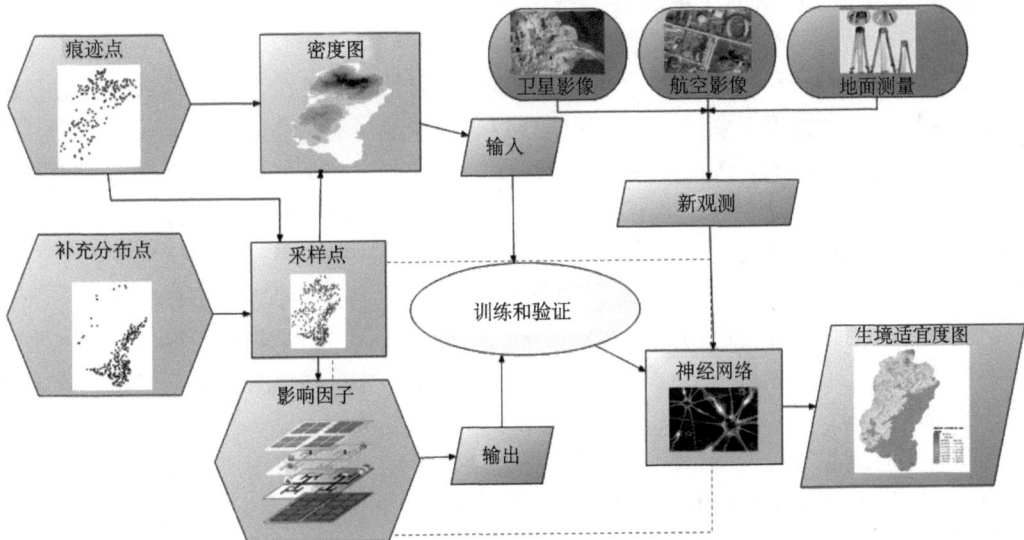

图 3-18　改进的大熊猫生境适宜度模型流程图

致。生成影响因子图层之后，首先将野外采集的大熊猫痕迹点按照其空间坐标转化为点矢量格式，然后将这些点坐标转化为单位面积内的密度图，最后建立密度图与影响因子之间的关系。正如前文所述，该密度图在未调查区域（如危险区域或难以进入的区域）是不准确的，而假设②则保证在其他已采样区域密度图是准确的，因此建立非线性传递函数的目的就是通过这些准确的区域学习到影响因子与生境适宜度之间的关系，然后再重新推断那些未采样区域的生境适宜度。研究将神经网络作为非线性传递函数来研究大熊猫栖息地。

通过采样点获取输入输出后，利用神经网络对这些样本进行训练得到较为满意的效果。为了避免过分细化，同时为了保证一定的精度，研究所有栅格数据统一到 30m 的分辨率，但在神经网络处理中采用 300m 作为窗口，每个因素的像元在窗口内进行平均。

神经网络采用前文所述的 BP 神经网络。训练过程中为了使结果可以互相比对，研究密度图绝对值统一到 1～10。归一化后的适宜度指数可以用来计算平均绝对误差百分比。

训练好的神经网络不仅可以重新生成密度图（栖息地适宜度图），同时也可以根据新数据进行重新制图。特别是遥感数据能够实时获取到地面信息特别是植被信息（Shalaby and Tateishi, 2007; Lunetta et al., 2006）。包括植被信息在内的地物变化将对野生动物带来很大影响，如在评价 2008 年汶川地震时，大量的研究通过斑块分析（Zhang et al., 2011）、适宜度指数分析（Zheng et al., 2012）和其他统计分析的方式，发现地震导致的滑坡，以及植被变化对大熊猫产生不同程度的影响。这些研究已经发现植被类型与大熊猫栖息地相关的主食竹有密切联系，尽管竹子生活在树木冠层以下难以被遥感直接观测，但它的丰度及出现频率可以通过冠层植被推断。因此不断更新的遥感数据可以通过训练好的神经网络生成新的生境适宜度图，为决策部门提供第一手参考资料。

2）采样点选择问题与数据分辨率问题

在实际神经网络训练数据准备中，采样点的选取是一个关键步骤。输入输出数据是通过将影响因子和密度图叠加，然后用采样点来提取点对应的输入输出值。由于密度图中有的区域是不准确的，因此采样点如果完全随机选取，则不可避免地会引入一些不准确的训练样本，而且这个误差随着密度图的误差增加而增加。研究考虑到大熊猫样本点 1 本身所在区域肯定被考察过，因此选用这些点作为采样点，另外，在远离大熊猫活动的区域手工选取一些点 2，因为这些区域肯定不存在大熊猫，因此密度为 0。然后在图上随机选取一些点作为补充值 3，这里会包含一些不准确点，但是相对较少，神经网络的容错性可以将它们控制在一个较小的范围内。将 1、2、3 采样点组合起来就是大熊猫痕迹点的选取过程。

生境适宜度指数中另一个应考虑的问题是空间尺度，即所有图层应该统一到何种分辨率上。关于这个问题讨论很少，只有 Vina 等提到过"将高分辨率重采样到低分辨率"，为了技术上方便，他们将所有影响因子的分辨率统一到最低的影响因子分辨率即 80m×80m（MSS 传感器的分辨率）上。实际应用中，分辨率的选择不仅要在技术上正确，还应该符合生物学和生态学原理。在研究中，尽管采用的遥感影像和 DEM 是 30m×30m

分辨率，采用 300m×300m 窗口平均值和 30m×30m 分辨率来处理所有影响因子，原因如下：①雄性和雌性大熊猫的活动范围为 6～7km^2 和 4～5km^2，过高的分辨率将产生无意义的结果。正如 Chen 等所指出的，大熊猫栖息地破碎化非常严重。被大范围不适宜的区域所包围的小范围适宜区不能够为大熊猫活动提供足够的生活区域，因此也只能属于不适宜区。②大熊猫栖息地位于山地，这些区域高程变化剧烈，从高程生成的坡度坡向也都破碎严重。如图 3-19 所示，如果采用 30m×30m 分辨率，则该区域将会产生上百个栅格，地形的剧烈变化会导致其中有适宜的也有不适宜的。如果引入 300m×300m 窗口，尽管该区域栅格数目不变，但总的像元个数将会非常平滑，因而更加符合实际情况。因此一个 300m×300m 窗口不仅能够保持较高的空间分辨率，还能将大熊猫生活区域的生物学和生态学因素考虑在内。

应用此方法开展的雅安地区大熊猫生境适宜度评价详细过程参见文献（Song et al., 2014）。

图 3-19　雅安地区的破碎地形

2013 年 5 月于雅安地区拍摄的破碎化地形，该区域位于大熊猫栖息地中，其中电力塔高度约为 30m

参 考 文 献

陈利顶, 刘雪华, 傅伯杰. 1999. 卧龙自然保护区大熊猫生境破碎化研究. 生态学报, 19(3): 291～297

方匡南, 吴见彬, 朱建平, 等. 2011. 随机森林方法研究综述. 统计与信息论坛, 26(3): 32～38

方瑞明. 2007. 支持向量机理论及其应用分析. 北京: 中国电力出版社

付尧, 王新杰, 孙玉军, 等. 2013. 树冠提取技术研究进展. 世界林业研究, 26(4): 38～42

葛哲学. 2007. 神经网络理论与 MATLAB R2007 实现. 北京: 电子工业出版社

郭建聪, 李培军, 肖晓柏. 2008. 一种高分辨率多光谱图像的多尺度分割方法. 北京大学学报网络版: 预

印本, 45(3): 306～310

郭晋平, 阳含熙. 1999. 关帝山林区景观要素空间分布及其动态研究. 生态学报, 19(4): 468～473

胡锦矗. 2001. 大熊猫研究. 上海: 科技教育出版社

胡锦矗, 夏勒. 1985. 卧龙的大熊猫. 四川: 四川科学技术出版社

姜广顺, 张明海, 马建章. 2005. 黑龙江省完达山地区马鹿生境破碎化及其影响因子. 生态学报, 25(7): 1691～1698

金学林. 2012. 秦岭大熊猫生存状态的监测参数体系建立及其应用. 北京: 北京林业大学硕士学位论文

李洪娟. 2013. 基于 Contourlet 变换的遥感图像融合算法研究. 济南: 山东师范大学硕士学位论文

刘雪华. 2006. 集成的专家系统和神经网络应用于大熊猫生境评价. 应用生态学报, 17(3): 438～443

刘雪华, 张和明, 谭迎春. 1998. 数字地形模型在濒危动物生境研究中的应用. 地理科学进展, 17(2): 50～60

刘振军. 2001. 层次分析法在青藏高原中西部航磁异常分类及找矿预测中的应用. 物探与化探, 25(3): 161～168

欧阳志云, 刘建国. 2001. 卧龙自然保护区大熊猫生境评价. 生态学报, 21(11): 1869～1874

欧阳志云, 张和民, 谭迎春. 1995. 地理信息系统在卧龙自然保护区大熊猫生境评价中的应用研究. 人与生物圈, (3): 13～18

邵国峰, 林锦顺, 张卫国. 2014. 一种基于提升小波的快速图像融合算法. 光电技术应用, 29(4): 39～44

王伟. 1995. 人工神经网络原理. 北京: 北京航空航天大学出版社

王学志, 徐卫华, 欧阳志云, 等. 2008 汶川地震对都江堰地区大熊猫生境的影响. 生态学报, 28(12): 5856～5861

王正林. 2014. 基于对比度的小波图像融合算法研究. 激光与红外, (9): 1042～1044

肖鹏峰, 冯学智. 2012. 高分辨率遥感图像分割与信息提取. 北京: 科学出版社

熊轶群, 吴健平. 2006. 面向对象的城市绿地信息提取方法研究. 华东师范大学学报(自然科学版), (4): 84～90

杨兴中, 蒙世杰, 雍严格. 1998. 佛坪大熊猫环境生态的研究 (II)-夏季栖居地的选择. 西北大学学报(自然科学版), 28(4): 348～353

杨兴中, 雍严格. 1997. 佛坪大熊猫环境生态的研究 (I)-夏季栖息地植物群落分. 西北大学学报(自然科学版), 27(6): 509～514

易雨君, 程曦, 周静. 2013. 栖息地适宜度评价方法研究进展. 生态环境学报, 22(5): 887～893

曾辉, 孔宁宁, 李书娟. 2001. 卧龙自然保护区人为活动对景观结构的影响. 生态学报, 21(12): 1994～2001

张巍巍. 2014. 王朗自然保护区大熊猫生境质量评价. 北京: 北京林业大学硕士学位论文

张泽钧, 胡锦矗. 2002. 唐家河大熊猫种群生存力分析. 生态学报, 22(7): 990～998

赵云霞, 王沛. 2013. 关于遥感影像融合方法的综述. 硅谷, (2): 36, 65

Adams R, Bischof L B. 1994. Seeded region growing. IEEE Transactions on Pattern Analysis and Machine Intelligence, 16 (6): 641～647

Alparone L, Aiazzi B. 2006. MTF tailored multiscale fusion of high resolution MS and Pan imagery. Photogrammetric Engineering and Remote Sensing, 72 (5): 591～596

Amolins K, Zhang Y, Dare P. 2007. Wavelet based image fusion techniques—An introduction, review and comparison. ISPRS Journal of Photogrammetry and Remote Sensing, 62 (4): 249～263

Baatz A. 2000. Multiresolution segmentation an optimization approach for high quality multi-scale image segmentation. In: Strobl J, et al. Angewandte Geographische Informationsverarbeitung XII. Wichmann: Heidelberg. 12～23

Baatz M, Schäpe A. 1999. Object oriented and multi-scale image analysis in semantic networks. Netherlands:

proceeding of the 2nd International Symposium on Operationalization of Remote Sensing.

Benz U C, Hofmann P, Willhauck G, et al. 2004. Multi-resolution, object-oriented fuzzy analysis of remote sensing data for GIS-ready information. ISPRS Journal of Photogrammetry and Remote Sensing, 58 (3~ 4): 239~258

Beucher S, Lantuejoul C. 1979. Use of watersheds in contour detection. International Workshop on Image Processing: Real-Time Edge and Motion Detection/Estimation, Rennes, France

Chavez P, Sides S C, Anderson J A. 1991. Comparison of three different methods to merge multiresolution and multispectral data: Landsat TM and Spot panchromatic. Photogrammetric Engineering and Remote Sensing, 57: 295~303

Cramariuc B. 1995. Image segmentation by component labelling. Proceedings of International Conference on Digital Signal Processing, 26-28 June, Limassol, Cyprus

Gougeon F A. 1995. A crown-following approach to the automatic delineation of individual tree crowns in high spatial resolution aerial images. Canadian Journal of Remote Sensing, 21 (3): 274~284

Gougeon F A. 2014. A crown following approach to the automatic delineation of individual tree crowns in high spatial resolution aerial images. Canadian Journal of Remote Sensing Journal Canadien De Télédétection, 21 (3): 274~284

Jinchu R H. 1991. Giant panda selection between Bashania fangiana bamboo habitats in Wolong Reserve, Sichuan, China. Journal of Applied Ecology, 28: 228~243

Jing L, Hu B, Li, J, Noland, T. 2012a. Automated delineation of individual tree crowns from LiDAR data by multiscale analysis and segmentation. Photogrammetric Engineering and Remote Sensing, 78 (12): 1275~1284

Jing L, Hu B, Noland T, and Li J. 2012b. An individual tree crown delineation method based on multi-scale segmentation of imagery. ISPRS Journal of Photogrammetry & Remote Sensing, 70: 88~98

Jing L, Cheng Q. 2009. Two inprovement schemes of PAN modulation fusion methods for spectral distortion minimization. International Journal of Remote Sensing, 30 (8): 2119~2131

Jing L, Cheng Q. 2011. An image fusion method for misaligned panchromatic and multispectral data. International Journal of Remote Sensing, 32 (4): 1125~1137

Laben C A, Brower B V. 1998. Process for enhancing the spatial resolution of multispectral imagery using pan-sharpening. US Patent, 6 (11): 875

Larson M A, Thompson F R, Millspaugh J J, et al. 2004. Linking population viability, habitat suitability, and landscape simulation models for conservation planning. Ecological Modelling, 180(1): 103~118

Li D, Ren B, Hu J, et al. 2012. Impact of snow storms on habitat and death of Yunnan snubnosed monkeys in the baimaxueshan nature reserve, Yunnan, China. International Scholarly Research Notices

Linderman M, Bearer S, Li A, et al. 2005. The effects of understory bamboo on broad scale estimates of giant panda habitat. Biological Conservation, 121(3): 383~390

Liu X, Toxopeus A G, Skidmore A K, et al. 2005. Giant panda habitat selection in foping nature reserve, China. Journal of Wildlife Management, 69(4): 1623~1632

Lunetta R S, Knight J F, Ediriwickrema J, et al. 2006. Landcover change detection using multitemporal MODIS NDVI data. Remote Sensing of Environment, 105(2): 142~154

Meyer F. 1994. Topographic distance and watershed lines. Signal Processing, 38 (94): 113~125

Meyer F, Beucher S. 1990. Morphological segmentation. Journal of Visual Communication and Image Representation, 1(1): 21~46

Moga A N, Gabbouj M. 1995. A parallel watershed algorithm based on the shortest path computation. Linkoping, Sweden: Workshop on Parallel Programming and Applications

Munechika C K, Warnick J S, Salvaggio C, et al. 1993. Resolution enhancement of multispectral image data to improve classification accuracy. Photogrammetric Engineering and Remote Sensing, 59 (1): 67~72

Otazu X, González-Audícana M, Fors O, et al. 2005. Introduction of sensor spectral response into image fusion methods. Application to wavelet based methods. IEEE Transactions on Geoscience and Remote Sensing, 43(10): 2376~2385

Pouliot D A, King D J, Bell F W, et al. 2002. Automated tree crown detection and delineation in high-resolution digital camera imagery of coniferous forest regeneration. Remote Sensing of Environment, 82 (2-3): 322~334

Pradines D. 1986. Improving SPOT image size and multispectral resolution. Innsbruck, Austria: Proceedings of the SPIE. Earth Remote Sensing Using the Landsat Thematic Mapper and SPOT Systems

Quinlan J R. 1992. C4. 5: Programs for Machine Learning. San Francisco: Morgan Kaufmann Publishers Inc

Saaty T L. 1988. What is the Analytic Hierarchy Process. Springer Berlin: Heideberg. 109~121

Shalaby A, Tateishi R. 2007. Remote sensing and GIS for mapping and monitoring land cover and landuse changes in the Northwestern coastal zone of Egypt. Applied Geography, 27(1): 28~41

Simone G, Farina A, Morabito F C, et al. 2002. Image fusion techniques for remote sensing applications. Information Fusion, 3 (1): 3~15

Song J, Wang X, Liao Y, et al. 2014. An improved neural network for regional giant panda habitat suitability mapping: A case study in Ya'an prefecture. Sustainability, 6(7): 4059~4076

Teggi S, Cecchi R, Serafini F. 2003. TM and IRS-1C-PAN data fusion using multiresolution decomposition methods based on the 'a tròus' algorithm. International Journal of Remote Sensing, 24 (6): 1287~1301

Urquhart R B. 1982. Graph theoretical clustering based on limited neighborhood sets. Pattern Recognition, 15 (3): 173-187

Van Horne B, Wiens J A. 1991. Forest Bird Habitat Suitability Models and the Development of General Habitat Models. Washington, DC: USDI Fish and Wildlife Service

Vapnic V. 1995. The Nature of Statistical Learning Theory. Berlin: Springer

Vina A, Bearer S, Chen X, et al. 2007. Temporal changes in giant panda habitat connectivity across boundaries of Wolong Nature Reserve, China. Ecological Applications, 17 (4): 1019~1030

Vincent L S P. 1991. Watersheds in digital spaces: An efficient algorithm based on immersion simulations. IEEE Transactions On Pattern Analysis And Machine Intelligence, 13 (6): 583~598

Xu W, Dong R, Wang X, et al. 2009. Impact of China's May 12 earthquake on Giant Panda habitat in Wenchuan County. Journal of Applied Remote Sensing, 3(1): 031655

Yang X H, Jiao L C. 2008. Fusion algorithm for remote sensing images based on nonsubsampled contourlet transform. Acta Automatica Sinica, 34(3): 274~281

Yu H, Zhao Y, Ma Y, et al. 2011. A remote sensing based analysis on the impact of Wenchuan Earthquake on the core value of World Nature Heritage Sichuan Giant Panda Sanctuary. Journal of Mountain Science, 8(3): 458~465

Zahn C T. 1970. Graph theoretical methods for detecting and describing gestalt clusters. IEEE Transactions on Computers, 20 (1): 68~86

Zhang J. 2010. Multi-source remote sensing data fusion: Status and trends. International Journal of Image & Data Fusion, 1 (1): 5~24

Zhang J, Hull V, Xu W, et al. 2011. Impact of the 2008 Wenchuan earthquake on biodiversity and giant panda habitat in Wolong Nature Reserve, China. Ecological Research, 26(3): 523~531

Zheng W, Xu Y, Liao L, et al. 2012. Effect of the Wenchuan earthquake on habitat use patterns of the giant panda in the Minshan Mountains, southwestern China. Biological Conservation, 145(1): 241~245

第4章 大熊猫栖息地陆表特征关键环境参数变化分析

4.1 大熊猫栖息地基础地理概况

大熊猫，古籍名为貔貅（《诗经》），南方称貘（《尔雅》），地方名花熊、白熊、竹熊、食铁兽等，近代称猫熊（cat bear），后演变为大熊猫（王睿，2008）。大熊猫在地球上生存时间久远，被誉为动物界的"活化石"。它不仅是我国特有的国宝级濒危珍稀物种，还是全世界共同的自然历史遗产，其声誉、影响及生存、保护现状受到国际社会的普遍关注。国际自然与自然资源保护同盟（International Union for Conservation of Nature and Natural Resources, IUCN）将大熊猫列为濒危物种；濒危野生动植物种国际贸易公约（Convention on International Trade in Endangered Species of Wild Fauna and Flora, CITES）禁止大熊猫及其产品的一切国际贸易。

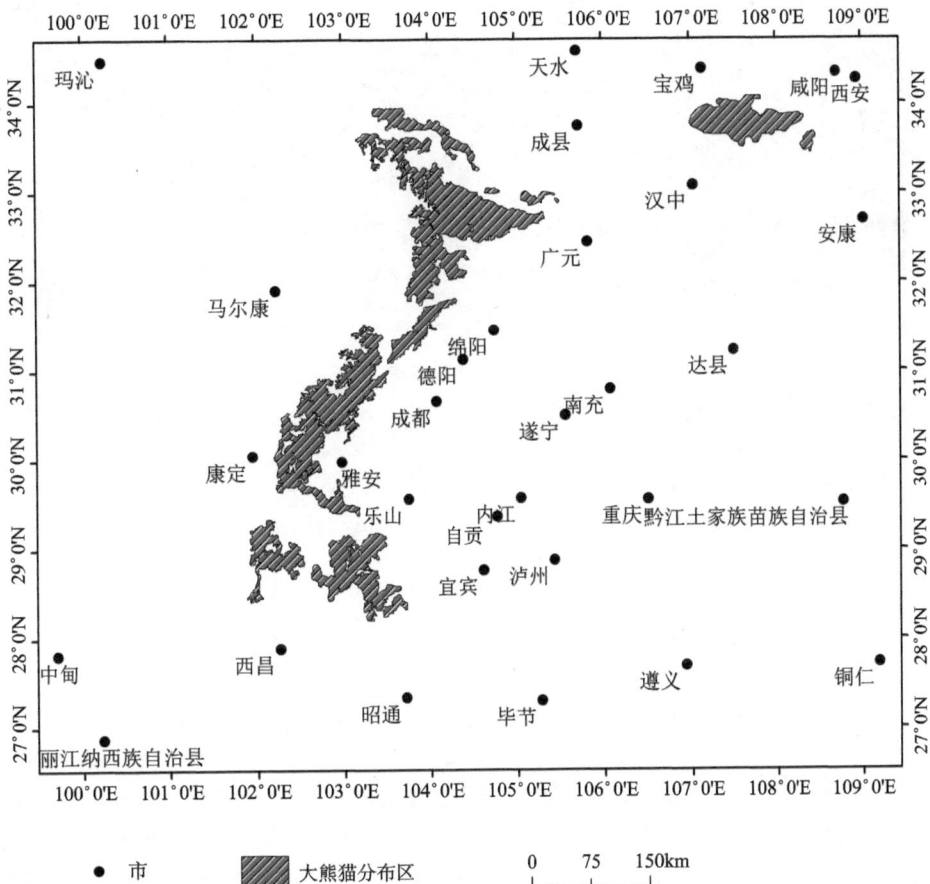

图 4-1 大熊猫栖息地分布图

更新世时（从 2588000 年前到 11700 年前），大熊猫栖息地曾广泛分布于我国东部
16 个省（市），并向南绵延至缅甸及越南北部。有文字记载的历史时期，云南、贵州、
湖南、湖北及河南等地仍有一些残存的分布点。1000 多年以前，大熊猫分布区面积大大减
少。近一两百年来，由于人类日渐剧烈的资源开发及经济活动，大熊猫分布区更是急剧退缩，
并形成相互分离的小块栖息地，大大增加了物种灭绝的风险。19 世纪中期，四川东部、湖
北北部及湖南西部尚有大熊猫分布，然而现在，大熊猫在这些地区已经绝迹了（申国珍，
2002）。依据第三次全国大熊猫野外种群调查结果，目前大熊猫栖息地主要分布状况如图 4-1
所示，可见现今大熊猫栖息地主要分布于中国陕西省西南部、四川省中部及四川与甘肃两省
交界处。这些栖息地主要集中于岷江水系及嘉陵江水系的气候湿润地区（图 4-2）。

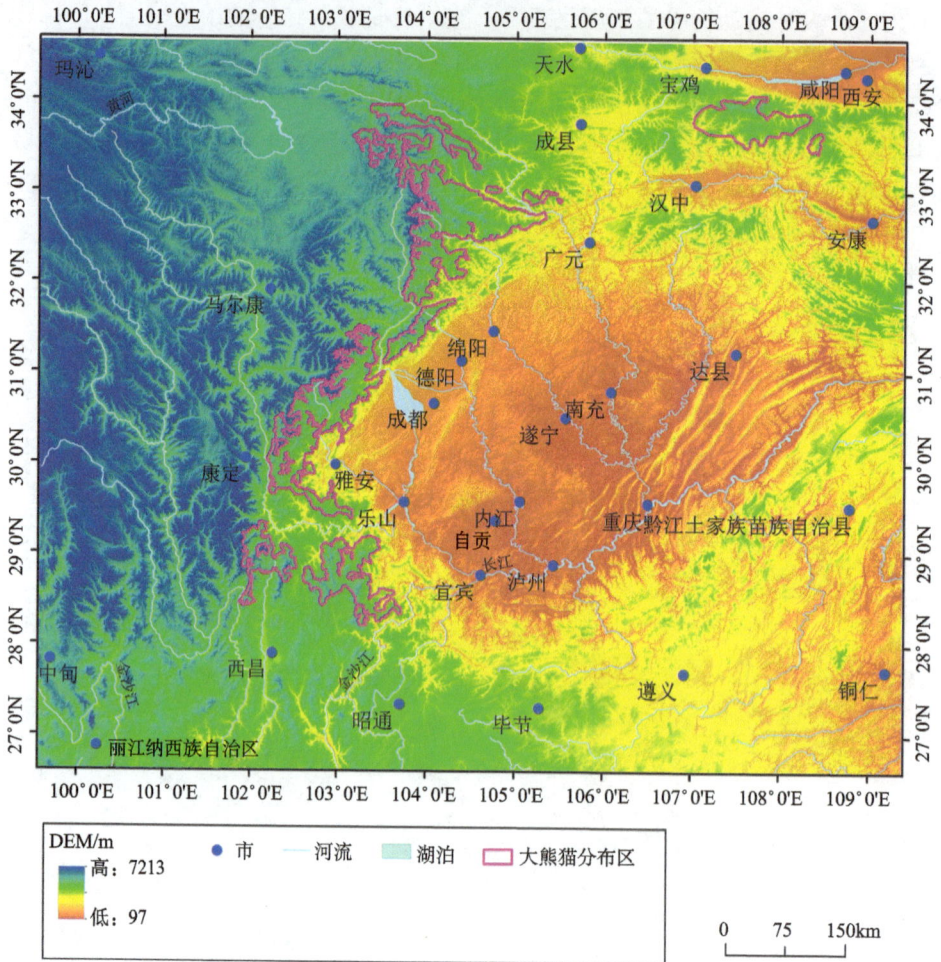

图 4-2 大熊猫栖息地及其周边数字高程模型及河网水系分布图

大熊猫栖息地分布的海拔同人类活动发生的海拔有关，一般处于人类干扰活动海拔
以上；但由于不得不和人类共用一些生境资源，因而又与人类干扰活动海拔有相当部分
的重叠（周洁敏，2005）。图 4-2 是大熊猫栖息地及其周边 30m 空间分辨率数字高程模型
所显示的地形地势特征。利用 ArcGIS 软件对 DEM 及栖息地矢量边界数据进行空间叠加

分析，结果显示大熊猫栖息地主要分布于海拔 1300～3800m，与现有考察结果一致（张泽钧和胡锦矗，2000；欧阳志云等，2001；申国珍等，2002；周洁敏，2005；徐卫华和欧阳志云，2006；金学林，2012；韩文，2013）。

在 ArcGIS 中加载大熊猫栖息地 30m 空间分辨率 DEM 数据，然后生成坡向图，如图 4-3 所示。通过大熊猫栖息地矢量边界数据与生成的坡向数据的叠置分析，对大熊猫栖息地坡向分布状况进行统计。主要实施步骤如下（聂宁等，2013）：①由 DEM 生成朝向数据；②将栖息地朝向重分类为新的栅格数据（简称为 reaspect），相应的栅格值转换为新的栅格值，如朝向值为–1（即坡度为 0）转换为 reaspect 值等于 1，朝向值为 0～22.5及 337.5～360（即朝向为北）转换为 reaspect 值等于 2，朝向值为 22.5～67.5（即朝向为东北）转换为 reaspect 值等于 3，朝向值为 67.5～112.5（即朝向为东）转换为 reaspect值等于 4，以此类推；③将输出的 reaspect 栅格数据转换为矢量数据，并将不同朝向数据输出为单独的矢量图层，即可得到不同朝向栖息地面积矢量图；④对不同朝向面积进行统计，即可得到如图 4-4 所示的栖息地不同朝向分布比例。从图 4-4 中可以看到大熊猫栖息地朝东、东南方向所占比例最大；偏西朝向（西、西南、西北方向）所占比例较小。

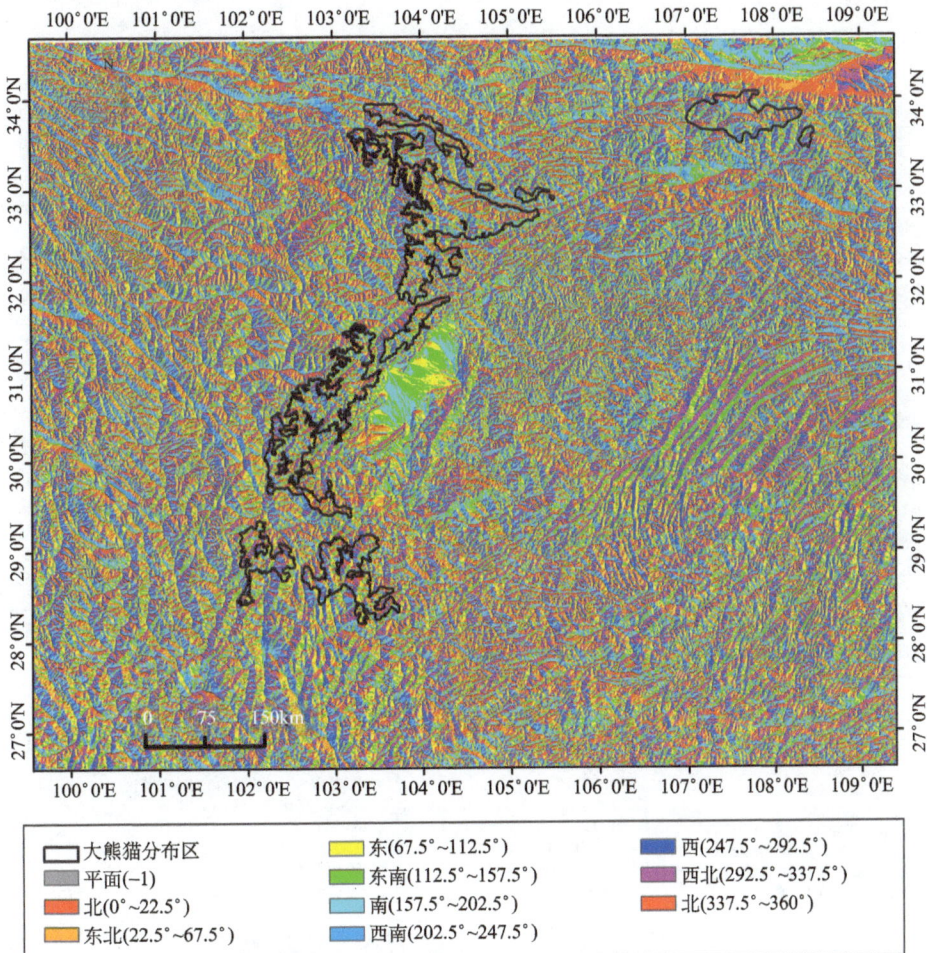

图 4-3　大熊猫栖息地及其周边坡向图

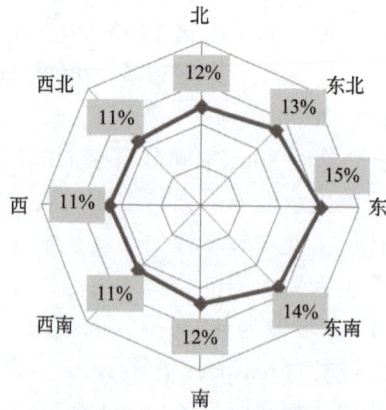

图 4-4　大熊猫栖息地坡向分布比例统计

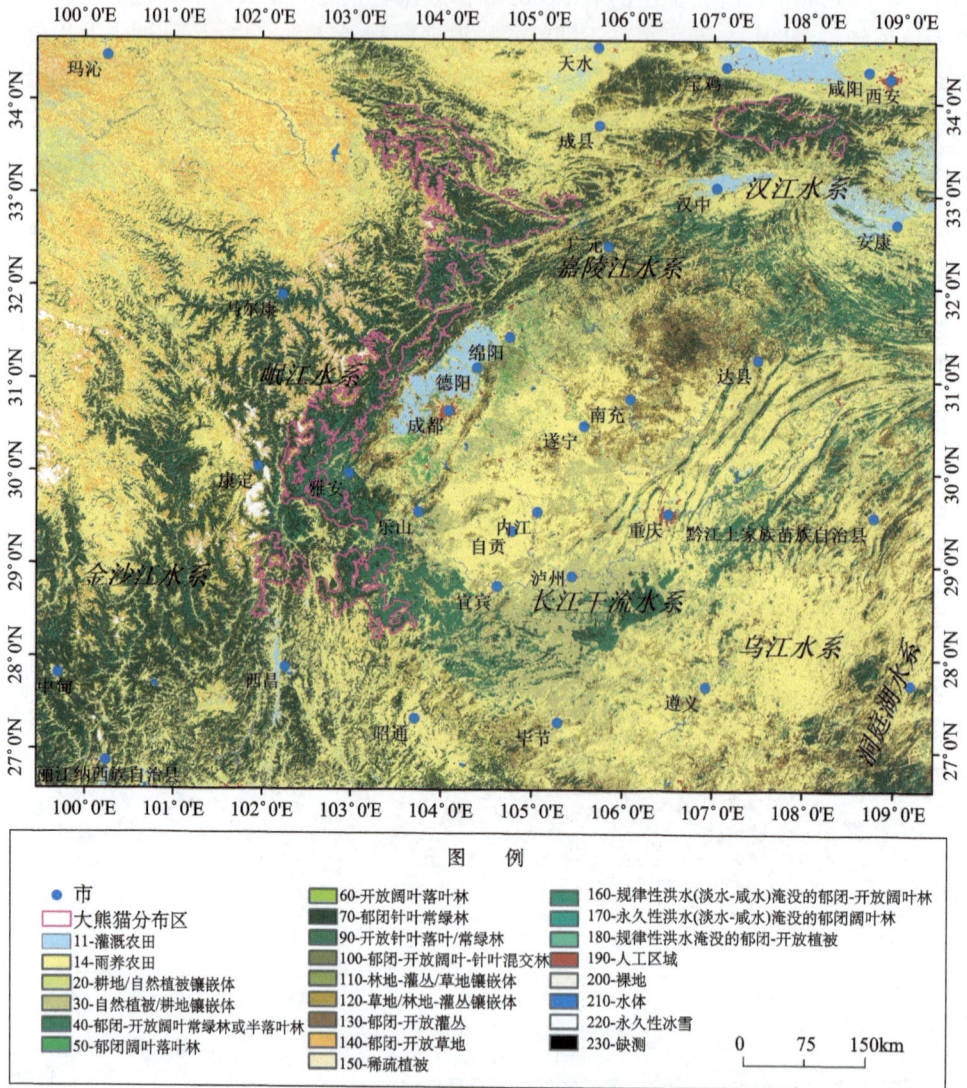

图 4-5　大熊猫栖息地及其周边土地覆盖/利用图

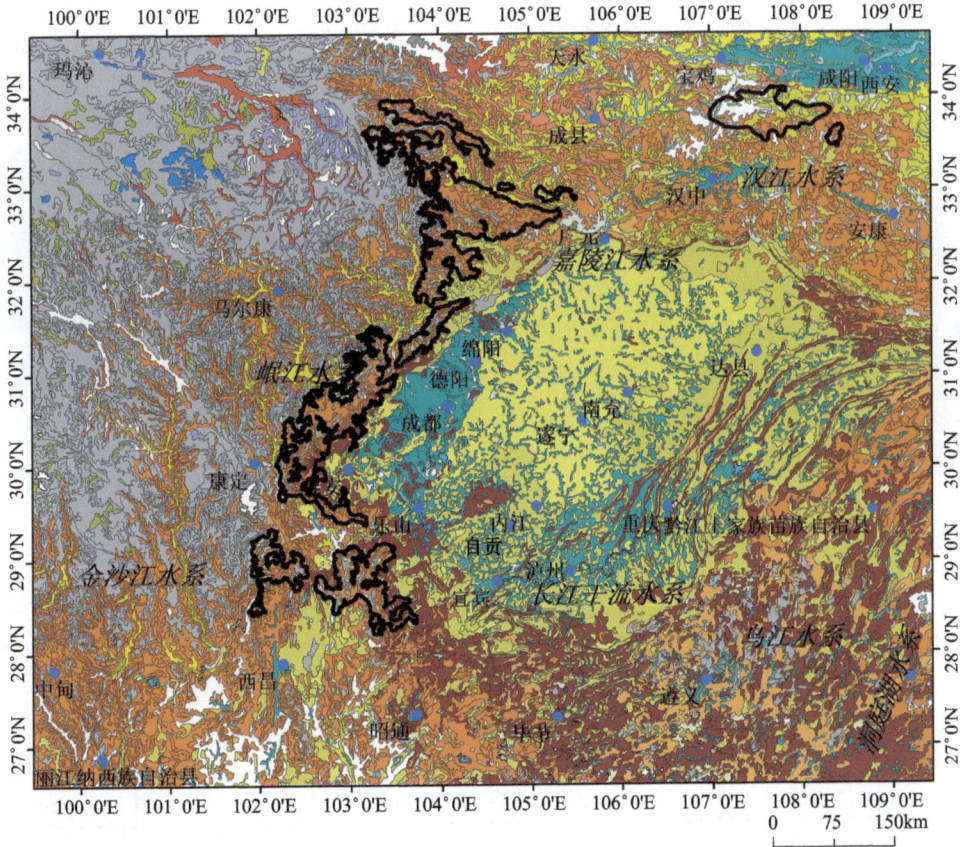

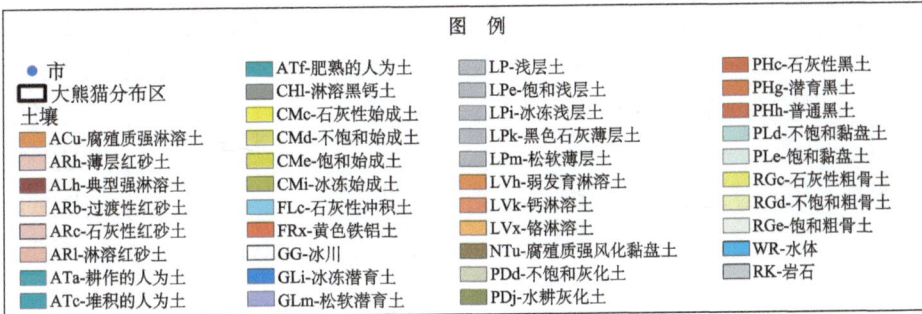

图 4-6　大熊猫栖息地及其周边土壤类型图

图 4-5、图 4-6 分别为大熊猫栖息地及其周边地区土地覆盖/利用（land use/land cover，LULC）类型及土壤类型。LULC 数据采用空间分辨率 300m 的欧空局全球覆盖数据产品（ESA GlobCover），数据来源于中国科学院计算机网络信息中心全球变化参量数据库（http://globalchange.nsdc.cn）。土壤类型数据来源于世界土壤中心（ISRIC-World Soil Information，http://www.isric.org），比例尺为 1∶1000000。

利用 ArcGIS 软件对 LULC 数据、土壤类型数据及栖息地矢量边界数据进行空间叠加分析，结果显示：大熊猫栖息地主要 LULC 类型为郁闭针叶常绿林（closed needle-leaved evergreen forest）及郁闭-开放阔叶常绿林或半落叶林（closed to open broadleaved evergreen or semi-deciduous forest）；主要土壤类型为弱发育淋溶土（haplic luvisols）。

4.2 大熊猫栖息地近年来气候变化分析

依据中国气象科学数据共享服务网（http://cdc.nmic.cn）发布的中国地面气候资料数据集，大熊猫栖息地所在区域及其周边一定范围内共有 10 个气象站点，各站点情况及空间分布如表 4-1 和图 4-7 所示。通过分析这 10 个气象站点近 60 年（1953～2012 年）来的地面气象观测数据可研究大熊猫栖息地及其周边地区长时间尺度气候（气温、降水两个指标）变化的季节性及年度特征。季节定义如下：春季（3～5 月）、夏季（6～8 月）、秋季（9～11 月）、冬季（12～2 月）。气象要素的气候变化率一般采用一次线性方程表示：$Y=a_0+a_1t$，其中，Y 为气象要素；a_0 为常数项；t 为时间；a_1 为线性趋势项，$a_1×10$ 为气象要素每 10 年的气候倾向率 （聂宁等，2012）。

表 4-1　大熊猫栖息地周边气象站点分布信息

区站号	台站名称	纬度（北纬）	经度（东经）	海拔/m	开始年月
56079	若尔盖	33°35′	102°58′	3440	1957-01
56182	松潘	32°39′	103°34′	2851	1951-01
56188	都江堰	31°00′	103°40′	699	1954-07
56193	平武	32°25′	104°31′	893	1951-10
56374	康定	30°03′	101°58′	2616	1951-11
56376	汉源	29°21′	102°41′	796	1951-01
56385	峨眉山	29°31′	103°20′	8047	1951-01
56475	越西	28°39′	102°31′	1660	1953-04
56485	雷波	28°16′	103°35′	1256	1952-07
57134	佛坪	33°31′	107°59′	827	1957-01

4.2.1　气温变化特征

从表 4-1 和图 4-7，可以看到气象站点空间分布相对不均匀，海拔也从较低的 699m（都江堰）到较高的 8047m（峨眉山）。因此，为防止不恰当的空间插值带来不必要的误差甚至错误，在对研究区进行气温变化研究时直接对各站点气温数据进行统计分析。其中一些站点或某时间的缺测数据，利用该数据多年的平均值代替。研究区周边 10 个气象站点各季节及年平均气温变化特征统计结果如表 4-2 所示。从表中可以看到大部分站点的气温在各季节及年际尺度上均呈现不显著的增长。

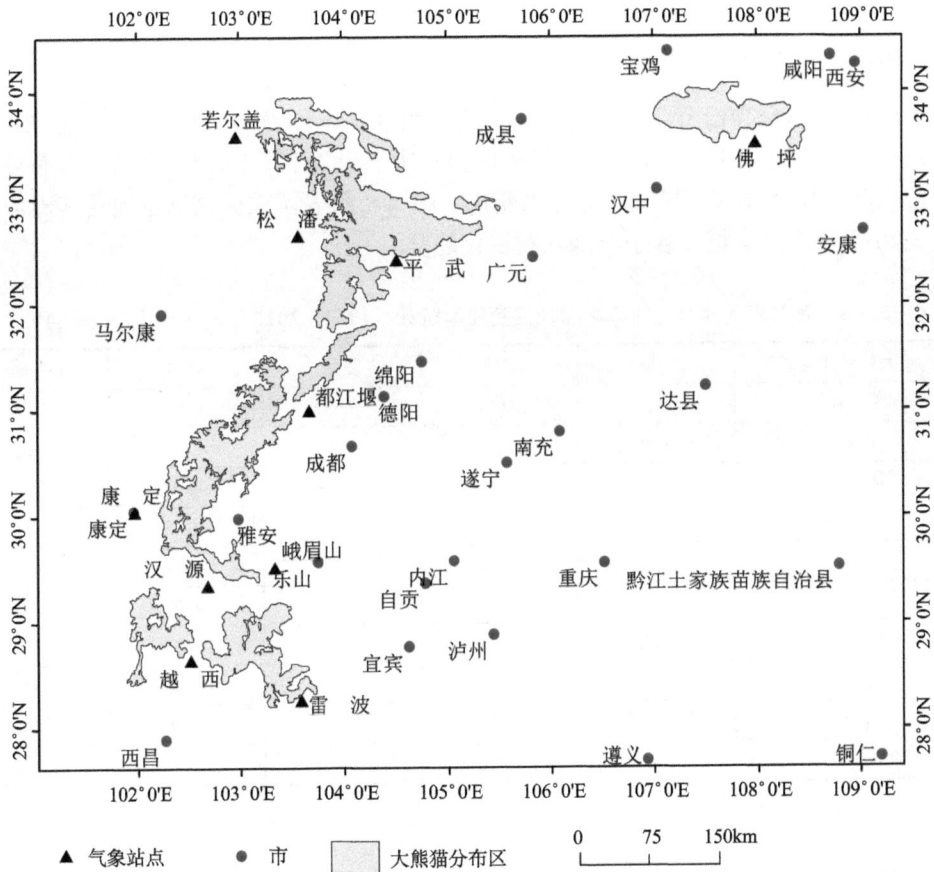

图 4-7　大熊猫分布区域及气象站点分布图

表 4-2　各站点各季节及年平均气温线性变化率统计（1953～2012 年） （单位：℃/a）

台站名称	年际	春季	夏季	秋季	冬季
若尔盖	0.03	0.02	0.03	0.03	0.05
松潘	0.02	0.01	0.02	0.02	0.03
都江堰	0.01	0.01	0.01	0.02	0.02
平武	0.01	0.01	0.01	0.01	0.01
康定	0.01	−0.01	0.01	0.02	0.02
汉源	−0.01	−0.02	−0.01	−0.01	0
峨眉山	0.01	0.01	0.01	0.02	0.02
越西	−0.01	−0.02	−0.01	0.01	0
雷波	0.03	0.03	0.03	0.05	0.04
佛坪	0.03	0.03	0.02	0.03	0.03

4.2.2　降水变化特征

各站点 1953~2012 年各季节及年均降水量变化情况如表 4-3 所示。可以看到，大多数站点年降水量及夏季、秋季、冬季降水量均有所下降。计算 10 个气象站降水的算术平均值，以其变化特征代表研究区的降水变化。图 4-8 代表了大熊猫栖息地及其周边地区 1953~2012 年年降水量及各季节降水量变化趋势。

表 4-3　各站点各季节及年降水量线性变化率统计（1953~2012 年）（单位：mm/a）

台站名称	年际	春季	夏季	秋季	冬季
若尔盖	−0.07	−0.19	0.60	0.52	0.05
松潘	−0.40	0.22	−0.33	−0.31	0.02
都江堰	−4.27	−0.40	−2.89	−1.04	0.11
平武	−3.47	−0.15	−2.01	−0.43	0.05
康定	1.20	0.65	0.89	−0.17	−0.12
汉源	1.48	1.13	−0.63	−0.22	−0.05
峨眉山	−9.92	−0.74	−5.52	−2.71	−0.51
越西	−1.11	0.73	−0.28	−1.26	−0.11
雷波	−1.52	−0.15	−0.64	−0.76	0.03
佛坪	−0.80	−0.64	−0.11	−0.05	−0.01

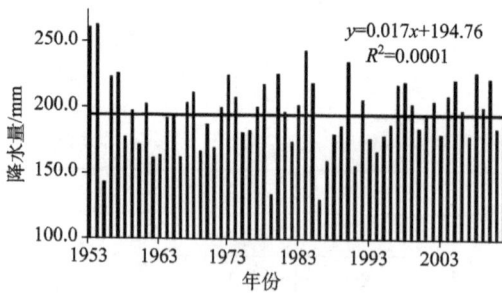

(a) 春季降水量线性变化趋势

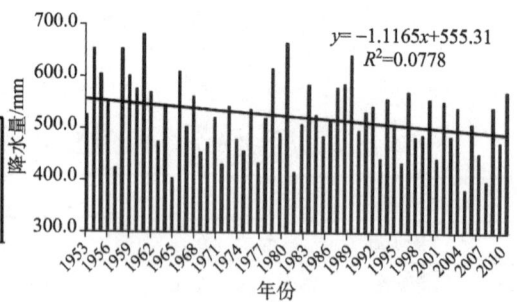

$y = 0.017x + 194.76$
$R^2 = 0.0001$

(b) 夏季降水量线性变化趋势

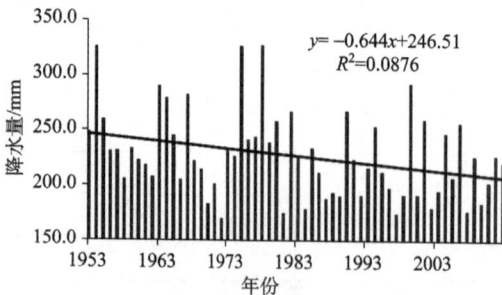

$y = -1.1165x + 555.31$
$R^2 = 0.0778$

(c) 秋季降水量线性变化趋势

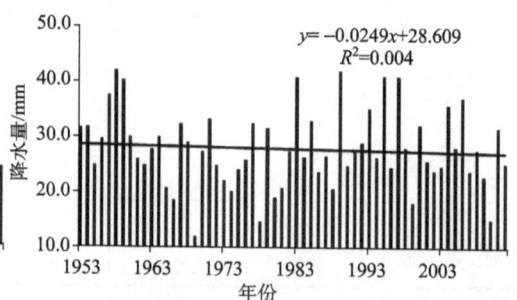

$y = -0.644x + 246.51$
$R^2 = 0.0876$

(d) 冬季降水量线性变化趋势

$y = -0.0249x + 28.609$
$R^2 = 0.004$

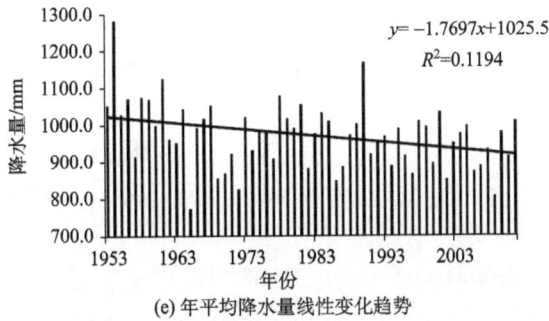

$$y = -1.7697x + 1025.5$$
$$R^2 = 0.1194$$

(e) 年平均降水量线性变化趋势

图 4-8　大熊猫栖息地及其周边地区 1953～2012 年降水量变化趋势

依据图 4-8，近 60 年来该区域年降水量总体以–17.7mm/10a（$p<0.01$）的速度呈现微弱下降趋势，年平均降水量年际变化幅度波动较大。年平均降水量最大值为 1283mm，出现在 1954 年；最小值为 774mm，出现在 1965 年。各个季节降水量都有一定程度减小，而夏季的降水量减小趋势更强烈，也对年度变化影响最大。

4.3　大熊猫栖息地及周边水资源变化

水是地球上一切生命的源泉，监测大熊猫栖息地陆表环境变化，势必要弄清楚区域内水资源的变化情况。2002 年 3 月，美国国家航空航天局与德国航空中心（German Aerospace Center, DLR）联合发射了重力场恢复与气候实验（gravity recovery and climate experiment, GRACE）重力卫星，探测地球重力场的平均时变。在地球陆地上，地球重力场的逐月时变主要是由陆地上水质量的变化引起的，因此可以利用 GRACE 卫星探测到的地球重力场数据反演陆地水储量的变化。所谓陆地水储量，即陆地所有形式的水的总和，包括地表水、土壤水、地下水、雪冰等，其变化代表了陆地水资源变化的整体信息（Wahr et al., 1998; Tapley et al., 2004; Syed et al., 2008）。因此研究利用 GRACE 重力卫星数据监测大熊猫栖息地及其周边地区近年来水资源变化情况。利用 GRACE 时变重力场数据反演陆地水储量变化的原理是基于地球表层质量变化对卫星轨道的摄动。潮汐影响和非潮汐的大气和海洋影响，以及冰后回弹影响在数据处理过程中已经扣除，因而 GRACE 时变重力场反映的是非大气、非海洋的质量变化，即主要是陆地水储量的变化（Wahr et al., 1998；许朋琨和张万昌，2013）。

GRACE 卫星监测的地球重力场以一定阶（如 60 阶、90 阶等）球谐系数的形式表示。目前，GRACE 地球重力场逐月数据主要由以下单位提供：美国 NASA 喷气推进实验室（Jet Propulsion Laboratory, JPL）、德国地学研究中心（Geo Forschungs Zentrum, GFZ）、美国得克萨斯大学空间研究中心（Center for Space Research at the University of Texas at Austin, CSR）、代尔夫特地球观测与空间系统学会（Delft Institute of Earth Observation and Space Systems, DEOS）、法国空间测地研究组（Space Geodesy Research Group, GRGS）等（Jiang et al., 2014）。数据版本也在持续更新中，目前最新的数据版本为 2012 年开始分发的 GRACE RL05 数据。基于 GRACE 时变重力场数据演算区域陆地水储量的原理方

法，以及消除数据相关误差的后处理步骤可以参看如下文献：（Swenson and Wahr, 2002; Tapley et al., 2004; Wahr et al., 2004; Swenson and Wahr, 2006; Chen et al., 2008; Landerer and Swenson, 2012）。

研究使用基于 CSR 提供的 GRACE RL05 60 阶重力场数据反演的陆地水储量栅格数据产品，数据来源于 JPL （网址：http://grace.jpl.nasa.gov），空间分辨率为 1°×1°。在数据处理的过程中，每个月的重力场系数都扣除掉 2004 年 1 月～2009 年 12 月的月平均重力场，得到一个重力场距平时变序列。由于 GRACE 的 C20 项不能准确得到，计算时采用卫星激光测距（satellite laser ranging）的结果来参与计算。采用去条带滤波器减小 GRACE 数据原始数据南北方向的"条带"误差。由于 GRACE 时变重力场系数只是展开到有限的阶次，而不是展开到无穷大，因此计算水储量变化时不可避免地存在一定的截断误差。而且 GRACE 重力场系数的误差随 l 的增大而增大，因此计算过程中高阶项造成的误差也不可以忽略。为降低高阶项误差对结果造成的影响，并进一步降低数据信息空间噪声，采用了 200km 平滑半径高斯滤波算法对数据进行平滑处理。然后将平滑处理后的球谐参数转换为空间分辨率为 1°×1°的栅格数据。为了尽可能的恢复 GRACE 重力场系数在截断及滤波过程中损失的信息，生成的栅格数据再乘以（Landerer and Swenson, 2012）制作的栅格化比率数据集，最终得到水储量距平时间序列，其中水储量以厘米等效水柱高计量。

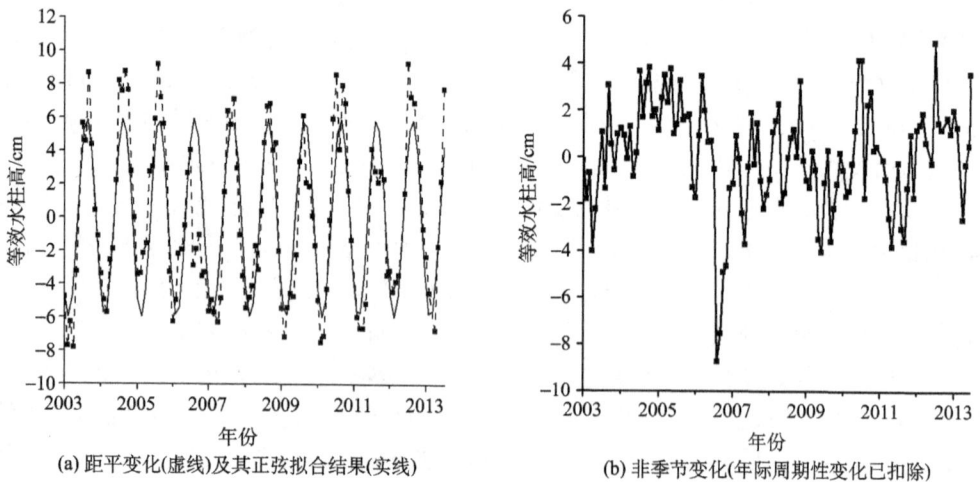

(a) 距平变化(虚线)及其正弦拟合结果(实线)　　　(b) 非季节变化(年际周期性变化已扣除)

图 4-9　2003 年 1 月～2013 年 7 月研究区逐月水储量变化

因 GRACE 数据空间分辨率较低，以图 4-1 所示方框区域为研究区，进行大熊猫栖息地及其周边地区水储量变化研究。2003 年 1 月～2013 年 7 月研究区陆地水储量（以等效水柱高/cm 表示）如图 4-9（a）所示。从图中可以看到研究区陆地水储量呈现显著（$p<0.01$）的周期变化特征，正弦拟合结果显示周年振幅为 5.97cm。图 4-9（b）展示了 2003 年 1 月～2013 年 7 月研究区逐月水储量非季节性变化，即年际周期性变化信号已扣除掉。2006 年盛夏，四川省内出现严重的高温干旱天气，致使四川省发生了近 50 多年来最严重的夏季干旱 （潘建华和刘晓琼，2006）。从图中也可以看到，2006 年 8 月、9

月研究区平均水储量相对于同期平均水储量减少 8cm 左右，达到近 10 年来陆地水储量的最低值。2012 年 7 月，四川出现暴雨到大暴雨，致使部分地区发生了洪涝灾害；长江上游宜宾至重庆寸滩的干流河段全线超警，7 月 24 日长江三峡迎来建库以来最大洪峰（叶殿秀等，2013）。从图 4-9 中可以看到 2012 年 7 月研究区水储量达到近 10 年来的极大值。

在研究区每个栅格点上计算近 10 年（2003～2012 年）水储量年变化率，空间分布状况如图 4-10 所示。从图中可以看到，近年来大熊猫栖息地水资源并没有发生明显变化。

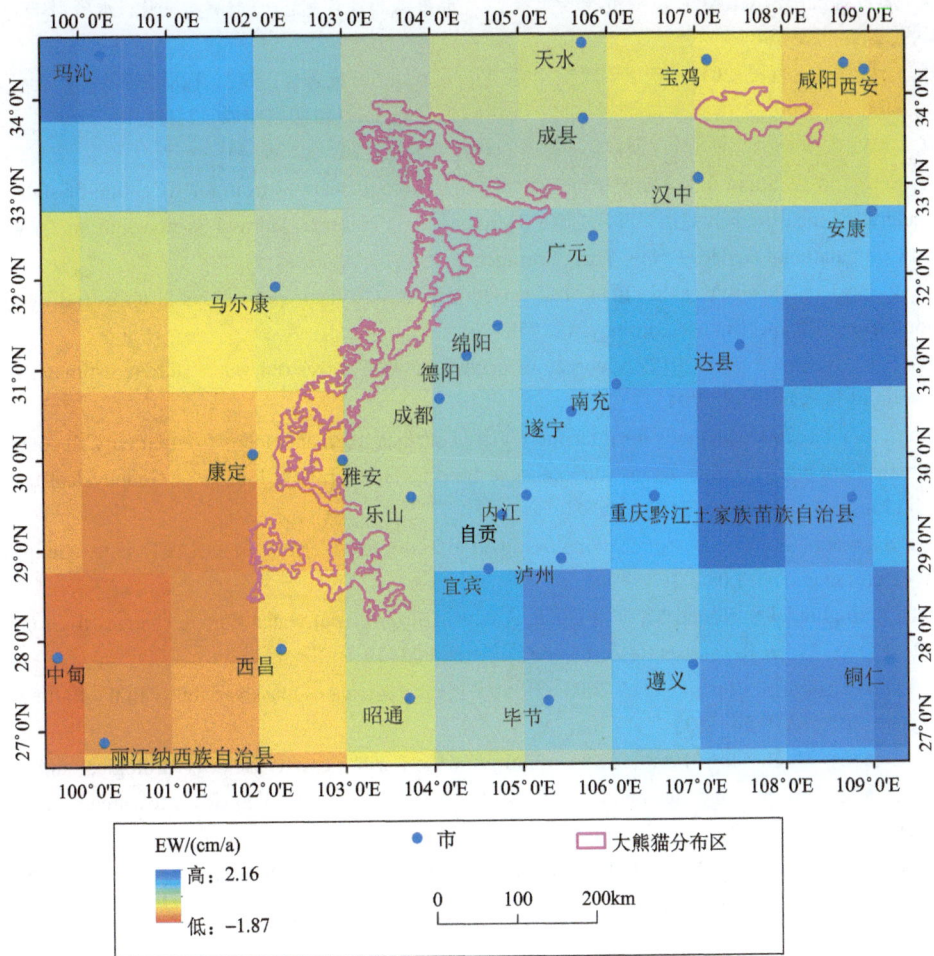

图 4-10　研究区近 10 年水储量等效水柱高（EW）年变化率空间分布图

参 考 文 献

韩文. 2013. 震后卧龙自然保护区大熊猫生境评价和恢复研究. 北京: 首都师范大学硕士学位论文

金学林. 2012. 秦岭大熊猫生存状态的监测参数体系建立及其应用. 北京: 北京林业大学博士学位论文

聂宁, 张万昌, 邓财. 2012. 雅鲁藏布江流域 1978~2009 年气候时空变化及未来趋势研究. 冰川冻土, 34(1): 64~71

聂宁, 张智杰, 张万昌, 等. 2013. 近 30a 来雅鲁藏布江流域冰川系统特征遥感研究及典型冰川变化分

析. 冰川冻土, 35(3): 541~552

欧阳志云, 刘建国, 肖寒. 2001. 卧龙自然保护区大熊猫生境评价. 生态学报, 21(11): 1869~1874

潘建华, 刘晓琼. 2006. 四川省 2006 年盛夏罕见高温干旱分析. 四川气象, 26(4): 12~14

申国珍. 2002. 大熊猫栖息地恢复研究. 北京: 北京林业大学博士学位论文

申国珍, 李俊清, 任艳林, 等. 2002. 大熊猫适宜栖息地恢复指标研究. 北京林业大学学报, 24(4): 1~5

王睿. 2008. 大熊猫栖息地非使用价值评估的研究. 成都: 四川农业大学硕士论文

徐卫华, 欧阳志云. 2006. 大相岭山系大熊猫生境评价与保护对策研究. 生物多样性, 14(3): 223~231

许朋琨, 张万昌. 2013. GRACE 反演近年青藏高原及雅鲁藏布江流域陆地水储量变化. 水资源与水工程学报, 24(1): 23~29

叶殿秀, 赵珊珊, 王有民. 2013. 2012 年我国主要气象灾害回顾. 灾害学, 28(3): 128~132

张泽钧, 胡锦矗. 2000. 大熊猫生境选择研究. 四川师范学院学报(自然科学版), 21(1): 18~21

周洁敏. 2005. 大熊猫栖息地评价指标体系初探. 中南林学院学报, (3): 39~44

Chen Y, Schaffrin B, Shum C K. 2008. Continental water storage changes from GRACE line-of-sight range acceleration measurements. In: Xu P, Liu J, Dermanis A. Vi Hotine~Marussi Symposium on Theoretical and Computational Geodesy. New York: Springer

Jiang D, Wang J H, Huang Y, et al. 2014. The review of GRACE data applications in terrestrial hydrology monitoring. Advances in Meteorology, 12: 758~767

Landerer F W, Swenson S C. 2012. Accuracy of scaled GRACE terrestrial water storage estimates. Water Resources Research, 48: W04531

Swenson S, Wahr J. 2002. Methods for inferring regional surface mass anomalies from Gravity Recovery and Climate Experiment (GRACE) measurements of time variable gravity. Journal of Geophysical Research Solid Earth, 107(B9): Artn 2193

Swenson S, Wahr J. 2006. Post-processing removal of correlated errors in GRACE data. Geophysical Research Letters, 33: L08402

Syed T H, Famiglietti J S, Rodell M, et al. 2008. Analysis of terrestrial water storage changes from GRACE and GLDAS. Water Resources Research, 44(2): Artn W02433

Tapley B D, Bettadpur S, Ries J C, et al. 2004. GRACE measurements of mass variability in the Earth system. Science, 305(5683): 503~505

Wahr J, Molenaar M, Bryan F. 1998. Time variability of the Earth's gravity field: Hydrological and oceanic effects and their possible detection using GRACE. Journal of Geophysical Research Solid Earth, 103(B12): 30205~30229

Wahr J, Swenson S, Zlotnicki V, et al. 2004. Time variable gravity from GRACE: First results. Geophysical Research Letters, 31(11): L11501

第5章 大熊猫栖息地生态环境变化的空间观测与评估

5.1 光学遥感对栖息地生态景观多样性的空间观测与评价

生态多样性，是指栖息在生态系统中生物种类的丰富度和分布的均匀度的一个综合指标，即指生态系统组分的多少、生物种群结构的繁简、食物链的长短、食物网的复杂、能量的转化，以及物质循环的途径多少等。体现了群落结构类型、组织水平、发展阶段、稳定程度和生境差异，生态稳定性是指生物种群在遇到生态环境较大幅度变化时由于生物种群的反馈作用经过一段时间后使之恢复原状的能力。稳定性体现在生物种群结构的数量变动、一定幅度内生态环境对生物种群生存发展的适宜度较高、生态系统的物质能量输入输出基本平衡等方面。

生态多样性强意味着生态系统的生物种类多，营养级多，食物链长，食物网复杂，遗产基因库丰富，各种有机体分别位于不同的营养级上，各种生物之间通过取食关系形成错综复杂的食物网，系统能量、物质和信息输入输出渠道多，纵横交错，因为流量大、流速快、生产力高，即使个别输入输出途径被破坏，系统也会因多样物种之间的相生相克，相似生态位物种的补偿和替代而保证能量流、信息流的正常运转。因此生态多样性是保证生态平衡的条件之一，多样性有利于生态系统稳定平衡发展。

在生态学上将野生动物栖息地的质量结构分为食物、水、隐蔽物三大影响因子。其中栖息地中的植物不仅是大熊猫的食物来源，更为其提供了隐蔽遮挡物，因此对植被生态系统的评估是了解大熊猫在栖息地生活质量的重要途径之一。

人类活动对自然环境资源的开发、利用和污染造成了生态环境的变化，是造成物种减少和灭绝、生态景观破碎、生境破坏的重要原因。因此，研究生境和栖息地景观结构的多样性和变化对物种的生物多样性具有重要的意义。

5.1.1 研究区概况

1. 地理位置

根据第三次全国大熊猫调查报告，我国现有大熊猫总数约为 1600 只，主要分布于陕西秦岭南麓，四川西南、西北及甘肃南部，总面积约 30000km^2。由于受地形条件、植被分布、食物状况，以及人类活动的限制与影响，栖息地实际面积仅占总面积的 20%左右，并且呈不均匀、不连续的块状分布。大熊猫生活方式独特，只分布在特定的森林环境中。近几年随着气候、土壤、植被等自然条件的变化，以及砍伐森林、毁林造田、非法捕杀等人为因素的影响，大熊猫栖息地生态环境日益恶化，大熊猫的生存受到威胁。

卧龙自然保护区位于四川省汶川县西南部，邛崃山系的东南坡，岷江上游，经纬度范围为 102°52′~103°24′E，30°45′~31°25′N，东西横贯 60km，南北跨越 63km，总面积

$2000km^2$，是我国最大的自然保护区之一，主要保护大熊猫、金丝猴、牛羚、珙桐、光叶珙桐、水青树、四川红杉等珍稀濒危动植物，以及整个高山生态系统。卧龙地处四川盆地向青藏高原过渡的高山峡谷地带，地势由西北向东南急剧降低。由于新构造运动的抬升作用及河流的侵蚀影响，区内山高谷深，相对高差悬殊。西北的四姑娘山海拔高达6250m，东部木江坪海拔仅1150m，两地相距48km，相对高差达5100m。区内主要河流有皮条河、正河、西河和中河，河流两侧发育许多各级支流，形成树枝状水系，河谷呈"V"形状，落差较大，具有丰富的水电资源。该区属青藏高原气候区，夏季凉爽多雨，冬季寒冷干燥。年平均气温9.8℃，最低气温（1月）–1.7℃，最高气温（7月）17℃，年日照时数926.7h，年降水量1800mm，蒸发量873.9mm，相对湿度80%以上。

卧龙国家级自然保护区的森林景观生态类型以暖温带落叶阔叶林为主，但由于长期的开发利用，致使该区森林景观类型分布零散、面积比例不均衡、格局与过程变化较为复杂，特别是近年来，城市面积扩张，经济开发和旅游业的高速发展加剧了生境的破碎化程度，紧邻卧龙保护区东北部的草坡自然保护区生境景观相似，因此研究中一并考虑。研究区1994年和2007年TM遥感影像见图5-1。

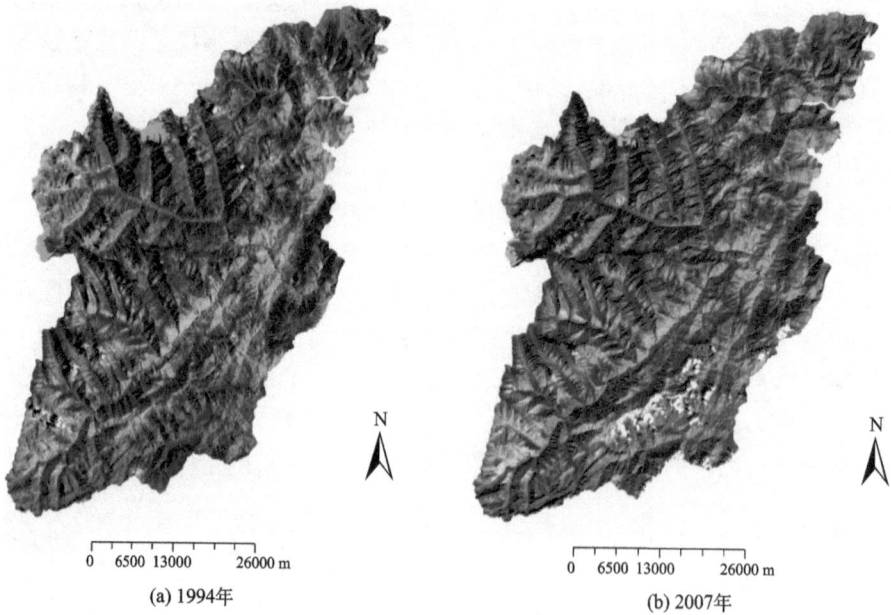

| (a) 1994年 | (b) 2007年 |

图 5-1　研究区 TM 遥感影像

2. 植被垂直分带

卧龙自然保护区森林覆盖面积达11.8万hm^2，约占保护区总面积的56.7%，灌丛草甸覆盖面积约3.04万hm^2，复杂多变的自然条件造成了植物种类与群落的多样性。研究区范围植被按照垂直分带特征可以划分为六种类型（图5-2）。

（1）常绿阔叶林：分布在海拔1600m以下地段，建群种主要有樟科、山毛榉科、山茶科和冬青科植物。林内有少量桦木科、槭树科和胡桃科等落叶阔叶树种，林下有大面积的白夹竹、油竹子和拐棍竹，植被外貌四季常绿，季节变化不明显。

（2）常绿落叶阔叶混交林：分布在海拔 1600～2000m 地段，建群种中，常绿的有山毛榉科、樟科等树种，落叶的有桦木科、胡桃科、槭树科等树种，局部地区有连香树、珙桐、水青树、领春木等珍稀的古老孑遗植物伴生，林下层以拐棍竹为主，植被外貌季节变化明显，春夏深绿与嫩绿相间，入秋则绿、黄、红、褐等诸色混杂，冬季仅林冠有少量绿色点缀于白色世界中。

（3）针、阔叶混交林：分布在海拔 2000～2600m 地段，建群种中，阔叶树种有红桦、槭树、藏刺榛、椴树等，针叶树种有铁杉表吊杉、四川红杉、松树等，林下广泛分布着拐棍竹，局部地区有大箭竹、冷箭竹，植被外貌季节变化显著，春夏呈翠绿色，秋末冬初则七彩斑斓。

（4）针叶林：分布海拔 2600～3700m 地段，建群种有麦吊杉、多种冷杉、方枝柏、四川红杉等，林下有大面积的冷箭竹，约占全区竹类总面积的 50%，局部地区还有大箭竹、华西箭竹，植被外貌呈暗绿色，季节变化不明显。

（5）高山灌丛和高山草甸：分布海拔 3700～4400m，耐寒灌丛以紫丁杜鹃、牛头柳、细枝绣线菊、华西银露梅和香柏为主，高山草甸有：以珠芽蓼为主的杂草类草甸，以羊茅为主的禾草草甸，以矮生蒿草为主的莎草草甸。

（6）高山流石滩稀疏植被带：分布在海拔 4400～5000m 地段，主要由多毛、肉质的矮小草本植物组成，如多种凤毛菊、多种赏耳草、多种红景天、蚤缀、点地梅，另外还有少量的地衣和苔藓植物。

将研究区按照海拔高度分为六个区间，对应的森林景观类型分别为：常绿阔叶林（624～1600m）、针阔混交林（1600～2600m）、针叶林（2600～3600m）、灌丛（3600～3900m）、草甸（3900～4400m）、流石滩和冰雪（4400～5973m）。第三次全国大熊猫调查报告表明，适宜于大熊猫生活的主要区域为缓坡地区，即海拔位于 2400～3500m 的区域范围。研究区地形地势图见图 5-2。

5.1.2 研究方法

1. 景观格局分析方法

利用 RS、GIS 技术，结合景观格局分析方法，在斑块类型和景观两个层次上分析研究区的景观格局特征和变化，为景观的生态建设和保护、污染治理、合理调整景观结构，提高景观的生产力和稳定性提供基础依据。

景观格局包括景观组成单元的类型、数目及空间分布与配置，是景观空间结构的具体体现，也是景观功能和动态变化的重要因素，包括人类在内的有机体都生活在具有不同尺度空间格局的生境中，这些空间格局与有机体的认知和行为相互作用，进而成为种群调节和群落演替的驱动力。一般而言，种群动态、生物多样性和生态系统过程等都不可避免地受到景观空间格局的制约或影响。景观格局分析作为景观生态学的基本研究内容，可以数量化地分析景观组分的空间分布特征，是进一步研究景观功能和动态的基础。

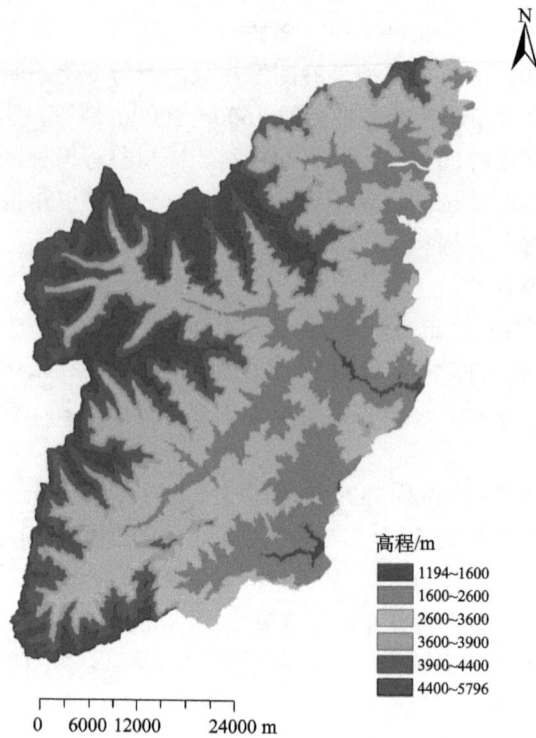

图 5-2　四川卧龙草坡地区地形地势

1）研究景观多样性的意义

生态多样性是保证生态平衡的条件，而栖息地中的植物不仅是大熊猫的食物来源，更为其提供了隐蔽遮挡物，因而对植被生态系统的评估是了解大熊猫在栖息地生活质量的重要途径之一。人类活动对自然环境资源的开发、利用和污染造成了生态环境的变化，是造成物种减少和灭绝、生态景观破碎、生境破坏的重要原因。

研究采用多时相、多种遥感、空间地理数据，结合景观生态学的指数和空间分析方法，对比 1997～2007 年生境和栖息地景观多样性的空间变化特征，从景观生态学角度分析大熊猫栖息地植被覆盖的结构特点、变化发展及影响（表 5-1）。

2）景观多样性指数选取及含义

景观多样性指数主要分为 3 类：景观类型多样性、斑块多样性和格局多样性。景观类型多样性是指景观类型中的丰富度和复杂性，常考虑景观中不同的景观类型的数目及其所占面积的比例，景观结构的多样性主要研究景观异质性、连接度、空间关联性、缀块性、孔隙度、对比度、景观粒级、构造、邻近度、斑块大小、概率分布。代表指标有：多样性指数、优势度、均匀度和丰富度指数等。

斑块多样性是指景观中的斑块数量、大小和形状的多样性和复杂性，主要识别斑块（生境）类型的比例和分布丰度，复合斑块的景观类型、种群分布的群体结构（丰富度、特有物种）。代表指标包括斑块的数目、面积、形状、破碎度、分维数等。

为了对比研究区 8 年间景观结构发生的变化，研究中选择计算斑块的形状指数、分维数，在此基础上计算了香农多样性指数和均匀度指数。

表 5-1　两个层次上生物多样性调查、监测、评价指标方法

层次	组成	结构	功能	调查及监测工具与方法
景观多样性	识别斑块（生境）类型的比例和分布丰度，复合斑块的景观类型，种群分布的群体结构（丰富度、特有种）	景观异质性、连接度、空间关联性、缀块性、孔隙度、对比度、景观粒级、构造、邻近度、斑块大小、概率分布和边长-面积比	干扰过程（范围、频度或反馈周期、强度、可预测性、严重性、季节性）、养分循环速率、能量流动速率、斑块稳定性和变化周期、侵蚀速率、地貌和水文过程、土地利用方向	航片、卫片和其他遥感、GIS 资料，时间序列分析法、空间统计分析法、数学参数模拟法（景观格局、异质性、连通性、边缘效应、自相关、分维分析）
生态系统多样性	识别相对丰度、频度、富集度、均匀度、种群的多样性、特有性、外来种、受威胁种和濒危种的分布比率，优势度-多样性曲线，生活型比例，相似性系数，C3~C4 植物种比率	基质和土壤变异、坡度与坡向，植物生物量与外观特征，叶面密度与分层、垂直缀块性，树冠空旷度和间隙度，物种丰度、密度和主要自然特征及要素分布	生物量，资源生产力，食草动物，寄生动物和捕获率、物种侵入和区域灭绝率、斑块动态变化（小尺度扰动），养分循环速率，人类侵入速度和强度	航片和其他遥感、地面观测资料，时间序列分析法，自然生境测定和资源调查，生境适宜指数，野外观察，普查和物种清查、捕获和其他样地调查法，数学参数模拟法（多样性指数、异质性指数、分层扩散、生物体组合型）

（1）形状指数，表示斑块的形状特征：

$$\text{shape} = \frac{p/4}{\sqrt{s}} \tag{5-1}$$

式中，p 为斑块周长；s 为斑块面积。

（2）分维数，表示斑块的形状复杂度：

$$\text{fractal} = \frac{\ln p/4}{\ln \sqrt{s}} = \sqrt{s}\log p/4 \tag{5-2}$$

（3）香农多样性指数（Shannon's diversity index，SHDI），表示斑块类型的丰富度多样性：

$$\text{SHDI} = -\sum_{i=1}^{m} P\log_2 P_t \tag{5-3}$$

（4）香农均匀度指数（Shannon's evenness index，SHEI），表示斑块类型分布的均匀程度：

$$\text{SHEI} = -\frac{\sum_{i=1}^{m} P\log_2 P_t}{\log_2 m} \tag{5-4}$$

研究以分辨率 30m 的 1994 年、2007 年冬季两景 TM 遥感影像数据为景观分类基础（TM_1994，TM_2007），结合研究区分辨率为 30m 的 DEM 数据，以 2010 年 12 月采集的分辨率为 0.5m 的 WorldView 遥感影像（WV_2010）作为分类结果的参照影像，将 TM_1994，TM_2007 分别进行几何、辐射校正后，按照以上森林景观分类体系进行分类，通过参照影像对分类结果进行修正，得到 1994 年和 2007 年的卧龙草坡自然保护区森林景观分类图。工作流程见图 5-3。

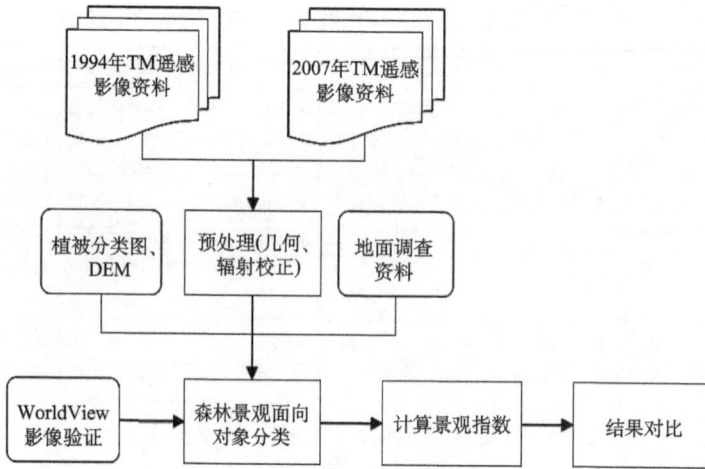

图 5-3　森林景观分类流程图

2. 森林覆盖分类方法

1）基于 DEM、坡度、纹理（熵）、坡向等空间特征的分类方法

在 DEM、TM 遥感影像数据的基础上，分别提取植被指数、纹理熵（entropy）、坡度（slope）、坡向（aspect）等空间特征（图 5-4）并添加到分类过程中。

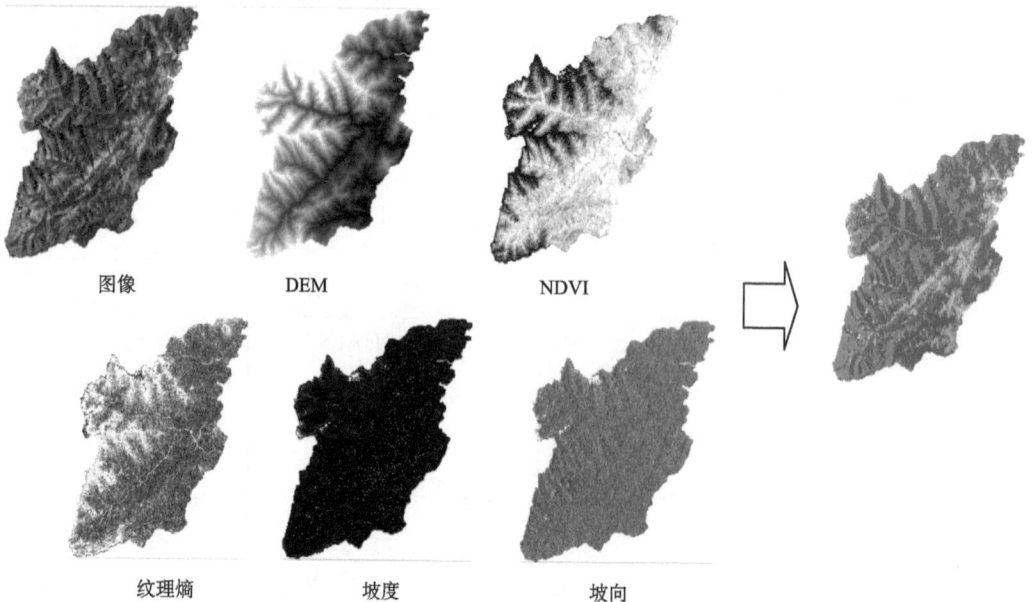

图像　　　　　　DEM　　　　　　NDVI

纹理熵　　　　　坡度　　　　　坡向

图 5-4　基于空间特征的分类流程图

2）遥感影像的多尺度分割

每种森林用地类型斑块尺度不同，需要在不同的分割尺度上进行提取。所以首先需要对影像进行多尺度分割，试验在不同的分割尺度上，各种用地类型是否能够分割成完

整的斑块，然后记录下每种用地类型对应的分割尺度，就可以在不同的分割层上进行提取。例如，云层的分割尺度大约在 14，裸地、道路等在 18，森林用地类型在 20 左右，选择不同的参数进行实验，直到得到满意的结果为止（图 5-5）。

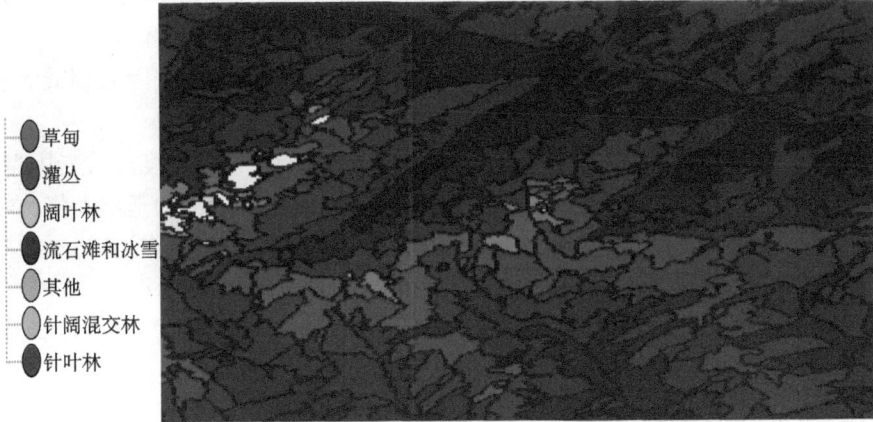

草甸
灌丛
阔叶林
流石滩和冰雪
其他
针阔混交林
针叶林

图 5-5　基于面向对象的多尺度分割法

3）分类结果

在多空间特征分类法和多尺度面向对象分类法的基础上分别对 TM_1994、TM_2007 进行分类分析，得到研究区森林覆盖分类图，见图 5-6。

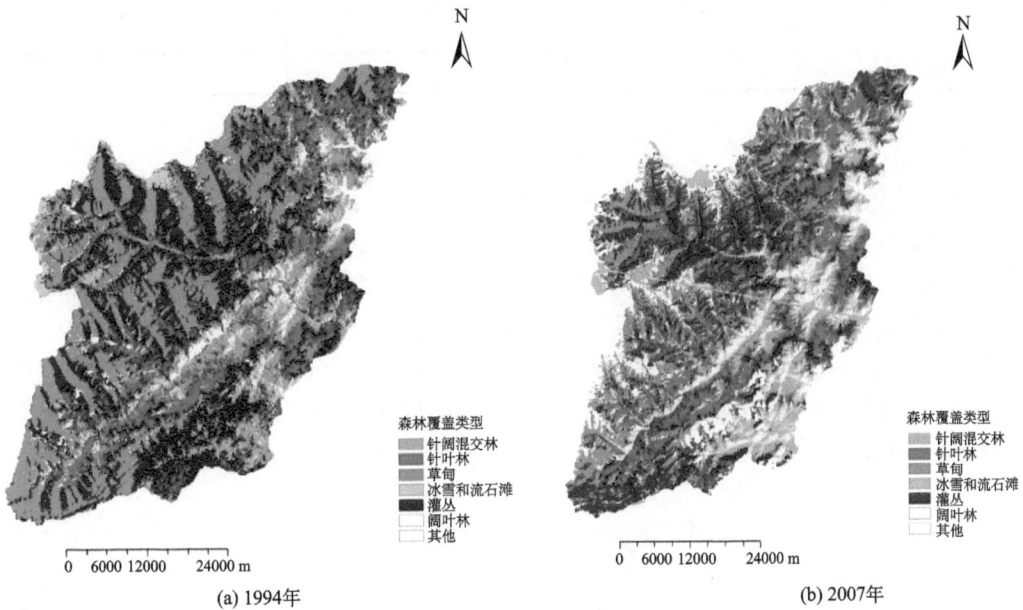

森林覆盖类型
针阔混交林
针叶林
草甸
冰雪和流石滩
灌丛
阔叶林
其他

0　6000 12000　24000 m

(a) 1994年

森林覆盖类型
针阔混交林
针叶林
草甸
冰雪和流石滩
灌丛
阔叶林
其他

0　6000 12000　24000 m

(b) 2007年

图 5-6　卧龙草坡研究区森林覆盖分类图

3. 森林覆盖变化监测方法

特定地物目标，其光谱特征会随季节和气象条件而不断变化，因此前后影像上同类地物的光谱特征可能会有或大或小的差异，尤其是植被受到季节和气象条件的影响比较大，波段运算或者通过光谱变异得到的变化中会含有大量的假变化和噪声，难于区分。不仅如此，由于"异物同谱"现象的存在，许多真正的变化信息也会因为相减而被漏掉，造成变化结果的不精确。

研究在变化提取过程中，将变化与否表示为一个[0,1]的模糊程度。首先用聚类算法将栅格图像分割为矢量多边形和相应的关系属性表，在矢量多边形的基础上将两幅图（假定为 map1 和 map2）进行叠加分析，任选其中一幅图（如 map1）作为比较的基准，记录下与 map2 中每个多边形相交或包含的 map1 中相应的多边形的面积比，生成一个关于 map2 的新的关系表，在此基础上计算变化的转移概率矩阵，根据研究区实际情况确定变化的阈值，最终检测出发生变化的区域（表 5-2）。

表 5-2　比较时的分类转移矩阵

		map2				合计
		1	2	…	c	
map1	1	P_{11}	P_{12}	…	P_{1c}	P_{1t}
	2	P_{21}	P_{22}	…	P_{2c}	P_{2t}
	…					
	c	P_{c1}	P_{c2}	…	P_{cc}	P_{ct}
合计		P_{t1}	P_{t2}		P_{tc}	1

1）逐像素提取法

在比较过程中对整幅比较图计算一个相似度值，用 Kappa 表示。Carletta 认为，当成对比较一定数量的对象时，用 Kappa 度量相似度是比较合适的。Kappa 包含分别表示空间位置上相似度的 K_l 和"量"的相似度 K_h。K_h 表达在整幅图上属于某一特定类型的网格单元出现的次数。而用 K_l 度量某类型网格的空间位置关系配置。式（5-5）中 p_{ij} 表示第 i 类被分为第 j 类的概率，$P（A）$ 为计算得到的一致性程度，式（5-6）中 $P（E）$ 则表示根据已有的概率分布计算得到的 $P（A）$ 的期望值，式（5-7）～式（5-11）定义了 Kappa 与 K_l 和 K_h 的关系。式（5-11）中 Kappa 表示根据逐像素法计算的 Kappa 系数。

$$P(A) = \sum_{i=1}^{C} p_{ij} \tag{5-5}$$

$$P(E) = \sum_{i=1}^{c} p_{iT} \times p_{Ti} \tag{5-6}$$

$$P(\max) = \sum_{i=1}^{c} \min(p_{iT}, p_{Ti}) \tag{5-7}$$

$$K_h = \frac{P(\max) - P(E)}{1 - P(E)} \tag{5-8}$$

$$K_l = \frac{P(A) - P(E)}{P(\max) - P(E)} \tag{5-9}$$

$$K = K_h \times K_l \tag{5-10}$$

$$\mathrm{Kappa} = \frac{P(A) - P(E)}{1 - P(E)} \tag{5-11}$$

2）基于模糊集的变化提取方法

与逐像素法不同，研究中采用模糊向量的方法描述网格单元，基于模糊集将邻域单元对中心点的影响用隶属度函数表达。这种比较方法的优点在于对空间位置误差有一定的容忍度，用该方法进行比较时，不仅考虑被比较的像元本身，并以衰减函数的形式量化与该像元邻接的像元对其的影响，且将这种相似度用一个[0, 1]之间的值来表达，与传统的方法相比，它更适合于描述空间数据的位置变化关系。

如图 5-7（a）中逐像素比较法不能区分周围变化像元所在不同位置的影响，并且对位移的误差非常敏感。图 5-7（b）中计算相似度 Kappa 时，对直接相邻的像元衰减函数赋值为 0.5，而其他邻域像元衰减函数赋值为 0，则该比较法对小的空间位移和较小的变化有一定的容忍度，在结果中用数值表示出变化程度的大小。

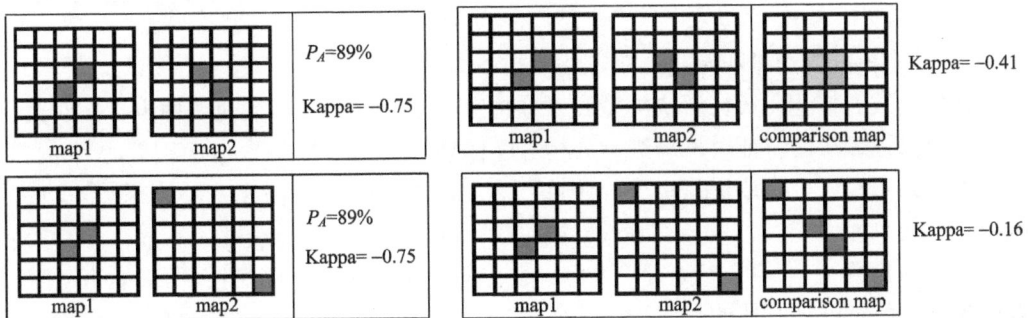

图 5-7　逐像素比较法和模糊比较法的区别

$$\mathrm{fuzzy\ Kappa} = \frac{P_{\mathrm{fuzzy}.A} - P_{\mathrm{fuzzy}.E}}{1 - P_{\mathrm{fuzzy}.E}} \tag{5-12}$$

$$V_{\mathrm{fuzzy}} = \begin{pmatrix} F_1 = \max(\mu_{1,1} * m_1, \mu_{1,2} * m_2, \cdots, \mu_{1,C} * m_C) \\ F_2 = \max(\mu_{2,1} * m_1, \mu_{2,2} * m_2, \cdots, \mu_{2,C} * m_C) \\ \vdots \\ F_C = \max(\mu_{N,1} * m_1, \mu_{N,2} * m_2, \cdots, \mu_{N,C} * m_C) \end{pmatrix} \tag{5-13}$$

式（5-12）是按照模糊表达对原图直接进行栅格比较的 fuzzy Kappa 指数。式（5-13）是将图上每一个像元视为包含邻域影响的模糊向量，依据模糊集以矢量形式进行叠加比较的表达，假设一个有 N 个类别的土地分类专题图，考虑邻近的 C 个像元的模糊矢量表达，式中 m_i 代表在第 i 个像元处，其临接像元的模糊隶属度，m_i 的值由一个依距离 d_i 衰减的模糊隶属度函数来定义，式（5-14）中 d_i 为与窗口中心像元的距离：

$$m_i(d_i) = e^{\ln(1/2) \times d_i/2} = 2^{-d_i/2} \tag{5-14}$$

对每个网格单元进行描述时引入模糊集理论，将原本属于某一类型的网格基于隶属度函数定义为属于所有类型的矢量单元，如表 5-3 所示。

表5-3　对每个比较网格的模糊矢量表达

网格单元原始属性	网格单元编号	矢量表达
草甸	1	(1, 0.4, 0.2, 0, 0, 0.3)
灌丛	2	(0.4, 1, 0.2, 0, 0, 0.1)
阔叶林	3	(0.2, 0.4, 1, 0, 0.4, 0.6)
流石滩和冰雪	4	(0.4, 0.4, 0.2, 1, 0, 0)
针阔混交林	5	(0.4, 0.2, 0.4, 0, 1, 0.2)
针叶林	6	(0.4, 0.2, 0.4, 0, 0.4, 1)
其他	…	…
阔叶林	…	…
草甸	…	…
……	…	…

3）基于模糊集的景观指数提取方法

景观指数有描述斑块、斑块类型和镶嵌体三个水平上不同特征的多种定义。研究中仅以基于描述斑块的特征对格局进行分析。选择某一属性，如周长、面积、形状指数等，对分类结果中每一个多边形斑块进行计算，然后以最小粒度栅格化，将该值赋给斑块范围内的每一个像元点。

以形状指数 S^{shape} 和分维数 S^{frac} 为例，首先对每个斑块计算出周长 S^{peri}、面积 S^{size}，，以此为基本特征计算其他的景观指数，包括形状指数、分维数、欧式距离、多样性指数等。将包含 n 个斑块比较图 M 定义为矢量集合 SM，则：

$$\text{SM} = \{S_{1M}, S_{2M}, \cdots, S_{nM}\} \tag{5-15}$$

$$S_{iM} = (S_i^{\text{size},M}, S_i^{\text{peri},M}, \cdots, S_i^{\text{shape},M}, S_i^{\text{frac},M}) \tag{5-16}$$

$$S_i^{\text{shape}} = \frac{s_i^{\text{peri}}}{4} \Big/ \sqrt{s_i^{\text{size}}} \tag{5-17}$$

$$S_i^{\text{frac}} = \begin{cases} \text{if } \dfrac{S_i^{\text{peri}}}{u} > 4 : \dfrac{s_i^{\text{size}}}{u^2} \log\left(\dfrac{s_i^{\text{peri}}/u}{4}\right) \\ \text{if } \dfrac{s_i^{\text{peri}}}{u} = 4 : 2 \end{cases} \tag{5-18}$$

$$S_i^{\text{shape}} = \frac{s_i^{\text{peri}}}{4} \Big/ \sqrt{s_i^{\text{size}}} \tag{5-19}$$

$$C=\{c_1,c_2,c_3,\cdots, c_i,\cdots,c_n\} \tag{5-20}$$

$$\text{NBH}=\{\text{nbh}_1, \text{nbh}_2,\cdots, \text{nbh}_i,\cdots, \text{nbh}_n\} \tag{5-21}$$

$$\text{nbh}_i = \left\{\text{nbh}_{i,1}, \text{nbh}_{i,2},\cdots, \text{nbh}_{i,t_i}\right\} \tag{5-22}$$

$$\text{nbh}_{i,j} \in C\big|_{d_{i,j} \leqslant r} \tag{5-23}$$

$$d_{i,j} = \left\|\text{nbh}_{i,j} - c_i\right\|u \tag{5-24}$$

$$f(d) = e^{\ln(1/2)\times d/2} = 2^{-d/2} \tag{5-25}$$

$$w_{i,j}=f\left(d_{i,j}\right) \tag{5-26}$$

$$\text{LM} = \left\{l_1^M, l_2^M,\cdots, l_n^M\right\} \tag{5-27}$$

$$l_i^M = (l_i^{\text{size},M}, l_i^{\text{peri},M},\cdots, l_i^{\text{shape},M}, l_i^{\text{frac},M}) = \frac{\sum\limits_{j=1}^{t_i} w_{i,j}v(S^M,\text{nbh}_{i,j})}{\sum\limits_{j=1}^{t_i} w_{i,j}} \tag{5-28}$$

对邻域中的每一个像元的每一个特征计算属于每一类别的模糊隶属度，将矢量集合变为 LM，设图 M 为包含 n 个像元的集合 C，以 c_i 为中心的半径为 r 的邻域集合为 NBH，邻域对中心点的影响根据距离衰减计算。式（5-28）中，t_i 表示中心像元为 c_i 时的邻域像元的个数，式（5-23）、式（5-24）中 $d_{i,j}$ 为中心像元 c_i 与邻域像元 $\text{nbh}_{i,j}$ 之间的欧式距离，u 为网格单元对应的实际面积大小，简化计算设为 1。

在上述模糊比较算法的基础上，首先分别生成前后两幅图的景观指数，将该斑块的指数值赋给斑块中的每一个像元，滑动一定大小的圆形窗口，在比较的过程中考虑到像元点的地理位置关系，按照其周围各像元值取加权滑动平均计算窗口中心点的值，权重值的计算根据周围各点与中心点的距离衰减。选择不同的衰减函数，临域像元对中心点的影响权重设定不同，见图 5-8。

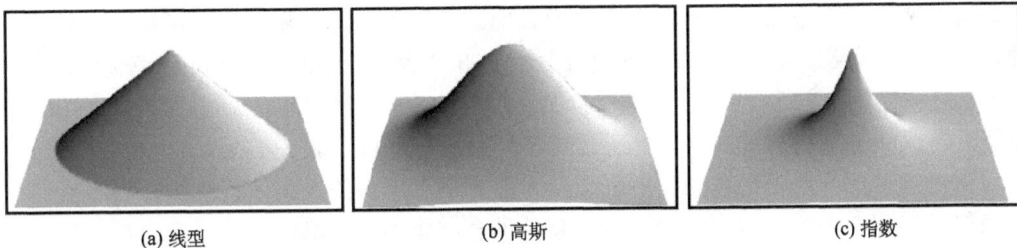

(a) 线型　　　　　　　　(b) 高斯　　　　　　　　(c) 指数

图 5-8　线型、高斯、指数三种不同衰减函数

研究中选择了指数型衰减函数（exponential）：

$$M(d) = e^{\ln(1/2)\times d/2} = 2^{-d/2} \tag{5-29}$$

式中，d 为与窗口中心像元的欧氏距离。

然后逐像素比较图 A 和图 B，得到比较分类结果图的置信度图 M，图上的每一点及

其邻域计算关于 y 个类型的隶属度求并，假设 $v(M,c)$ 为分类结果中定义 c_i 处的类型，则位于 c_i 处的该类型的置信度定义为式（5-30）～式（5-32）。

$$P_i^{\text{fuzzy},M} = \{p_{i,1}^{\text{fuzzy},M}, p_{i,2}^{\text{fuzzy},M}, \cdots, p_{i,y}^{\text{fuzzy},M})\qquad(5\text{-}30)$$

$$p_{i,k}^{\text{fuzzy},M} = \max\nolimits_{j=1}^{t_i} w_{i,j}\partial\left[v(M,\text{nbh}_{i,j}),k\right]\qquad(5\text{-}31)$$

$$\partial(a,b) = \begin{cases}\text{if } a = b : 1\\ \text{otherwise}: 0\end{cases}\qquad(5\text{-}32)$$

式（5-33）定义在 c_i 处矢量 P_i^A 和 P_i^B 的欧式距离比较法，式（5-34）定义香农多样性指数比较：

$$D_i^{\text{Euclid}} = \left\| P_i^A - P_i^B \right\|\qquad(5\text{-}33)$$

$$D_i^{\text{Shannon}} = \sum_{k=1}^{y} p_{i,k}^B \ln(p_{i,k}^B) - \sum_{k=1}^{y} p_{i,k}^A \ln(p_{i,k}^A)\qquad(5\text{-}34)$$

5.1.3 结果分析

1994～2001 年，卧龙草坡研究区的生态环境景观格局发生了巨大变化，一方面随着人类活动的增强导致景观中破碎生境地的增加，适宜于生物生存的栖息地面积急剧减小，降低了栖息地对物种提供的生态功能；另一方面，随着斑块形状的复杂化（破碎化），斑块边缘效应增强，导致自然栖息地核心区面积减少，极大地减弱了栖息地保护生物多样性的功能。

图 5-9（a）～（c）逐像素检测出发生变化的区域，结合图 5-11（a）发现各类型斑块变化较大的区域大多集中在海拔 1600～2600m、2600～3600m 的区间，对应图 5-2 植被垂直分布图，变化较大的是针阔混交林、针叶林的分布，而这一区域正好是野生大熊猫的主要分布区域。从香农多样性指数的变化情况来看，生态多样性发生变化较为集中在针阔混交林和高山草甸的部分，而指示斑块的破碎度的形状指数和边缘密度，在大部分的地区变化都较为激烈，表明近十年间栖息地的斑块形状趋于复杂化，斑块边缘效应较强，生态格局破碎。对比图 5-10（b）和图 5-11（b），灌丛（3600～3900m）、草甸（3900～4400m）各斑块面积的变化较大。在针阔混交林（1600～2600m）、常绿阔叶林（1600m 以下）各斑块的形状变更加复杂化，景观格局破碎化加剧（表 5-4）。

从对栖息地各景观指数的分析可知，大熊猫栖息地内的人类干扰强烈，各景观斑块边缘趋于规则、平缓，但大熊猫主要栖息地的植被类型——温性针阔叶混交林（2600～3600m）分布广，破碎度最小，成为景观基质（表 5-5）。从整个山系看，栖息地的破碎化程度低，缓坡地区各类型斑块多样性变化较为平缓，能满足大熊猫种群的生存和繁衍。同时，栖息地内因森林屡经砍伐形成的不适宜大熊猫栖息的景观大面积存在，如温性落叶阔叶灌丛、落叶阔叶灌丛、灌草丛等，其中以温性落叶阔叶灌丛受人类干扰最强，破碎度最高，从有效保护物种及其栖息地角度看，大熊猫的生存依旧面临许多问题。

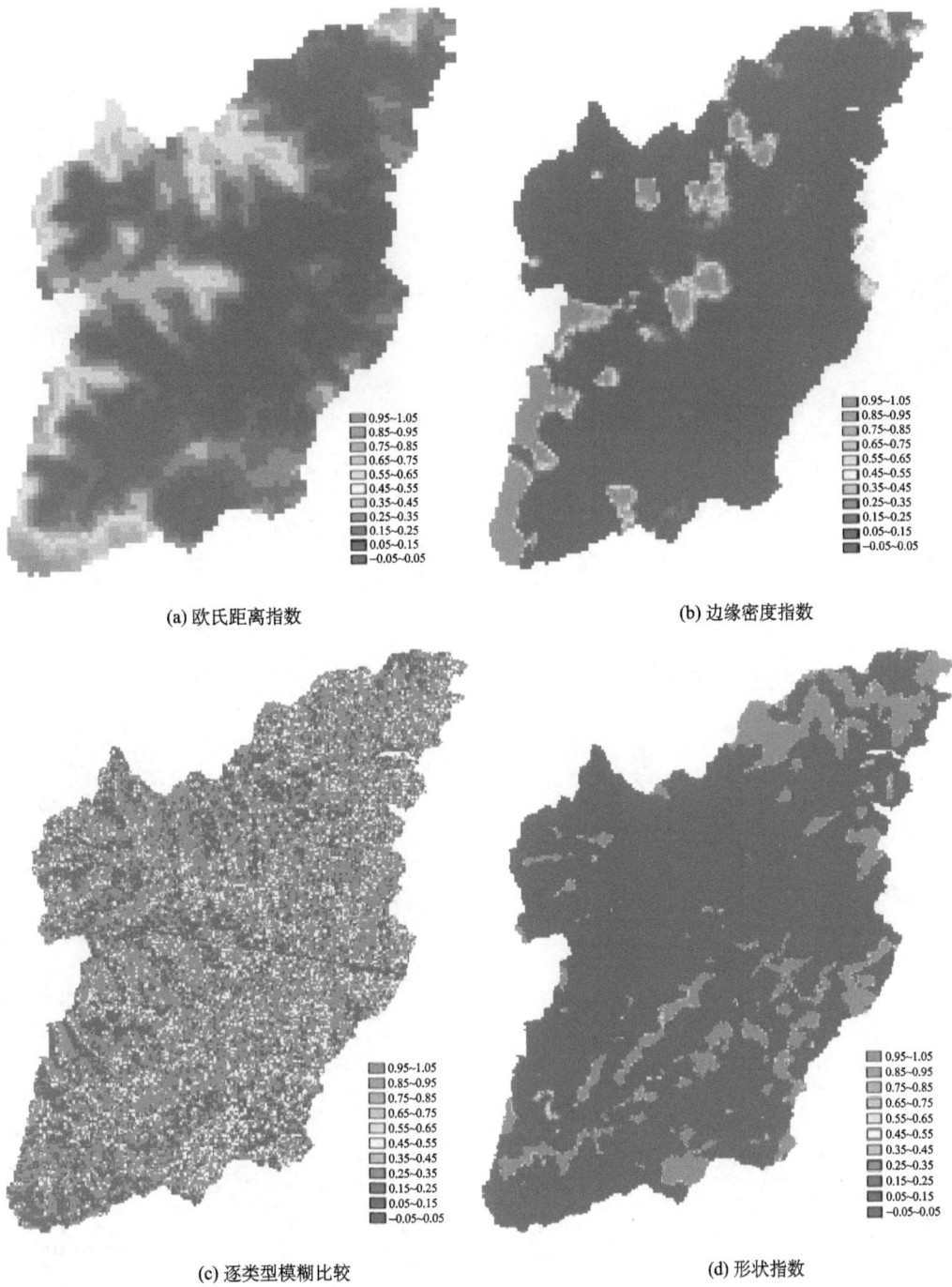

(a) 欧氏距离指数

| 0.95~1.05 |
| 0.85~0.95 |
| 0.75~0.85 |
| 0.65~0.75 |
| 0.55~0.65 |
| 0.45~0.55 |
| 0.35~0.45 |
| 0.25~0.35 |
| 0.15~0.25 |
| 0.05~0.15 |
| −0.05~0.05 |

(b) 边缘密度指数

| 0.95~1.05 |
| 0.85~0.95 |
| 0.75~0.85 |
| 0.65~0.75 |
| 0.55~0.65 |
| 0.45~0.55 |
| 0.35~0.45 |
| 0.25~0.35 |
| 0.15~0.25 |
| 0.05~0.15 |
| −0.05~0.05 |

(c) 逐类型模糊比较

| 0.95~1.05 |
| 0.85~0.95 |
| 0.75~0.85 |
| 0.65~0.75 |
| 0.55~0.65 |
| 0.45~0.55 |
| 0.35~0.45 |
| 0.25~0.35 |
| 0.15~0.25 |
| 0.05~0.15 |
| −0.05~0.05 |

(d) 形状指数

| 0.95~1.05 |
| 0.85~0.95 |
| 0.75~0.85 |
| 0.65~0.75 |
| 0.55~0.65 |
| 0.45~0.55 |
| 0.35~0.45 |
| 0.25~0.35 |
| 0.15~0.25 |
| 0.05~0.15 |
| −0.05~0.05 |

图 5-9　逐类型提取景观指数变化图（衰减半径 $3p$，滑窗大小 $5p$）

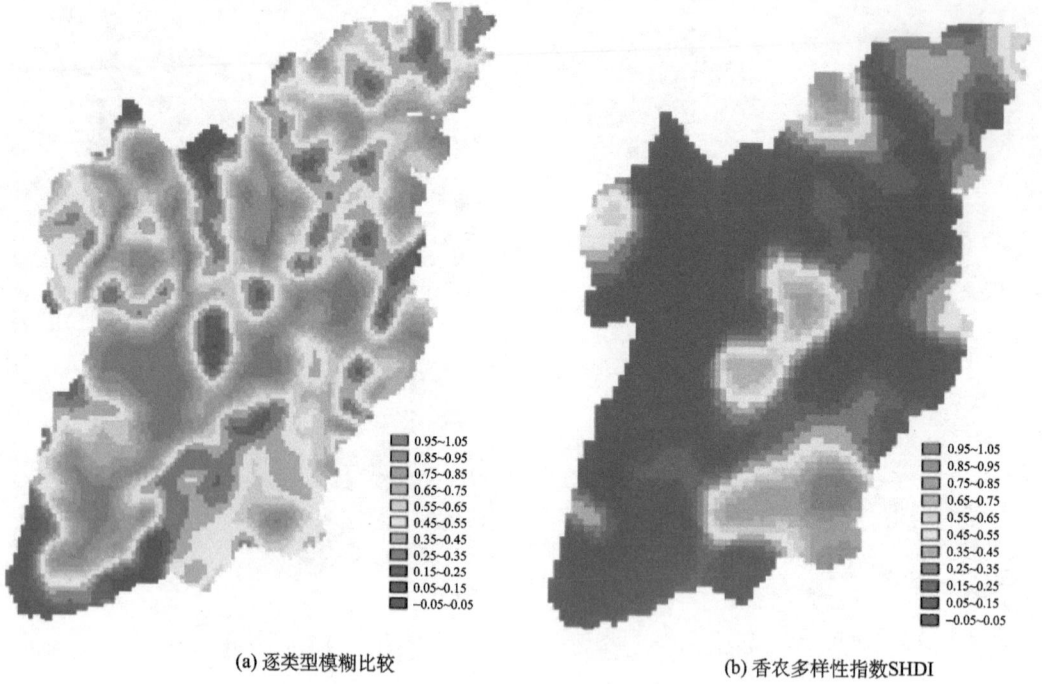

(a) 逐类型模糊比较

(b) 香农多样性指数SHDI

图 5-10 基于周长的逐类型变化图（衰减半径 3p，滑窗大小 5p）

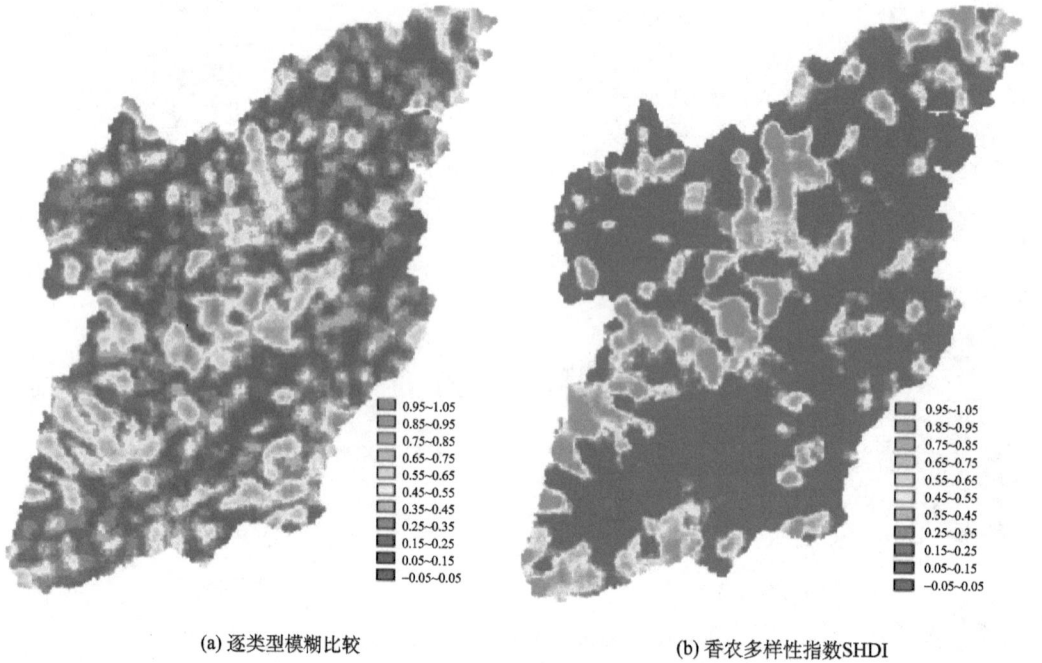

(a) 逐类型模糊比较

(b) 香农多样性指数SHDI

图 5-11 基于面积的逐类型变化图（衰减半径 3p，滑窗大小 5p）

表 5-4　逐像素比较变化像元分类转移矩阵

项目	草甸	灌丛	阔叶林	流石滩与冰雪	其他	汇总
草甸	1900	1410	327	0	1301	4938
灌丛	1243	6669	509	2	2408	10831
阔叶林	104	43	4342	7	1138	5634
流石滩与冰雪	31	105	55	484	108	783
其他	2266	2490	6229	462	9543	20990
汇总	5544	10717	11462	955	14498	33324

表 5-5　模糊比较提取变化的各类型 Kappa 值

项目	草甸	灌丛	阔叶林	流石滩与冰雪	其他
Kappa	0.275	0.492	0.404	0.548	0.233
k_l	0.294	0.496	0.688	0.609	0.335
k_h	0.934	0.993	0.587	0.899	0.697

5.2　微波遥感对栖息地生态环境变化的空间观测与评估

微波遥感中的主动成像雷达因具有全天时、全天候工作特性及高空间分辨率数据获取能力，结合雷达极化与雷达干涉等数据处理和信息反演特殊能力，以地形分析、森林动态调查与山体滑坡监测为切入点，适应于对珍稀动物栖息地生态环境变化实施空间观测和定量评估。

5.2.1　研究背景介绍

作为生物多样性保护世界标志之一，大熊猫已被列入世界保护联盟（International Union for Conservation of Nature，IUCN）红线的重要濒危保护动物。目前，大熊猫栖息地主要位于青藏高原边缘，即位于四川、陕西和甘肃的 20 余个连接或隔离的块状森林山地。其中，四川省大熊猫个数居全国首位，包括卧龙自然保护区在内的 924500hm² 栖息地于 2006 年列入世界自然遗产；卧龙自然保护区是大熊猫最聚集之地，有 100～150 只大熊猫栖息于此。

2008 年 5 月 12 日，四川省阿坝藏族羌族自治州汶川县发生了 8.0 级地震，造成 69227 人遇难，374643 人受伤和 17923 人失踪。该地震震中位于汶川县映秀镇和漩口镇交界处，距离四川省会成都市西北偏西方向 92km，毗邻四川大熊猫世界遗产地核心区——卧龙保护区，对生活于岷山、邛崃山的大熊猫栖息地生态环境造成了巨大影响，如发表在《生态与环境前沿》的报告表明，研究涉及的区域内，大熊猫栖息地有 23%被毁，残存的、支离破碎的栖息地，破坏了栖息地之间的生态廊道，增大了栖息地内部的破碎度，有可能影响大熊猫的繁衍。

2008 年的汶川大地震对熊猫栖息地的可持续化发展产生了重大影响。由于靠近震中，岷山和邛崃山的栖息地受损最为严重。为了及时评估灾害对大熊猫栖息地及珍稀动物生存的影响，一系列研究工作被立项并开展，包括实地野外调查（Cheng et al., 2012; Zheng et al., 2012）和遥感评估方法。尽管这些方法对于大熊猫栖息地修护和中长期保护具有正面促进作用，它们在面对今后自然灾害事件时仍存在局限性（因印度板块和亚洲板块俯冲和撞击，四川省发育有典型的发震构造，极易发生地震及次生灾害）：①地面实地野外考察对于大熊猫栖息地高山峻岭的环境，人类进入存在难度；地震等灾害发生后人类进入的难度增加；②以光学遥感为主导的评估技术手段在四川多云地区（尤其是每年5～9月的雨季），数据近实时获取困难，导致了栖息地区域评估的不完整及评估存在误差。

5.2.2　研究数据

　　为了定量评估汶川地震对大熊猫栖息地的影响，利用多波段卫星雷达数据（C 波段的 Envisat ASAR 数据和 L 波段的 ALOS PALSAR 数据），选取受地震影响最为显著的岷山和邛崃山为案例开展研究。Envisat ASAR 和 ALOS PALSAR 共同覆盖了岷山的最西南端及邛崃山最东北端（图 5-12）。干涉相干图作为定量分析工具来评估汶川地震对世界遗产地中典型栖息地的影响。汶川地震的震中靠近卧龙生物圈保护区；作为四川大熊猫栖息地世界遗产一部分的草坡保护区同样位于震中北部的不远处（大约 25km）。

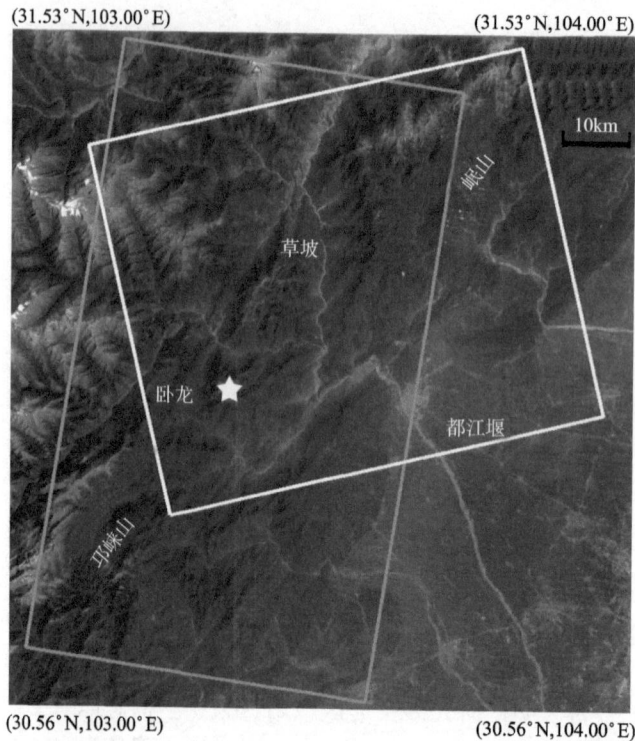

图 5-12　Envisat ASAR 和 ALOS PALSAR 覆盖岷山和邛崃山试验区情况

汶川地震震中白色星型标示，临近卧龙生物圈保护区

　　选取 25 景 Envisat ASAR 和 17 景 ALOS PALSAR 单视复数据用于相干时序分析。其中 C 波段（波长 5.6cm）的 Envisat ASAR，降轨模式 Track290，数据获取时间从 2007 年 12 月 24 日至 2010 年 8 月 30 日；数据获取参数如表 5-6 所示。数据成像入射角约为 23°，对应地面空间分辨率 20m。L 波段（波长 23.6cm）ALOS PALSAR 数据，升轨模式、成像入射角 34°，数据获取时间从 2007 年 2 月 2 日至 2010 年的 12 月 29 日；数据获取参数如表 5-7 所示。PALSAR 精细模式数据获取有两种模式：精细单极化（fine beam single-polarization, FBS），HH 极化，距离向带宽 28MHz；精细双极化模式（fine beam dual-polarization, FBD），HH/HV 极化，距离向带宽 14MHz。这两种数据获取模式具有相同的距离向中心带宽频率，在对 FBD 模式数据利用 Sinc 函数进行距离向 2 倍过采样之后，支持 FBS/FBD 两种混合模式干涉处理。为了对干涉数据处理中的地形相位进行评估和去除，研究采用来自美国地质调查局（United States Geological Survey，USGS）的 3s（90m）SRTM 数字高程数据；该数据同样可用于后期雷达干涉卫星产品的地理编码（即从成像雷达的距离-多普勒坐标系转换为通用横轴墨卡托地图坐标系）。

表 5-6　Envisat ASAR 数据获取参数

序号	获取时间	获取模式	轨道 Pass	序号	获取时间	获取模式	轨道 Pass
1	2007-12-24	IS2	降轨	14	2009-07-06	IS2	降轨
2	2008-03-03	IS2	降轨	15	2009-09-14	IS2	降轨
3	2008-06-16	IS2	降轨	16	2009-10-19	IS2	降轨
4	2008-07-21	IS2	降轨	17	2009-11-23	IS2	降轨
5	2008-08-25	IS2	降轨	18	2009-12-28	IS2	降轨
6	2008-09-29	IS2	降轨	19	2010-02-01	IS2	降轨
7	2008-11-03	IS2	降轨	20	2010-03-08	IS2	降轨
8	2008-12-08	IS2	降轨	21	2010-04-12	IS2	降轨
9	2009-01-12	IS2	降轨	22	2010-05-17	IS2	降轨
10	2009-02-16	IS2	降轨	23	2010-06-21	IS2	降轨
11	2009-03-23	IS2	降轨	24	2010-07-26	IS2	降轨
12	2009-04-27	IS2	降轨	25	2010-08-30	IS2	降轨
13	2009-06-01	IS2	降轨				

表 5-7　ALOS PALSAR 数据获取参数

序号	获取时间	获取模式	轨道 Pass
1	2007-02-02	FBS	升轨
2	2007-06-20	FBD	升轨
3	2007-08-05	FBD	升轨
4	2007-09-20	FBD	升轨
5	2007-12-21	FBS	升轨
6	2008-02-05	FBS	升轨
7	2008-05-07	FBD	升轨

序号	获取时间	获取模式	轨道 Pass
8	2008-06-22	FBS	升轨
9	2009-02-07	FBS	升轨
10	2009-06-25	FBD	升轨
11	2009-08-10	FBD	升轨
12	2009-09-25	FBD	升轨
13	2009-11-10	FBS	升轨
14	2009-12-26	FBS	升轨
15	2010-02-10	FBS	升轨
16	2010-06-28	FBD	升轨
17	2010-12-29	FBS	升轨

5.2.3　研究方法

鉴于临近汶川地震震中（如图 5-12 白色星型标示），岷山与邛崃山大熊猫栖息地景观因地震导致的滑坡、泥石流、地表覆盖层剥离，以及人工建筑倒塌等原因发生了巨大变化。震后栖息地森林的退化，可进一步加剧当前已经存在的卧龙生物圈保护区周边的栖息地破碎化。研究引入相干时序变化来监测震后引发的森林退化。通常情况下，雷达去相干一般因体散射机制发生在密集植被区；因此当自然灾害导致森林退化及地表裸露，可显著提升裸露地雷达相干系数值；这是研究进行森林退化分析的基本原理。考虑到震前/震后干涉影像对子像素级配准存在困难，加之严重时间去相干，震前/震后交叉数据获取模式得到的干涉图质量低劣，进而妨碍了森林退化的信息提取。为了进一步抑制因数据获取时间间隔，以及成像几何模式不同导致的误差，干涉对的选择就尤为重要。鉴于此，设计了干涉图影像配对三大准则：①震前与震后相干图获取的时间与空间基线必须一致，用于克服因基线不同导致的误差；②为了提升相干图质量，选择小基线集干涉影像对；③用于对比干涉影像对数据获取的季节尽量一致，用于抑制季相物候变化导致的去相干误差。

基于相干分析的森林退化可通过震前与震后相干图差分计算获取。差分干涉图零点中心浮动表征了森林退化的趋势。通常情况下，对于自然随机现象，两时段差分相干图生成的直方图遵循零点归中正态高斯分布中心，即差分干涉图中相干值增益与相干值降低趋势相当。然而，当有自然灾害或者人类活动影响等外力介入时，该平衡将被打破，导致差分相干图对应的直方图发生零点偏移现象发生，该偏移值可用于定量评估汶川地震导致的震前/震后森林退化。

合成孔径雷达干涉或雷达差分干涉技术是一种定量遥感分析工具，可用于数字高程模型的生产、变化监测和地表形变监测（Chen et al., 2013）。相干性是雷达干涉数据处理的重要质量指标，因为它关系着相位解缠，以及地形、形变反演的精度。不同于光学遥感，合成孔径雷达主动发射微波信号并接收来自观测场景的后向散射脉冲信号。得益于雷达遥感全天时、全天候工作能力，雷达遥感已成为多云多雨地区持续、有效观测的重要手段。多模式、多极化、多时相、高分辨率雷达数据的出现，使得雷达遥感的应用得到进一步拓展；其中自然与文化遗产的监测与评估是潜在方向之一。

考虑到光学遥感在多云多雨区成像的局限性及雷达遥感观测的优势，目前已经研发了大量的基于变化检测的雷达遥感方法，包括差分法（Cable et al., 2014; Gong et al., 2014）、系统统计法、模型法、相干分析法（Meyer and Sandwell, 2012）和其他技术集成法（Schmitt et al., 2014）。研究为了克服野外调查和光学遥感评估等方向的局限性，引入雷达相干性分析法来定量评估汶川地震对大熊猫栖息地森林退化的影响。为了客观分析多波段雷达电磁波，研究引入了 C 波段 Envisat ASAR 和 L 波段 ALOS PALSAR 数据；结果表明，长波段的雷达干涉对于评估灾后森林退化具有很好的潜力。

5.2.4　退化监测

1. Envisat ASAR 退化监测

为了提高干涉图的质量，首先应用上述干涉影像对配对准则 ii——小基线，即空间基线小于 250m，时间基线小于 180m，得到了相干图 49 对，如图 5-13 所示。其中震前相干图只有 1 幅，对应干涉对数据获取时间分别为 2007 年 12 月 24 日和 2008 年 3 月 3 日。为了简便表达，如表 5-6 与表 5-7 所示，数据获取时间用年-月-日数字标示；因此震前相干图可重命名为 2008-03-03～2007-12-24（空间垂直基线 26.18m，时间基线 70 天，数据获取对应季节为春-冬组合模式）。然后，应用相干图影像配对准则 i（相近基线组合）和 iii（相同季节组合），选择震后干涉图。为了提升选择的效率，参考震前 2008-03-03～2007-12-24 相干图参数值，首先可设定空间基线和时间基线阈值，即分别为[–40，40]m 和 70 天（如图 5-13

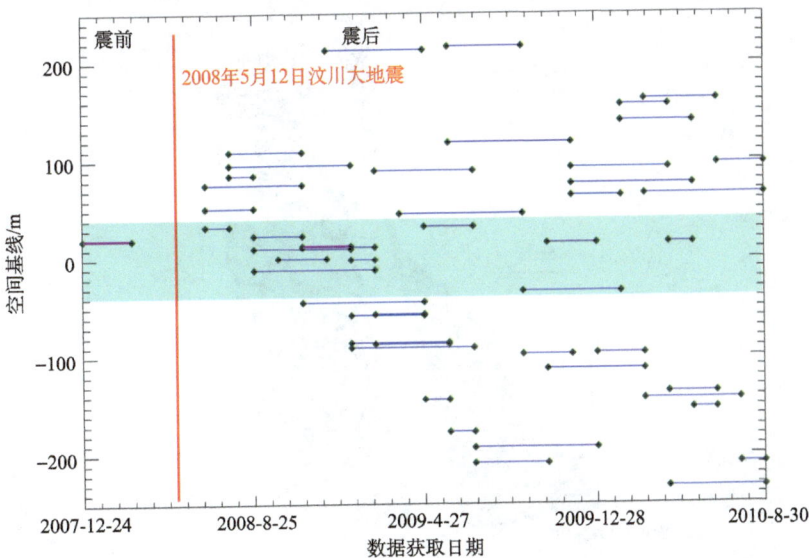

图 5-13　Envisat ASAR 相干图影像小基线集配对

空间垂直基线小于 250m，时间基线小于 180 天。震后相干图影像对候选区，如蓝青色所示。

最终选取的震前/震后相干图由粉色线条标示

标蓝青色所示）。其次，可用春-冬季节组合对候选相干影像对进行约束。最终，选取了震后 2009-01-12～2008-11-03（空间垂直基线 17.33m，时间基线 70 天）用于相干对比分析（图 5-14）。比较结果表明，震后岷江沿线森林退化严重，相干值得到显著提升。此外，在震后相干图的右下角可发现相干值降低现象，解释为居住地、农业用地和河床区域等人类活动的扰动，以及土壤湿度的时相变化（图 5-14）。

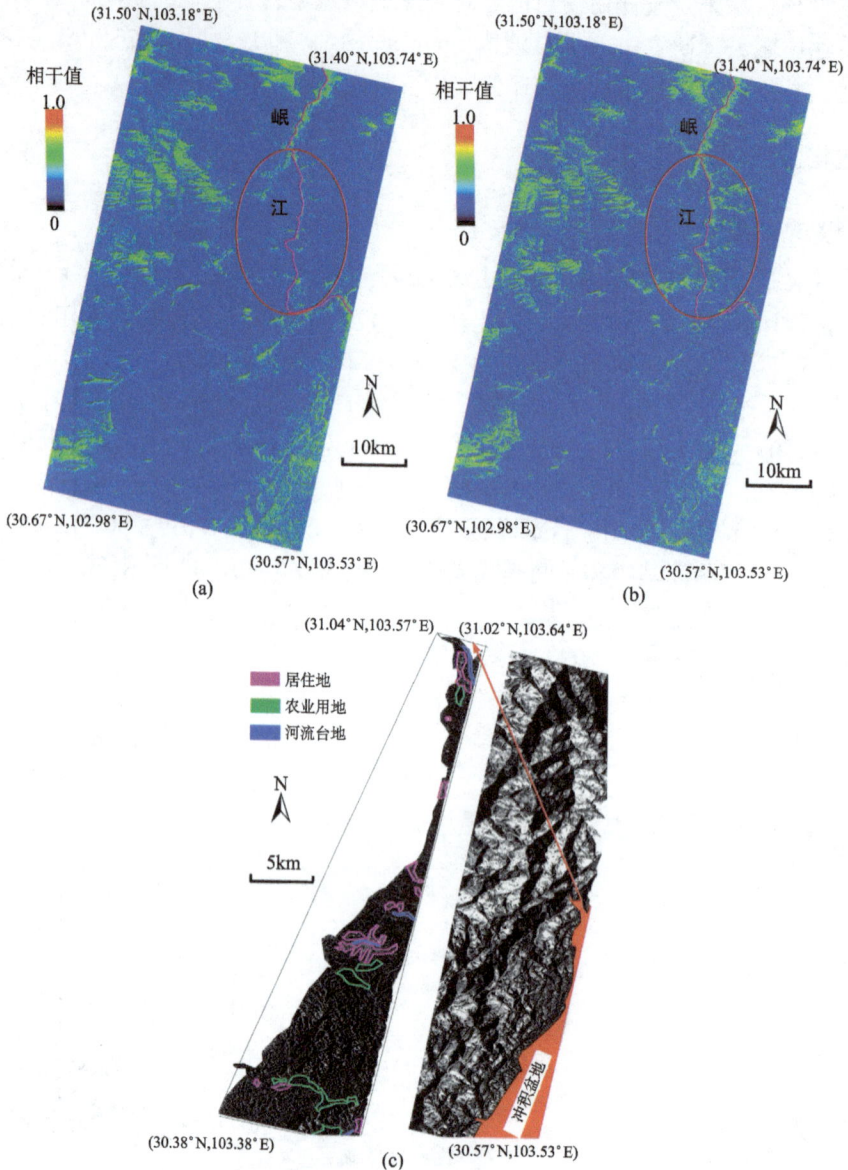

图 5-14 Envisat ASAR（a）震前 2008-03-03～2007-12-24；（b）震后 2009-01-12～2008-11-03 相干图对比图。红色椭圆形标示了岷江沿线震后相干值得到显著增益区域。（c）平原区对应的人类居住地（粉色多边形）、农业用地（绿色多边形）和河流台地（蓝色多边形）

2. ALOS PALSAR 退化监测

得益于长的波长，L 波段 ALOS PALSAR 数据具有较强的穿透性和时间相干保持能力。因此，相对于 C 波段的 Envisat ASAR 数据，高质量的相干图及震后在相干图表征的显著相干值变化，可用于震后森林退化的精确信息提取和评估。正是鉴于上述 L 波段的优越性，研究重点应用 PALSAR 数据开展森林退化的定量分析研究。类似于 Envisat ASAR 数据处理，首先，应用小基线准则 ii（空间垂直基线小于 2000m，时间基线小于322 天）生成 48 个相干图组合，如图 5-15 所示。

为了进一步抑制空间垂直基线导致的去相干作用，选取了[−800，800]m 阈值作为震前/震后相干图影像配对选择约束（见图 5-15 蓝青色标示）。结果发现，对于震后的 2010年，只有 2010-06-28～2010-02-10（夏-冬组合，空间垂直基线 563m，时间基线 138 天）满足上述约束条件，简称为相干图 2010。因此，为了满足后期对比及时序分析的需要，将其作为震后基准相干图用以选取其他震前、震后相干图。应用相干图影像配对准则 i（相近基线组合）和 iii（相同季节组合），进一步得到了可用于对比的震前相干图2007-06-20～2007-02-02（夏-冬季节组合，空间垂直基线−746m，时间基线 138 天，并简称为相干图 2007）和震后相干图 2009-06-25～2009-02-07（夏-冬季节组合，空间垂直基线 755m，时间基线 138 天，简称为相干图 2009）。最终选中的对比相干图影像对，

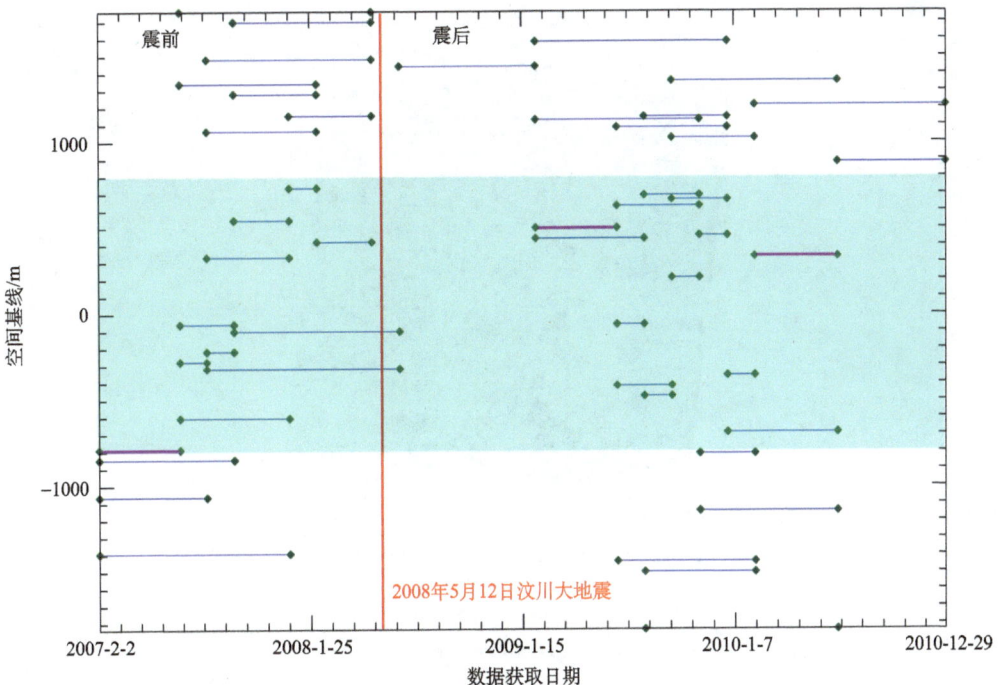

图 5-15　基于小基线集（空间垂直基线小于 2000m，时间基线小于 322 天）生成的 ALOS PALSAR 相干图影像配对

搜索震前/震后相干图的空间基线约束阈值范围由蓝青色标示，最终选取的对比相干图影像组对由粉色线条标示

如图 5-16 粉色线条标示。对应生成的相干图，如图 5-17 所示，可清晰看到震后导致的山体滑坡、泥石流和山崩等灾害已破坏了大量的森林覆盖，在震后相干图，尤其是图 5-16 红色椭圆标示区域，表征为显著相干值增益。

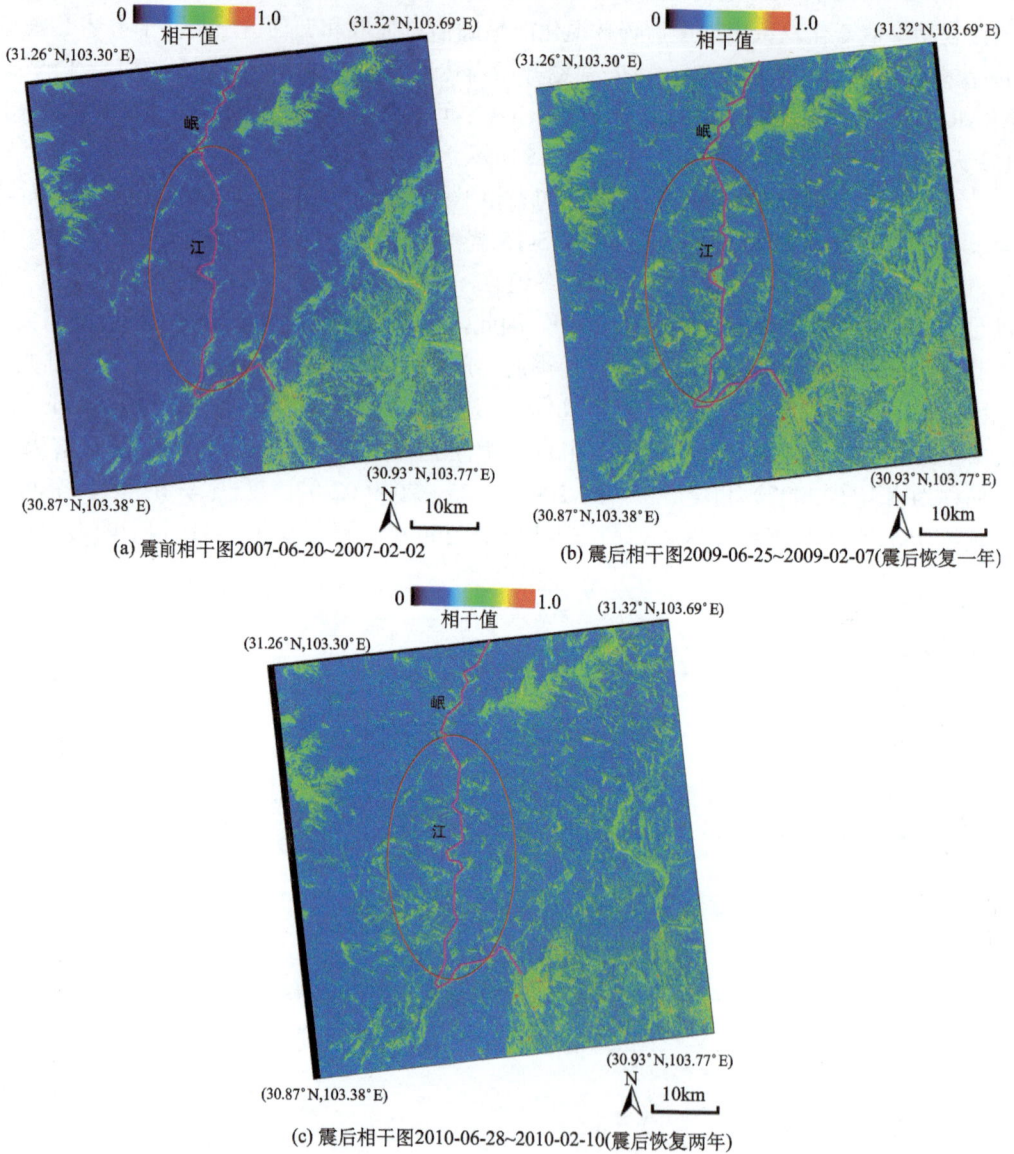

(a) 震前相干图2007-06-20~2007-02-02

(b) 震后相干图2009-06-25~2009-02-07(震后恢复一年)

(c) 震后相干图2010-06-28~2010-02-10(震后恢复两年)

图 5-16　震前/震后 ALOS PALSAR 相干图

红色椭圆表征了震后森林退化及相干值增益显著区域

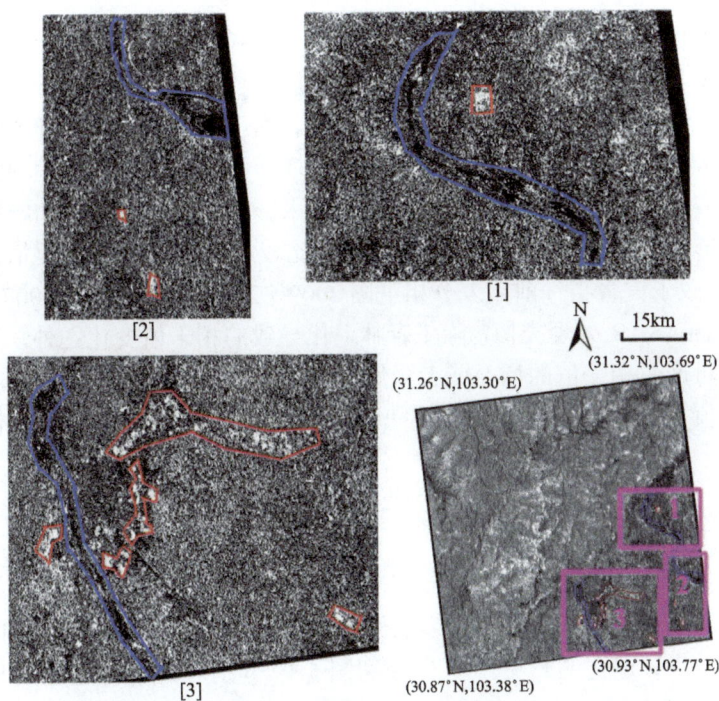

(a) PALSAR差分相干图2009~2007年

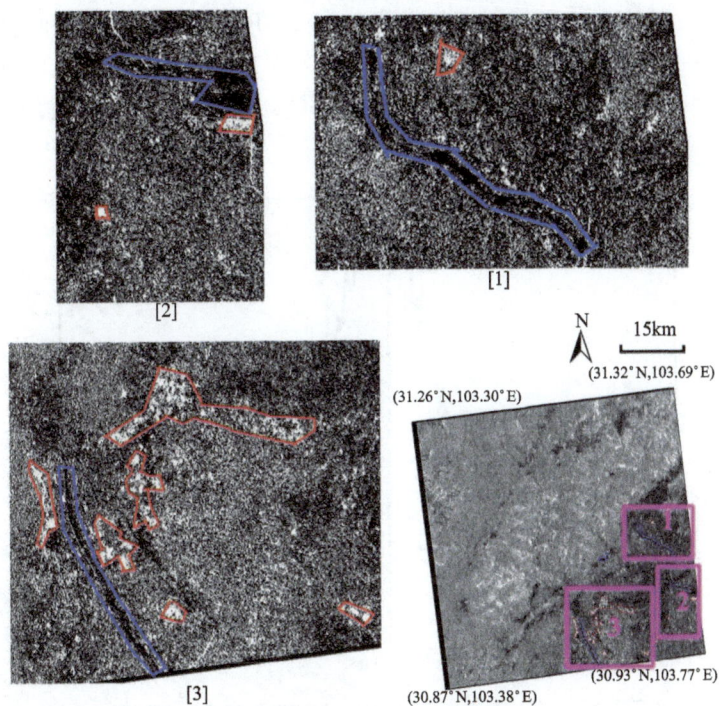

(b) PALSAR差分相干图2010~2007年

图 5-17　除了森林退化之外，相干值在差分相干图中的变化

相干值降低（由蓝色多边形标示的暗色调区域）和相干值增益（由红色多边形标示的亮色调区域）子图"1、2、3"标示了相干值增益和降低细节信息

地震在研究区对应的烈度为 VII-XI。因为四川熊猫栖息地地形陡峭、山高峻岭和深凹山谷发育丰富，加上复杂的地质构造环境，地震在该区域触发了大量的山体滑坡和山崩，尤其集中在高家沟、幸福沟、红椿沟等区域。由山体滑坡等灾害导致的森林退化主要包括两大部分：①由主震和余震直接触发的山崩和山体滑坡，滑坡运动直接破坏沿线森林覆盖；②震后土地覆盖层表层松软，在强降水影响下，地表侵蚀加剧和浅层泥石流滑动，可汇集形成大型山体滑坡。为了更为直观比较震前/震后森林退化情况，采用相干图差分技术，生成了灾害事件前后差分相干图 2009～2007 年和 2010～2007 年，如图 5-17 所示。同 Envisat ASAR 处理类似，除了森林退化导致的相干值变化之外，其他人类活动和自然现象也可产生相干值的增益或者降低，如图 5-17 红色多边形标示的震后居住区重建导致的相干值增益、蓝色多边形标示的河流台地或者低洼地土壤湿度变化导致的相干值降低。

3. 定量评估和交叉对比

利用掩膜技术排除差分相干图中冲积平原地（同四川大熊猫栖息地森林退化无关）的影响，然后利用差分相干图直方图零点偏移法定量评估汶川地震对试验区岷山及邛崃山大熊猫栖息地森林退化的影响。图 5-18 和图 5-19 分别对应利用 C 波段 Envisat ASAR 和 L 波段 PALSAR 评估结果。Envisat ASAR 零点（47.96%）偏移监测结果表明，试验区震后仅 2.04%森林因地震破坏而发生退化。相反，PALSAR 2009～2007 年差分相干图对应零点为 29.34%，表明震后直到 2009 年，仍有约 20.66%的森林因汶川地震破坏发生退化；2010～2007 年差分相干图对应零点为 32.66%，表明至 2010 年，仍存在 17.34%的森林退化现象。

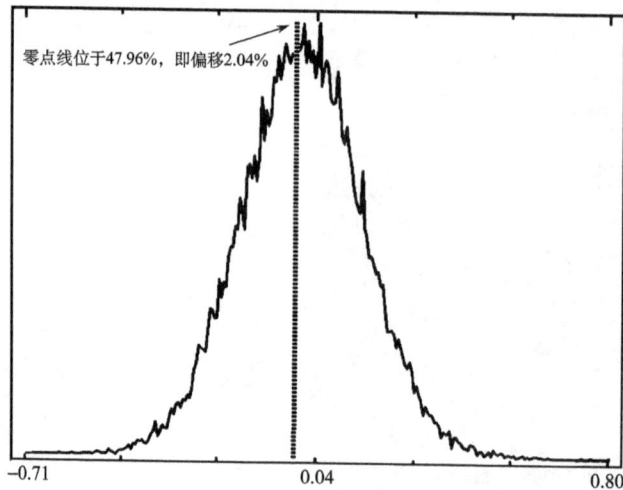

图 5-18　Envisat ASAR 差分相干图（相干图 2008-03-03～2007-12-24 与 2009-01-12～2008-11-03 差分）对应相干直方图零点偏移，即零点位于 47.96%，表示震后森林退化仅 2.04，因相干图质量差及覆盖过多地震影响不显著地区，出现了明显低估

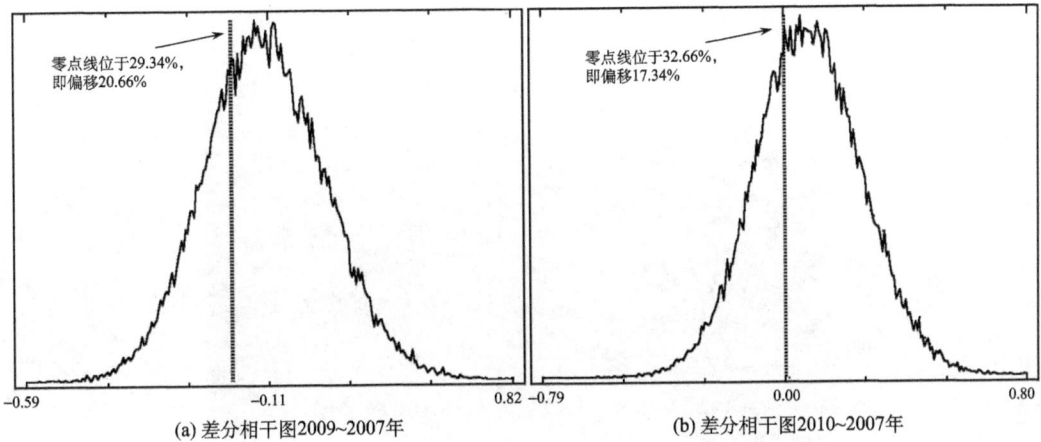

零点线位于29.34%，
即偏移20.66%

零点线位于32.66%，
即偏移17.34%

−0.59　　　　　−0.11　　　　　0.82　　−0.79　　　　　0.00　　　　　0.80

(a) 差分相干图2009~2007年　　　　　(b) 差分相干图2010~2007年

图 5-19　PALSAR 差分相干图对应相干直方图零点偏移

Envisat ASAR 与 ALOS PALSAR 两者估算结果存在明显的不一致，可解释如下：①两种卫星数据对试验区空间覆盖不同，进而可引入因观测区域不同而发生的相干值变化趋势不一致；②Envisat ASAR 和 ALOS PALSAR 生成相干图所采用的时间基线，以及季节组合模式不同，可引入时相与物候信息的不一致；③两种数据波段不同，进而相干性保持能力不尽相同；如 C 波段 Envisat ASAR 数据对植被敏感，除了完全裸露的森林退化区，因仍表征为严重去相干及无明显相干增益，C 波段雷达数据可对中度-轻度损坏的森林退化区进行漏检；此外，低劣的相干图使得 Envisat ASAR 结果更易受到其他随机噪声的影响；进而总体造成森林退化的低估（如研究 2.04%）。相反，L 波段 ALSO PALSAR 相干图对森林受损造成的相干值增益敏感，可有效克服上述局限性。因此，对比两者性能而言，认为 PALSAR 比较适宜用于震后森林退化的定量评估，如研究获得的岷山和邛崃山大熊猫栖息地森林退化震后直接退化高达 20.66%。

5.2.5　验证与讨论

在过去的 5 年中，于 2009 年和 2013 年共进行了 2 次野外试验考察以评价并验证雷达干涉监测四川大熊猫栖息地森林退化的正确性和准确性。野外调查发现，震后引发的森林退化主要位于映秀-汶川县段岷江沿线山体崩塌和滑坡地区（图 5-16、图 5-17）。由实地野外照片拍摄可见（图 5-20），山体滑坡后地表覆盖层植被受到剥离，剩余裸露或者光秃岩体。

研究中采用了森林退化可产生相干值增益的假设。为了支撑并验证该假设，应用震后获取的航空摄影影像镶嵌图土地利用信息图 5-21（c）来验证并比较 PALSAR 震前相干图 2007-06-20～2007-02-02[图 5-21（a）]和震后相干图 2010-06-28～2010-02-10[图 5-21（b）]。

图 5-20　汶川县岷江沿岸典型山体滑坡照片

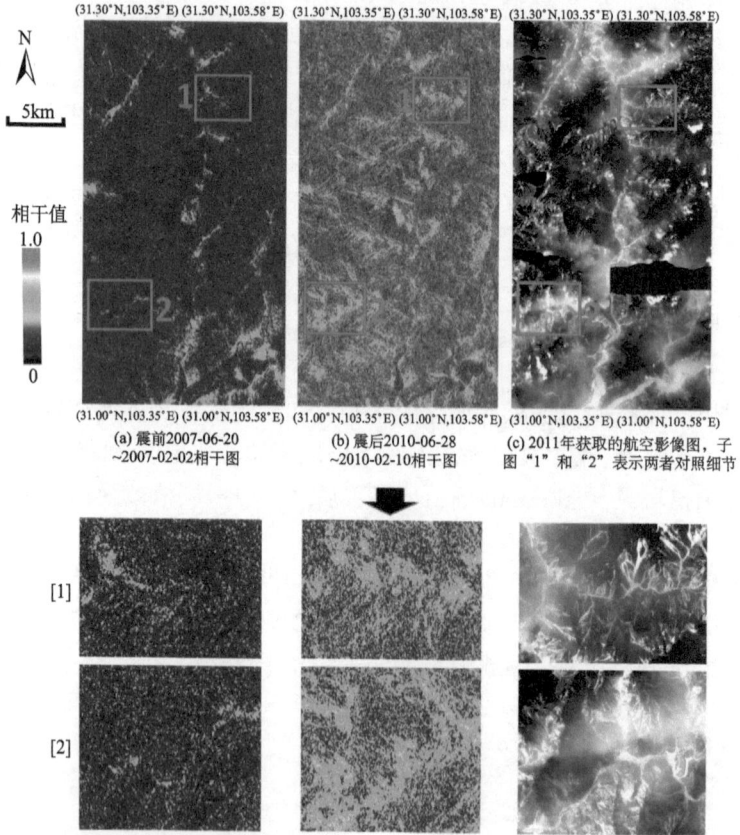

(a) 震前2007-06-20
~2007-02-02相干图

(b) 震后2010-06-28
~2010-02-10相干图

(c) 2011年获取的航空影像图，子
图"1"和"2"表示两者对照细节

图 5-21　PALSAR雷达干涉相干图森林退化监测与航空影像对照图

通过图 5-21，可观察到两种现象：①雷达相干图中震前高相干值仅发生在裸露地或居住地，而震后那些发生山体滑坡或其他地质灾害的裸露地均可表征为高的相干值；②震后相干图中高相干值空间分布同航拍影像发现的山体区域严格一致。图 5-21 中子图"1"和"2"震后监测到的相干值增益异常及土地覆盖异常。当航空影像图与雷达相干图具有相同图像坐标系时，作为定量分析，随机从震后 2010-06-28～2010-02-10 相干图和航空影像图中选取了 100 个采样点；经过人工解译分析，发现 82%雷达相干值增益异常区对应山体滑坡区。两者验证小的差异可解释如下：①雷达相干图与航空影像图两者数据空间分辨率不同，即雷达相干图分辨率为 8m，而航空影像为 2m；②两者数据采用的成像几何模式不同（雷达斜距成像，航空中心投影成像），可造成成像几何偏差；③两者数据获取时间段不同，可引入植被地物覆盖时相差异。

幸运的是，森林退化严重区主要集中在坡度陡峭、大熊猫食用竹稀疏的不适宜或者一般适宜栖息地，该结果同 Zheng 等（2012）研究基本一致。应世界教科文组织世界遗产委员会要求，IUCN 于 2010 年 4 月 12～17 日启动了汶川地震对四川大熊猫栖息地遗产地的受损评估工作。结果认为，地震对整个世界遗产地大熊猫主食竹影响不大，影响显著区主要位于遗产地东北角，即临近卧龙生物圈保护区。然而，影响显著区大量地表剥离和植被丧失，总体来说还是会约束或者改变栖息地内大熊猫正常的迁移及生活方式。此外，考虑到大熊猫主食竹伴生在冷杉等乔木林下，地震导致的植被生态系统变化，可影响中-短期主食竹的生成和传播，进而影响局部栖息地对大熊猫数量的承载力。

总体而言，雷达遥感监测与评估大熊猫栖息地生境变化具有以下局限性：①目前大熊猫栖息地遍布四川、陕西和甘肃三省；雷达影像单景幅宽不足以覆盖整个栖息地，进而完成对栖息地生境变化的系统评估。例如，研究仅对临近地震震中的岷山和邛崃山进行了监测与评价。此外，尽管研究结果总体反映了地震对栖息地的负面影响，而栖息地内部破碎化及隔离等趋势，因分辨率和数据源的限制，无法做出定量评估。②相干时序分析对雷达数据源要求较为严格。例如，为了尽可能抑制时间-空间去相干及物候季相影响，一般需预先获取观测区大量存档数据；然后按照干涉对选择准则获取可用于定量评估的若干满足要求干涉影像对。③短波长雷达数据，如研究 C 波段 Envisat ASAR 在森林覆盖度高的栖息地应用中因严重去相干，可导致显著森林退化低估。

5.2.6　结论

研究首次引入雷达相干时序分析技术，充分利用 L 波段 PALSAR 穿透性和强的相干保持能力，开展四川大熊猫栖息地 2008 年汶川地震森林退化监测与评估研究，定量获取了临近震中岷山和邛崃山边缘处栖息地森林退化情况。结果表明，地震触发的山崩、山体滑坡和泥石流等地质灾害引起了岷江沿线地区较为严重的森林退化，应用直方图零点偏移法，PALSAR 估算震后退化率在 2009 年仍达 20.66%。研究同时表明，得益于植被破坏区显著的相干值增益，长波 L 波段 PALSAR 数据在监测植被密集区具有比 C 波段的 Envisat ASAR 更佳性能，并且结果得到了航空光学遥感影像解译与对照验证。研究暗示了星载雷达干涉在易受自然灾害影响地区森林退化监测与评估的应用潜力。

5.3　激光雷达遥感对栖息地生态环境变化的精细空间观测与评估

林区的地形、植被覆盖及其特征参数，如树高、胸径、蓄积量等，是生态研究与林业管理的重要参数。传统的人工样地调查不仅费时费力，精度不高，而且不能获取林区的精细参数。激光雷达通过发射和接收激光信号，能获取环境的精细三维点云，提供丰富的地物三维特征。近年来，人们开始将地面激光雷达应用到林区调查中，逐步成为获取植被精细结构的重要手段。目前，基于地基 LiDAR 的林区信息提取研究主要集中在稀疏林区（低于 1500 株/hm²），而与稀疏林区不同，聚集的植株、茂密的枝叶及纤细的树干将极大增强遮挡效应，从而直接影响了单站 LiDAR 的观测范围，并引起植被参数反演问题，如增加了茎秆识别的难度，而如何区分紧密相邻的树干成为新的难题。竹林作为大熊猫栖息地内重要的植被，具有很高的生态价值和工业价值。然而，无论是自然生长的竹林，还是人工竹林，其植株密度往往较高（高于 5000 株/hm²），目前很少有研究关注地面激光雷达在高密度林区中的应用，因此激光雷达在高密度植被区域的巨大应用潜力有待挖掘。本节基于地面激光点云数据，研究高密度竹林区域（大于 7500 株/hm²）的树干制图及平均树高、地形参数反演等内容，为激光雷达在遗产地精细观测提供示范。

5.3.1　基于单站地面点云的竹林树干制图

树干或茎秆是指陆上植被的主要支撑结构，是植被物质传输、结构支持和能量存储的重要部分。树干参数在生态研究和林业管理中占有重要地位，与树干直接相关的胸径和植株密度等是生物量估计与碳储量计算的重要参数（Yen et al., 2010; Li et al., 2014），树干制图和树干量测也是林业资源调查的必要手段（Maltamo et al., 2006; Liang et al., 2014）。然而，传统的植被参数（如胸径、植株密度、LAI 等）测量方法主要依赖于小范围的人工测量，不但费时费力，还容易引入人为误差，而且难以精确获取树干的参数特征，如不同高度处的直径、树干曲线等。因此研究自动、精确且有效的树干信息测量方法非常有必要。近年来，地面激光雷达在林业调查中得到广泛的研究，它记录的高密度、高精度的三维点云对植被精细结构的提取具有重要意义（Yang et al., 2013; Zheng et al., 2013）。

目前，国内外已有很多学者关注如何从地面激光点云中检测树干（Maltamo et al., 2006; Astrup et al., 2014）。Maas 等于 2008 年首先从多站配准的点云中提取高于地表的水平切片，然后对切片点云进行聚类和圆拟合检测，能拟合成圆形的切片点云被认为是树干点云；该方法在植被密度低于 600 株/hm² 的样地进行测试，能够准确检测到 97% 的树干。类似地，圆柱/圆拟合方法被广泛用于树干检测的相关研究中。这类方法通常需要林下地形信息，但从点云中获取茂密林区的地形比较困难，尤其在地形起伏较大和地表植被覆盖较密的区域。Liang 等于 2012 年基于单站地基激光雷达点云进行树干制图：首先利用一定范围内树干点分布平坦且竖直的特点，筛选出潜在的树干点云；然后利用稳健圆柱拟合生长算法，精确地确定树干点云及树干位置；该方法在密度 1500 株/hm² 的样地进行测试，制图精度达到 73%；将该方法应用于移动激光雷达（mobile laser scanning,

MLS）的林区树干制图中，在密度低于 500 株/hm^2 的样地，制图精度可达 87.5%（Liang et al., 2014）。距离图像和波形数据（Yang et al., 2013）也被应用到树干检测中，但这些数据的获取需要特定的仪器及更多的数据预处理。

相关的研究还包括城市环境中的树干检测。Hetti 等于 2013 年基于 MLS 点云，依据树干点集的形状指数与几何特征，从原始点云中提取潜在的树干点，并利用基于方向的逐层生长方法获取独立的树干点云。试验结果表明，该方法可以提取约 90% 的行道树树干。Lehtomäki 等于 2010 年提出了一种从 MLS 点云中提取杆状地物的方法，主要包括点云分割、点云聚类、聚类合并与分类四个步骤，实验表明该算法可以准确提取 77.7% 的杆状地物（路灯、树干等），但是该研究没有对树干进行精度评价。与林区不同，行道树一般间隔均匀，且不会聚集生长，而且城区地表更为平坦，这些差异使得林区与城区的树干检测存在较大差异。

总之，大多数相关的树干检测研究主要集中在较为稀疏的林区（低于 1500 株/hm^2），并且研究区域的树木胸径（杨树、松树等）往往大于 10cm，少有研究关注较高密度林区（大于 5000 株/hm^2）。在高密度林区，枝叶的遮挡效应将更为显著，而且高度聚集生长植株的胸径往往更小，不但增加了树干检测的难度，并且区分相邻树干也成为制图的新问题。因此，研究如何在高密度树林中利用地面激光点云进行有效的树干制图非常有必要。

本节基于单站点地面激光点云数据，提出了一种新颖且有效的高密度树干制图算法，并在浓密竹林区域（约 7500 株/hm^2）进行了测试。与前人的研究不同，本节提出的算法不需要地形信息，也不需要圆或圆柱拟合，并且制图算法涉及了相邻树干的区分，为树干高精度制图提供了有效方法。

1. 实验区域与数据

研究区位于四川雅安大熊猫保护区（30.06°N, 103.01°E）的竹林。竹子属于禾本科，在除了南极洲的所有大陆上均有分布，对于生物多样性保持、生物量和碳存储等均有重要作用。研究区竹林的植株密度约 7500 株/hm^2，于 2013 年 1 月利用徕卡 ScanStation C10 地面三维激光扫描仪采集了样地的点云数据。该设备采用 532nm 的绿波段，在距离 50m 处的标称测距精度为 4mm。由于树木聚集、竹竿纤细，采用高密度的扫描方式，最终获得的点云间隔约 3mm。

从原始点云中选取了两块样地，样地 A 和样地 B。依据实地的采样测量，样地内的树高 6～13m，胸径 3～8cm。图 5-22 表示样地的简图，其中样地 A 约 100m^2，距离扫描仪约 4m；样地 B 约 120m^2，与扫描仪相距约 5m。依据原始点云和手工测量，样地 A 和样地 B 分别包括了 82 株和 84 株竹子。考虑到地形起伏、植株密度与试验数量，样地 A 和样地 B 具有一定的代表性。

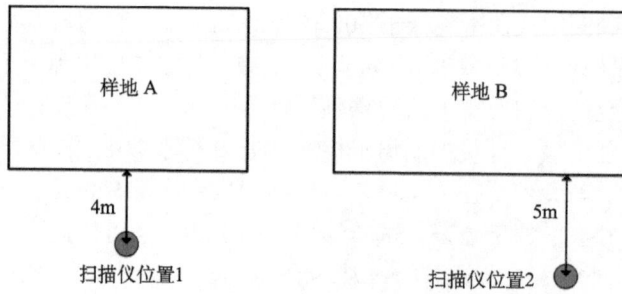

图 5-22　样地 A 和样地 B 简图

2. 树干制图方法

树干制图方法分为三步，如图 5-23 所示。首先，从原始点云中筛选树干激光点，可通过点云两尺度分类算法实现，然后将树干点依据空间距离，合并为相离的树干，最后通过简化的树干模型，合并同属一棵树的树干点云。

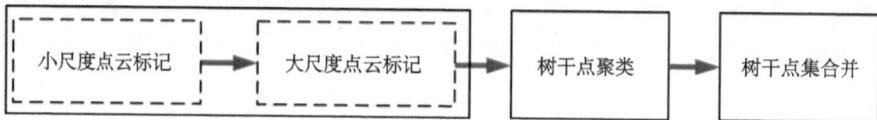

图 5-23　树干制图流程

1）树干点识别

点云的几何特征可以通过分析邻域点集的空间分布得到。对于某一激光点，可以以该点为中心，一定半径范围内的点作为其邻域点集。对点集进行主成分分析可以得到三个特征值 $(\lambda_1, \lambda_2, \lambda_3)$（$\lambda_1 \geq \lambda_2 \geq \lambda_3$），以及对应的三个特征向量 (e_1, e_2, e_3)。特征向量表示邻域点集的空间分布的主要方向，对应的长度为 $\delta_i = \sqrt{\lambda_i}$（$i = 1, 2, 3$）。本节采用三个几何特征来表示局部点的分布状态，其定义依次如式（5-35）所示。依据三个特征的最大值，每个点可以被标记为线状（a_{1D}）、平面（a_{2D}）和散状（a_{3D}）。

$$a_{1D} = \frac{\delta_1 - \delta_2}{\delta_1} \quad a_{2D} = \frac{\delta_2 - \delta_3}{\delta_1} \quad a_{3D} = \frac{\delta_3}{\delta_1} \tag{5-35}$$

局部点的空间分布状况不仅与地物类别有关，还与尺度的选择相关。多尺度特征对于区别不同类别的人工地物较为有效（Bremer et al., 2013）。由于植被（如树干、树枝、草和灌木等）空间分布不规则且常常处于聚集状态，因此点云的多尺度特征很少被应用在植被参数反演中。本节提出了一种两尺度分类方法监测原始点云中的树干激光点，该算法利用树干的两尺度特征与植被的其他结构（如树枝、叶子等）的不同，逐步筛选出树干点。当尺度较小时，树干点通常被标记为平面，反之，被标记为线状。表 5-8 为不同类型地物点云的两尺度标记结果（4cm 和 12cm）：当尺度为 4cm 时，绝大多数树干点被标记为平面；尺度为 12cm 时，则标记为线状。随着尺度的变化，其他类型地物则表现出不同的特征标记结果，如小尺度上的绝大多数地面点被标记为平面，随着尺度增加，绝大多数地面点依然被标记为平面。

表 5-8　不同地物类型两尺度标记结果

样本	树干		树枝		叶子		草		地面	
半径/cm	4	12	4	12	4	12	4	12	4	12
线状/%	2.8	100	100	100	10.5	7.7	49.9	14.3	6.2	2.8
平面/%	96.4	0	0	0	11.5	13.3	16.8	5.9	84.3	97.2
散状/%	0.8	0	0	0	78	79	33.3	79.8	9.5	0

不同植株的树干直径不一，同一根树干的直径也随高度变化，因此如何自适应地确定标记的尺度大小十分重要。本节两个区间 $[r_1,r_2]$ 和 $[r_3,r_4]$ 分别表示各个点大小尺度的自适应选择范围。区间内的单位增量设置为 0.5cm，两区间的大小需要依据实验区域树种的分布情况，但一个过大的区间范围将会显著增加不必要的计算。对于每一个激光点在每个尺度区间内计算每个半径对应的熵函数，如式（5-36）所示，区间内最小熵对应的半径为该点在相应尺度的最佳半径：

$$E = -a_{1D}\ln(a_{1D}) - a_{2D}\ln(a_{2D}) - a_{3D}\ln(a_{3D}) \tag{5-36}$$

已有研究在计算多尺度特征时，多基于原始点云计算不同尺度下的几何特征，本节则采用了点云逐尺度递减的方法计算多尺度特征。在计算小尺度特征以后，只有那些标记为平面的点得以保留，并参与到大尺度的特征计算中。特别是为了保证特征计算的稳定性，当某点邻域范围内的激光点个数低于 5 个时，那么此半径将不作为最佳半径。如果区间内不存在最佳半径，则该点被标记为散状分布。

2）聚类

在两尺度标记以后，绝大多数树干点得以保存，而大量的其他地物点则被剔除。由于特征分析存在模糊性，且空间分布分析受噪声干扰，仍然会残留一些枝叶点云。然而，在两尺度分类过程中，非树干点被逐步剔除，因此残留的非树干点较树干点更为稀疏。这些空间分布的特点可以应用到树干点云的精炼中。本节采用欧几里得聚类算法，将离散无组织的树干点依距离聚集为树干点集。

欧几里得聚类算法通过空间距离对点云进行合并。对于任意两点，若它们之间的距离小于 d_e 则认为属于同一个类别；反之则属于不同聚类。遍历树干点云，并更新各个聚类，直到所有的激光点被分配到某一聚类中。点间距和距离阈值决定了聚类所包含点的数量。总体而言，树干点比非树干点集更大。因此，将集合大小低于 N_c 的点集排除，余下的聚类可以认为是树干点云。其中聚类阈值 d_e 是聚类算法唯一待确定的阈值，为了提高算法的自动化程度，聚类阈值采用小尺度计算时平面类点云最佳半径的均值。

3）树干聚类合并

通过聚类分析，无序的树干点被聚集成分散的点集，本节拟将属于同一树干的点集进行合并。事实上，由于浓密枝叶造成的遮挡，以及聚集树干间的相互遮挡，同一树干点云往往被分成了多个点集。在稀疏林中，通过设置距离阈值可以将断开的树干进行空间合并，但考虑到竹林内树干聚集且弯曲交错等情况，需要研究合适有效的树干点云聚类合并的方法。本节提出基于方向生长的聚类合并方法，也仅设置一个距离阈值，但能够满足高密度竹林树干合并的应用需要。

首先，为了简化问题，假设树干可以近似地用空间二阶曲线表示，如式（5-37）：

$$\begin{cases} x = x(z) \\ y = y(z) \\ z = z \end{cases} \tag{5-37}$$

式中，$x(z)$ 和 $y(z)$ 为水平坐标变化，是树高 z 的函数。图 5-24（a）表示三维空间中一个典型的树干曲线，ouz 是树干曲线的局部二维坐标系，其中 u 平行于曲线的水平投影 ab，可以是平面内的任意方向直线。式（5-38）表示树干在 ouz 平面的表达，其中 a, b, c 是函数参数。当 x 和 y 的关系为线性时，线 ab 可以表达为 x 与 y 的函数，如式（5-39）所示。若将式（5-40）代入式（5-39），则可以消除公式中的 y 值，那么线 ab 可以表示为式（5-41）。然后将式（5-38）的左边用式（5-41）的右边替换，得到式（5-42），可以得到水平坐标 $x(z)$ 与高程的函数变化关系。类似地，还可以得到 $y(z)$ 的表达式。注意到式（5-40）一般表达为 $y = kx + m$，其中 k 表示斜率，m 表示截距。当某一聚类在进行合并计算时，可以通过左边平移将聚类移到原点，并在计算结束后平移回原坐标。因此，截距可以认为非常接近于 0，并在计算中舍去。

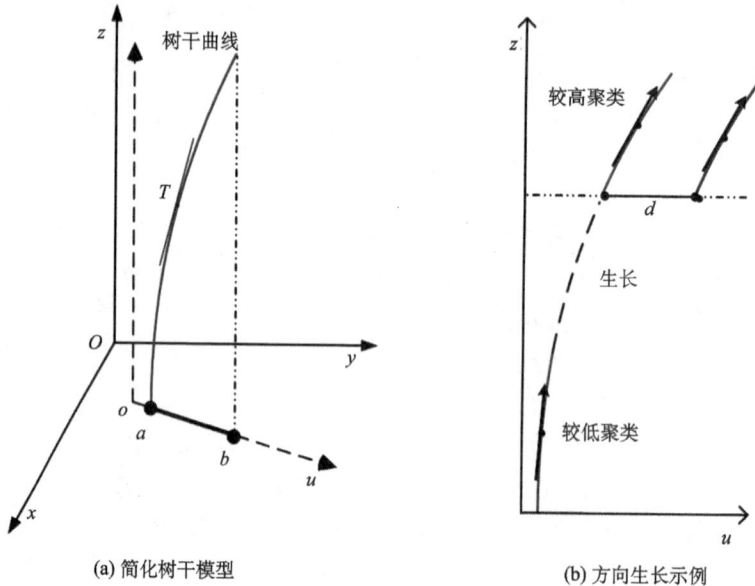

(a) 简化树干模型　　　　　　　　　　(b) 方向生长示例

图 5-24　树干点云聚类模型

$$u = az^2 + bz + c \tag{5-38}$$

$$u = \sqrt{x^2 + y^2} \tag{5-39}$$

$$y = kx \tag{5-40}$$

$$u = \pm\sqrt{(k^2+1)x} = Kx \tag{5-41}$$

$$x(z) = Az^2 + Bz + C^{(A=\frac{a}{K}, B=\frac{b}{K}, C=\frac{c}{K}, K \neq 0)} \tag{5-42}$$

树干的方向 $T(T_x, T_y, T_z)$ 可以表示为式（5-41）的一阶导，如式（5-43）所示。其中，A_i 和 B_i 是方向参数。

$$\begin{cases} T_x = x'(z) = A_1 z + B_1 \\ T_y = y'(z) = A_2 z + B_2 \\ T_z = z' = 1 \end{cases} \tag{5-43}$$

方向生长算法的主要思路是：如果一个聚类沿着树干方向生长，能够与另外一个聚类相交，则这两个聚类同属一个树干。在计算聚类的方向参数时，可以通过 PCA 分析获得，最大特征值对应的特征向量近似为聚类的主方向，而高程 z 则采用聚类中心的高程值。在"生长"过程中，两聚类中较低聚类的最高点作为生长的生长点，随着高程的增加，依据式（5-44）不断更新生长点的坐标，直到生长点高程达到较高聚类最低点的高程。高程生长的高程增量可以设为 1cm。当生长结束后，若生长点到较高聚类的水平距离小于阈值 d_{stem}，则两个聚类被认为属于同一树干；反之，则分属不同树干。图 5-24（b）表示一个方向生长的例子，两个高处的聚类有类似的方向，但当较低的聚类生长后，靠左的聚类将会被合并。聚类合并的伪代码见算法 1。

$$\begin{cases} x = x + \dfrac{T_x(z)}{T_z(z)} \cdot \Delta z \\ y = y + \dfrac{T_y(z)}{T_z(z)} \cdot \Delta z \\ z = z + \Delta z \end{cases} \tag{5-44}$$

算法 1. 树干聚类合并算法
Input: 点集 C
Output: 树干列表 Cs
初始化一个空的 Cs

for 任意一个 $c_i \in C$ do

for 每一个树干 $cs_j \in Cs$ do

找到距离 c_i 最近的聚类 $c_k \in cs_j$
计算 c_k 和 c_i 的方向向量

求解等式（5-42）

依据等式（5-43），较低聚类生长点不断增长直到高程不小于较高聚类

if 水平距离（c_k, c_i）$< d_{stem}$ then

　　　　将 c_i 添加到 cs_j；break；

　　　　end if

　　　end for

　　　if c_i 不能添加到任一 $cs_j \in Cs$ then

　　　　创建一个新的树干并添加到 Cs

　　　end if

　　end for

3. 实验与结果

　　两个样地的两尺度区间均设置为[1,4]cm 和[7,15]cm。聚类的大小阈值 N_c 均设置为50，表示在两尺度筛选聚类后，只有包含点数超过 50 的点集得以保留，该值的设置依赖原始点云的密度。最后一个聚类合并参数 d_{stem} 则依据林区植株密度进行设置，本节选择 8cm 作为区分相邻树干的距离阈值。需要说明的是，由于地面上还有一些被砍伐的竹子，因此那些聚类合并后高程低于 30cm 的树干将被剔除。图 5-25 表示原始点云的前视图及竹竿检测的结果。图 5-25（a）和图 5-25（c）为点云依据高程渲染的结果，而图 5-25（b）和图 5-25（d）则表示原始点云与检测结果的叠加，竹竿的颜色为随机选择，用于相互区分。从图 5-25 可以看出，绝大多数竹竿点云都被检测到。

　　为评价检测的精度，检测的准确性（correctness）与完整性（completeness）定义如下：

$$\text{correctness} = \frac{T}{D} \tag{5-45}$$

$$\text{completeness} = \frac{T}{R} \tag{5-46}$$

式中，D 为算法自动检测的树干数量；真实树干（T）为准确检测到的树干数量。参考树干（R）则是在原始点云中人工标记出来的树干数量。错误检测主要包括两类：Type I 误差表示未检测到的树干；Type II 误差表示树干合并错误。表 5-9 列出了两个样地的精度评价结果，在所有的 157 株检测到的竹子中，11 个属于二类误差，错误合并后，6 个树干包含了其他树干的点云聚类，4 个检测树干包含相邻的两个聚类，还有一个检测到的树干包含了 3 株临近的树干。总之，树干制图的准确性为 93%，而完整性为 88%。

(a) 点云依据高程渲染结果(蓝色)

(b) 原始点云与检测结果的叠加

(c) 点云依据高程渲染(红色)

(d) 原始点云与检测结果的叠加(竹竿颜色随机)

图 5-25　原始点云与检测结果

表 5-9　树干检测结果分析表

样地	参考竹子	检测到的竹子	Type I 误差	Type II 误差	真值	准确性/%	完整性/%
A	82	78	1	5	73	93.6	89
B	84	79	2	6	73	92.4	86.9
总和	166	157	3	11	146	93.0	88.0

4. 讨论

1）树干点识别和 Type I 误差

本节树干点识别是通过两尺度特征进行逐步筛选，与相关的多尺度特征分类方法不同，本节的点云在第一次特征计算以后，只保留了"平面"点集，以这种顺序逐步剔除的优势在于：①由于树枝直径远低于树干，那么树枝点在小尺度计算中将被剔除，这将增加树干点在大尺度被标记为线状的稳定性；②随着点的剔除，非树干点的密度与间距将不断增大，这有助于精细区分树干点与非树干点；③点剔除能直接降低数据的计算量，提高标记的速度。事实上，在小尺度中，大约仅 38% 的原始点云被保留并进行大尺度的特征计算。图 5-26 表示两尺度特征计算与标记的结果，其中，蓝色表示平面特征点，红色表示线状点，而绿色表示散状分布的点，其中图 5-26（b）中地面的红色点为伐倒的竹子。另外，本节采用基于熵函数的最佳半径确定方法，已经被应用到各类数据集，有关特征半径自适应选择的更多讨论可参考（Yang et al., 2013）。

　　Type I 误差是指原始点云中存在的树干，完全没有被检测到的竹子数量。该类结果缺失主要在尺度分类或聚类过程中发生。错分的原因主要是，漏检的树干分布在远离扫描仪的位置，而这些地方的遮挡效应明显，且点云间距较大，因此在分类标记过程中，很可能被标记为散状点，或者在聚类分析中由于点数量太少而被剔除。在两个实验样地，仅有三株竹子被完全忽略了，并不是误差的主要来源。

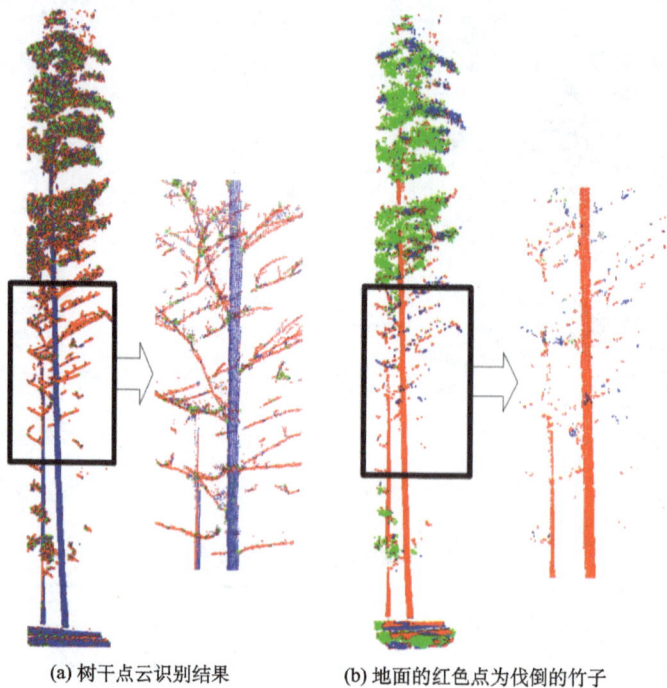

(a) 树干点云识别结果　　　　　(b) 地面的红色点为伐倒的竹子

图 5-26　两尺度点云标记实例

2）树干合并和 Type II 误差

　　研究用方向生长方法对树干点集进行合并。尽管试验区内的竹子倾斜较大，但由于遮挡，出现很多被分为多个子集的竹竿点云，本方法依旧可以检测并正确合并绝大多数树干。图 5-27 显示了一些检测的局部细节。

(a) 样地A的侧视图　　　　　　　　　　　　(b) 样地B检测结果局部放大图

图 5-27　样地 A 的侧视图与样地 B 检测结果的局部放大图

　　然而，依然有 11 株竹子被错误地合并，造成了 Type II 误差。图 5-28 给出了错误合并的几种可能的情况。图 5-28（a）表示相邻的两株竹子间距很小，甚至部分粘连在一起，若间距小于阈值 d_{stem} 则在方向生长过程中很有可能产生合并错误，导致相邻的竹竿并归为 1 根。在聚类过程中，紧密相邻的树干也很有可能被合并成一个聚类，直接导致 Type II 错误。其他的绝大多数错误如图 5-28（b）～（e）所示。如果有两棵树干近似位于同一平面，那么在种子点生长的过程中可能产生合并错误。图 5-28（b）表示两棵独立生长的树干，图 5-28（c）和图 5-28（d）表示错误的生长导致提取的树干中包含邻近的部分树干。图 5-28（e）则表示错误的生长可能导致邻近的树干合并成一株。在研究中，有 10 株检测到的错误树干属于这类情形。

　　尽管由于空间间距过小造成的生长合并错误似乎难以避免，但可以采取两种方法来降低这种误差。第一种方法是设置一个较小的 d_{stem} 对降低 Type II 误差较为有效。例如，图 5-29（a）表示样地 B 的三株竹子被合并为一株（品红），通过设置 $d_{stem}=5\text{cm}$ 一株竹子（红色）从三株中分离出来。第二种方法是采用一个更大的阈值 N_c 来删除细小的树干集合，因为当树干集合很小时，其方向估计的误差往往较大，从而影响了生长点的生长过程。在图 5-29（c）中，通过设置 $N_c=80$，三株合并的树干得以自动分离。然而，改变这些参数阈值有可能会影响到其他植株的检测结果。一个可行的方法是将存在检测问题的树干点云从原始点云中提取出来，并针对问题设置可行的阈值参数。

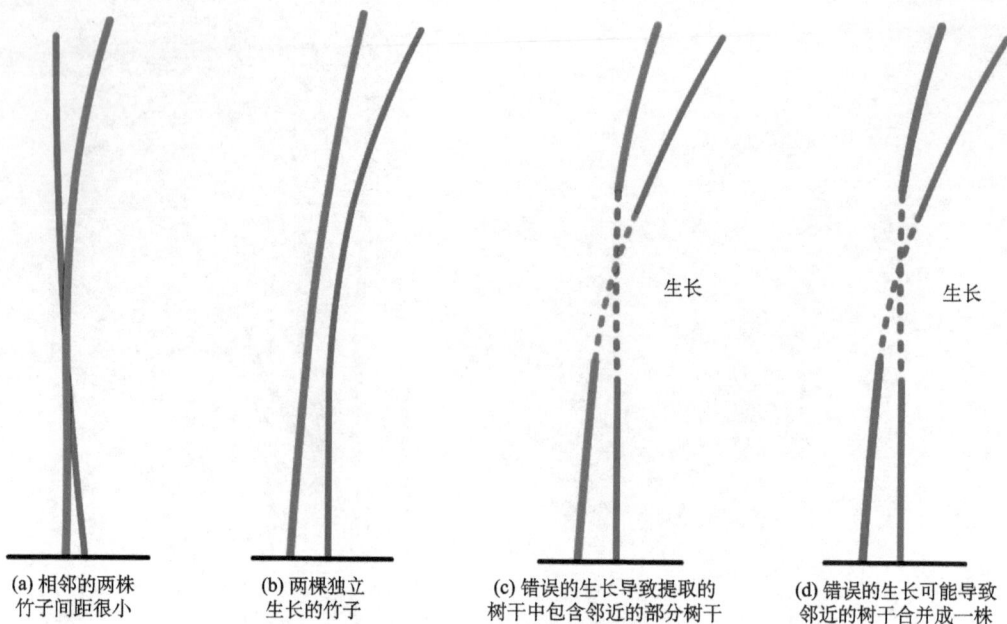

(a) 相邻的两株
竹子间距很小

(b) 两棵独立
生长的竹子

(c) 错误的生长导致提取的
树干中包含邻近的部分树干

(d) 错误的生长可能导致
邻近的树干合并成一株

图 5-28　树干生长合并的错误类型

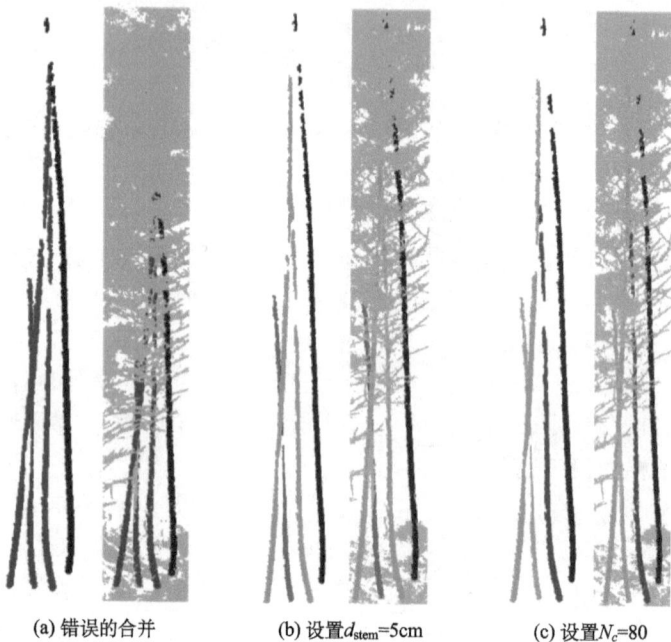

(a) 错误的合并　　　　(b) 设置d_{stem}=5cm　　　　(c) 设置N_c=80

图 5-29　降低误差的方案

　　无论是 Type I 误差还是 Type II 误差，均受点云缺失情况和点云密度的影响，而遮挡效应是缺失和密度变化的根本原因。事实上，遮挡效应在不同的场景中无法预测且难以避免。选择一个遮挡更小的测站位置能够一定程度降低遮挡，而结合多站观测的点云也能降低遮挡效应的影响。但是也有研究指出，简单地增加点云密度或测站数量对减少遮挡效应的作用并不大（Liang et al., 2014; Seidel and Ammer, 2014）。事实上，在研究中，点云的密度已经非常高了。或许，利用检测到的树干点云，重新建立树干模型，再在原始点云中搜索可能的树干点云，可以一定程度上降低误检和漏检率，并提高提取的树干点云的密度。

5. 结论

本节提出了一种从单站地面激光雷达点云中提取树干的新方法，并应用到高密度竹林区域。该方法不需要圆或圆柱拟合过程，也不需要考虑复杂的地表。一个两尺度的特征标记方法被应用到树干识别中，并利用欧几里得聚类将树干点聚成小的树干集合，最后，利用简化的树干模型将归属同一树干的集合进行合并，试验结果表明，在测区的植被株密度约 7500 株/hm^2 时，竹竿检测的完整度可达 88%。本节还讨论了树干检测的误差来源，参数调整对检测结果的影响及遮挡效应，提出可能的误差降低方案。参考稀疏林区的检测精度，植被的多尺度效应不容忽视，而本节提出的方法可以有效地提取密集林区的树干点云，拓展单站激光雷达在林业的应用范围，并可以应用到其他单主干的树种中。

5.3.2　基于地基点云反演竹林平均树高

5.3.1 节主要研究了精细的树干制图，然而目前大多数遥感应用，尤其是大尺度（大区域）资源调查、环境监测等，更多需要中低尺度的地面验证数据。因此，研究样地尺度的高分辨率的树高反演非常重要，一方面为机载、星载激光雷达数据的反演结果提供高精度的验证数据，另一方面样地尺度的树高产品更容易与多源遥感数据进行融合，可作为各类模型的精确输入参数。因此，本节主要讨论竹林区域林下地形及平均树高的反演。

1. 数据采集与多站点云配准

竹林区域的植株密度很高，考虑到竹子的倾斜、枝叶等要素，在竹林内部架设地面三维激光扫描站点较为困难，因此架设站点时，除了在竹林内架设尽量多的站点外，还尽量在测区周围布设站点，用以减弱测区的遮挡，提高数据的完整度，最后将每个测站点云进行配准，得到同一个坐标系统下完整点云数据。

点云配准实际上就是站点数据之间的空间坐标的刚性变换，空间变换一般采用 7 参数法，包括三个角元素（Ω、σ、κ）、三个平移参数（Δx、Δy、Δz）和一个尺度系数（λ，TLS 数据中固定为 1），实际上即 6 参数。研究通过人工交互选取控制点的方式，采用最小二乘原理来求解六个参数，此过程即为粗配准。然而，人工选取点误差及各站点同名点的测量误差等，使得配准精度不能满足要求，因此有必要进行更为精确的配准，即为精配准。目前对于精配准，研究和使用最多的是迭代最近点（iterative closest point，ICP）算法。该方法首先根据一定的准则确立两站点云中的对应点集合，然后利用最小二乘迭代计算最优的坐标变换，即旋转矩阵和平移矢量，使得误差最小。多站配准则先选取 2 站进行配准，然后将其他站点的点云依次与已拼接的点云集合进行配准。研究采用了基于 KD-tree 的加速索引的 ICP 算法，解决了传统 ICP 算法效率低下的缺点，大大提高了计算效率。图 5-30 为点云配准的详细算法流程。

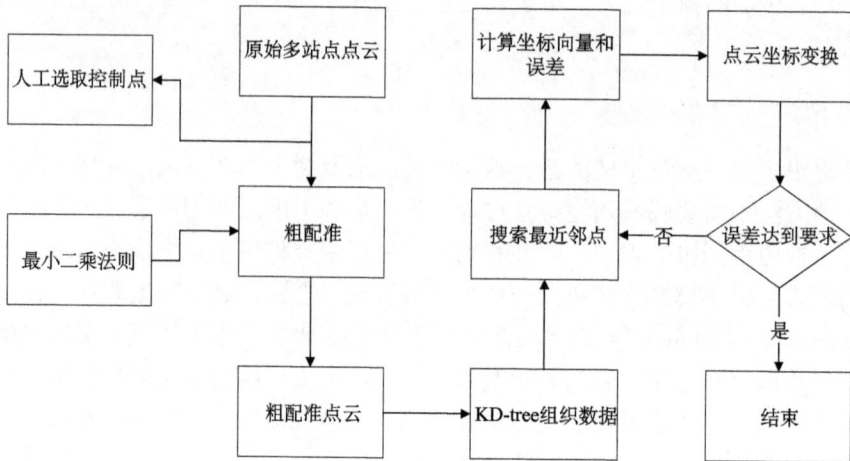

图 5-30　点云配准流程图

2. 研究方法

1）点云去噪

在点云数据获取的过程中，由于扫描仪本身的缺陷、环境干扰等因素影响，使点云数据有许多噪声点和离群点。这些点对 DEM 及竹林高度反演有重要影响。点云去噪方法可分为以下几个过程：

（1）对点云建立 KD 树索引；

（2）计算点云中每个点到周围 K 个点的总距离 dist；

（3）统计局部总距离的频数直方图；

（4）设置阈值剔除噪声点。假设的频数直方图呈高斯分布，若 dist 大于其整体均值与 t 倍标准差，该点为噪声点。其中 t 可依据数据特点进行调整。如图 5-31 所示，点云依据高程进行渲染，图 5-31（a）为去噪前的点云，红色圆圈内的点被认为是噪声点，而图 5-31（b）即去噪后的点云，其中 t 取 3.0。

2）点云滤波

地面激光雷达可以获取地物表面的离散点云数据，将来自真实地表的点从原始点云分离的过程称作点云滤波。点云滤波的是林区 DEM 计算的基础。本节采用的滤波算法为形态学滤波。

形态学方法是基于集合运算原理提取图像中的特征。数学形态学的基本思想是用具有一定形态的结构元素（矩形、圆形、环形）去量度和提取图像中的对应形状。数学形态学有四种基本的形态运算，即腐蚀操作、膨胀及开运算和闭运算。形态学腐蚀能够得到邻域结构内的最小值，而形态学膨胀能够得到邻域结构内的最大值。形态学开运算是先腐蚀再膨胀，开运算可以去除小于结构元素的孤立目标，如孤立点或孤立面，而闭运算是先膨胀再腐蚀，闭运算可以填充或连接孤立的空洞或缝隙。

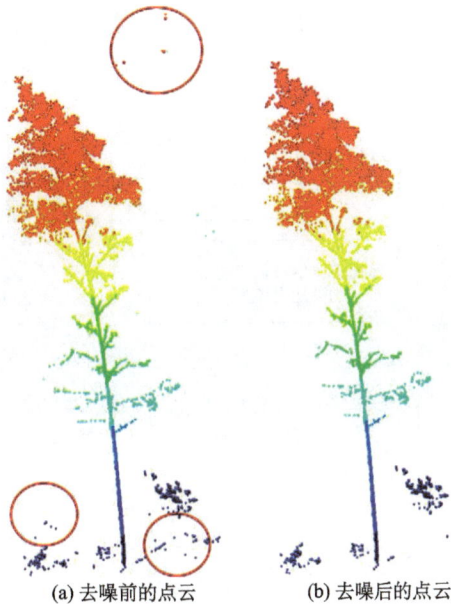

(a) 去噪前的点云　　　　　(b) 去噪后的点云

图 5-31　三维点云去噪示例

形态学滤波即将形态学运算应用到点云数据处理中，但需要将原始点云栅格化成二维图像，而每个栅格空间范围内点云的最低值作为该点的像素值。具体而言，如果一个栅格单元中有多个数据点，则高程最低点为地面点的可能性更大，因此只记录高程值最小的点高程，这是因为滤波是为了分离地面点和地物点，而地面点高程往往低于地物点。由于栅格图像每个格网有明确的地理坐标，因此栅格化后的图像可以和原始点云精确对应。

在利用形态学方法滤波时，先对点云栅格图像进行腐蚀运算，而后进行膨胀运算。以离散点为中心，开 $w×w$ 大小的结构窗口，将结构窗口内最小高程值作为腐蚀后的高程值。腐蚀结束后，以同样的结构窗口遍历图像，取最大高程值作为膨胀后的高程值。如果离散点膨胀后的高程值和其对应的原始高程值之差的绝对值小于或等于给定的高差阈值，则此点为地面点，否则为非地面点。需要指出的是，一个固定尺寸（$w×w$）的窗口很难得到较好的滤波效果，因为窗口过小，大部分地面点被保留，但是大型地物如大型建筑物不能被移除，而窗口过大，很多地面特征点也会被移除，如山包地形。为了得到较好的滤波效果，一般采用多尺度的滤波窗口进行迭代运算，并在迭代过程中逐渐增大结构元素的尺寸。并且为了保证建筑物都被去除掉，最后一次迭代的窗口尺寸必须大于数据区域内最大建筑物的面积，一般迭代次数为 5～6 次。形态学滤波的整体流程如图 5-32 所示。

3）林下地形计算

数字高程模型是用一组有序数值阵列形式表示地面高程的一种实体地面模型。运用 DEM，采用一定的算法可以很方便地派生出等高线图、断面图等一些专题图，在研究中，DEM 是样地植被高度反演的重要基础。三维激光扫描可以获取对象高精度、高密度的三维坐标信息，非常适合 DEM 的制作，而且具有采集速度快、处理成本低等特点。

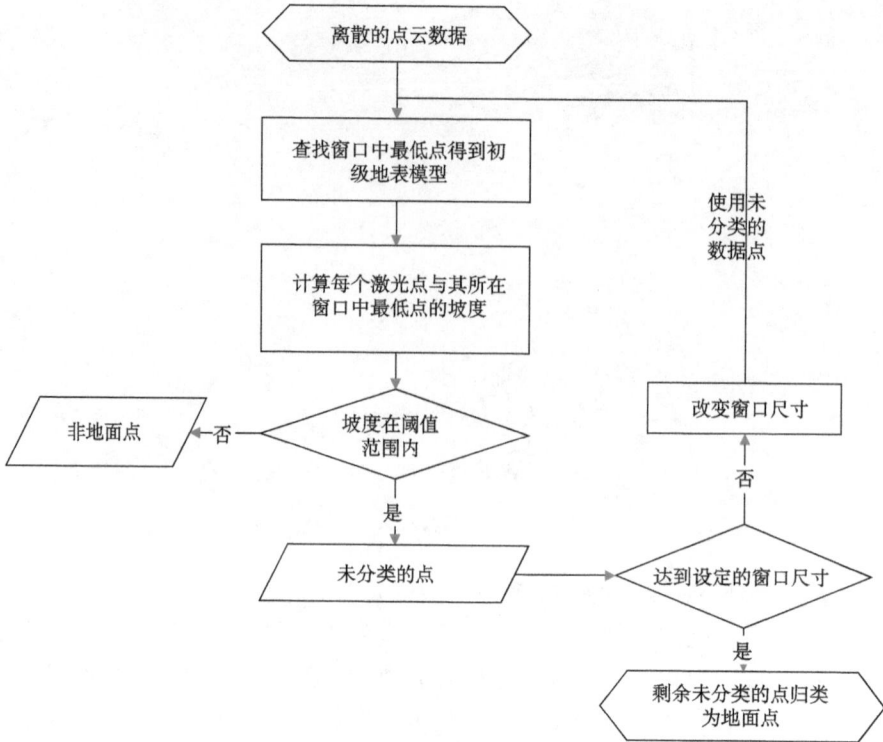

图 5-32　形态学滤波流程

激光点云生成 DEM 的本质是将原始散乱点云进行重采样，转换为标准的格网数据。目前重采样的方法主要有两种（Dietrich and Wilson, 1993; Moore et al., 1991）：第一种是通过内插的方法获得规则排列的各网格中心点的高程；第二种是分块平均方法，每个网格中心的高程用网格区域各点的平均高程来表示。插值方法要求节点数据精度高，当存在较大的观测误差时，重采样精度较低；插值节点的选择准则和搜索算法比较复杂，对于节点数量固定的情况，既要求节点满足内插条件，同时又要求选择最近的节点，使得节点搜索算法复杂度高，实时性差。分块平均法将地形划分成正方形网格，将落入网格的各采样点高程进行平均，作为网格中心点的高程。当各采样点较接近网格中心时，分块平均法由于噪声平均作用对于零均值分布的随机噪声具有一定抗噪能力，因此精度较高，优点是算法复杂度低，易于实时处理。基于滤波分类后的地面点云，生成 DEM 的主要流程如图 5-33 所示。

其中，点云数据的压缩实质是对点云数据进行简化，目前主要是通过滤波算法来实现。数据滤波方法一般有高斯、平均或中值和曲率滤波。平均滤波法采用滤波窗口中的各数据点的平均值；中值滤波法顾名思义，即取滤波窗口内各数据点的统计中值；两种滤波法的优点是计算简单，计算量小，但是由于没有考虑到地形因素影响，有可能丢失重要的地形信息。曲面滤波是根据曲率的变化决定点的取舍，在曲率变化大的地方保留较多的点，而在曲率变化小的地方过滤掉较多的点，该方法虽然能够很好地保留地形特点，但是其算法过于复杂。高斯滤波器在指定的域内的权重为高斯分布，其平均效果较小，故在滤波的同时能较好地保持原数据的形貌，而且其算法复杂度适中，能够满足植被高度反演的应用需求。

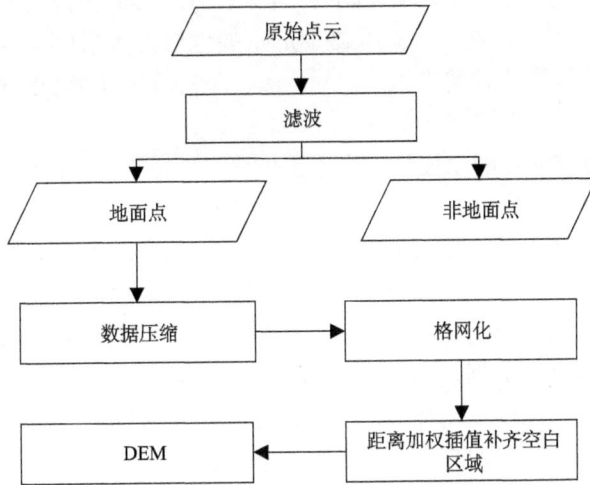

图 5-33　DEM 生成流程

　　本节以测区内竹林覆盖区域为例，实验区域的形状是以站点中心坐标为原点，半径为 35m 的圆形，如图 5-34 所示，其中地形分辨率设置为 0.5m。

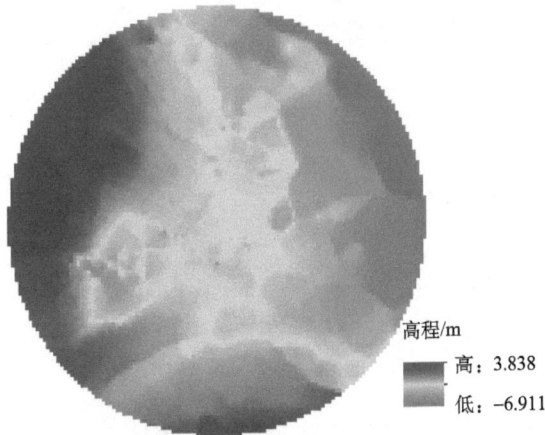

高程/m

高：3.838

低：−6.911

图 5-34　地面点云生成 DEM

　　在树高反演中，平均树高是通过 DSM（digital surface model）减去地形 DEM 得到的，高精度的 DEM 是树高反演的首要条件，而基于地基 LiDAR 点云构建 DEM 的精度主要由两个因素决定，即 DEM 的水平分辨率和点云密度。

　　DEM 的水平分辨率是格网 DEM 对地形描述好坏的直接因素之一，体现着 DEM 所包含的信息量。虽然高分辨率 DEM 对真实地表的描述准确程度较高，但是会明显增加数据计算量，而低分辨率 DEM 又不能满足高精度树高反演的应用需求，因此选择既能最大限度的模拟真实地面起伏、又能避免数据冗余的 DEM 分辨率成为 DEM 地形分析的必要前提。坡度中误差是衡量微地形精密程度的重要指标，通过计算各分辨率微地形 DEM 的坡度中误差，量化不同分辨率 DEM 对地表微地形的模拟精度，然后运用地形因子信息含量分析法的原则，选取并提取微地形主要地形因子指标——糙度指数，最后辅以微地形 DEM 生成所需的时间成本的比对，综合分析林下地形 DEM 最佳分辨率。本节根据需要将地形分辨率设置为 0.5m。

　　点云密度是影响 DEM 的精度的一个重要因素。理论上，点云密度越高，则 DEM 精度也越高。并且，在点云数据采集过程中，为了尽可能详细的记录地形表面的高程数据，扫描的点云往往具有较高的密度。通常基于原始点云获取的 DEM 能满足精度要求，但考虑到原始点云数据中存在冗余数据（如坡度较为平坦的地形，很少的点云即可描述地形信息）。因而，需要选择合理的数据压缩方法，不仅能保证 DEM 的精度，还能获得更易处理与操作的三维高程数据。实际上，由于遮挡、林下地形起伏等因素，地面点会出现较大的缺失，并且点间距变化较大，因此在 DEM 生成的过程中，还需采用合适的索引方案。考虑到这些因素，本节首先建立格网管理方法，并综合采用 K 邻近查找与半径查找方法对点云进行 DEM 格网计算。

　　4）平均树高反演

　　类似 DEM 的生成过程，基于去噪后的原始点云数据生产 DSM（图 5-35）。利用 DSM 与 DEM 的差值，可以获得测区的 nDSM（normalised digital surface model），如图 5-36 所示。其中 nDSM 出现了低于 0 的值，这是点云滤波误差造成的，考虑到误差值非常小（−0.075m），这在实际生产中是可以接受的。

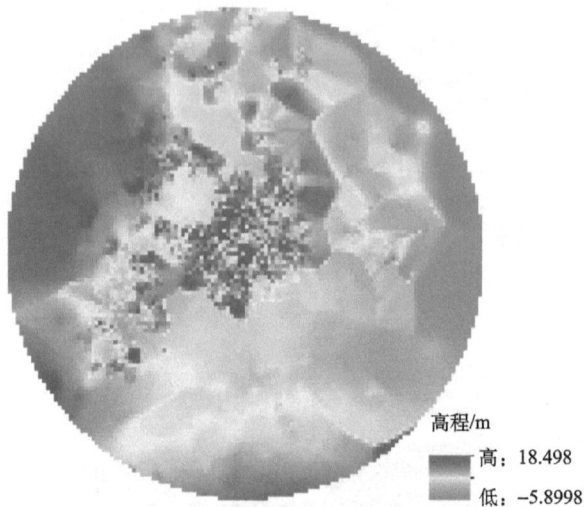

高程/m

高：18.498

低：−5.8998

图 5-35　去噪点云生成 DSM

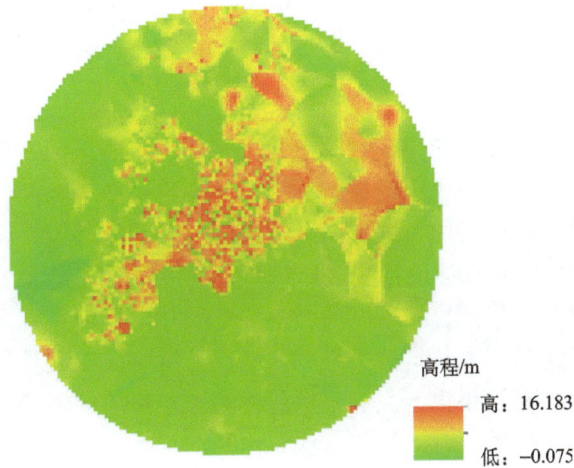

图 5-36　DSM 与 DEM 差值 nDSM

3. 结果分析

测区内竹林主要分布在以测站为中心、半径 15m 的圆形区。本节裁剪出对应区域的 nDSM，如图 5-37 所示，并统计该区域的平均树高为 9.3m，而样地人工量测样本平均树高为 8.8m。由于林区茂密，人工测量时难以精确地确定树木的顶部，并且考虑到测量仪器依赖于人眼的判读，因此可认为基于点云反演的竹林树高具有更高的可信度。

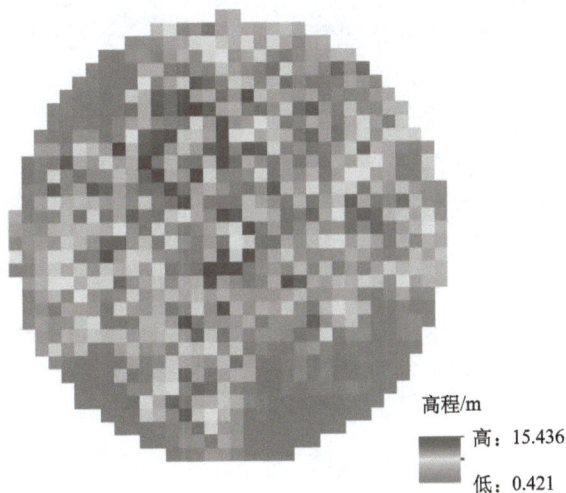

图 5-37　测站 15m 范围内竹林树高反演

通过这种方法反演测区的平均树高也有一定的误差。主要包括：①树枝、叶子的相互遮挡，导致远离测站部分的竹子顶部不能被测量，从而导致树高计算的误差；②进行 DEM、DSM 插值计算时的误差，如图 5-36 中出现的负值。在实际应用中，可以通过架设多站点、DEM 平滑等方法降低这些误差。另外，数据采集应尽量选择无风的天气，以减少冠层摆动引起的测量误差。

5.3.3 小结

研究首次将地面激光雷达应用到竹林参数反演中，主要包括两个部分：第一部分提出了一种全自动的从单站点云中自动探测树干并实现竹林树干制图的新方法。该方法将多尺度分析引入植被结构分类中，并提出基于方向生长的相邻树干区分方法。算法在植株密度大于 7500 株/hm² 的竹林进行测试，制图的总体精度达到 88%。第二部分关注样地尺度的植被参数提取，包括竹林区域的 DEM 和 DSM，进而得到测区的平均树高，主要包括了采集方案设计与实践、点云去噪、多站点云拼接，以及测区 DEM 和 nDSM 的计算。研究的相关算法和结果也为大熊猫栖息地的生态环境的遥感监测，以及大熊猫食用竹产竹量的精确估算提供了有效解决方法和途径。

5.4 基于高分辨率遥感影像的大熊猫栖息地生境精细观测

植被是环境的重要组成因子，也是反映区域生态环境的重要标志之一，同时也是土壤、水文等要素的解译标志，对大熊猫栖息地生境质量评价具有重要指示意义。遥感可以快速有效地监测大面积植被的分布、种类、长势等各类信息，在植被信息提取及植被生物量估算等方面具有独特优势。因此，利用遥感技术开展植被信息提取是进行大熊猫栖息地生境监测的重要手段之一。近年来，高空间分辨率对地观测技术迅速发展，高空间分辨率遥感影像具有详细的纹理和空间形状信息、丰富的光谱信息和清晰的细节信息，这些信息使得从图像中提取地物的精细信息成为可能。高分遥感影像已被广泛应用于植被信息提取、森林资源调查及动物生境观测等相关领域。

野生动物生境观测就是从物理环境因素、生物环境因素、人类活动因素等方面对动物栖息地进行适宜性评价。植被类型的分布信息是判断动物活动范围的重要依据。动物的习性和食性不同，它们的分布状况也不尽相同。例如，大熊猫的主要食物是竹子，因此山区竹子的分布信息对圈定大熊猫适宜栖息地有着至关重要的作用。中、低分辨率的遥感图像利用图像光谱和纹理信息可以识别大片生长茂盛的、裸露的竹林，而对于生长较矮、被树丛遮挡、与灌木混杂的竹子则难以识别。因此，通过高分辨率遥感影像对竹子进行精细识别与信息提取有望成为圈定大熊猫适宜栖息地的有效手段。此外，道路及其影响区域、乔木郁闭度、高程、水系等因素也是大熊猫生境适宜度评价的重要因子。

5.4.1 研究区概况

卧龙自然保护区是我国第一批建立的大熊猫自然保护区，也是四川省面积最大、自然条件最复杂、珍稀动植物最多的自然保护区。保护区横跨卧龙、耿达两乡，总面积约 20 万 hm²，主要保护西南高山林区自然生态系统及大熊猫等珍稀动物。该保护区位于四川盆地西缘、邛崃山脉东南坡、阿坝藏族羌族自治州东南部、岷江上游汶川县映秀镇西侧及成都平原向青藏高原过渡的高山深谷地带，102°52′~103°25′E，30°45′~31°25′N，东西宽 60km，南北长 63km。它东与汶川县映秀镇连接，西与宝兴、小金县接壤，南与大邑、芦山两县毗邻，北与理县及汶川县草坡乡为邻。由于农田开垦、森林采伐与工业设施的不断扩张，卧龙自然保护区内野生大熊猫面临减少的危险。经过 2008 年汶川大地震的破坏，卧龙自然保护区内野生大熊猫的生存环境更为恶劣。

卧龙自然保护区内竹子分布零散、破碎，大多被高大的树木所遮蔽，易于与灌木丛相混杂，这给竹林信息的识别与提取带来了极大挑战。利用该地区的 WorldView-2 图像有望提高竹子信息精细提取与制图的精度，从而有效地圈定大熊猫适宜栖息地。研究使用的 WorldView-2 遥感图像覆盖卧龙自然保护区内的五一棚大熊猫野外生态观测站地区，如图 5-38 所示。该数据的获取时间是 2014 年 1 月 14 日，覆盖区范围为：30°58′41.1″～31°0′9.6″N，103°8′57.2″～103°10′34.1″E。该数据包含了 1 个 0.5m 空间分辨率的全色波段和 8 个 2m 空间分辨率的多光谱波段。8 个多光谱波段分别为：海岸波段（0.400～0.450μm）、蓝波段（0.450～0.510μm）、绿波段（0.510～0.580μm）、黄波段（0.585～0.625μm）、红波段（0.630～0.690μm）、红边波段（0.705～0.745μm）、近红外波段 1（0.770～0.895μm）与近红外波段 2（0.860～1.040μm）。

研究区高程范围为 1900～3450m，土地覆被类型分为竹子、针叶林、阔叶林、针阔混交林和灌木丛，以及空地和阴影。大熊猫的食用竹大多生长于海拔 2000m 以上的针阔混交林区域。

图 5-38　五一棚实验区的 WorldView-2 影像（真彩色波段组合）

5.4.2　高分辨率遥感影像大熊猫栖息地生境精细观测研究概况

近年来，国内外学者对竹子和树种遥感信息提取与制图开展了大量的研究（Chernet, 2008; Wang et al., 2009; Du et al., 2010）。大多数研究都是利用中低分辨率遥感图像对大片区域进行制图，如 Landsat TM/ETM+（Bai et al., 2012; Carvalho et al., 2013; Fan et al., 2014）和 MODIS 数据（Sun, 2011），其他数据还包括多时相数据，如 IRS 数据和高光谱数据等。近十几年来，随着高分辨率卫星传感器技术的迅速发展，越来越多的研究开始关注利用高分辨率多光谱卫星图像（如 IKONOS、QuickBird、OrbView、GeoEye、RapidEye、WorldView 等）来处理树种分类问题（Ghosh and Joshi, 2014）。此外，利用高分图像开展特定类别的土地覆盖分类研究也取得了一定的进展，如 Kamagata 等于 2005 年使用基于像元与面向对象的分类方法和 IKONOS 影像进行森林地貌判断，Ouma 和 Tateishi 于 2006 年利用基于纹理的分类方法处理 QuickBird 影像，Araujo 等（2008）利用 QuickBird 图像实现竹林制图。利用高分辨率遥感影像开展植被精细制图将是今后植被遥感研究热点之一。已有研究表明，利用 WorldView-2 图像对树种分类制图具有很大的潜力。例如，Immitzer 等于 2012 年探究了 WorldView-2 的八个波段图像对澳大利亚地区 10 多种树种的识别能力；Pu 和 Landry 于 2012 年挖掘 WorldView-2 对城区的树种提取潜力，并与 IKONOS 图像的识别能力做了对比分析；Ghosh 和 Joshi （2014）比较了多种用 WorldView-2 图像进行竹子分类的方法。

　　高效的分类方法对高分图像处理至关重要，其算法研究受到高度关注。面向对象（object-oriented）的影像分析方法自 20 世纪末发展起来，已成功应用于高分遥感数据处理。该技术克服了传统方法无法准确地对细节丰富的高分影像进行分类、分类结果出现椒盐噪声等不足，使地物精细分类成为可能。人眼在判读影像时，会自动将具有相同颜色的一片区域聚集起来，并根据经验判断其类别属性，而不是对像元进行逐个解析。面向对象的分类方法正是参考了人眼聚集信息的功能，首先利用图像分割技术，在一定尺度下通过一定的计算法则提取出具有连通性的、光谱和纹理均质的像元，这一组像元称为基元。基元内部的像元具有最小异质性。面向对象的影像分析方法就是以这些基元作为分类的基本单元，进而根据遥感影像分类的具体要求，检测和提取目标地物的多种特征（如光谱、形状、大小、结构、纹理、阴影、空间位置等），最后对所有基元进行分类。该技术的本质是以基元为分类或检测的最小单元，从较高层次对遥感影像进行分析，使提取结果含有更丰富的语义信息。

　　目前常用的面向对象分类方法大致分为两类：基于简单判别规则的分类方法和基于模式的分类方法。前者通过对比不同波段（或特征）中基元的属性信息，给定归属类别的特征范围值而得到基元的类别；后者的判别规则与基于像元的分类相似，分为监督分类和非监督分类，常用的方法有最大似然法、K 最近邻法、模糊分类法、人工神经网络法、支持向量机法等。面向对象的分类算法正在不断发展，如 Wu 等于 2007 年利用矢量数据辅助面向对象分类中基元边界的确定；Kim 等于 2009 年结合基于灰度共生矩阵的纹理分析与面向对象分类用于森林制图；Bhaskaran 等于 2010 年提出了一种综合了面向像元和面向对象的分类方法，比单纯的面向对象分类方法精度有所提高；Polychronaki 等（2013）采用归一化差分指数的面向对象方法检测火灾区域情况；黄秋燕等（2014）采用稀疏分解的高分遥感数据来检测线状特征。目前面向对象分类判别规则的主流方法仍是利用基元的光谱信息或几何形状特征，往往忽视了基元之间的空间关系，或者对空间关系的利用不够充分。在没有辅助数据的情况下，如何利用已知样本点所提供的空间位置信息提高分类精度是当前面向对象分类的一个关键问题。

　　面向对象分类算法的一些相关技术也颇受重视。例如，Chen 等于 2003 年分析了面向对象方法的空间尺度；Grenier 等于 2008 年对采样策略进行了分析，并采用面向对象的分类方法提取湿地类别；孙灏等于 2009 年利用多分类器组合进行高分辨率遥感目标识别；Aguilar 等（2012）通过对城区 GeoEye-1 影像进行分类，指出对不同类别选择不同的特征会达到更好的效果；赛买提和杜培军于 2012 年提出基于多示例学习的面向对象分类方法；余先川等于 2012 年提出了无监督的面向对象分类方法；张雪红于 2012 年用高分辨率遥感对桉树林的空间异质性与尺度效应做了研究；高燕等（2013）利用面向对象的遥感时空特征模型对海岸线进行了分析；MyBurgh 和 van Niekerk（2013）比较了三种常用的面向对象分类方法；卓莉等（2013）用面向对象方法对建筑物做三维信息提取；朱长明等（2014）用面向对象技术对湿地信息进行了分层提取；刘海娟等（2014）将随机森林模型用于高分辨率遥感分类；逄锦娇等（2013）研究了高分辨率影像配准误差对分类的影响。另外还有很多基于像元与面向对象分类方法的比较研究（Rittl et al., 2013）。在这些技术中，基元的尺度问题并未受到充分重视。在某一尺度上人们观测到的性质、总结出的规律，在另一尺度上可能有效、可能相似，更多的是需要修正（吴小丹等，2015；Zhang et al., 2014）。在监督分类时，通常将有一定面域大小的基元当作已知样本点处理，在此过程中的尺度如何转换、尺度不一致会带来怎样的影响，以及引入空间关系时对不同面域的基元的空间距离如何度量等一系列问题都有待于深入研究。

　　面向对象分类主要应用于变化检测、城市化制图、生态栖息地认定、城市生物多样性评估、景观流行病学研究、露天矿山信息提取、植被分类、冰川分类（Rastner et al., 2014）、水体与湿地植被监测、竹林提取、海岸带提取、不透水面提取、工程监测等领域。此外，针对特定的实验区域，国内学者也进行了一些有益的探索。例如，杜凤兰等于 2004 年在南京城区、张春晓等于 2010 年在都江堰区域、于信芳等（2014）在内蒙古草原进行了高分辨率影像数据分类实验；侯伟等 2010 年对四川理县提取居民地等地物信息进行提取；汪秋来 2008 年以深圳市福田区为例进行植被提取；刘晓娜等 2012 年对西双版纳的橡胶林进行识别与制图；张秋阳等 2014 年利用 GeoEye 影像开展了冬小麦氮肥推荐应用；陈金凤和程乾（2015）用高分一号融合影像的光谱特征提取杭州湾沿岸湿地植被等。

　　总体而言，相对于基于像元的分类方法，现有的面向对象分类方法对空间关系的利用并不充分。Tobler 地学第一定律指出：一切物体都是与其他物体相关联的，距离近的物体比距离远的物体间的联系更密切（Tobler, 1970）。根据此地学准则，基于像元的分类算法可以利用空间和纹理信息来辅助分类。在光谱信息中融入纹理信息的分类方法统称为基于空间上下文特征的分类法（Franklin and Peddle, 1990）。这种分类方法的基本思想是在光谱分类的基础上，借用与待分类点相邻像元的空间关系建模，为光谱分类的结果重新分配类别，改善分类精度。研究表明，这种方法比单纯依据光谱信息的分类方法的精度更高（Zhang et al., 2014）。常见的基于上下文特征的分类方法有自动关联函数、灰度共生矩阵、分形维数方法、马尔可夫随机场模型、Gabor 滤波器模型等。在这些方法中，灰度共生矩阵的应用最广，但其计算量较大、实现效率低、参数选择比较困难。并且计算灰度共生矩阵时，往往将图像的灰度压缩而丢失图像信息。分形维数方法是基于分形几何的一种分类方法,基于分形的表示在定性上与人类感知的粗糙度或纹理有关,而对分维的计算则提供了一个自动的定量分析方法,但分形维方法常出现同分维值不同纹理的情形。马尔可夫随机场模型仅考虑当前像元和邻域像元的相关性,揭示了纹理的高频特征而忽视了较多的低频特征,适用于相对较小邻域的纹理。当前,利用空间依赖的遥感影像分类方法成为新的研究热点。

5.4.3 数据采集

为了对该区域进行精细信息提取,对五一棚开展了两次野外考察。第一次考察时间为 2014 年 6 月 11 日,采集特征点用于影像的几何纠正及图像分类所需的训练样本点;第二次考察是 2014 年 9 月 11 日,目的是对分类结果进行检验。仪器采用的是天宝的手持 GPS,型号为 GeoXH TM 6000,其定位精度能达到 10cm。由于山上信号较差,又有树冠遮挡,因此 GPS 上接了一根天线,固定于 2m 的对中杆上,以保证即使在树丛下也能搜到至少 3 颗星的信号。

第一次考察过程采集了 8 个特征点(包括道路交叉口和房屋角点)用以对图像进行几何纠正。此外,还在野外采集了 37 个点的坐标和类别信息。由于第一次采集样本时图像还未经过几何纠正,因此缺少精确的坐标信息,导致一些点落在了阴影区域,不能用来作为训练样本。最终选定的典型类别的样本有:3 个点为竹子,其余类别(针叶林、阔叶林、混交林、灌木丛、空地与阴影)各 4 个点,总共 27 个点作为初始的训练样本。对于面向对象的分类方法,首先对实验区图像进行多分辨率分割,8 个波段都参与了分割,尺度参数为 10,形状和紧密度因子分别为 0.1 和 0.5,分割结果得到 62979 个图像基元。27 个训练样本相比于这个基元数目明显不够,因此有必要增加用于分类的训练样本。

5.4.4 研究方法

WorldView-2 新增的波段对植被识别具有独特的优势。在分类之前,可以先通过主成分分析找出最佳的分类波段组合。在 8 个 WorldView 多光谱波段的主成分分析中,各个主成分的重要性如表 5-10 所示,各个主成分的波段载荷如表 5-11 所示。

表 5-10　主成分的重要性排序

项目	主成分 1	主成分 2	主成分 3	主成分 4	主成分 5	主成分 6	主成分 7	主成分 8
方差	182.27	33.78	14.21	8.31	5.35	3.05	2.13	1.74
方差的比重	0.96	0.03	0.01	0.00	0.00	0.00	0.00	0.00
方差累计比重	0.96	0.99	1.00	1.00	1.00	1.00	1.00	1.00

表 5-11　每个主成分的波段载荷

项目	主成分 1	主成分 2	主成分 3	主成分 4	主成分 5	主成分 6	主成分 7	主成分 8
波段 1		−0.198			0.589	−0.369	−0.180	0.658
波段 2		−0.336	−0.120		0.560	0.125	−0.365	−0.638

续表

项目	主成分 1	主成分 2	主成分 3	主成分 4	主成分 5	主成分 6	主成分 7	主成分 8
波段 3	−0.137	−0.518	−0.227		0.117	0.459	0.643	0.150
波段 4	−0.126	−0.547		0.101	−0.312	−0.705	0.171	−0.220
波段 5		−0.426		0.298	−0.411	0.326	−0.596	0.297
波段 6	−0.474		0.253	−0.805	−0.146		−0.159	
波段 7	−0.570	0.274	−0.753			−0.147		
波段 8	−0.637	0.127	0.542	0.486	0.187			

　　表 5-10 表明前三个主成分十分关键，方差累计比重接近 1.0，而第一主成分的方差几乎是第二主成分方差的 6 倍，且第一主成分的方差比重已达到了 0.96。表 5-11 表明第一主成分中波段 6~8 具有最大的波段载荷，因此我们选用这 3 个波段（红边波段和两个近红外波段）作为参与后续分类的波段。

　　根据选定的 27 个训练样本，8 个多光谱波段对于 7 个类别的箱线图如图 5-39 所示，光谱值取为基元的均值。箱线图的顶端与底端的横线分别为上四分位数和下四分位数，中间线为中值。可以看出，红边波段和两个近红外波段比其他波段更具有类别可分性。竹子的光谱在这三个主成分波段上可以与别的类别完全分开，但是混交林与灌木丛这两类的光谱有部分重叠。

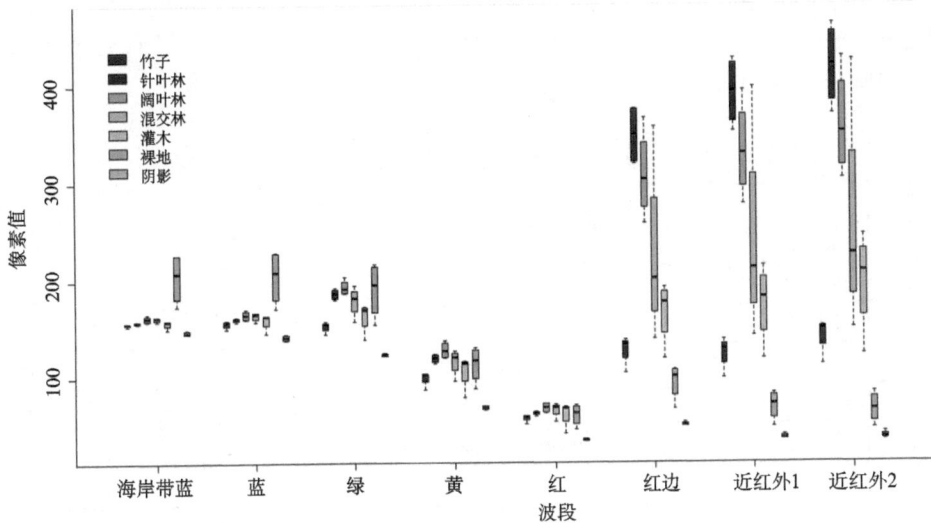

图 5-39　8 个波段在各个土地覆被类型上的光谱分布箱线图

　　根据以上的光谱分析，可以利用每个类别在主成分波段的光谱均值与方差来进一步选择样本。对于均值 μ 和方差 σ，给定一个参数 t，选择的样本光谱范围为 $\mu \pm t\sigma$。选择时遵循两个原则：①对于不同类别，每个波段间的光谱没有重叠或重叠很少；②每一类的样本大小相对于总的基元数要比较合适。图 5-40 显示了训练样本在 3 个主成分波段上

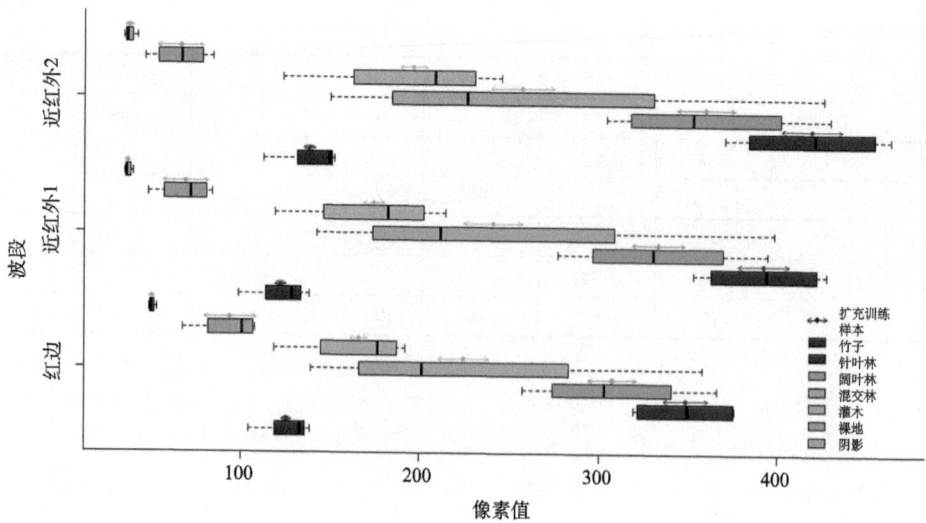

图 5-40　3 个主成分波段在各个土地覆被类型上的光谱分布与扩充的训练样本的光谱范围

的光谱分布，柱形条上的箭头标明了扩充的训练样本的光谱范围。表 5-12 给出了扩充样本的参数 t。

如表 5-12 所示，通过扩充训练样本，得到训练样本总数为 748，占总的图像基元数（62979 个）的 1.2%。图 5-41 显示了扩充样本的空间分布，可以看出空地和阴影这两类的样本数目不如其他的植被类别多，但是这两类的基元面积大多比别的类别要大，因为这两类分布较为聚集与连续，在图像分割过程中很容易形成大的基元，而竹子和其他植被的分布则较为破碎与零散。

表 5-12　扩充训练样本的参数选择与扩充后的光谱范围和样本数目

类别	t	光谱范围（红边波段、近红外 1、近红外 2）	样本数目
竹子	0.15	（122.6, 128.1），（118.7, 124.9），（134.8, 141.5）	32
针叶林	0.4	（335.8, 360.9），（377.6, 406.1），（401.5, 435.8）	186
阔叶林	0.3	（293.7, 321.0），（318.0, 347.7），（342.8, 375.7）	155
混交林	0.15	（210.7, 238.8），（224.6, 257.6），（239.3, 274.7）	146
灌木	0.15	（161.2, 171.0），（168.3, 180.5），（188.6, 204.3）	95
空地	0.8	（79.2, 108.8），（56.6, 81.3），（53.1, 78.8）	40
阴影	0.8	（49.4, 52.1），（35.5, 38.8），（35.3, 40.5）	94

对于测试样本，其中对应竹子类别的样本在第二次野外考察中进行了验证，最后 48 个点被选为竹子类别的测试样本。然而，由于五一棚地区山路的限制，考察线路只分布在图像的左上一带。因此，对于其他的类别，其测试样本通过在图像上人工选取得到。为了保证测试样本的精度，采用图像融合来增强图像的光谱信息。融合使用了 Gram-Schmidt 方法，测试点直接在合成图像上选取。空地和阴影两类较容易区分，因此这两类只选了少数测试点。各类别测试样本的数目分别为：竹子 48 个、针叶林 38 个、

阔叶林 27 个、混交林 39 个、灌木丛 34 个、空地 6 个、阴影 9 个。测试样本的空间分布如图 5-41 所示。尽管一些点在空间分布上看起来比较接近，但它们不属于同一个基元，这样在精度计算时不受多个点落在同一基元的精度累计干扰。

由于研究区没有大片的竹子分布，因此利用竹子的纹理信息辅助分类比较困难。这里采用了基于空间权重的 K 最近邻分类器（gK-NN）用于面向对象的分类方法来提取竹子信息。传统的 K 最近邻方法中，分类器准则是将待分像元划分给样本在特征空间最近距离的像元的类别。对于基于空间权重的 K 最近邻分类方法，像元 u 属于类别 m 的概率可由以下公式计算：

$$p_{\text{gK-NN}}\big[c(u)=m\big]=\frac{\sum_{k=1}^{K}\Big[S_{\text{g}}\times p_{m,m}(h_{uk})\times\omega_{uk}+(1-S_{\text{g}})\times\omega_{uk}\Big]}{\sum_{m'=1}^{M}\sum_{k=1}^{K}\Big[S_{\text{g}}\times p_{m,m'}(h_{uk})\times\omega_{uk}+(1-S_{\text{g}})\times\omega_{uk}\Big]} \tag{5-47}$$

式中，h 为度量空间距离的矢量；h 的下标 uk 为度量的是像元 u 与它的邻元 k 之间的距离；$P_{m,m'}(h_{uk})$ 为空间协方差函数（也称为类别条件概率）的拟合模型。符号 $m'(m'=1,\cdots,M)$ 是类别代码，m 为感兴趣的类别；S_{g} 为取值为 $0\sim1$ 的权重因子，S_{g} 越大说明概率的空间权重部分越大。给定类别 m' 与空间距离为 h 的邻元 K，像元 u 属于类别 m 的类别条件概率 $P_{m,m'}(h_{uk})$ 可由以下公式计算得出：

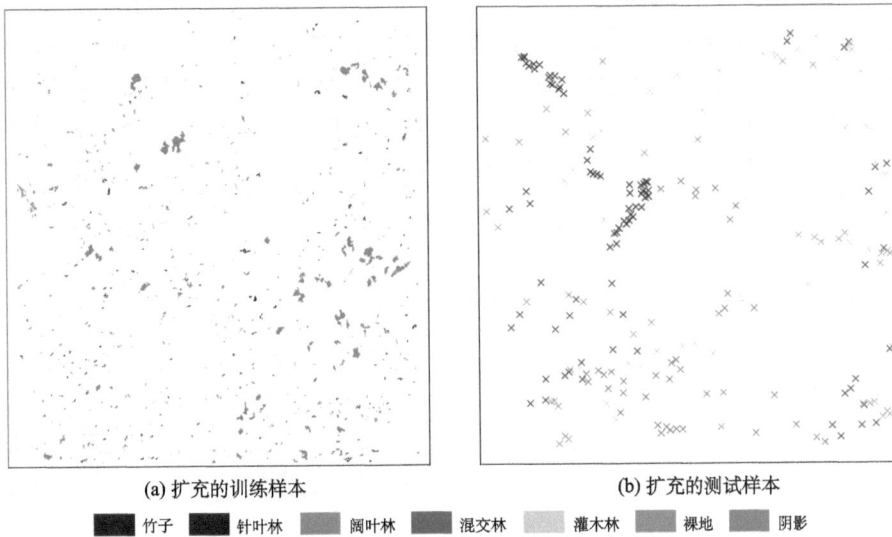

(a) 扩充的训练样本　　　　　　　　(b) 扩充的测试样本

■ 竹子　■ 针叶林　■ 阔叶林　■ 混交林　□ 灌木林　■ 裸地　■ 阴影

图 5-41　扩充的训练样本与测试样本的空间分布

$$p_{m,m'}(h_{uk})=\frac{\sum_{i=1}^{N}I\big[c(h)=m'\big|c(u)=m\big]}{\sum_{i=1}^{N}I\big[c(u)=m\big]} \tag{5-48}$$

式中，N 为训练样本的总数；$c(h)$ 为距离为 h 的邻元 K 的类别，如果满足条件，指示

函数 I 取值为 1，否则为 0。常用的类别条件概率图的拟合模型有球状模型、指数模型与高斯模型。基于空间权重的 K 最近邻方法的优势在于该方法考虑了未知点位与特征空间中最近邻的样本点之间的空间依赖，因此光谱与空间信息会共同决定分类结果。

为了与基于空间权重的 K 最近邻方法作比较，还采用了另外两种较为常用的分类方法：分类回归树算法（classification and regression tree，CART）和支持向量机（support vector machines，SVM）。分类回归树算法由 Breiman 等（1984）提出，是一种非参数的分类方法。该算法采用一种二分递归分割的技术，将当前的样本集分为两个子样本集，使得生成的决策树的每个非叶子节点都有两个分支。因此，该算法生成的决策树是结构简洁的二叉树。CART 算法考虑到每个节点都有成为叶子节点的可能，对每个节点都分配类别。分配类别的方法可以用当前节点中出现最多的类别，也可以参考当前节点的分类错误或者其他更复杂的方法。CART 算法使用后剪枝，在树的生成过程中，多展开一层就会有一些信息被发现，CART 算法运行到不能再长出分支的位置，从而得到一棵最大的决策树，然后对这棵大树进行剪枝。支持向量机是一种基于分类边界的方法。其基本原理是（以二维数据为例）：如果训练数据是分布在二维平面上的点，它们按照其分类聚集在不同的区域。基于分类边界的分类算法的目标是，通过训练，找到这些分类之间的边界（直线边界称为线性划分，曲线边界称为非线性划分）。对于多维数据（如 N 维），可以将它们视为 N 维空间中的点，而分类边界就是 N 维空间中的面，称为超面（超面比 N 维空间少一维）。线性分类器使用超平面类型的边界，非线性分类器使用超曲面。

根据以上介绍的分类方法，首先估计每个类别的类别条件概率对空间关系进行建模，以将空间关系融入 K 最近邻分类器中。为获得每个基元间的空间距离，每个基元的重心先被提取出来，根据重心位置坐标可以推算任意两个基元间的欧氏距离。每个类别通过748 个样本点计算的类别条件概率图与空间协方差拟合模型，如图 5-42 所示，各项异性未考虑，模型的拟合参数如表 5-13 所示。

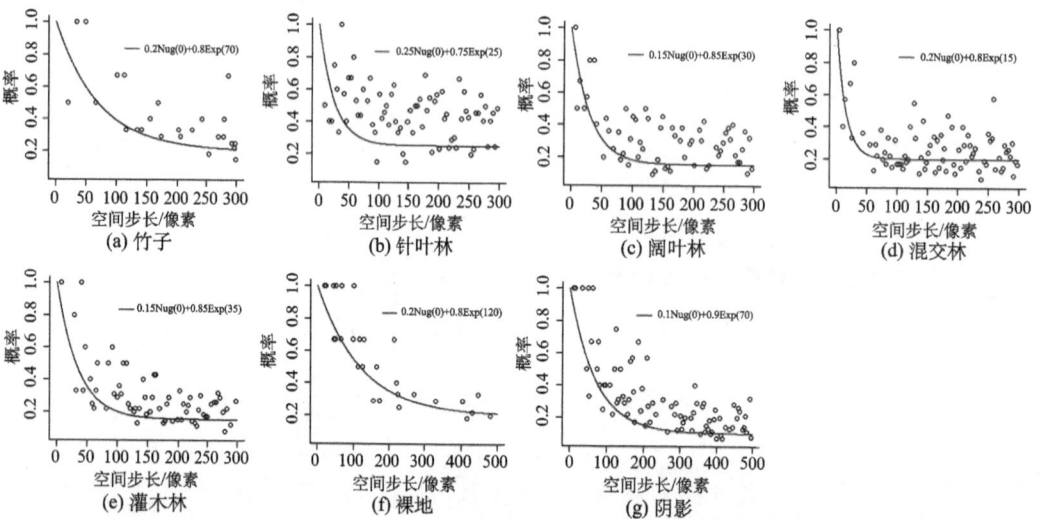

图 5-42　每个类别的类别条件概率图与拟合模型

根据所建立的空间关系模型，条件概率是空间距离的函数。基于空间权重的 K 最近邻分类方法由式（5-47）展开计算，训练样本是分割后的基元，参与分类的为 3 个主成分波段。每个类别的条件概率通过最近邻的基元得到，其中 $K=5$，空间距离度量的是基元的重心，空间权重参数 S_g 设置为 0.4。为了和该方法作比较，传统的 K 最近邻分类方法、CART 与 SVM 分类器在该研究区基于相同的分类条件各实施了一次。其中 CART 方法的树深度为 6，图 5-43 为决策树的规则，可以看出大多类别都由近红外波段 1 的规则划分得到，红边波段区分出了空地和阴影两类，近红外波段 2 能区分竹子和阴影。

表 5-13　各个类别的条件概率拟合模型（变程的单位为像元个数）

类别	模型	基台值	变程值	块金值
竹子	指数模型	0.80	70	0.20
针叶林	指数模型	0.75	25	0.25
阔叶林	指数模型	0.85	30	0.15
混交林	指数模型	0.80	15	0.20
灌木	指数模型	0.85	35	0.15
空地	指数模型	0.80	120	0.20
阴影	指数模型	0.90	70	0.10

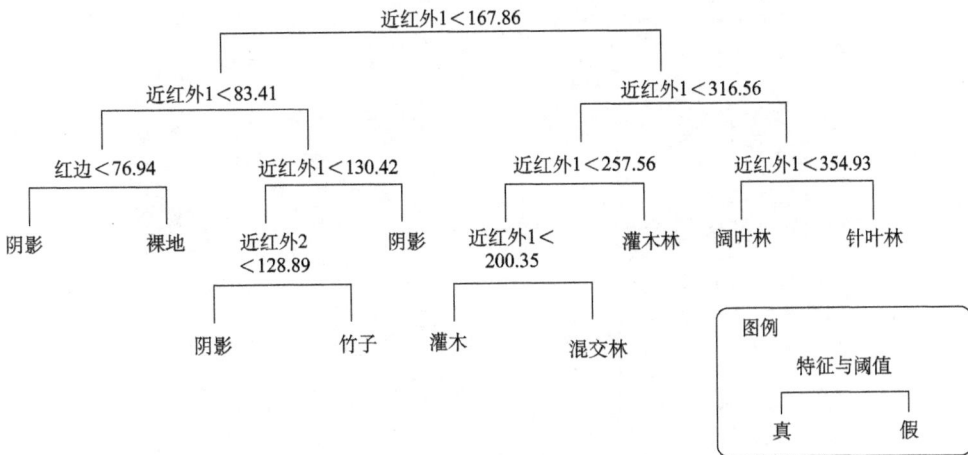

图 5-43　CART 方法的决策树规则

5.4.5　结果分析

图 5-44 依次展示了基于空间权重的 K 最近邻分类方法、传统的 K 最近邻分类方法、CART 与 SVM 方法的分类结果。可以看出，图 5-44（a）与图 5-44（b）在类别的空间分布上十分近似，但红色的竹子类别在基于空间权重的 K 最近邻分类结果中显得更多一些。图 5-44（c）与图 5-44（d）中显示 CART 与 SVM 的分类结果有更多像元被分为灌木类别，并且 SVM 的竹子类别明显比其他方法多。

图 5-44 给出了四种分类方法的分类误差矩阵，误差矩阵又称混淆矩阵，是一个用于表示分为某一类别的像元个数与地面检验为该类别数的比较阵列。通常，阵列中的列代

表参考数据，行代表分类得到的类别数据。误差矩阵能反映总体分类精度、生产者精度（漏分误差）与用户精度（错分误差）。总体分类精度等于被正确分类的像元总和除以总像元数；制图精度是指分类器将整个影像的像元正确分为某类的像元数与该类真实参考总数的比率；用户精度代表正确分到某类的像元总数与分类器将整个影像的像元分为该类的像元总数比率。另外 Kappa 系数从统计意义上反映分类结果在多大程度上优于随机分类结果，可以用于比较两个分类器的误差矩阵是否具有显著差别。

从表 5-14～表 5-17 中可以看出，基于空间权重的 K 最近邻分类方法的总体精度和 Kappa 系数分别达到了 77.61% 与 0.729，是四种方法中最高的，而其他三种方法的总体精度都未达到 70%。对于竹子这一类，两种最近邻方法比 CART 与 SVM 方法具有更高的生产者精度（81.25%），而四种方法的用户精度都达到了 85%，其中基于空间权重的 K 最近邻分类方法具有最高的用户精度（95.12%）、CART 方法的用户精度排在第二（90.91%）。四种方法对其他植被的类型显示出不同的优势：针叶林用基于空间权重的 K 最近邻分类方法得到最高的用户精度；除了 SVM，所有方法的生产者精度都达到了 81.58%。

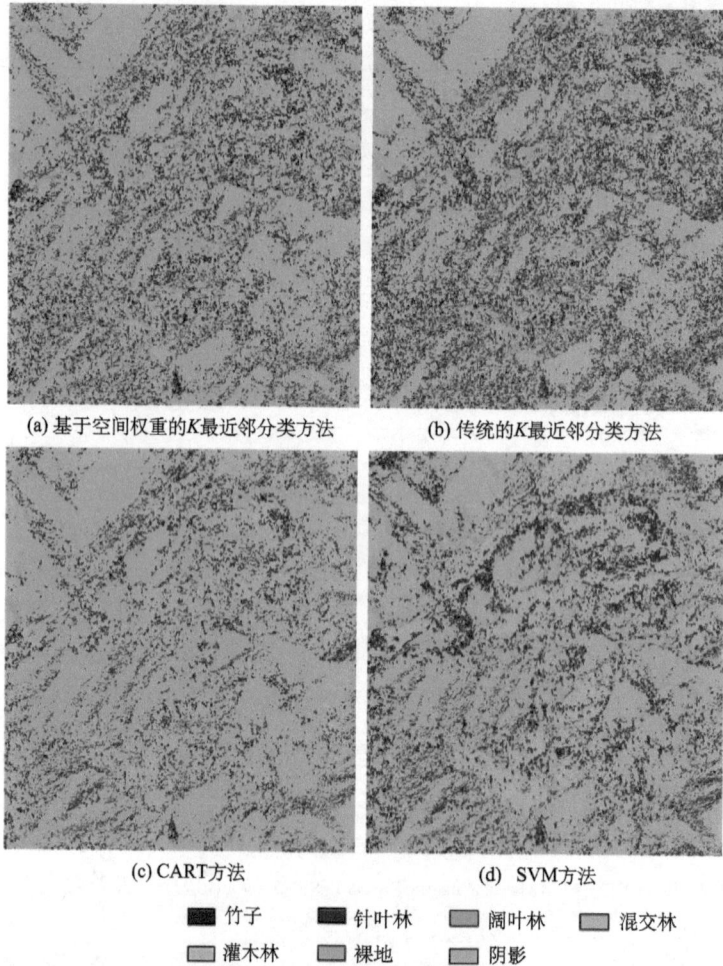

(a) 基于空间权重的 K 最近邻分类方法　(b) 传统的 K 最近邻分类方法

(c) CART方法　(d) SVM方法

■ 竹子　■ 针叶林　□ 阔叶林　□ 混交林
□ 灌木林　□ 裸地　□ 阴影

图 5-44　五一棚地区分类结果图

表 5-14　基于空间权重的 *K* 最近邻方法的分类精度（Kappa = 0.729）

项目	竹子	针叶林	阔叶林	混交林	灌木	空地	阴影	用户精度/%
竹子	39	0	0	0	2	0	0	95.12
针叶林	0	31	8	1	0	0	0	77.50
阔叶林	1	0	19	6	3	0	0	65.52
混交林	0	4	0	28	5	0	0	75.68
灌木	3	3	0	3	24	0	0	72.73
空地	3	0	0	1	0	6	0	60.00
阴影	2	0	0	0	0	0	9	81.82
制图精度/%	81.25	81.58	70.37	71.79	70.59	100.00	100.00	77.61

表 5-15　*K* 最近邻方法的分类精度（Kappa = 0.620）

项目	竹子	针叶林	阔叶林	混交林	灌木	空地	阴影	用户精度/%
竹子	39	0	0	0	5	0	0	88.64
针叶林	0	31	20	1	0	0	0	59.62
阔叶林	1	0	7	7	5	0	0	35.00
混交林	0	5	0	27	4	0	0	75.00
灌木	3	2	0	3	19	0	0	70.37
空地	3	0	0	1	0	6	0	60.00
阴影	2	0	0	0	1	0	9	75.00
制图精度/%	81.25	81.58	25.93	69.23	55.88	100.00	100.00	68.66

表 5-16　CART 方法的分类精度（Kappa = 0.559）

项目	竹子	针叶林	阔叶林	混交林	灌木	空地	阴影	用户精度/%
竹子	30	0	0	0	3	0	0	90.91
针叶林	0	31	21	1	0	0	0	58.49
阔叶林	1	0	2	0	1	0	0	50.00
混交林	0	5	4	32	9	0	0	64.00
灌木	12	2	0	5	18	0	0	48.65
空地	5	0	0	1	0	6	0	50.00
阴影	0	0	0	0	3	0	9	75.00
制图精度/%	62.50	81.58	7.41	82.05	52.94	100.00	100.00	63.68

表 5-17　SVM 方法的分类精度（Kappa = 0.492）

项目	竹子	针叶林	阔叶林	混交林	灌木	空地	阴影	用户精度/%
竹子	31	0	0	0	4	0	0	88.57
针叶林	0	29	19	0	0	0	0	60.42
阔叶林	1	6	5	1	2	0	0	33.33
混交林	13	2	2	34	22	0	0	46.58

项目	竹子	针叶林	阔叶林	混交林	灌木	空地	阴影	用户精度/%
灌木	0	0	1	3	3	0	0	42.86
空地	2	0	0	1	0	6	0	66.67
阴影	1	1	0	0	3	0	9	64.29
制图精度/%	64.58	76.32	18.52	87.18	8.82	100.00	100.00	58.21

阔叶林的生产者精度用 K 最近邻、CART 与 SVM 方法都比较低。而灌木丛的生产者精度，用 CART 和 SVM 方法要高于两个 K 最近邻分类方法。总体而言，基于空间权重的 K 最近邻分类方法对于针叶林、阔叶林与灌木丛类别都比别的方法具有更高的生产者精度与用户精度。

以下是对该研究区域分类结果一些衍生问题的讨论。由于该区域的竹子基本都被高大的树冠所覆盖，因此竹子光谱并未与周围的植被显现出明显的区别。尽管利用 WorldView-2 的高分图像在植被提取中显现出了优势，值得探讨的是竹子在树下裸露到何种程度才有可能从高分影像上提取树冠下的竹子。图 5-45 是用鱼眼镜头从地面往天空垂直拍摄的两张照片，位置位于五一棚的测试样本点位。图 5-45（a）的点是被灌木丛包围的竹子，在基于空间权重的 K 最近邻方法分类正确；图 5-45（b）是被混交林覆盖的竹子，但是被错分为灌木丛。

(a) 测试点1　　　　　　　　　　(b) 测试点2

图 5-45　用鱼眼镜头拍摄的测试样本点树冠照片

闭郁度是指乔木层的盖度，即一片树林里最高层植物的垂直投影面积占整个树林面积的百分比。从视觉上看显然图 5-45（a）的竹子比图 5-45（b）的闭郁度要小。对两张照片的闭郁度进行简单的估计，首先去除鱼眼镜头外圈的背景区，然后将植被与天空的背景做二值化，如图 5-46 所示，两张照片的闭郁度分别为 0.82 与 0.67。尽管没有估计每个测试样本点位的闭郁度，但仍可以初步得到以下结论：在闭郁度高的区域（闭郁度大于 0.7）提取竹子难度很大，中等闭郁度（闭郁度为 0.2～0.7）与稀疏林区域（闭郁度小于 0.2）能提取竹子的可能性更高。

研究探索了高分辨率的 WorldView-2 图像对卧龙自然保护区植被的分类方法，利用空间关系的分类结果的效果优于一般的仅基于光谱的分类结果，有效提取了树冠遮盖下的竹子，从而为大熊猫生境适宜度评价提供了关键参数。

(a) 测试点1　　　　　　　　　(b) 测试点2

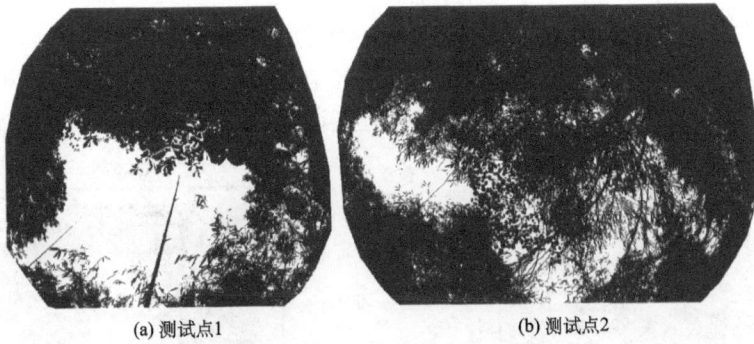

图 5-46　照片中的树冠二值化图像

图 5-47 是卧龙自然保护区的四幅 WorldView-2 影像，图像覆盖了五一棚、熊猫沟、邓生沟等。图 5-48 是对应区域的 DEM 数据。用以上方法对 WorldView-2 影像进行分类，得到图 5-49 的结果，再对 DEM 数据做地形分析，地形要素与分类结果共同构成生境适宜度的影响因子，通过层次分析法得到大熊猫栖息地的适宜度评价图，如图 5-50 所示。

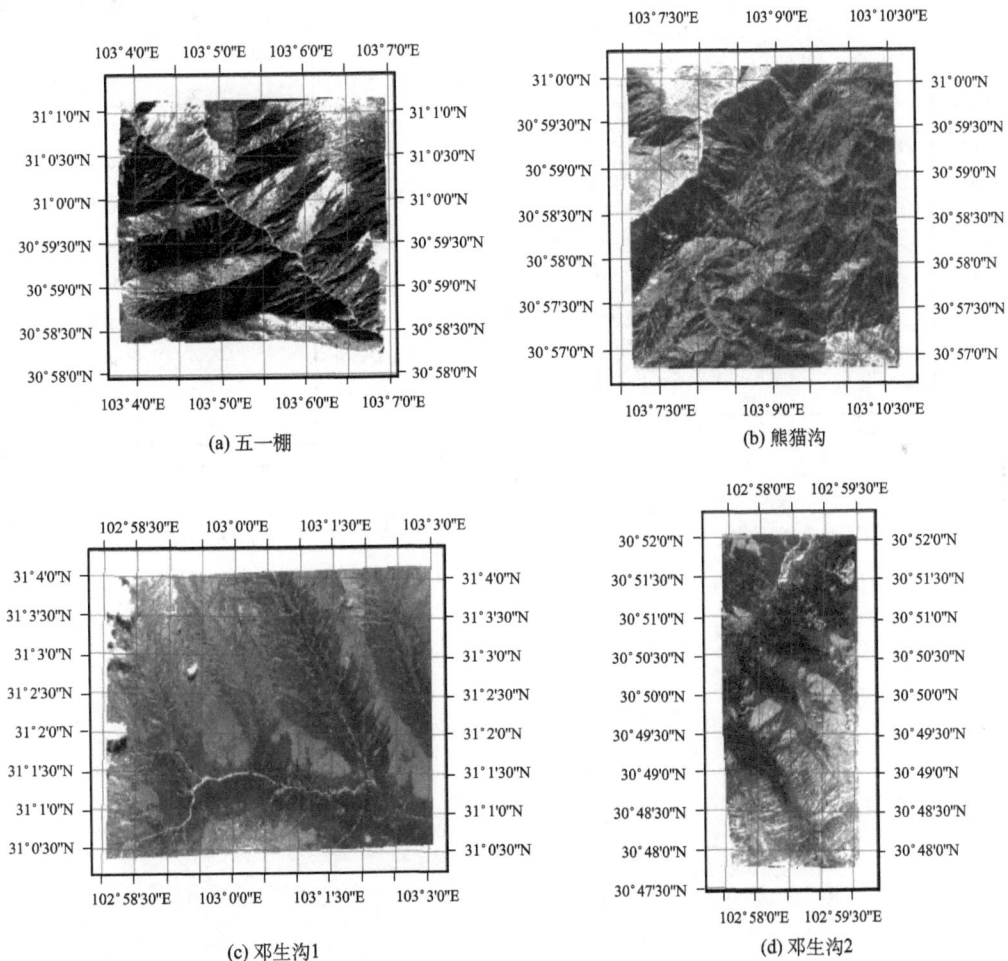

(a) 五一棚

(b) 熊猫沟

(c) 邓生沟1

(d) 邓生沟2

图 5-47　卧龙保护区的 WorldView-2 影像

通过对卧龙大熊猫保护区的 WorldView-2 图像的处理与实地验证考察，证明了该方法提取树冠下竹子的有效性，并利用高分数据与地形数据作为适宜度的影响因子，在精细尺度上对卧龙自然保护区的大熊猫生境适宜度进行制图分析。

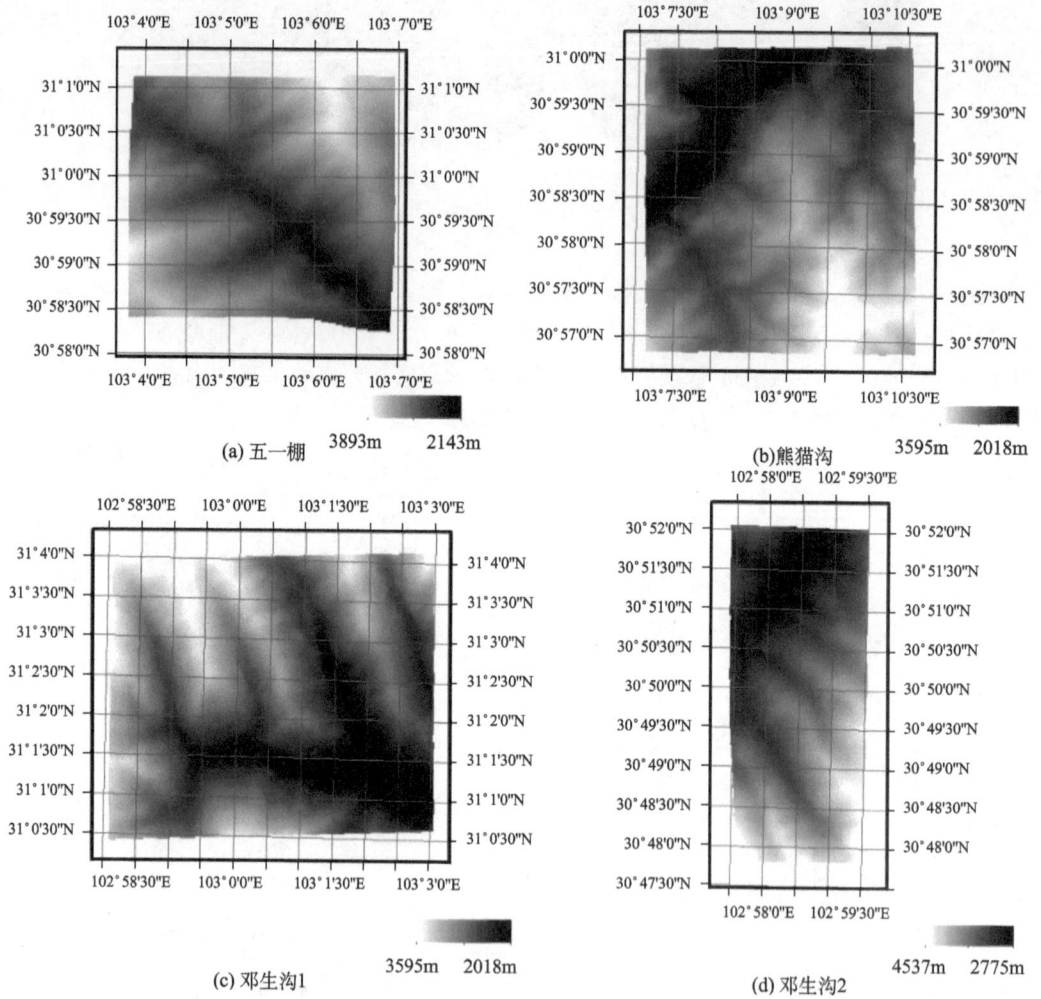

(a) 五一棚　　3893m　2143m

(b) 熊猫沟　　3595m　2018m

(c) 邓生沟1　　3595m　2018m

(d) 邓生沟2　　4537m　2775m

图 5-48　卧龙保护区的 DEM 数据

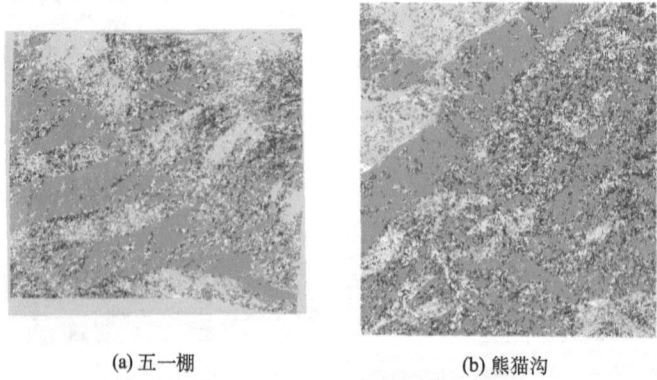

(a) 五一棚　　　　　　　　　(b) 熊猫沟

其他
竹子
针叶林
阔叶林
混交林
灌木林
裸地
阴影

(c) 邓生沟1　　　　　　　　(d) 邓生沟2

图 5-49　卧龙保护区的 WorldView-2 图像分类结果

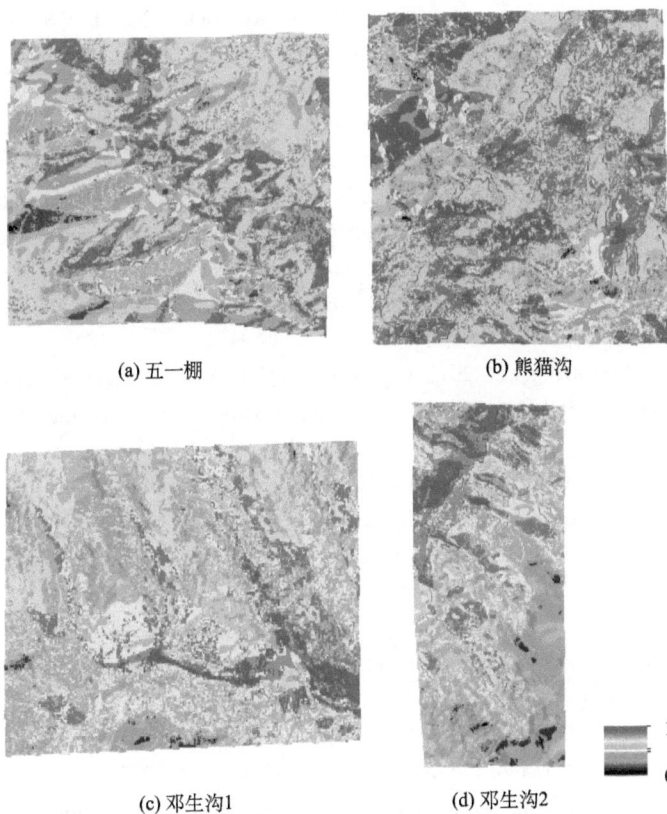

(a) 五一棚　　　　　　　　　　(b) 熊猫沟

(c) 邓生沟1　　　　　　　　(d) 邓生沟2

图 5-50　卧龙保护区的大熊猫生境适宜度分析结果

参 考 文 献

陈金凤, 程乾. 2015. 高分 1 号融合光谱特征提取杭州湾河口沿岸湿地典型植被信息方法研究. 杭州师
　　范大学学报(自然科学版), 14(1): 38~43

高燕, 苏奋振, 周成虎, 等. 2013. 面向对象的遥感影像时空特征模型研究. 测绘工程, 22(5): 29~33

黄秋燕, 冯学智, 肖鹏峰. 2014. 利用稀疏分解的高分辨率遥感图像线状特征检测. 武汉大学学报(信息科学版), 39(8): 913~917

刘海娟, 张婷, 侍昊, 等. 2014. 基于 RF 模型的高分辨率遥感影像分类评价. 南京林业大学学报(自然科学版), 39(1): 99~103

吴小丹, 闻建光, 肖青, 等. 2015. 关键陆表参数遥感产品真实性检验方法研究进展. 遥感学报, 19(1): 75~92

谢伟军, 韩飞, 张东, 等. 2014. 面向对象的海域使用专题信息遥感提取关键技术研究. 海洋环境科学, 33(2): 274~279

于信芳, 罗一英, 庄大方, 等. 2014. 土地覆盖变化检测方法比较——以内蒙古草原区为例. 生态学报, 34(24): 7192~7201

卓莉, 黄信锐, 王芳, 等. 2013. 基于高空间分辨率与立体像对遥感数据的建筑物三维信息提取. 遥感技术与应用, 28(6): 1062~1068

Aguilar M A, Vicente R, Aguilar F J, et al. 2012. Optimizing object based classification in urban environments using very high resolution GeoEye-1 imagery. Annals PRS, 1~7: 99~104

Araujo L S, Sparovek G, dos Santos J R, et al. 2008. High resolution image to mapping bamboo dominated gaps in the Atlantic rain forest, Brazil. International Archives of Photogrammetry Remote Sensing and Spatial Information Sciences, 37(4): 1287~1292

Astrup R, Ducey M J, Granhus A, et al. 2014. Approaches for estimating stand level volume using terrestrial laser scanning in a single scan mode. Canadian Journal of Forest Research, 44(6): 666~676

Bai L, Lin H, Sun H, et al 2012. Remotely sensed percent tree cover mapping using support vector machine combined with autonomous endmember extraction. Physics Procedia, 33: 1702~1709

Breiman L, Friedman J H, Olshen R A, et al. 1984. Classification and Regression Trees (2nd Ed.). Belmont: Wadsworth International Group

Bremer M, Wichmann V, Rutzinger M. 2013. Eigenvalue and graph-based object extraction from mobile laser scanning point clouds. ISPRS Annals of the Photogrammetry, Remote Sensing and Spatial Information Sciences, 2(1): 55~60

Cable J W, Kovacs J M, Shang J, et al. 2014. Multitemporal polarimetric RADARSAT-2 for land cover monitoring in northeastern Ontario, Canada. Remote Sensing, 6(3): 2372~2392

Carvalho A L D, Nelson B W, Bianchini M C, et al. 2013. Bamboo dominated forests of the southwest Amazon: Detection, spatial extent, life cycle length and flowering waves. Plos One, 8(1): 464~467

Chen F L, Lin H, Zhou W, et al. 2013. Surface deformation detected by ALOS PALSAR small baseline SAR interferometry over permafrost environment of Beiluhe section, Tibet Plateau, China. Remote Sensing of Environment, 138(2): 10~18

Cheng S, Yang G, Yu H, et al. 2012. Impacts of Wenchuan earthquake induced landslides on soil physical properties and tree growth. Ecological Indicators, 15(1): 263~270

Chernet T. 2008. Comparison on the Performance of Selected Image Classification Techniques on Medium Resolution Data towards Highland Bamboo Resource Mapping. Ethiopia: Addis Ababa University Master Thesis

Dietrich W E, Wilson C J. 1993. Analysis of erosion thresholds, channel networks, and landscape morphology using a digital terrain model. Journal of Geology, 101(2): 259~278

Du H, Cui R, Zhou G, et al. 2010. The responses of Moso bamboo (Phyllostachys heterocycla var. pubescens) forest above ground biomass to Landsat TM spectral reflectance and NDVI. Acta Ecologica Sinica, 30(5): 257~263

Fan J, Li J, Xia R, et al. 2014. Assessing the impact of climate change on the habitat distribution of the giant panda in the Qinling Mountains of China. Ecological Modelling, 274(2): 12~20

Franklin S E, Peddle D R. 1990. Classification of SPOT HRV imagery and texture features. International Journal of Remote Sensing, 11(3): 551~556

Ghosh A, Joshi P K. 2014. A comparison of selected classification algorithms for mapping bamboo patches in lower Gangetic plains using very high resolution WorldView-2 imagery. International Journal of Applied Earth Observation and Geoinformation, 26(1): 298~311

Gong M, Li, Y, Jiao L, et al. 2014. SAR change detection based on intensity and texture changes. ISPRS J. Photogramm. Remote Sensing, 93(93): 123~135

Li W, Niu Z, Gao S, et al. 2014. Correlating the horizontal and vertical distribution of LIDAR point clouds with components of biomass in a Picea crassifolia forest. Forests, 5(8): 1910~1930

Liang X, Hyyppa J, Kukko A, et al. 2014. The use of a mobile laser scanning system for mapping large forest plots. Geoscience and Remote Sensing Letters, IEEE, 11(9): 1504~1508

Maltamo M, Eerikäinen K, Packalén P, et al. 2006. Estimation of stem volume using laser scanning based canopy height metrics. Forestry, 79(2): 217~229

Meyer F J, Sandwell D T. 2012. SAR interferometry at Venus for topography and change detection. Planetary & Space Science, 73(1): 130~144

Moore I D, Grayson R B, Ladson A R. 1991. Digital terrain modelling: A review of hydrological, geomorphological, and biological applications. Hydrological Processes, 5(1): 3~30

Myburgh G, van Niekerk A. 2013. Effect of feature dimensionality on object based land cover classification: A comparison of three classifiers. South African Journal of Geomatics, 2(1): 13~27

Polychronaki A, Gitas I Z, Veraverbeke S, et al. 2013. Evaluation of ALOS PALSAR imagery for burned area mapping in Greece using object based classification. Remote Sensing, 5(11): 5680~5701

Rastner P, Bolch T, Notarnicola C, et al. 2014. A comparison of pixel and object based glacier classification with optical satellite images. IEEE Journal of Selected Topics in Applied Earth Observations and Remote Sensing, 7(3): 853~862

Rittl T, Cooper M, Heck R J, et al. 2013. Object based method outperforms per-pixel method for land cover classification in a protected area of the Brazilian Atlantic rainforest region. Pedosphere, 23(3): 290~297

Schmitt A, Wessel B, Roth A. 2014. An innovative curvelet only based approach for automated change detection in multitemporal SAR imagery. Remote Sensing, 6(3): 2435~2462

Seidel D, Ammer C. 2014. Efficient measurements of basal area in short rotation forests based on terrestrial laser scanning under special consideration of shadowing. Forest Biogeosciences and Forestry, 7(4): 226~232

Sun Y. 2011. Reassessing Giant Panda Habitat with Satellite Derived Bamboo Information: A Case Study in the Qinling Mountains, China. Netherlands: University of Twente Master Thesis

Tobler W. 1970. A computer movie simulating urban growth in the Detroit region. Economic Geography, 46(2): 234~240

Wang T, Skidmore A K, Toxopeus A G, et al. 2009. Understory bamboo discrimination using a winter image. Photogrammetric Engineering & Remote Sensing, 75(1): 37~47

Yang B, Dong Z. 2013. A shape based segmentation method for mobile laser scanning point clouds. ISPRS Journal of Photogrammetry and Remote Sensing, 81(7): 19~30

Yang X, Strahler A H, Schaaf C B, et al. 2013. Three dimensional forest reconstruction and structural parameter retrievals using a terrestrial full waveform LIDAR instrument. Remote Sensing of Environment, 135: 36~51

Yen T M, Ji Y J, Lee J S. 2010. Estimating biomass production and carbon storage for a fast growing makino bamboo (phyllostachys makinoi) plant based on the diameter distribution model. Forest Ecology and Management, 260(3): 339~344

Zhang J, Atkinson P M, Goodchild M F. 2014. Scale in Spatial Information and Analysis. Florida: CRC Press

Zheng G, Moskal L M, Kim S H. 2013. Retrieval of effective leaf area index in heterogeneous forests with terrestrial laser scanning. IEEE Transactions on Geoscience and Remote Sensing, 51(2): 777~786

Zheng W, Xu Y, Liao L, et al. 2012. Effect of the Wenchuan earthquake on habitat use patterns of the giant panda in the Minshan Mountains, southwestern China. Biological Conservation, 145(1): 241~245

第6章 震后生境状况遥感长期监测与生态环境恢复的评估模型

2008 年 5 月 12 日 14 时 28 分, 四川省汶川县映秀镇 (31.0°N, 103.4°E) 发生里氏 8.0 级强烈地震。根据国务院抗震救灾总指挥部统计, 截止到 2008 年 9 月 18 日 12 时, 地震造成 69227 人死亡, 374643 人受伤, 17923 人失踪, 直接经济损失高达 8451 亿元。此次地震是新中国成立以来破坏性最强、波及范围最大的一次地震。不仅造成巨大的人员伤亡和财产损失, 同时也引发了大面积的滑坡、崩塌和泥石流等次生地质灾害, 造成大范围植被破坏、水土流失、河道堵塞、耕地毁坏, 区域生态环境受到严重破坏。

卧龙大熊猫自然保护区距"汶川"地震震中仅 30km, 区内有大熊猫、金丝猴等国家一级珍稀濒危保护动物。地震后, 国内外学者整合地质学、地球物理、地球化学、遥感地质、生态环境等多学科, 讨论了此次地震的地质背景、基本特征、构造运动和动力学机制、地质灾害和灾后重建、对区域环境的影响等方面的内容。欧阳志云等通过"3S"技术、结合实地验证等定量化描述地震对大熊猫栖息地的生境破坏, 认为其干扰程度远比近几十年人类干扰强烈, 已经对大熊猫的生存构成威胁, 也有部分学者通过震后熊猫种群的跟踪调查, 认为地震虽对其生境造成破坏, 但是暂还没有影响到大熊猫种群的生存。然而对于地震引发的次生地质灾害, 如冲垮栖息地通往外界的公路、切断了熊猫迁徙走廊、造成野生大熊猫栖息地连通性降低、导致自然栖息地不断被分隔破碎、部分种群沦为"生殖孤岛"等问题则少有涉及。因此, 本章以卧龙自然保护区为例, 通过收集、分析多源数据 (基础地理数据、遥感卫星数据、航拍数据、地质数据、水文数据等), 建立多尺度、多数据源、多时间序列的数据驱动型观测模型, 研究区内地质灾害的类型、分布规律、易发性区域、生境适宜度、潜在走廊分布、建议修复走廊等问题。

6.1 地震地质灾害分布类型及规律研究

6.1.1 区域地质背景

1. 区域地质构造

汶川地震发生在著名的龙门山断裂带上, 此断裂带位于青藏高原东缘、四川盆地西部, 北起广元, 南至天全, 长约 500km, 宽约 30km, 呈北东—南西向展布 (NE—SW), 由一系列大致平行的叠瓦状冲断带构成, 具有典型的逆冲推覆构造特征和前展式发育模式, 自西向东分别发育汶川-茂县断裂带、映秀-北川断裂带和彭县-灌县断裂带 (图 6-1) (许志琴等, 1992; 骆耀南等, 1998; 李勇等, 2006)。因龙门山断裂带处于比较特殊的大地构造位置, 构造活动频繁, 地貌复杂多样, 是地震的多发区, 长期以来备受国内外地质学者的关注（刘增乾等, 1980; 陈智梁等, 1998; 骆耀南等, 1998）。

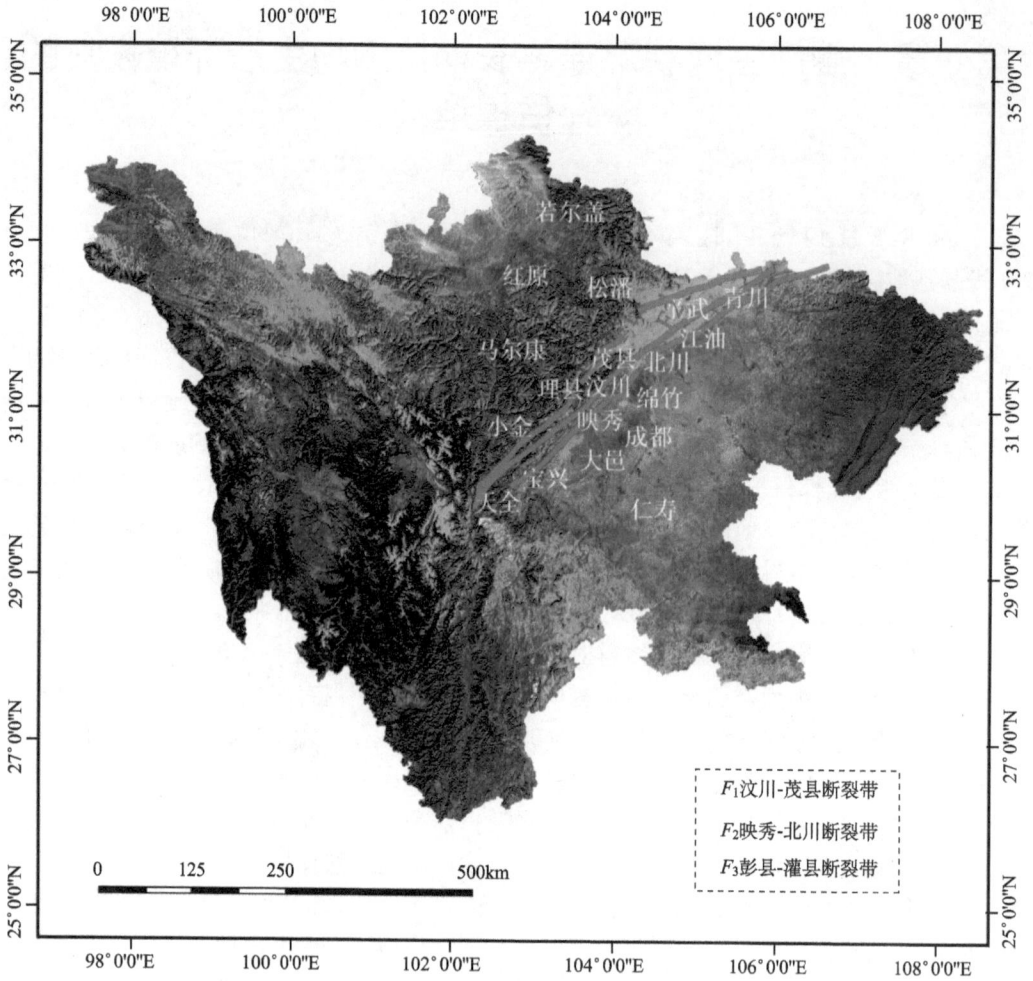

图 6-1　龙门山区域地质构造图

　　卧龙大熊猫自然保护区（102°52′～103°25′E，30°45′～31°25′N）位于四川阿坝藏族羌族自治州汶川县西南部，邛崃山脉东南坡，成都平原西缘，东西长约 52km，南北长约 62km，面积达 20 万 hm²，东邻汶川-映秀镇，西与宝兴、小金县接壤，南与大邑、庐山、崇信毗邻，北与理县及汶川县草坡相邻，由耿达、卧龙和三江等三个乡镇组成，以保护大熊猫等珍稀濒危野生动物和高山森林生态系统为主的综合性国家级自然保护区。保护区构造上属于龙门山褶断带的中南段，由一系列北东向平行的褶曲和断裂组成。构造带总体方向为 N40°～50°E。褶曲均为紧密的倒转复背斜、复向斜，自西北向东南有：总棚子倒转复背斜、三道卡子倒转复向斜、牛头山倒转复背斜、铜槽倒转复向斜，这些褶曲轴面走向为 N30°～60°E，轴面倾向在不同地段变化很大，呈一弯曲的扭曲面，倾角 40°～60°。复背斜和复向斜的两翼均被次一级同向倾向的小背斜和小向斜复杂化。断裂带为北东向挤压性逆冲大断裂，自西北向东南有皮条河断裂带、耿达断裂带、映秀断裂带。主断裂的倾向为 N300°~330°W，倾角 50°~60°，因为是挤压性的逆冲断裂，所以断裂破碎带非常发育。同时发育了一组与主断裂带垂直相交的张性断裂及与主断裂斜交的扭性断裂。这些断裂和褶曲基本上控制了卧龙地区的地貌格局（图 6-2）。

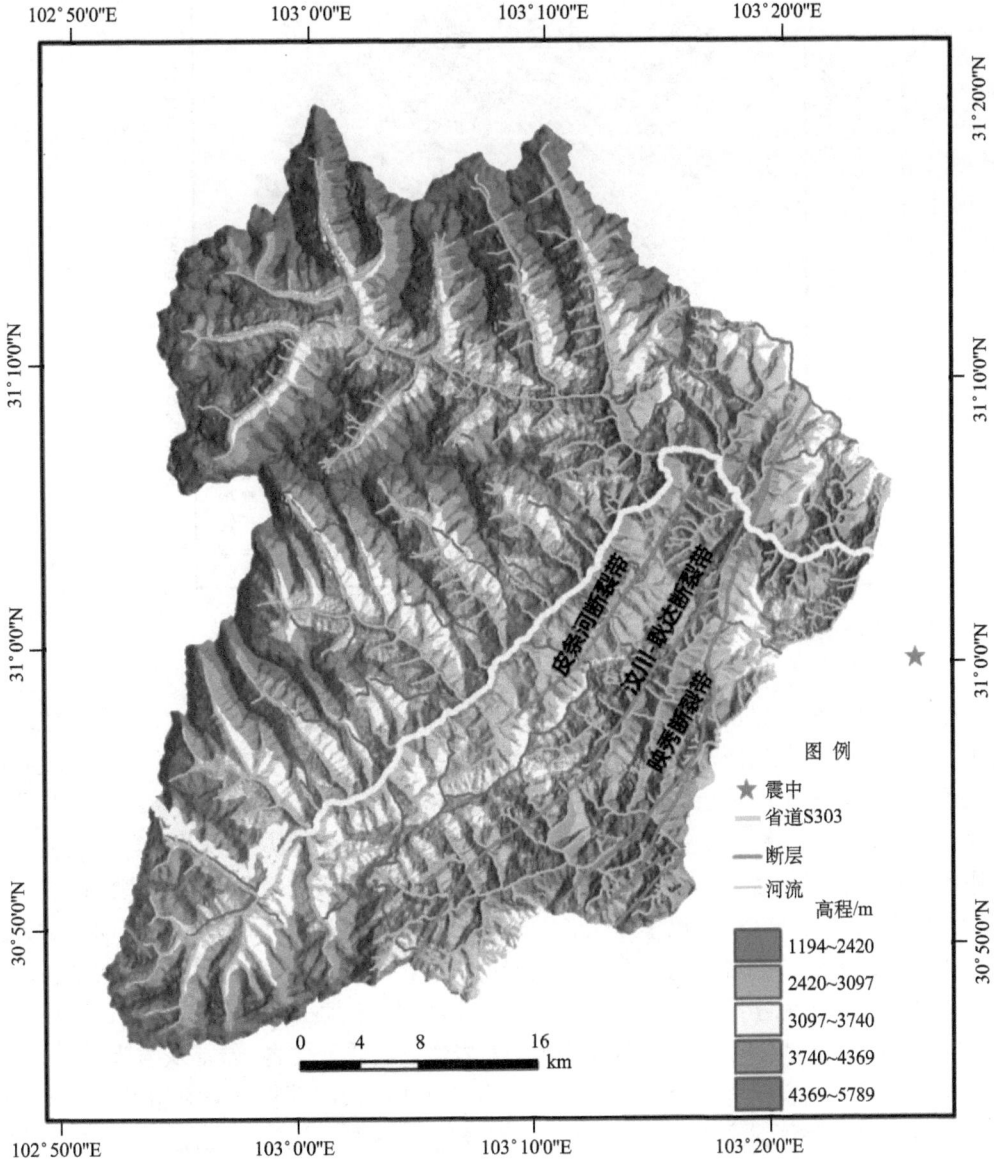

图 6-2　卧龙自然保护区区域构造

2. 区域地层

卧龙自然保护区前古生代至中生代三叠纪地层发育齐全，缺失中生代侏罗纪、白垩纪和新生代古近纪、新近纪的地层。地层分布见图 6-3。

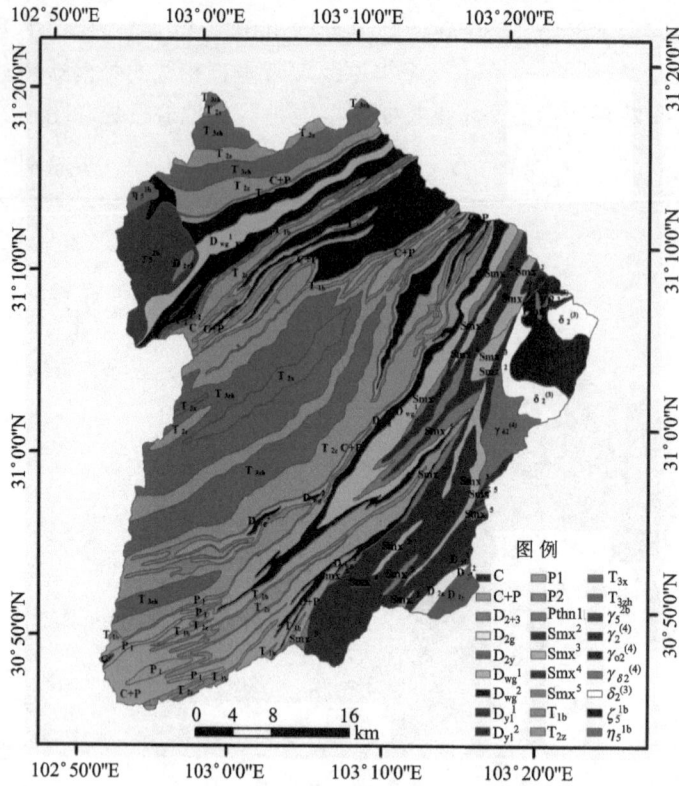

图 6-3　卧龙地区地层分布图

　　地层的分布大致以皮条河为界，东南部为古生代地层，西北部以中生代三叠纪地层为主。东南部大面积出露志留纪茂县群的变质碎屑岩，其岩性为灰绿色绢云母千枚岩，银灰色砂质千枚岩夹有薄层石英岩及薄层状、透镜状结晶灰岩。靠近皮条河条带状分布有泥盆系及石炭-二叠纪地层。前者为未变质的灰色、深灰色薄层状灰岩，含泥质灰岩夹炭质面岩及砂岩；后者为中厚层状灰岩夹千枚岩、炭质千枚岩、结晶灰岩夹砂砾岩。三江口一带零星出露奥陶系灰色中厚层长石石英砂岩、石英砂岩及砂质板岩。西北部大面积分布三叠纪地层，其岩性为长石石英砂岩、板岩、炭质千枚岩、薄层灰岩及细粉砂岩等，背斜轴部出露泥盆纪地层，其岩性为炭质千枚岩、砂质千枚岩夹石英岩、碎屑灰岩等，邓生一带有少量石炭-二叠纪地层分布，其岩性以炭质千枚岩、结晶灰岩夹砂岩为主。第四系的松散堆积主要有河流相堆积物、泥石流堆积物及冰碛物。河流相堆积物主要分布于皮条河河谷及各支流河谷。花红树沟、龙岩沟、大魏家沟等泥石流沟沟口分布有大量泥石流堆积物。皮条河上游向阳坪一带的古冰川谷、正河上游古冰川谷内分布有古冰碛物，而现代冰川谷中发育有现代冰碛物。另外，卧龙地区东北部大面积分布有澄江-晋宁期的闪长岩、花岗闪长岩。西部四姑娘山一带有燕山期花岗岩出露。

　　3. 地貌水文特征

　　保护区内地貌单元属于四川盆地西缘山地，是青藏高原向四川盆地过渡的高山深谷地带，整个地势由西北向东南倾斜，以皮条河为界，西北部大多数高山海拔超过 4000m，向西南延伸至巴郎山、四姑娘山一带，形成一道天然屏障，阻挡冬天来自西伯利亚寒流的袭击，不至于因极端低温使河流封冻，大熊猫无法觅食。东南部的山峰地势相对平缓，多为海拔 3000m 左右的中低山地，这些山地地貌中河谷形态多样，尤其第四纪以来，新构造运动活跃，间歇性的地壳抬升运动加剧河流侵蚀，河谷不断拓宽，河谷两侧的山坡和山腰上，发育多级剥蚀平面及阶地，这些剥蚀面地势平缓，分布较厚的第四系风化残坡积层，物质成分为褐灰色、黄棕色的粉砂质厚土层，竹林生长茂密，局部小气候稳定，为多数大熊猫活动的核心区域。

保护区内气候属典型的亚热带内陆山地气候，其特点是年温差较小，干湿季节分明，降水量集中。冬季天气晴朗干燥，在冷气流的进退过程中常形成降雪或雨，夏季天气温暖潮湿，东南季风暖湿气流遇高山冷气流常形成丰富的迎坡降雨。该区全年相对湿度80.3%，冬半年（11月至次年4月）为75.5%，夏半年（5～10月）为84.8%，无霜期180～200 天，年均气温 8.5±0.5℃，7 月平均温 17.1±0.8℃，1 月平均温–0.9±2℃，年日照数950±100h，年降水量890±1000mm，降雨多集中在5～9月。同时保护区内河流资源丰富，主要河流有皮条河、西河、中河和正河（图6-4），自西向东流出保护区，河流形状多呈树叉状分布，降水、森林蓄水和冰雪融水为河流的主要补给来源。

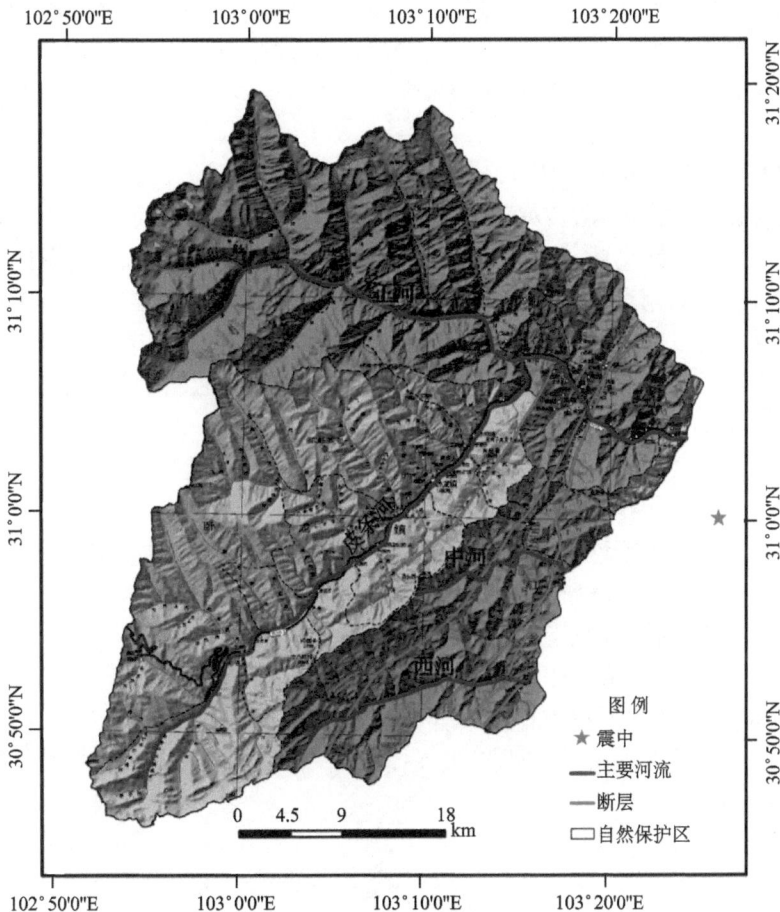

图 6-4　卧龙地区主要河流分布图

6.1.2　地震诱发的次生地质灾害

汶川 Ms 8.0 级大地震导致龙门山断裂带的中央断裂和前山断裂迅速向北东方向破裂，形成长达 300km 的地震破裂带（黄润秋和李为乐，2008；黄润秋等，2008；黄润秋，2008；何宏林等，2008）。地震造成数以万计的人员伤亡的同时，也触发了不计其数的崩塌、滑坡等地质灾害（殷跃平，2008），是迄今为止有记录的空间分布最密集、规模最大、危害最严重的地震地质灾害（许强等，2009；刘传正，2008；Huang and Li，2009）。尤其是强震区本身地质环境极为脆弱，有相当部分的岩体为经受强烈变形的变质岩体，岩体破碎松软，岩体内各种规模的节理发育，在遭遇强降水或地震时极易再次触发次生地质灾害。地震虽已过去，但地震地质灾害的影响仍将继续。为了迅速了解灾情，国土资源部、科技部、中国地质调查局等相关部门利用航空遥感影像对四川省重灾区 42 个受灾县的地质灾害进行快速排查，确定汶川、理县、茂县、北川、平武、青川、江油、安县、绵竹、什邡、彭州、都江堰等 12 个重灾县（市）均为滑坡、崩塌、泥石流灾害的易发区，综合评估 13628 个主要地质灾害点，其中，滑坡 9546 个，崩塌 3406 处，泥石流 673 处（国家减灾委员会科技部抗震救灾专家组，2008）。之前的地质灾害排查只是从宏观上对汶川地震 IX 度烈度带的地区进行初步分析，且多关注地质灾害对重灾区的居民和建筑物带来的损失，而在卧龙自然保护区内，因地势险、海拔高、坡度陡、面积广、植被多、人口分布密度小、缺少相关遥感影像资料等原因，还有很多地质灾害分布在无人居住的大熊猫栖息地，需要进一步进行详细的调查。

传统的获取灾情信息手段主要依靠实地勘测，虽然这种方法获取的数据精度和置信度较高，但存在着工作量大、效率低、费用高和信息不直观等不足（柳稼航等，2004）。尤其震后，重灾区道路交通、通信、电力全面陷入瘫痪，面对大范围地震诱发地质灾害调查时，这种传统的调查方法更显得力不从心。高分辨率卫星遥感、航空遥感等现代空间对地观测技术可以全天时、全天候、全方位、宏观、准确、迅速地获得灾情信息，并对后续次生灾害进行动态监测，已成为灾害监测、预警、评估、防治的必要调查手段（荆凤等，2008；王晓青等，2008）。

1.　次生地质灾害基本灾情

由于卧龙自然保护区跨越面积广，为了精细识别区内地质灾害，需要利用多源卫星数据才能完全覆盖研究区，研究所涉及的数据源如表 6-1 所示。

通过对多源数据进行几何校正、图幅拼接、地理配准、数据融合等一系列预处理，得到用以解译的遥感图集，利用崩塌、滑坡、泥石流等地质灾害在遥感图像上的形态、色调、阴影、纹理等差异，建立客观的解译标志，通过人工目视解译方法共识别 2291 个地质灾害点，其中滑坡 1313 个，碎屑流 818 个，崩塌 117 个，泥石流 43 个（图 6-5）。

表 6-1　数据源

名称		分辨率/比例尺	获取时间
遥感卫星数据	德国 Rapideye 卫星	5m	2013.10
	法国 SPOT～5	2.5m	2009.1
	高分～1	2m	2012.1
	美国 IKONOS	1m	2009.1
	QuickBird	0.6m	2008.8
	Landsat TM，ETM	30m	2007.9/2009.9/2015.9
DEM 数据	ASTER	30m	2009.6
地形图数据	保护区地形图	1∶50000	1975
地质图数据	保护区地质图	1∶200000	1975
水系分布图	保护区地形图	1∶50000	1975
道路分布图	保护区地形图	1∶50000	1975

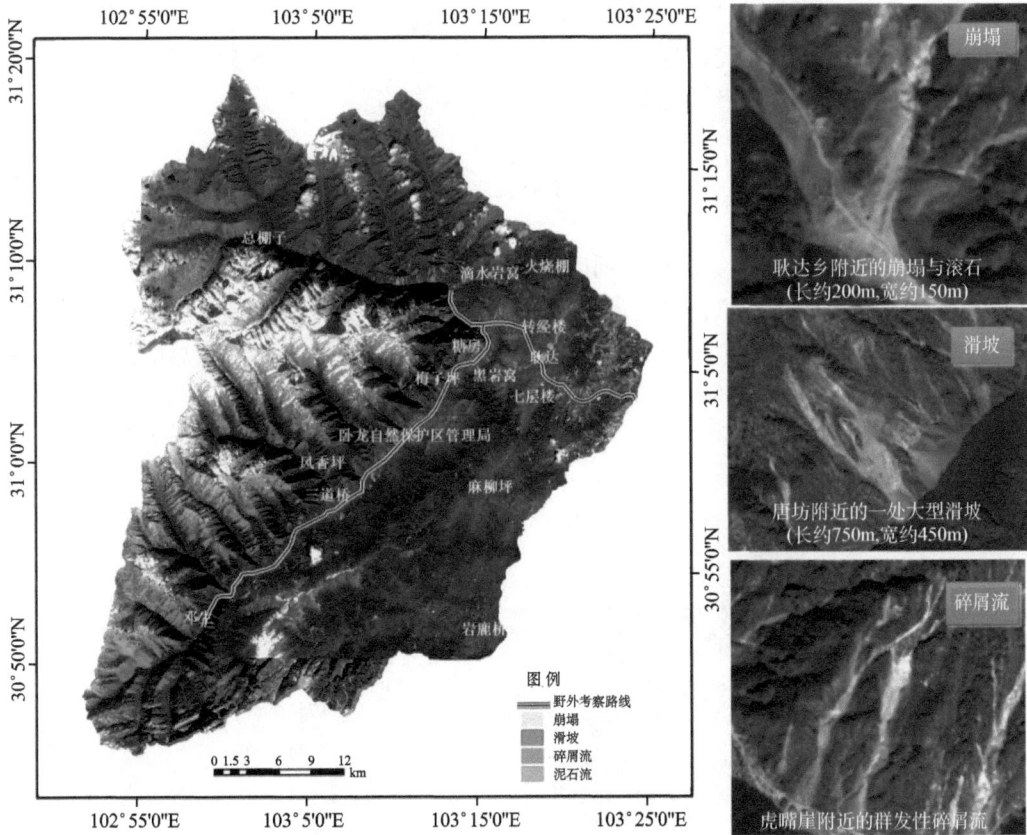

图 6-5　地质灾害分布图

2. 地质灾害基本特征

从地质灾害的分布来看，主要集中在耿达乡转经楼东北部、正河及其支流两侧、省道 S303 公路两侧、鹿岩桥等区域。对地质灾害的类型、面积、体积统计，总结卧龙区域的地震地质灾害有以下特征。

1）类型上，以滑坡、碎屑流居多，崩塌次之，泥石流最少

其中滑坡 1313 个，约占地质灾害总数的 57.3%，碎屑流 818 个，约占地质灾害总数的 35.7%，崩塌 117 个，约占地质灾害总数的 5.1%，泥石流 43 个，约占地质灾害总数的 1.9%，灾害总面积达 9460hm^2，约占保护区面积的 4.6%（图 6-6）。

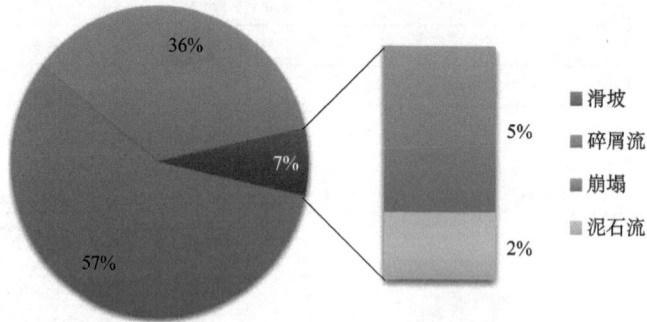

图 6-6　卧龙保护区地质灾害类型构成

2）规模上，以大面积、大体积的巨型崩塌体居多

特大型和巨型崩塌体控制着灾害体总面积，其中面积大于 1hm^2 的占总地质灾害的 66%，体积为大型（$100×10^4 \sim 1000×10^4 m^3$）和巨型（$>1000×10^4 m^3$）占总数的 70%（图 6-7、图 6-8）。大规模的山体崩滑改变山河面貌，冲垮道路交通，破坏生态环境，对大熊猫等野生动物也造成一定影响。

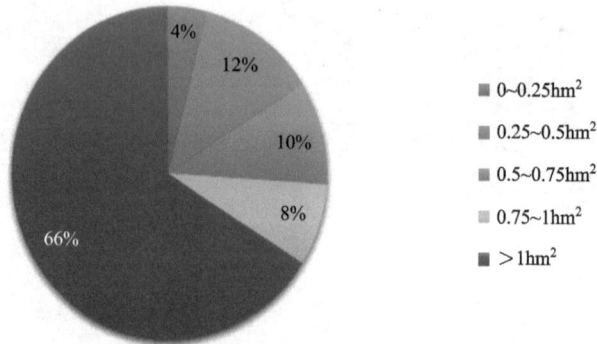

图 6-7　卧龙保护区地质灾害面积统计

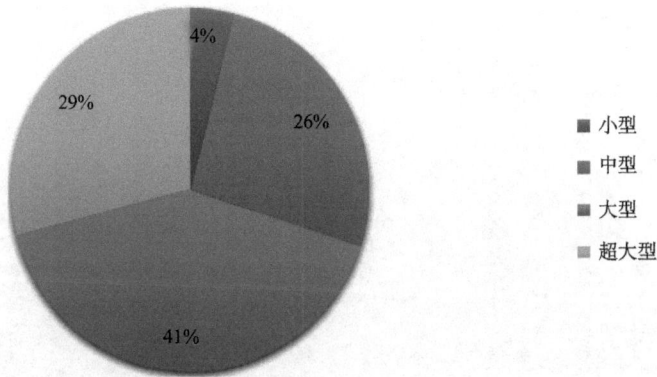

图 6-8　卧龙保护区地质灾害体积统计

3）造成大量的不稳定坡体

地震导致大量的山体开裂，形成大量的不稳定坡体。据野外考察，在贯穿卧龙自然保护区的 S303 省道周围分布着大量的地震造成的次生滑坡、碎屑流、倒石堆，沿途的公路恰好穿过坡体前缘造成二次切坡，加大了滑坡的下滑力，导致稳定性大大降低，在遇到降水或地震等诱发因素下，很容易发生二次滑坡，造成人员伤亡（图 6-9）。

图 6-9 滑坡位于新华村附近，长约 70m，宽 50m，高 40m，坡体的滑坡后壁由 5·12 汶川地震引起，但在 2014 年 6 月 19 日，即考察的前一天，连续的强降雨，致使滑坡体应力发生变化，坡体表面的堆积物大量下滑，阻断了旁边的公路。

3. 次生地质灾害影响因子及区域分布特征

滑坡的发育受控于很多因素，如地形、地层岩性（易滑动地层）、地质构造（特殊构造部位、断层破碎带等）、河谷切割密度（区域内线性沟谷分布）等，深入研究每一个主控因素与滑坡发育之间的关系，对研究滑坡的发生和分布规律是十分重要的。因此，研究从坡度、坡向、高程、地层岩性、距离断层、距离水系、距离道路、NDVI 等不同方面，利用相对密度来定量描述地质灾害与各影响因子之间的关系：

(a) 新华村滑坡(镜头向北西)

(b) 新华村滑坡(镜头向南东)

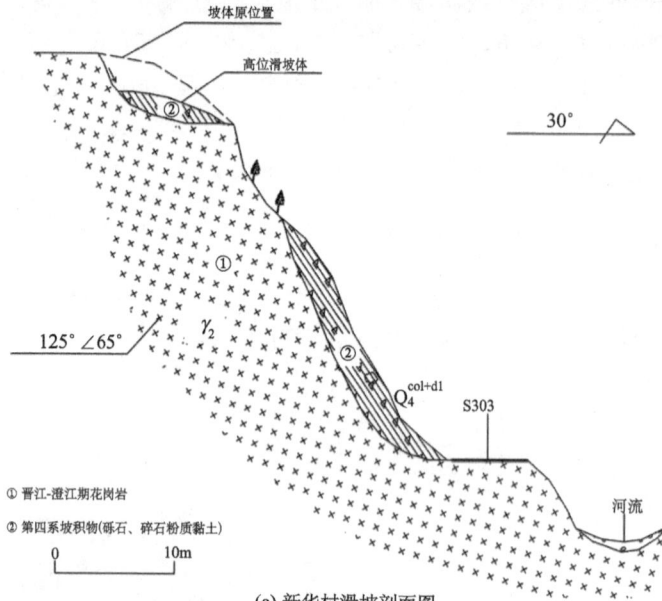

① 晋江-澄江期花岗岩

② 第四系坡积物(砾石、碎石粉质黏土)

0   10m

(c) 新华村滑坡剖面图

图6-9 新华村现场调查图

$$P = \frac{N_i}{N} \bigg/ \frac{S_i}{S} \tag{6-1}$$

式中，N 为研究区地质灾害的总个数；S 为研究区总面积；N_i 为分布在 x_i 类别内地质灾害的总个数；S_i 为研究区内含评价因素 x_i 的面积。

与坡度的关系：坡度是影响坡体稳定性的重要因素，它控制着坡体应力分布，随着坡度的增大，应力向坡角集中，为斜坡有效临空面的产生提供了必要的应力条件。同时，坡度还制约着地表物质和能量的再分配，对地表水径流、斜坡地下水的补给与排泄，松散物质堆积厚度、植被盖度等起着决定性的控制作用（Lee and Min，2004; Saha et al.，2005; Ercanoglu and Gokceoglu，2002）。因此，坡度是直接控制斜坡稳定性的主控因素。通过对研究区坡度图分级，将灾害点和坡度进行统计分析，得到绝大多数的地质灾害点分布在 20°～50°的坡度区间内，见表 6-2，且分布密度随着坡度的增大而增大（图 6-10）。

表 6-2　灾害点与坡度的关系

坡度/（°）	相对面积/%	灾害点出现频率/%	相对密度
0～10	7.3	2.56	0.3517
10～20	15.81	9.37	0.5925
20～35	42.08	33.27	0.79
35～50	29.36	42.7	1.45
>50	5.43	12.02	2.21

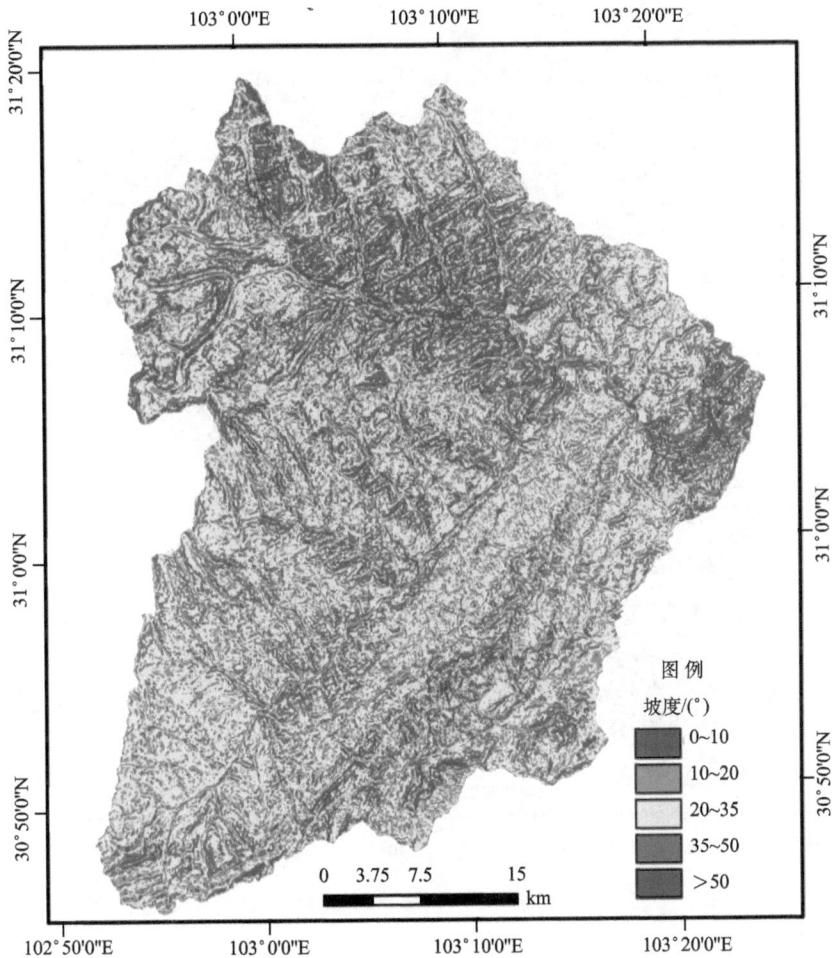

图 6-10　研究区坡度分布图

与坡向的关系：不同斜坡坡向的太阳辐射强度等条件不同，影响蒸发量、植被覆盖、坡面侵蚀等诸多因素，从而影响了斜坡地下水孔隙压力的分布及岩土体物理力学特征，因而进一步影响了斜坡及滑坡的稳定性（陈晓利等，2009），而在地震中这种方向效应表现得尤为明显。在与发震断裂带近于垂直的沟谷斜坡中，在地震波传播的背坡面一侧的滑坡发育密度明显大于迎坡面一侧，一般称这种现象为"背坡面效应"（许强等，2009）。通过对研究区坡向图分级，将灾害点和坡向进行统计分析，结果见表 6-3，可见大多数灾害点相对密度呈现南面坡多于北面坡，其中东南、南向最大（图 6-11）。

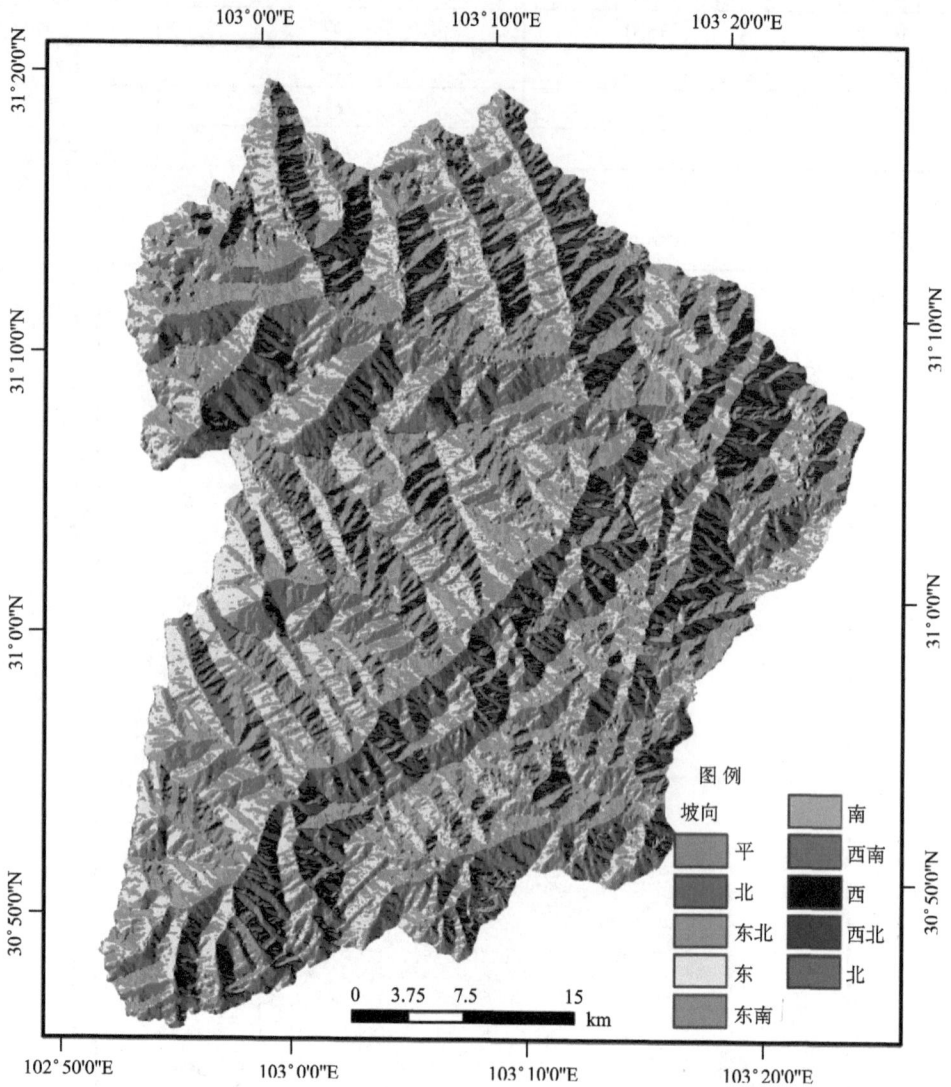

图 6-11　研究区坡向分布图

表6-3 灾害点与坡度的关系

坡向	相对面积/%	灾害点出现频率/%	相对密度
平	0.00001	0	0
北	11.7	10.8	0.859
东北	11.8	5.98	0.5064
东	15.5	12.43	0.798
东南	14.20	21.1	1.4853
南	12.35	16.8	1.364
西南	12.63	11.06	0.875
西	10.48	8.4	0.808
西北	11.17	13.96	1.248

与高程的关系：严格意义上讲，单一的高程因子与滑坡的变形失稳之间无直接的关系。然而，高程可以控制坡体内应力值的大小，随着坡高的增加，应力值会显著增加，其次，不同的高程影响到不同的问题，如不同的水系发育程度、不同的植被覆盖及不同的人类干扰等。卧龙自然保护区，山地发育，高差大，坡度陡峭，高程变化范围为1194～5789m。从灾害点和高程的关系可以看出，灾害点主要分布在1179～3500m，其中1500～2000m的相对密度最大，2000～2500m的灾害点数量最多，见表6-4和图6-12。

表6-4 灾害点与高程的关系

高程/m	相对面积/%	灾害点出现频率/%	相对密度
1179～1500	0.319	0.6	1.880
1500～2000	5.02	12.4	2.483
2000～2500	12.45	26.0	2.094
2500～3000	16.27	24.3	1.497
3000～3500	17.11	18.3	1.069
3500～4000	18.51	17.1	0.926
4000～5789	30.29	0.98	0.0324

与地层岩性的关系：地层岩性是产生滑坡的物质基础，一定地区的滑坡发生于一定的地层之中。岩石的类型和软硬程度，以及层间结构决定岩土体的物理力学强度、抗风化能力、应力分布和变形破坏特征，进而影响到坡体的稳定性和地表侵蚀的难易程度，是崩塌、滑坡形成的重要影响因素和内在条件之一（向灵芝等，2010）。研究区内前古生代至中生代三叠纪地层发育齐全，缺失中生代侏罗纪、白垩纪和新生代古近纪和新近纪的地层。根据统计分析可以看出，地质灾害发生最频繁的多在最古老的燕山期花岗岩地层中（表6-5）。

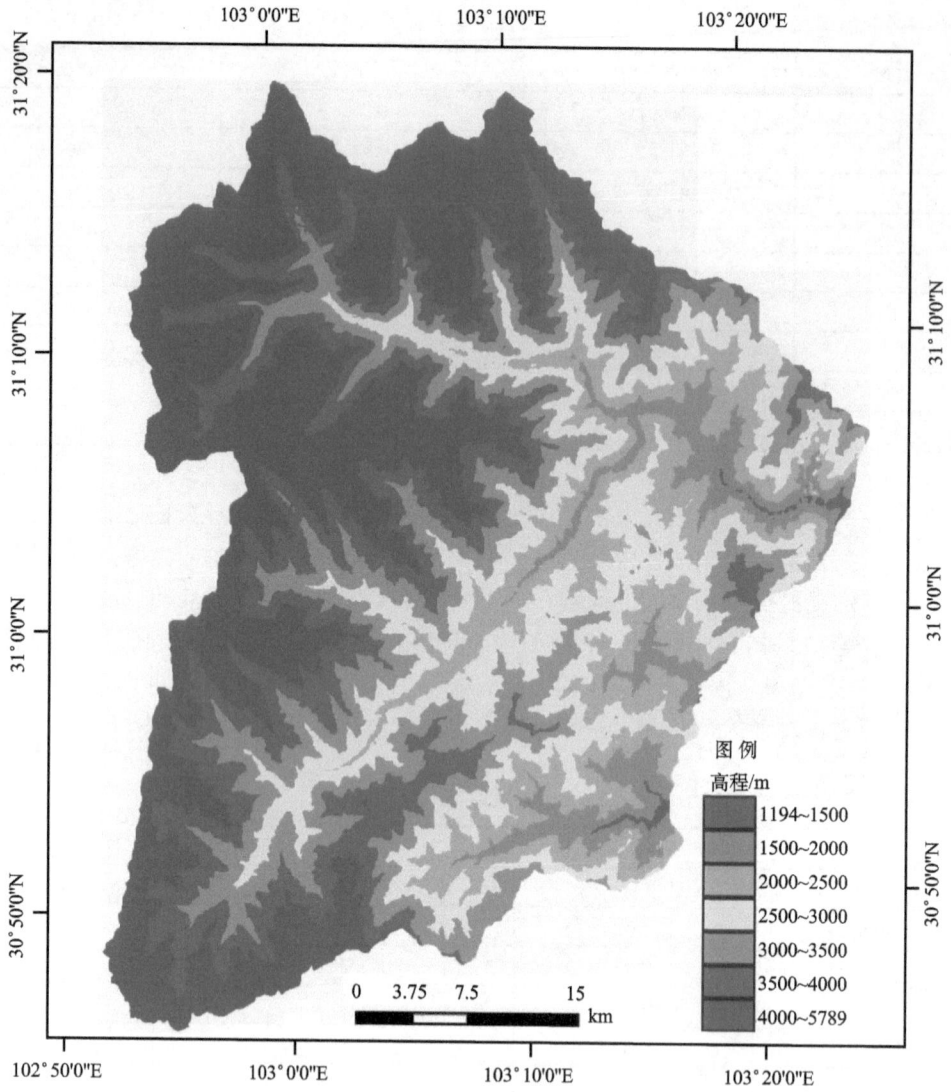

图 6-12　研究区高程分布图

表 6-5　灾害点与地层的关系

地层	相对面积/%	灾害点出现频率/%	相对密度
η_5^{1b}	0.296	0	0
ζ_5^{1b}	0.296	0	0
$\gamma_{o2}^{(4)}$	2.47	17.4	7.06
γ_5^{2b}	3.1	0	0
Pthn1	0.065	0.08	13.47
$\gamma_{\delta2}^{(4)}$	1.56	6.33	4.057
$\delta_2^{(3)}$	2.13	12.9	6.051
$\gamma_2^{(4)}$	0.136	0.24	1.806

续表

地层	相对面积/%	灾害点出现频率/%	相对密度
Smx^2	0.494	0.40	0.829
Smx^3	2.30	2.26	0.984
Smx^4	9.403	3.90	0.415
Smx^5	2.27	1.58	0.696
D_{yl}^1	0.109	0.24	2.24
D_{yl}^2	0.03	0.08	2.68
D_{2y}	0.603	0.13	0.226
D_{2g}	0.386	0.6	1.554
D_{wg}^1	4.831	2.97	0.616
Dwg^2	12.92	13.5	1.046
D_{2+3}	0.156	0	0
P_1	0.832	0	0
P_2	0.067	0	0
T_{1b}	6.52	9.0	1.39
T_{2z}	17.05	10.81	0.634
T_{3zh}	16.21	0.4	0.025

与断层距离的关系：构造作用是影响滑坡发育的重要因素，它不仅是单个滑坡发生发展的必要条件，同时也是区域性滑坡特点的直接控制因素，在大的构造断裂带附近滑坡往往成群出现（Foumelis et al., 2004）。事实证明，地质灾害常常产生在地质构造强烈，断裂褶皱发育，岩层破碎的地区。距离断裂带越近，岩石越破碎，有利于风化，形成带状风化壳，从而降低坡体的完整性，为地质灾害发生提供有利条件。统计表明，研究区内地质灾害多发生在离断裂带 0~2000m 内，其中在 800~2000m 范围内分布最多，见表 6-6 和图 6-13。

表 6-6　灾害点与断层距离的关系

距断裂带距离/m	相对面积/%	灾害点出现频率/%	相对密度
0~200	2.88	1.72	0.59
200~400	2.62	1.93	0.739
400~600	2.64	1.74	0.662
600~800	2.40	2.75	1.154
800~2000	12.32	17.2	1.396
>2000	77.1	74.6	0.967

与水系距离的关系：河流的侵蚀也是影响滑坡的重要因素之一，主要表现为侵蚀对斜坡前缘抗力的削弱和临空面的增加，从而影响斜坡的稳定性（Gokceoglu and Aksoy, 1996; Saha et al., 2002）。通过对研究区统计得出，大多数地质灾害分布在距离河流 100~

500m 之内，其中在 300～400m 处分布最多（表 6-7、图 6-14）。

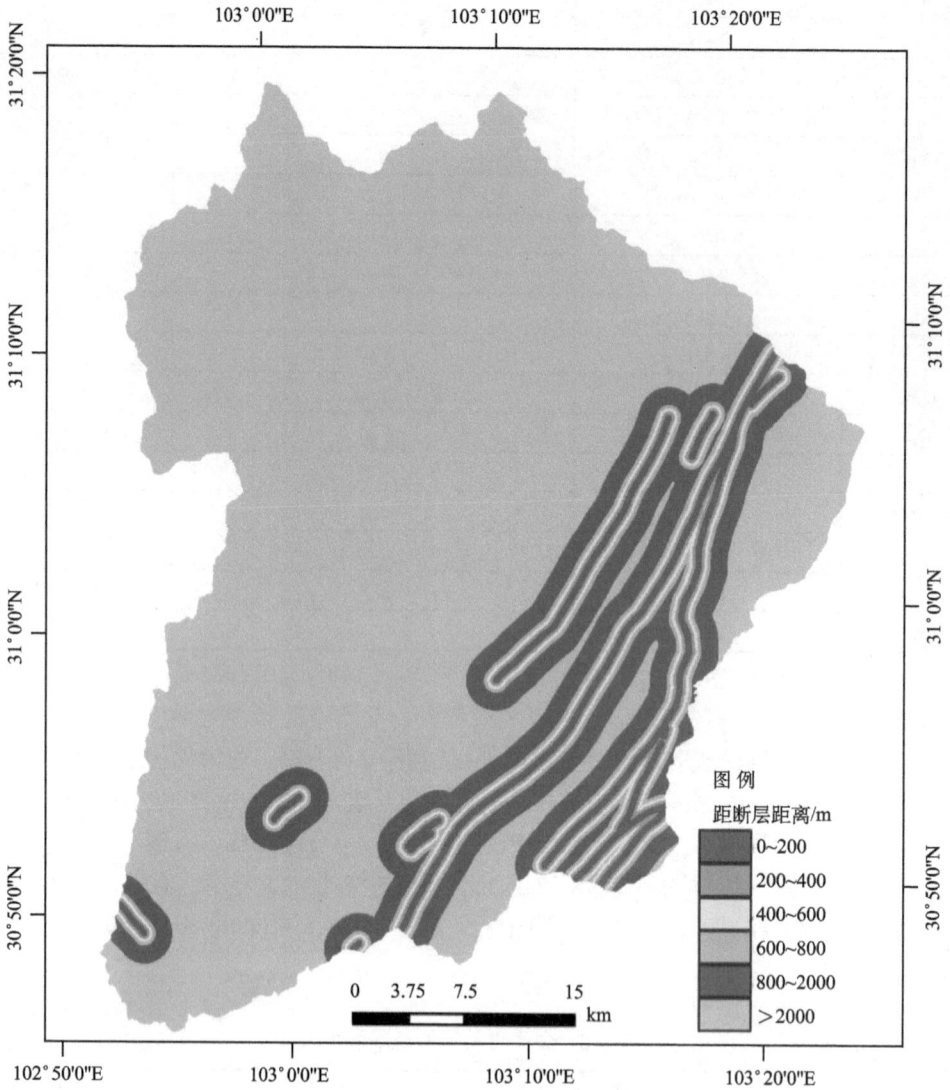

图 6-13 研究区距断层距离分布图

表 6-7 灾害点与水系距离的关系

距河流距离/m	相对面积/%	灾害点出现频率/%	相对密度
0～100	13.9	8.0	0.575
100～200	11.28	14.0	1.244
200～300	11.6	19.4	1.674
300～400	9.3	17.0	1.828
400～500	9.19	13.4	1.468
>500	44.6	27.9	0.626

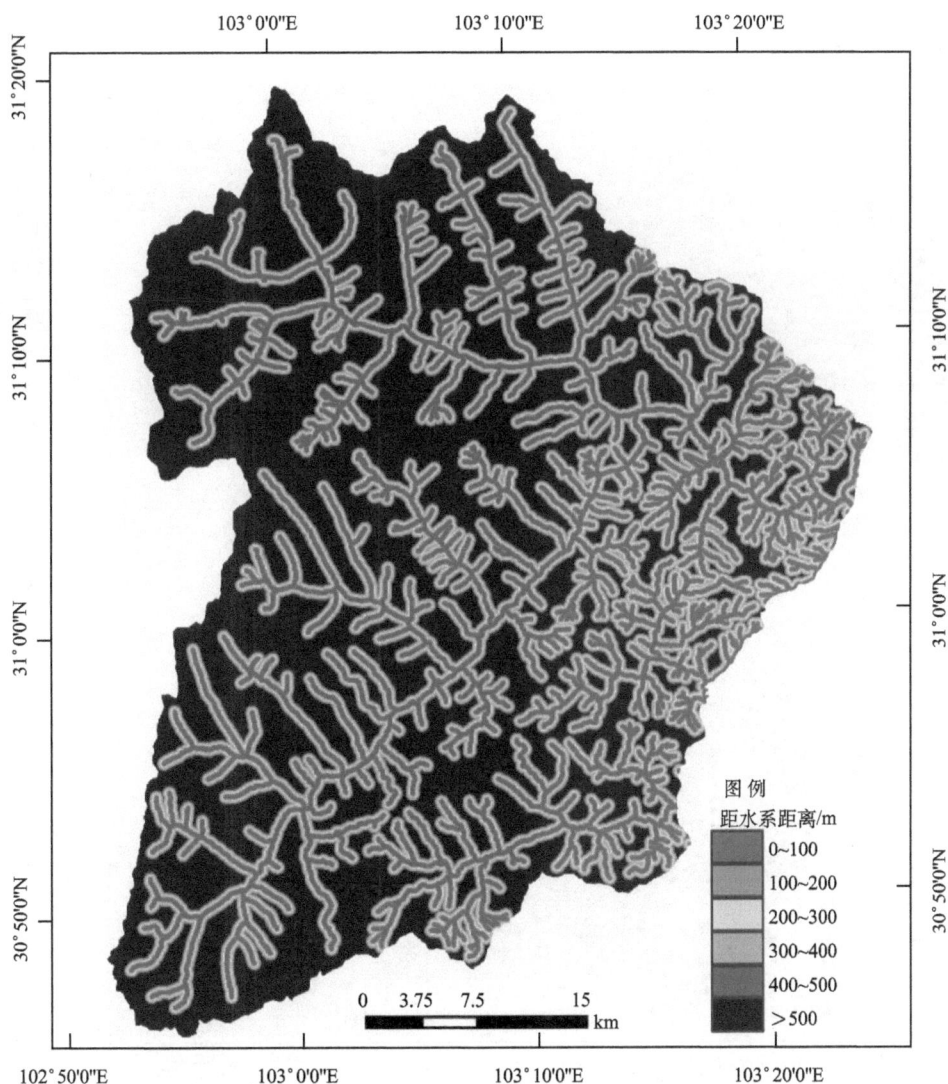

图 6-14 研究区距水系距离分布图

与道路的关系：随着人类对自然改造的强度和频度增大，修路、开挖、填方、工程爆破、建筑荷载、毁林开荒等一系列人类活动也会成为诱发地质灾害的因素。根据统计可以得出，距离道路 200~400m 处，地质灾害分布较多（表 6-8、图 6-15）。

表 6-8 灾害点与道路距离的关系

距道路距离/m	相对面积/%	灾害点出现频率/%	相对密度
0~100	6.13	5.8	0.956
100~200	4.94	5.51	1.116
200~300	5.10	7.45	1.460
300~400	5.07	7.24	1.427
>400	73.5	73.9	1.004

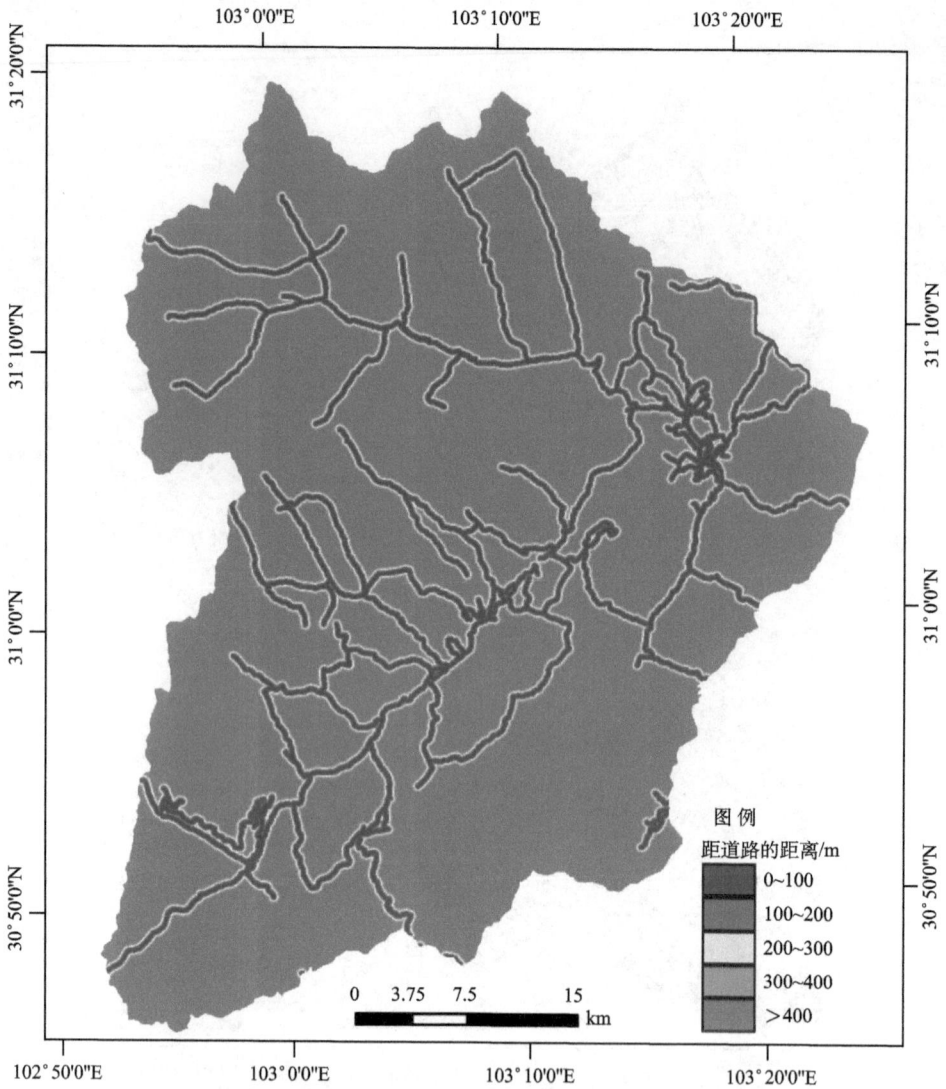

图 6-15　研究区距道路距离分布图

与植被覆盖的关系：植被对地质灾害发育和稳定性也有深刻影响。植物的根系深入土壤，可以使土壤表层强度提高，相当于锚杆的作用，且根系越大越深，所起的作用就越强，从而能有效抑制或削弱斜坡变形，降低滑坡发生概率。此外，植被覆盖区域，可以减少气候因素（如降雨等）的影响，减少对土体的侵蚀，因此减少坡体滑动的概率。通常反映植被覆盖的一个重要指标是归一化植被指数值，NDVI值越大，代表植被生长力越高，发生滑坡概率越小，反之亦然（肖胜等，2003; Banair, 1995）。通过统计可以看出 NDVI 在 0.108～0.28 的区域，地质灾害相对密度最大（表 6-9、图 6-16）。

表 6-9　灾害点与植被覆盖的关系

NDVI	相对面积/%	灾害点出现频率/%	相对密度
<−0.2	0.018	0	0
−0.2～0.063	19.8	11.6	0.585
0.063～0.108	15.1	6.15	0.405
0.108～0.28	9.9	25.8	2.610
0.28～0.45	20.8	33.24	1.592
0.45～0.76	34.2	23.15	0.6763

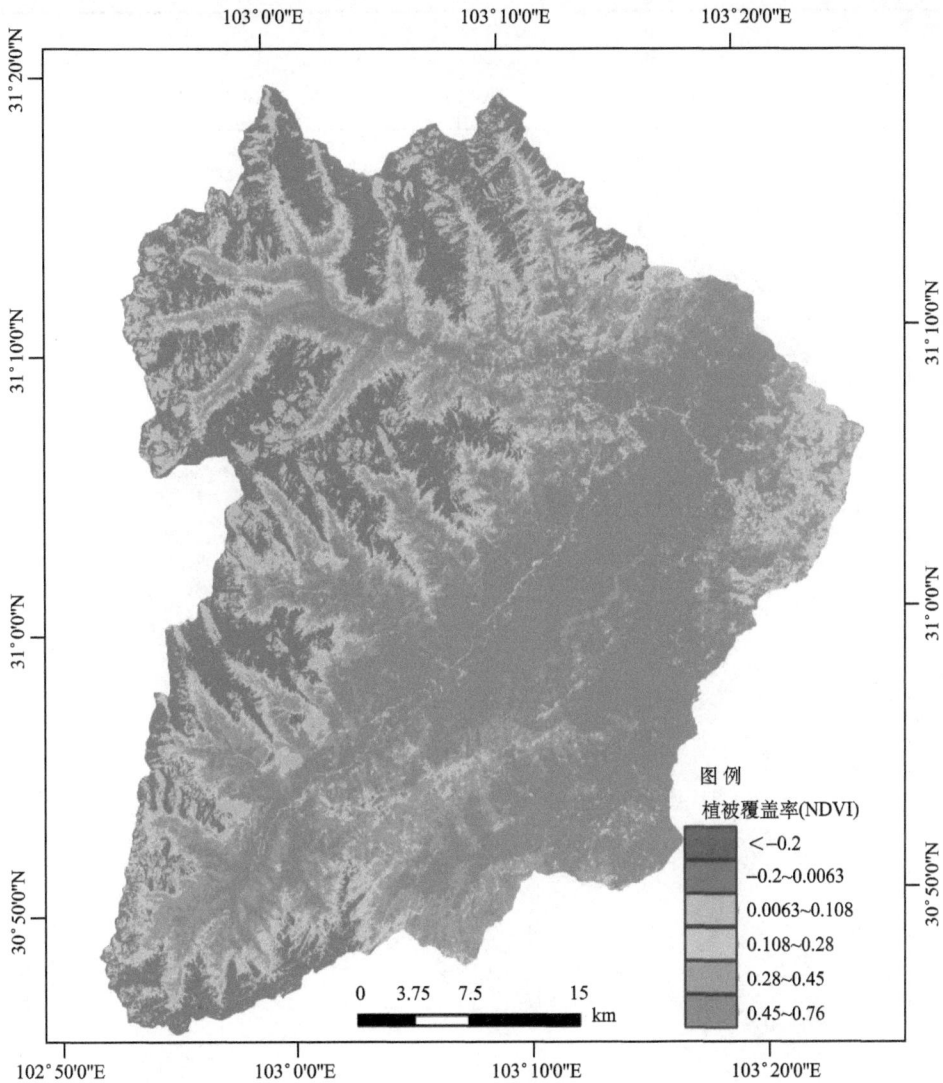

图 6-16　研究区植被覆盖分布图

与剖面曲率的关系：剖面曲率理论上指坡体沿最大斜率的坡度变化，可称为坡度的坡度（Wilson and Gallant，2000）。曲率为正说明该像元的表面向上凸，曲率为负说明该像元的表面开口朝上凹入，值为 0 说明表面是平的。坡面曲率影响着河流侵蚀过程（Ercanoglu and Gokceoglu, 2002; Oh and Pradhan, 2011）。通过统计得出，地质灾害在剖面曲率为凹、凸均有分布，平处较少（表 6-10、图 6-17）。

表 6-10 灾害点与剖面曲率的关系

剖面曲率	相对面积/%	灾害点出现频率/%	相对密度
平	80	61.4	0.767
凸	9.76	12.3	1.265
凹	10.22	26.2	2.564

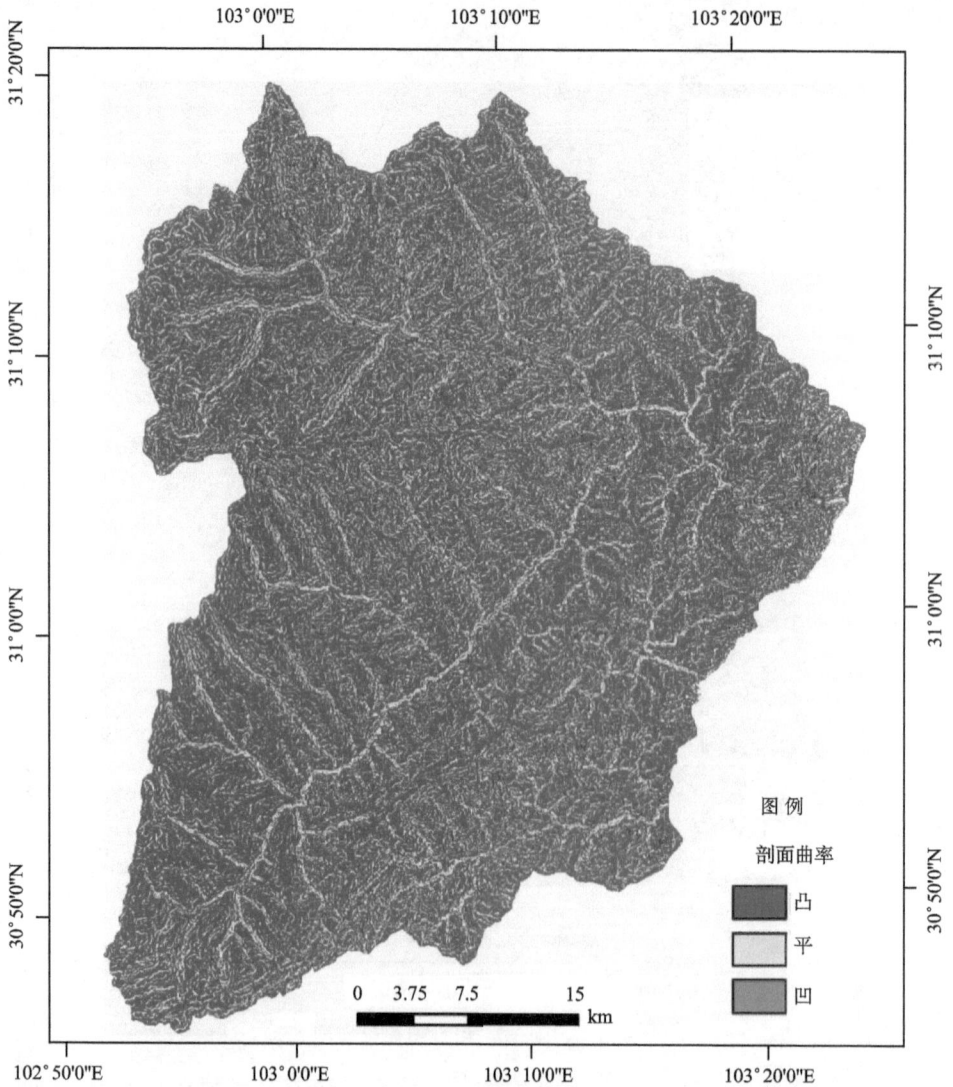

图 6-17 研究区剖面曲率分布图

6.1.3　地质灾害空间易发性评价

汶川地震对保护区大熊猫及相关科研基础设施造成巨大破坏，多名工作人员在地震中丧生。尤其是核桃坪大熊猫研究中心内的大熊猫圈舍几乎被滑坡掩埋，无法继续使用（图 6-18）。地震后，生活在研究中心的熊猫一死一伤，6 只失踪，之后在山中找回 5 只，仍有一只失踪未果（Cheng and Song, 2008），至于野生大熊猫死亡数量，目前暂不可知。为了最大程度降低地质灾害对大熊猫等珍稀动物的影响，必须从地质灾害本身的特征出发，掌握其空间分布形态、位置、规模、频率及其相互关系，评估地质灾害的空间易发性，从而搞清楚哪个区域更容易发生地质灾害，发生的概率有多大，得到的结果为野生大熊猫保护，以及震后恢复和重建工作的科学选址提供科学依据。

图 6-18　震后中国大熊猫研究中心核桃坪野化训练基地

1. 影响因子选择

地质灾害的发生是各种内、外影响因子综合作用的产物，研究滑坡的形成条件和影响因子是滑坡形成机理及其评价研究的一个重要部分。Aleotti 和 Chowdhury（1999）曾经明确指出，在评价地质灾害的易发性时，识别导致斜坡失稳、引起滑坡的因素是非常重要的一项基础性工作。研究上文所述的坡度、坡向、高程等九个因子作为影响地质灾害发生的主控因素参与评价。

2. 评价模型选择

目前，评价模型总的来说可以概括为定性和定量两大类。定性的方法也就是专家打分法，是滑坡灾害评价中应用最广泛的一种方法，主要依赖于评价者的个人经验，因人而异、因地而异。一般在小比例尺且资料不全时，需要宏观上了解某区域地质灾害的易发性概况时往往用此法。但是，为了弥补专家打分过程中带有相对较高主观成分的不足，用统计分析的手段确定不稳定过程综合因素的参数，然后将其应用到条件相同但还未受滑坡影响的地区进行定量或半定量的评价专家。例如，二元统计（Brabb et al., 1972; Yilmaz and Yildirim, 2006; Constantin et al., 2011）、多元统计（Carrara, 1983; Chung et al., 1995; Piegari et al., 2009; Pradhan, 2010a; Nandi and Shakoor, 2010）和逻辑回归（LR）（Lee and Pradhan, 2007; Nefeslioglu et al., 2008a, 2008b; Yilmaz, 2009; Pradhan, 2010a, 2010b, 2011a, 2011b; Süzen and Kaya, 2012; Felicisimo et al., 2013），这些统计分析方法以滑坡会发生在相似的地形、地质与地震等条件下为前提，以实际发生滑坡为基础，开展不同的地震滑坡影响因子对地震滑坡的影响作用研究，从而可以得到客观的地震滑坡易发性或危险性评价结果。

近年来发展的人工神经网络模型和支持向量机模型克服了统计学方法要求因变量必须是二分类的问题，也广泛应用于地质灾害评价（Pradhan et al., 2010a, 2010b; Sezer et al., 2011; Oh and Pradhan, 2011; Tien et al., 2012; Micheletti et al., 2013; Meng et al., 2015）。事实上，每一种方法都有各自的利弊，研究分别采用逻辑回归、层次分析、模糊支持向量机三种模型进行评价并比较研究结果。

3. 评价结果

根据上文所述三种不同评价模型（逻辑回归、层次分析和模糊向量机 F-SVM）和 9 个影响崩塌滑坡等地质灾害的影响因子（坡度、坡向、高程、地层与岩性、距断层距离、距道路距离、距水系距离、植被覆盖、剖面曲率），将 70%的地质灾害点作为训练样本（剩余 30%作为测试样本做精度验证）进行地质灾害易发性评价及易发性等级划分（图 6-19～图 6-21）。

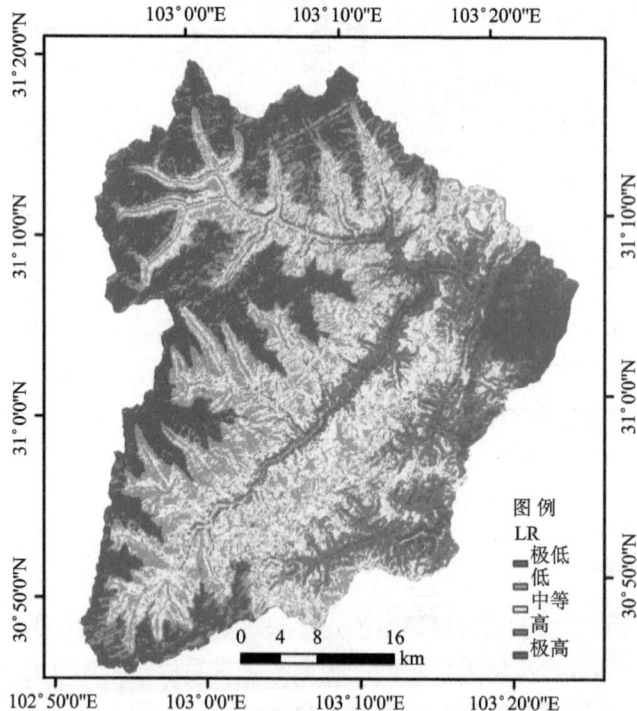

图 6-19　基于逻辑回归模型的卧龙地质灾害易发性区划图

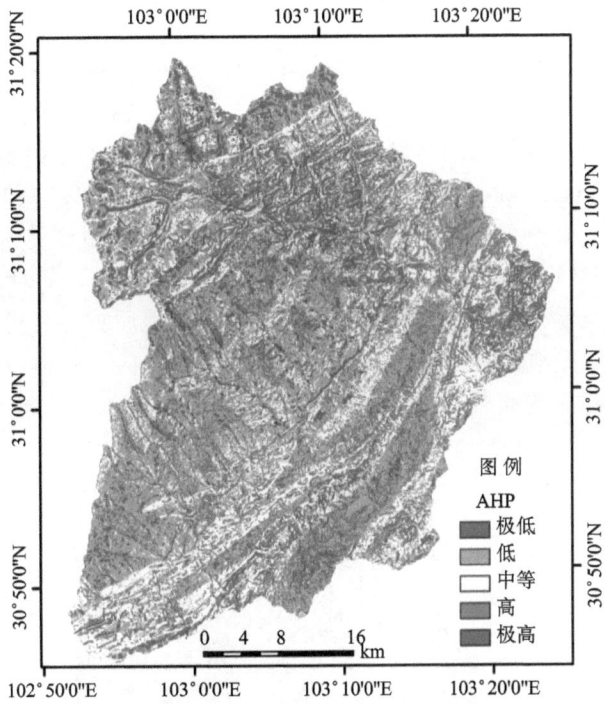

图 6-20　基于层次分析模型的卧龙地质灾害易发性区划图

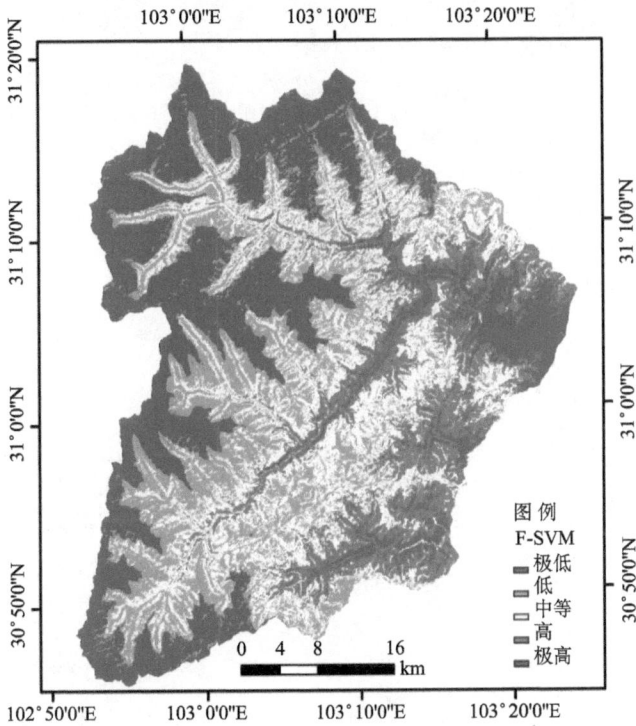

图 6-21　基于模糊支持向量机模型的卧龙地质灾害易发性区划图

根据地质灾害易发性指数的标准差，将其划分为极高、高、中等、低、极低 5 个不同等级（图 6-22）。从不同区域所占研究区总面积的分布来看，逻辑回归模型和模糊支持向量机两种方法所得评价结果的分布相对一致，均将 5%的研究区面积划为极高易发区域、18%左右的面积划分为高易发区、27%左右的面积划分为中等易发性区，与层次分析法（analytic hierarchy process，AHP）方法所得结果在低易发区和极低易发区的划分上有一定差异，基于 AHP 所得结果将 30.9%、9.8%左右的面积为低易发区和极低易发区，而逻辑回归和 F-SVM 所得结果约为 20%、28%区域划分为低易发区和极低易发区。从地质灾害的地理分布上看，基于逻辑回归和 F-SVM 所得地质灾害易发区域划分明显，主要集中在保护区入口处耿达乡东北部古老的燕山期花岗岩区、省道 S303 公路两侧，以及皮条河、中河、西河的河谷盆地。

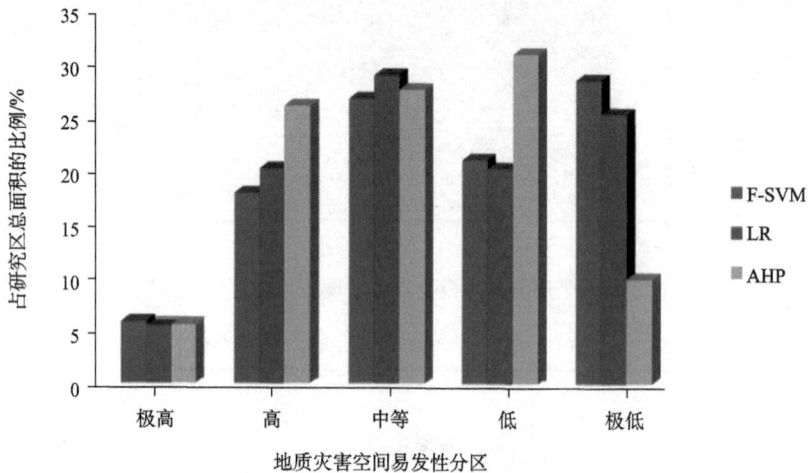

图 6-22　基于三种不同模型的地质灾害空间易发性分区分布图

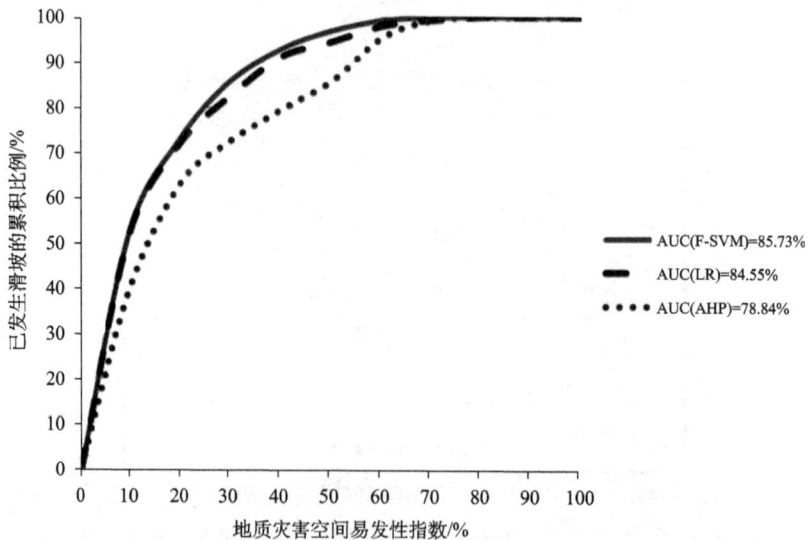

图 6-23　地质灾害易发性评价方法精度对比图

4. 精度验证

评价方法的优劣需要接受一定精度验证,研究引用成功率验证法,选用曲线下面积(area under curve, AUC)来定量衡量和比较模型的评价精度,AUC 值越接近 1,说明模型的性能越好,反之亦然(Chung et al., 1995)。其中 X 轴表示地质灾害易发性风险指数的累积百分比,Y 轴表示地质灾害发生的累积百分比(图 6-23)。从累积频率曲线和 X 轴包围的面积来看,F-SVM、逻辑回归、AHP 三种方法对应的值分别为 85.73%、84.55%、78.84%,说明逻辑回归和模糊向量机模型评价精度相差不大,与实际情况较吻合,其中模糊向量机模型略胜一筹。

6.2　震后山体滑坡监测与评估

滑坡指的是斜坡上的岩石或土体受雨水冲刷、地震或者人类活动等因素的影响,在重力作用下发生大规模整体或者分散滑动的现象。滑坡的发生与岩土类型、地质构造、地形地貌、水文,以及诸多诱发因素密切相关。我国滑坡发生的特点是频率高,规模大,每年都使自然环境和人民的生命财产遭受巨大损失。其中四川省,包括世界自然遗产–中国大熊猫栖息地,滑坡灾害最为严重,原因是这个地区断层活跃,地震频发,深沟峡谷遍布,岩石破碎而且夏季降水量大。截止到 2008 年,四川省有记录的滑坡数量超过了10 万个,影响了 100 多个城市和几乎半数的乡镇(Wu et al., 2008)。2008 年 5 月 12 日的汶川 8.0 级大地震,不但造成了几十万人的伤亡和数百万人的无家可归,而且还引发了 5600 多个滑坡,覆盖了 41750 多平方千米的面积(Cui et al., 2009)。地震使得岩石变得松散和破碎,大量的斜坡变得十分不稳定,因此该地区震后滑坡发生的频率和规模要比震前大得多(Huang and Li, 2014)。

要想降低滑坡灾害的影响,风险分析和状态评估是非常重要的(Dai and Lee, 2002)。不稳定斜坡的形变,是滑坡特征分析、滑坡制图与预测最常用的指标(Chen et al., 2014)。分析灾害发生前后的动力学问题,是理解滑坡发生机制的关键。然而传统的调查方法,如水准测量、GPS 和地球物理探测,在道路不畅通的山区很难开展,而且获得的是点状数据,覆盖范围非常有限。差分干涉雷达(differential InSAR,DInSAR)技术在形变监测上有非常大的潜力,且具有全天候、全天时、广覆盖、高时空分辨率等优势。它最早的应用可以追溯到20 世纪 90 年代中叶(Fruneau et al., 1996),进入 21 世纪,时间序列差分(multi-temporal DInSAR,MTInSAR)技术因为有更精细(毫米级)的形变监测能力,在滑坡监测中有了广泛的应用(Bovenga et al., 2012; Chen et al., 2014)。用现有的 MTInSAR 技术监测滑坡现象会遇到很多挑战,如崎岖地形、茂密植被、大形变梯度、大气延迟、山区雷达图像的几何扭曲,还有 SAR 影像的数量和时空基线分布等因素,会引入较大的误差,考虑到滑坡运动的复杂性,对斜坡形变的估计和解译时常会发生错误。本实验结合现有的小基线集(small-baseline subset,SBAS),(Berardino et al., 2002)技术和分布式干涉 SAR(SqueeSAR, Ferretti et al., 2011)技术的优势,提出了一种基于高相干(coherent scatterers,CS)点和分布式(distributed scatterers)点的 MTInSAR 技术,适用于低矮植被覆盖和地形复杂的山区。通过该技术,获得了四川大熊猫自然遗产地的部分形变场，探测到了一些不稳定的斜坡。此前该区域的多数研究集中在以前的滑坡上，如滑坡的分布特征及滑坡的影响，而本实验关注于潜在滑坡的探测，这对灾害预测及降低风险更为重要。

6.2.1 实验区及数据介绍

实验区位于四川省都江堰市和汶川县（图 6-24），紧邻汶川地震中心，属于受灾最严重的地区。尤其是映秀镇，约 80%的房屋在地震中倒塌（Zhang et al., 2014）。实验区总面积约 4200km²，地形非常崎岖，海拔 500～5000m，部分地区的坡度达到了 72°。岷江从北向南穿过峡谷和紫坪铺水库，最终流入了成都平原。东北走向的龙门山断裂带，包括茂纹断层、映秀-北川断层和灌县安县断层，与山脊、峡谷平行地穿过整个实验区。岩石类型主要包括页岩、砂岩、石灰岩、板岩、花岗岩和玄武岩，年代从前寒武纪到白垩纪。该区域属于亚热带季风气候，年平均气温约 15℃，年降水量为 1200mm。50%～70%的降水出现在 6～9 月，这是引起斜坡不稳定和滑坡灾害的重要因素（Handwerger et al., 2013）。作为著名的大熊猫栖息世界遗产地，汶川地震后该区域破碎化严重，大熊猫生境斑块数量相比于震前提升了约 6 倍（Wang et al., 2008）。震后灾害也威胁到了大熊猫的生存，有发生过大熊猫死于滑坡的事件。

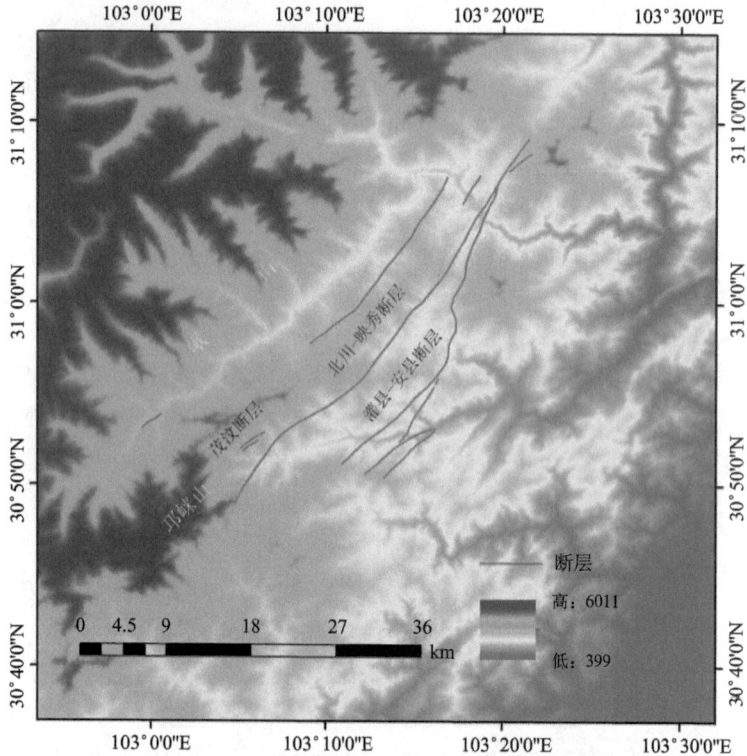

图 6-24 研究区域地形图（由 SRTM DEM 生成）

监测滑坡采用的数据是汶川地震后获取的 11 景 L 波段 ALOS/PALSAR，日期从 2008年 6 月 22 日～2011 年 12 月 13 日。地形图采用 90m 分辨率 SRTM/DEM，用于去除干涉处理中的地形相位及产品的地理编码。Google Earth 影像用于成果的展示与分析。

6.2.2　MTInSAR 技术方法论

本实验提出了一个改进的 MTInSAR 技术，用于大区域的山区滑坡监测。基本流程如图 6-25 所示，主要分为两部分。

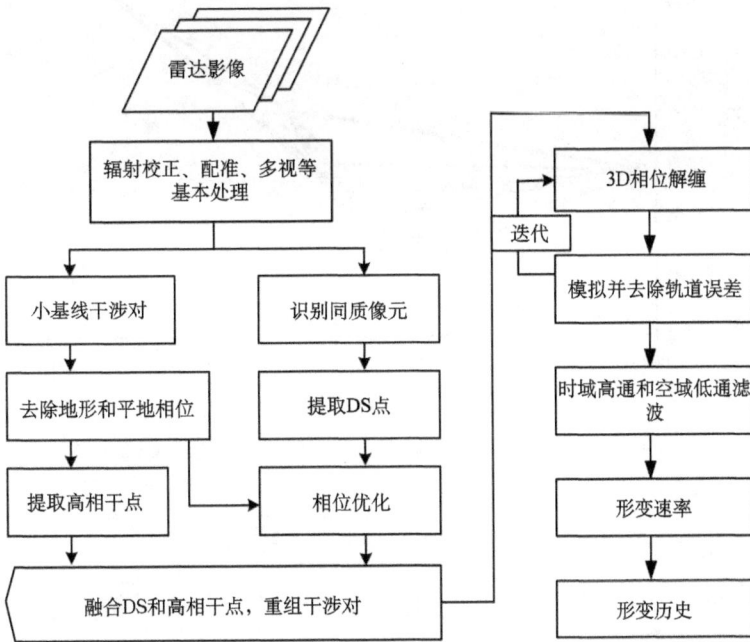

图 6-25　MTInSAR 技术流程图

1. 融合 CS 点和 DS 点

可测量目标数量稀少，分布不均匀，是阻碍 MTInSAR 技术在山区应用的主要因素。通常情况下，每平方千米 5 个点以上的密度才能保证大气相位延迟和形变参数的正确估计。永久散射体（permanent scatterers）在实验区数量非常少，代码段寄存器（code segment，CS）点的提取也受到植被等失相干的影响。数据段寄存器（data segment，DS）点指的是在一定区域内有相同时序后向散射特征的像元，它们在由低矮植被或碎石覆盖的斜坡上广泛分布。为了提高可监测点的密度，联合提取了 CS 和 DS 点，总数量达到了 180 万，覆盖了除雷达阴影和叠掩外的大部分实验区。为了提取 CS 点，首先要对干涉对进行 2×6 的多视，像元对应的地距约为 20m×20m。设置空间基线阈值为 1500m，时间间隔阈值为 365 天，共获得了 36 个干涉对（图 6-26）。

然后估计各干涉对的相干性，平均相干系数在 0.3 以上的被选作 CS 点。结果显示，CS 点的分布极不均匀，平原地区每平方千米有数百个点，而部分山区却没有一个点。DS 点的选取，要用 20×20 的移动窗口，监测窗口内有相同后向散射特征像元数量，超过 180 的可以把该像元作为 DS 点。DS 点的相干性和信噪比都比较低，为了提高参数反演的可靠性，进行复杂的相位滤波。Ferretti 等（2011）用最大似然法估计出最可能的相位来替代原始相位：

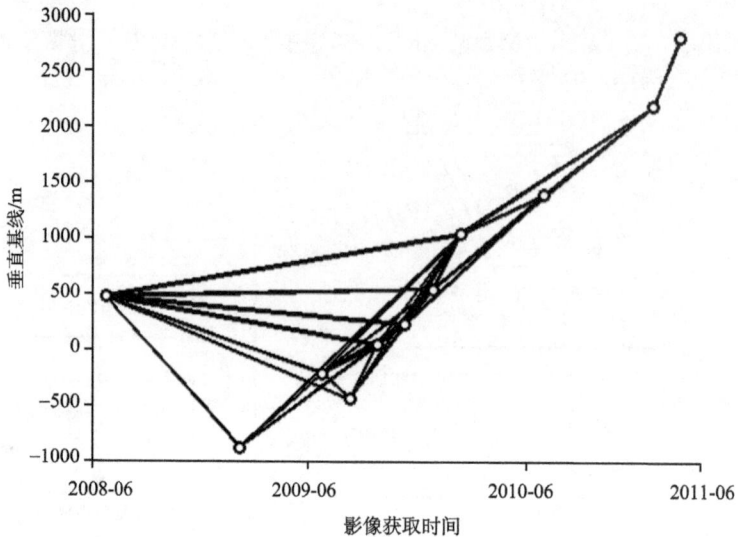

图 6-26　干涉对的时空基线分布（圆圈代表 SAR 影像）

$$\hat{\lambda} = \arg\min_{\lambda}\left\{\Lambda^{H}\big(\big|\hat{C}\big|^{-1}\circ\hat{C}\big)\Lambda\right\} \tag{6-2}$$

式中，$\hat{\lambda} = [0, \vartheta_2, \cdots, \vartheta_N]^{\mathrm{T}}$ 为 N 景影像的优化估计相位信息，第一景假设值为 0。$\Lambda = \exp(i\lambda)$，λ 为初始相位；$\hat{C}$ 为基于同质像元的复相干系数矩阵。要求解未知数，本实验采用 LBFGS（limited memory broyden-fletcher-goldfarb-shannon）算法，它在大型的非线性问题求解上有显著优势。相位优化估计后的效果如图 6-27 所示。

2. SBAS 技术进行参数估计

识别 CS 和 DS 后，未知的参数（如形变和残余高程）用星基增强系统（satellite based augmentation system，SBAS）方法估计。首先通过去除地形和平地相位得到差分干涉图，然后估计缠绕相位的 2π 整数部分，即相位解缠。失相干，点过于稀疏引起的相位 2π 以上的不连续，大的地形误差或者是快速的形变都能够引起解缠的错误。在本实验中，采用 3D 相位解缠算法（时间维和空间维）（Pepe and Lanari, 2006），它比较适合于大量的短基线的干涉对解缠。参考点选择在远离滑坡的都江堰市区，它的相位和形变都假设为 0，可以把干涉结果的相对值转换为绝对值。常规的干涉处理后，形变相位仍然会和轨道误差、大气相位，以及残余地形混淆在一起。对长波段的 PALSAR 数据来说，轨道误差能达到 30cm（Nakamura et al., 2007），这会引起地形相位的估计偏差，在山区这种现象更为严重。大气延迟可以分为湍流和层流两部分，层流是与海拔相关的，经常会被误认为地形或者形变。地形主要误差与干涉对的垂直基线是相关的，本实验首先采用最小二乘拟合的方法对地形误差进行校正去除，然后采用二次多项式去除轨道误差，线性函数去除残余地形误差，集合起来的模型如下：

$$\varnothing(x,y) = a_0 + a_1 x + a_2 y + a_3 xy + a_4 x^2 + a_5 y^2 + a_6 h(x,y) + \varepsilon(x,y) \qquad (6\text{-}3)$$

式中，x 和 y 为方位向和距离向坐标；h 为高程；ε 为残余误差相位；a_i 为待估的参数。正确解缠和去除各种相位误差之后，最小二乘求解形变速率和时序形变信息。

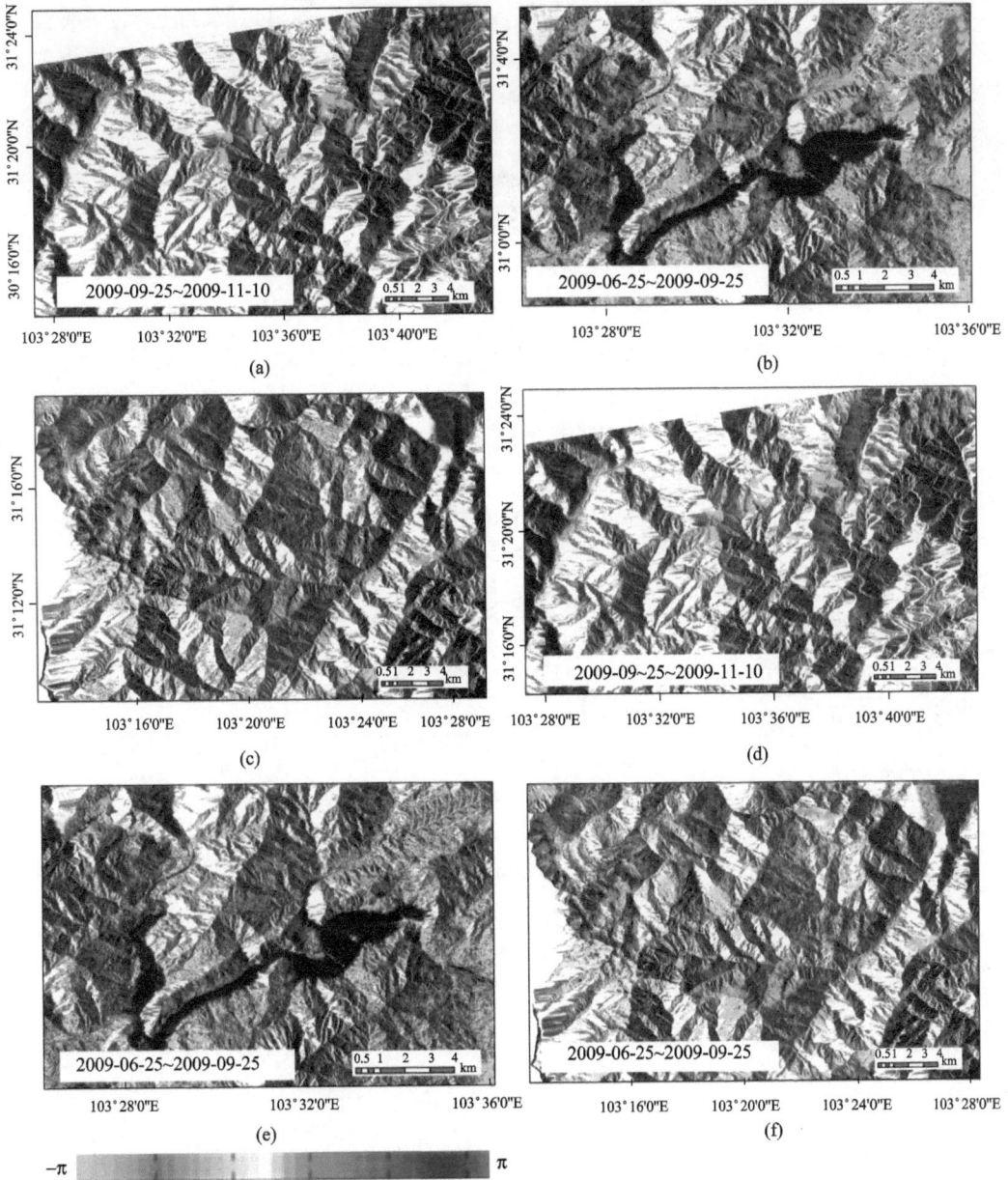

图 6-27　差分干涉相位滤波前后对比

（a）（b）（c）为滤波前的初始相位；（d）（e）（f）为滤波后的相位

3. SAR 监测滑坡的适用性分析

用干涉 SAR 技术监测滑坡，需要考虑很多因素，除了点的选择，点密度、各种误差的去除及相位解缠，SAR 影像的成像几何与地形的关系也需要仔细的分析。DInSAR 技术只能探测到传感器到地物连线，也就是视线向（line of sight，LOS）的距离变化，它是真实的地表变化投影到 LOS 向上的结果。这种单方向的测量模式把对形变的敏感性局限在近似垂直于轨道方向的平面上（Wasowski and Bovenga, 2014）。ALOS 卫星采用的是近极地轨道，倾角为 98.2°，采用右视的扫描模式，试验中数据为升轨。这种成像几何特征决定了近似朝东的缓坡的形变很容易被探测到，而发生在南北方向的形变难以探测。可以基于几何关系确定 SAR 影像上的低敏感区（形变难以探测到的区域），其表达式为

$$\text{Facing north: } (\beta > \theta / 2) \,\&\, [336.8° < \delta < 360° \,\|\, \delta < 6.8°] \tag{6-4}$$

$$\text{Facing south: } (\beta > \theta / 2) \,\&\, [156.8° < \delta < 186.8°] \tag{6-5}$$

式中，β 为斜坡坡度；θ 为 LOS 方向；δ 为坡向（从北顺时针计算）。斜坡朝向西和朝东的陡坡容易受到阴影和叠掩的影响，用 GAMMA 软件的 GEO 模块可以提取出这些区域，它们的信号对干涉处理没有用处。通过处理发现，低敏感区和叠掩/阴影在实验区分布非常广，在坡度大于 10° 的像元中，它们所占的比例分别为 12% 和 9%。这就意味着，如果滑坡是均匀分布的话，至少有 1/5 的滑坡是本实验无法监测到的。

此外，斜坡的坡度和坡向也会影响到可测量点的分布。本实验中，约 70% 的点分布在坡度 10°～50°，坡向 30°～180°（东北～南）。因为叠掩的影响，极少的点落在坡向 180°～300°。34° 的入射角意味着 PALSAR 数据对垂直形变更为敏感，如果要获得三维形变信息，需要至少三类不同照射几何的数据（包括升降轨）。对滑坡监测来说，LOS 向的形变通常要转到斜坡方向，前提是假设滑坡是沿着斜坡平移的。本实验中，仍然采用 LOS 向的形变作分析。

6.2.3　滑坡分析

InSAR 产品中，后向散射系数、相干图和 DEM 可以用来识别一些较剧烈的滑坡灾害。而形变图可以用来监测潜在的、长期缓慢发生变化的滑坡体。通过 MTInSAR 技术获取了都江堰地区约 4200km^2 的地表形变信息，形变速率值在-7～1.5cm/a。负号意味着地面目标在远离雷达传感器，再考虑到成像几何和坡向，形变速率为负的地区就可以认为是潜在的滑坡区。本实验共提取出了数十个潜在的滑坡。它们主要沿着岷江和龙门山断裂带分布，也有一些位于高海拔的山区。

1. 岷江沿岸

岷江是长江上游左岸最重要的支流，主干道约长 1279 km，流域达到了 130000 多平方千米，年径流量很大，天然落差超过了 3km。岷江上建立了数十个水电站，还包括古代著名的都江堰灌溉系统（世界遗产地）和现代紫坪铺水库。在映秀镇以北的岷江上游地区，地震和滑坡灾害发生非常频繁。该地区岩性以火山岩，碎屑岩和碳酸岩为主。在 Google Earth 影像上可以发现，几乎每个山坡上都遍布滑坡的痕迹，地表支离破碎，植

被也遭到了严重的破坏。这些滑坡的运动以大规模平移为主，有很少的旋转和后倾作用。受 SAR 成像几何（河流东岸的叠掩和西岸的阴影），以及地表失相干（由快速变化引起）的影响，该地区可监测的点较为稀少，主要集中在未破损的地表和在 SAR 影像获取时间内能保持相对稳定的已滑坡区域。形变速率如图 6-28（a）所示，数十个滑坡分布在约 40km 长的峡谷中，海拔从 1200～2000m，尺寸各异，小的滑坡有汇集生成大型滑坡的趋势。图 6-28（b）中，最严重的灾害发生在海拔较低靠近河谷的地区，已发生滑坡的区域几乎占了总面积的一半。这些滑坡尺寸最大的有 400m 宽，700m 长。平均地表形变速率约为–3cm/a，预示着该地区的斜坡仍然是不稳定的，还有再次发生灾害的可能。图 6-28（c）中的山坡为东南朝向，平均坡度约为 40°，其上面发生的滑坡数量极多，最大的长度超过了 1km，整个坡面已经变得支离破碎。形变结果显示，先前滑坡下端的坡面要比低位置靠近河流的坡面更不稳定。图 6-28（e）中的斜坡位于银杏乡附近，朝向为东，平均坡度约为 50°，左右两侧的地表都被巨大的滑坡体严重破坏。先前滑坡体的下边界[如图 6-28（e）中的黑线所示]与 InSAR 反演的不稳定区域的边界是基本平行的，约–5cm/a 的形变速率预示着先前的滑坡区域现在仍然处于不稳定状态，再次发生大规模滑动的可能性非常大。这可以解释为经过上次滑坡后，大量的石块和泥土累积在滑坡体的下部边缘，在重力作用下，经过降水等因素的诱发又有形成灾害的可能。从中选取三条剖面线进行形变分析，其结果如图 6-29 所示。

图 6-29 中相邻红色虚线之间标示的区域即为潜在的滑坡区，由此可见通过形变的差异可以识别出潜在的滑坡体。另外图 6-28（e）中左下侧有块区域形变速率在–2～–4cm/a，主要原因是道路施工、房屋修葺等人类活动引起的。图 6-28（d）展示了三个不稳定点的形变历史，它们的形变速率分别是–4.3cm/a、–1.7cm/a 和–3.4cm/a。从形变历史可以看出，2008 年汶川地震后，这三个点的形变有逐渐变缓的趋势。总之，岷江峡谷是滑坡灾害发生最多的地区，这可能与脆弱的岩性和陡峭的地形有关。幸运的是大多数居民区都位于远离滑坡的缓坡上，但是河谷里仍然有一些道路和其他基础设施，会受到滑坡的威胁。

2. 龙门山断裂带

龙门山断裂带由茂纹断层、映秀-北川断层和灌县-安县断层组成。汶川地震中，映秀-北川断层上的地表破裂最大，灌县-安县断层次之，茂纹断层上地表没有破裂（Chigira et al., 2010）。断裂带沿线的岩性以火山岩、碎屑岩、石灰岩、灰砂岩和泥岩为主。茂纹断层从汶川到草坡乡的部分，受岷江下切影响，岩石裸露受侵蚀现象严重。研究此区域的地质地貌以及滑坡灾害的著作非常多，已在上节内（岷江沿岸）对该地区进行了分析说明。图 6-30 是草坡以南的区域，在 Google Earth 上能看到的滑坡分布特征是：数量少、不连续、小尺度，这是由该地区的地形特征决定的。峡谷浅、坡度缓，降低了发生滑坡灾害的概率。在峡谷的东侧，因为叠掩的影响可监测到的点数量较少，而西侧的缓坡上有很好的监测效果。图 6-30（b）和图 6-30（c）展示了两个不稳定的区域，平均形变速率约在–5cm/a。图 6-30（b）中的峡谷长约 6km，斜坡最大的坡度超过了 60°，几十个滑坡，长度从几百米到 1km 不等，另外还有 10 来个村庄坐落在高处缓坡上。

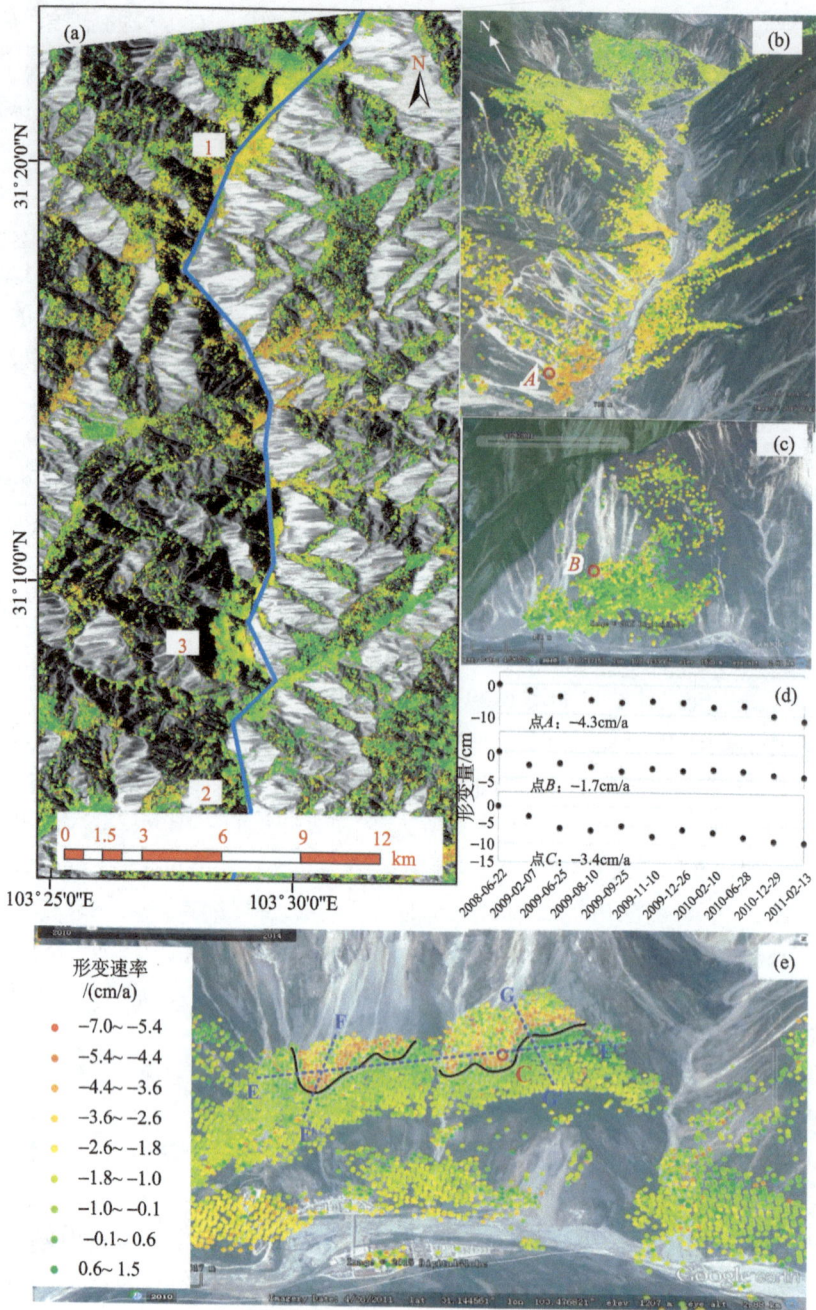

图 6-28　岷江沿岸的形变速率图

图（a）为整体速率图，底图为 SAR 影像平均强度图；图（b）（c）（e）为三个典型的滑坡，对应的位置为图（a）中的（1）（2）（3）；（d）为三个点 A、B、C 的形变历史图；（e）中的黑线为先前滑坡的下边界，蓝色虚线（EE'、FF'和 GG'）为选取的三个剖线在图 6-29 中进行形变分析

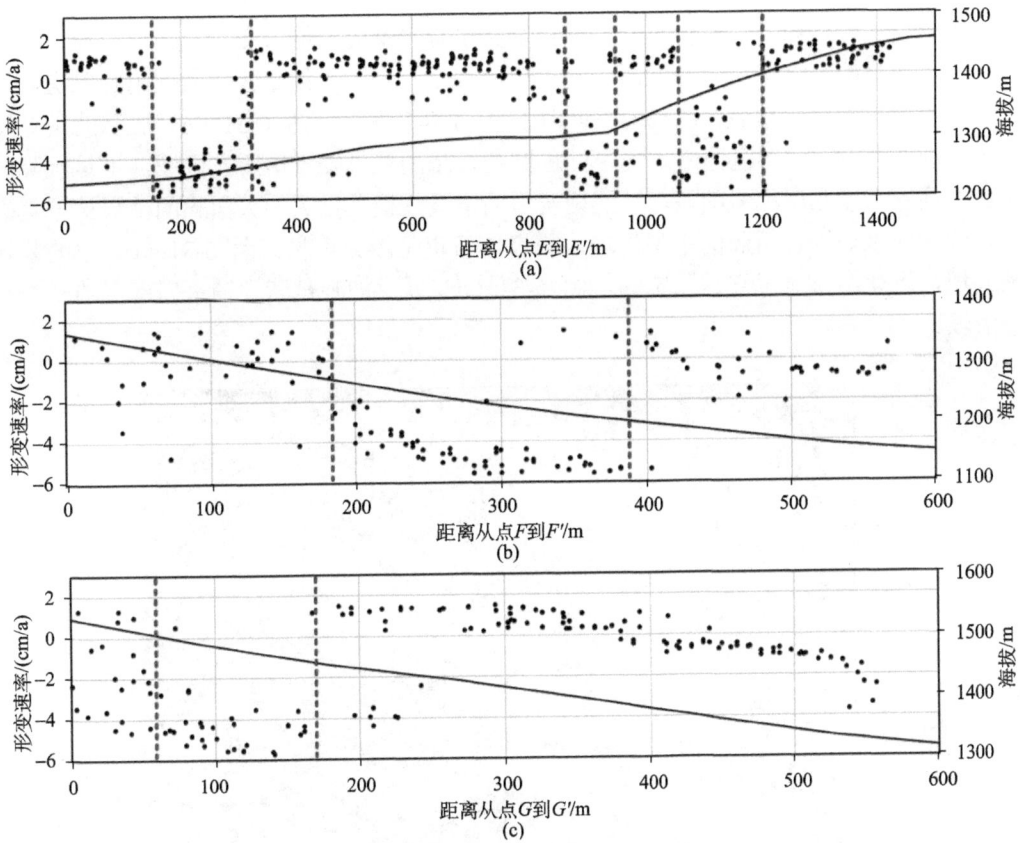

图 6-29　三条剖面线（EE'、FF' 和 GG'）上点的形变速率

相邻两条红色虚线之间区域为潜在的滑坡区

图 6-30（c）中的峡谷有 8km 长，海拔从 1600～2400m，坡度从 20°～50°。该地区过去是很安全的，适合人类居住，因为在 Google Earth 影像上找不到曾经发生滑坡的痕迹。也正因为如此，汶川地震后很多无家可归的人被安置到这里来。然而形变结果显示，这个地区的斜坡也开始变得不稳定起来，特别是海拔较低靠近工程建设的区域。这种不稳定状态的出现是人类活动干预的结果。图 6-30（d）展示的山坡朝南，坡度为 40°，中间被一个深槽分为两部分，图中蓝色线标示的是先前滑坡密集的地方。西半坡上的点集中在先前滑坡体的上侧，平均形变速率约为 –2.3cm/a，越靠近滑坡区域的点越不稳定。同样的现象也出现在了东半坡，点密集分布在滑坡体的四周。需要注意的是该坡上的形变信息都被严重低估了，因为雷达对南北方向的形变极其不敏感。

图 6-31 所示区域包括了映秀镇和紫坪铺水库。有观点认为映秀-北川断裂和紫坪铺水库是诱发汶川大地震的一个主要因素，这个地区的滑坡类型也以地震诱发型为主，通常尺寸较大，能达到 2km 长，800m 宽的规模。滑坡的分布空间差异较大，由于坡度变缓，岷江两岸映秀以南地区滑坡的数量要远少于以北地区，紫坪铺水库的南岸的数量也远少于北岸。形变结果显示某些区域仍然是不稳定的，最明显的是映秀镇[图 6-31（b）]，它也是汶川地震中受破坏最严重的地区。在峡谷两侧的山坡上，没有发现明显的滑坡痕

迹，形变结果也显示它们是稳定的，而在峡谷里有大量的负值形变点存在，这与滑坡灾害无关，而是地表沉降引起的。原因是汶川地震后，这里仓促修建了大批的安置房，位置紧靠河流地表比较松软，无法承受房屋日积月累的重压。图 6-31（e）展示的是穿过映秀的剖面线 *AA'* 的形变速率，图中红色圆圈标示的就是安置房所在区域，也是沉降区域。紫坪铺水库北岸地势陡峭，地震诱发型的滑坡规模非常大，大面积的植被被严重破坏。因为降水等因素引起的小型滑坡，或者落石也是随处可见。图 6-31（c）中的紫坪铺大坝，形变结果显示它是稳定的，图 6-31（d）展示的则是紫坪铺水库南岸的一块小型滑坡。

图 6-30　茂纹断层岩性的形变速率图

（a）为总的形变图，底图为 SAR 影像平均强度图；（b）～（d）为三个典型的滑坡区域，对应的位置为图（a）中的 1～3；（d）中蓝线标示的是此前滑坡集中发生的区域

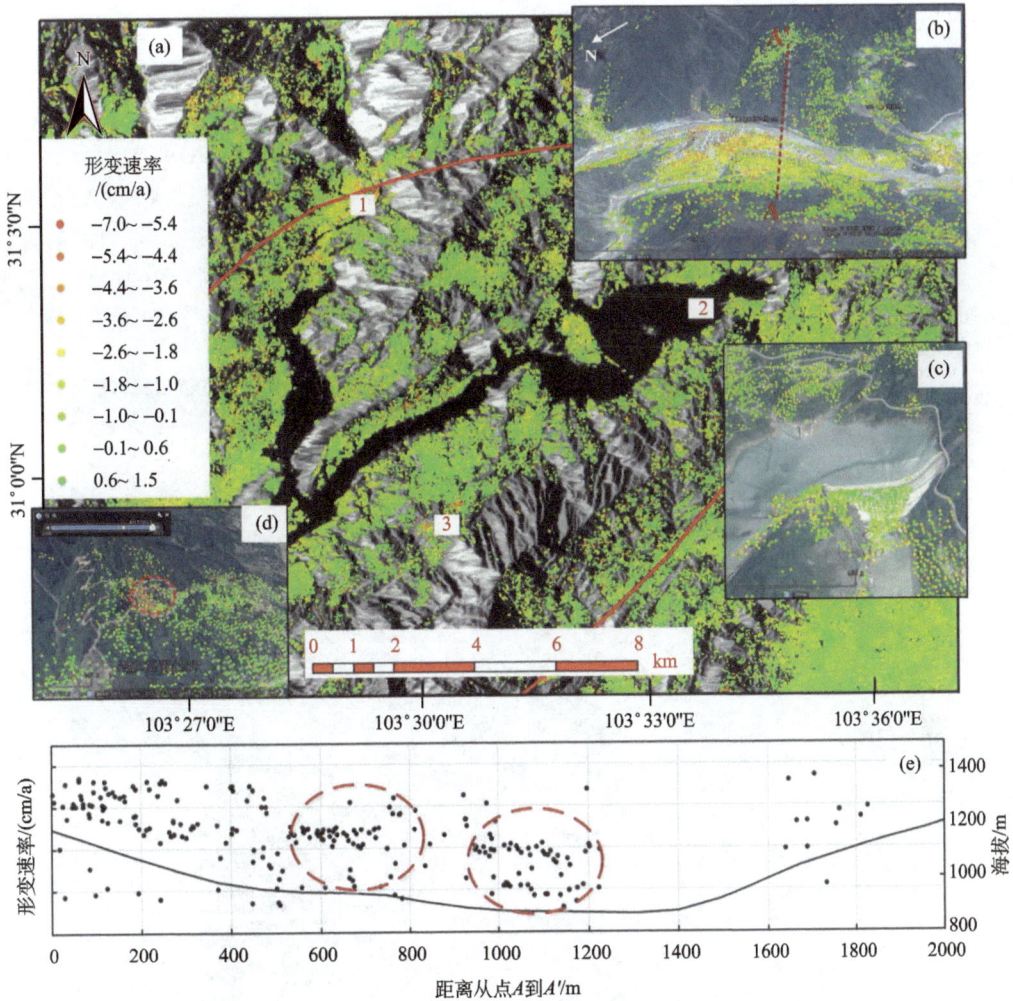

图 6-31 映秀-北川和灌县-安县断层沿线的形变速率图

(a) 为总的形变图,底图为 SAR 影像平均强度图;(b)~(d) 为三个典型的滑坡区域,对应的位置为图 (a) 中的 1~3;(e) 为图 (b) 中 AA′剖面线的形变速率

3. 高海拔的山区

除了岷江河谷和龙门山断层沿线,在一些高海拔的山顶上,也发现了潜在的滑坡迹象,如图 6-32 所示的两个山区和四个发生滑坡的山头。图 6-32 (a) 所示地区位于汶川东南约 9km,地形崎岖不平,海拔最高达 4500m,一些山顶的背阴地区常年有积雪覆盖。很多山坡表面被各种尺寸的滑坡切割的支离破碎,而且山顶的情况要比山脚更为严重。从形变结果来看[图 6-32 (c)~(f)],形变速率为负值的点也集中在山顶区域,这预示着潜在的滑坡也是从山顶开始发展起来的,与先前的滑坡特征相一致。图 6-32 (c) 显示的山头海拔为 4000m,在 Google Earth 影像上可以看到,各个朝向的山坡上都有严重的滑坡痕迹。形变监测结果显示平均形变速率约为–3cm/a,部分区域超过了–5cm/a,先

前的滑坡体仍然处于极不稳定状态。图 6-32（d）显示的山头也能在 Google Earth 影像上看到清晰的滑坡痕迹，如图中蓝色线标示的区域。山坡西侧由于叠掩影响，可监测点较少，东侧则探测到了大量的不稳定点。

图 6-32（b）所示区域的地形环境与图 6-32（a）相似，但是没有出现大规模的滑坡现象。形变结果显示该地区除了个别山坡外，整体比较稳定，如图 6-32（e）、（f）所示区域。图 6-32（e）里的山坡朝向东南，在冬季会有一层很薄的雪覆盖。监测到的一些不稳定点都位于一些先前小型的滑坡体上，其中一个点的形变历史也在图中给出。需要说明的是，薄的雪层（小于 10cm）不会影响到形变监测结果，因为 L 波段 SAR 对干雪

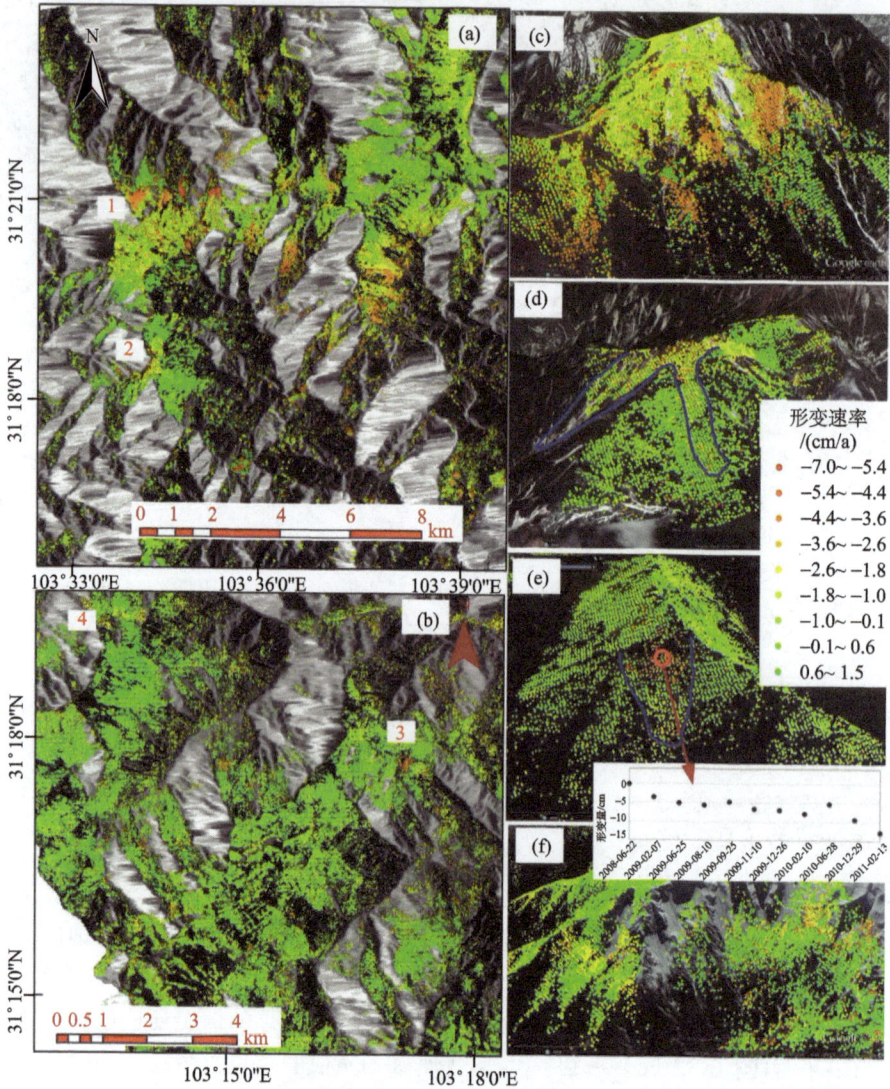

图 6-32　一些高海拔地区的滑坡监测结果

（a）（b）为总的形变图，底图为 SAR 影像平均强度图；（c）～（f）为典型的滑坡区域；蓝线标示的是先前滑坡集中的地区

有很强的穿透能力。然而雪融化后的水分会致使一些岩石发生松动滑落，甚至是陡坡发生坍塌的现象。与此不同的是，图 6-32（f）中的斜坡方向朝北，终年有积雪覆盖，在 Google Earth 影像上可以看到数百米长的滑坡痕迹，未来也有再次发生滑坡的可能。

4. 滑坡对大熊猫遗产地的影响

四川省境内的大熊猫栖息地正在遭受人类活动（如砍伐、放牧、修路、偷猎等）和地质灾害（地震、滑坡等）的影响。据第三次中国大熊猫栖息地调查（state forestry administration）显示，截止到 2006 年受滑坡灾害影响的地区占到了约 1.06%，影响的规模以小型和中型为主。导致的结果是大熊猫的生存质量有所降低，还有部分个体在灾害中丧生。2008 年的汶川地震致使 5.95%的大熊猫生境丧失（Ouyang et al., 1996），栖息地变得支离破碎，生境之间的廊道遭到了破坏，部分水源也被滑坡切断，这些影响预计还将持续一段时间。实验区内有两块主要的大熊猫栖息地，即岷山栖息地和邛崃山栖息地。它们分别占到了全国大熊猫栖息地总面积的 41.66%和 26.47%，大熊猫密度分别为 0.074 个/km^2 和 0.072 个/km^2。通过形变监测结果，提取出了约 50 个潜在的滑坡，其中 20 个位于大熊猫自然遗产地，主要沿着河谷和断层的峡谷分布。这些滑坡对大熊猫的影响较小，因为它们主要生存在较高海拔、植被密集且坡度较缓的地区。结合 Google Earth 影像，可以对大熊猫栖息地的滑坡分布情况做如下概括：①岷山的滑坡数量要远多于邛崃山，这意味着生活在岷山的大熊猫更容易受到滑坡的影响；②滑坡的数量与海拔有一定关系，滑坡多分布在河谷或峡谷之间，高海拔地区滑坡数量较少。总之，通过 MTInSAR 技术监测大熊猫自然遗产地的潜在滑坡，能够勾画出危险的、需要重点防范的区域，协助提升遗产地的管理水平。

6.2.4　小结

本实验通过多幅 ALOS/PALSAR 数据监测了四川大熊猫世界自然遗产地的潜在滑坡。MTInSAR 技术在微小形变监测上有很强的能力，同样在监测山区滑坡上展现出了极强的潜力，但是现有的技术在大区域、复杂地理环境及小数据集的应用上会受到限制，本实验提出的算法集中了现有技术的优势，通过联合检测 CS 和 DS 点，相位滤波等改进措施，成功完成了大熊猫栖息地的监测。在约 4200km^2 的范围内，探测到了数十个潜在的滑坡，它们主要沿着岷江河谷、龙门山断层峡谷分布，还有部分在高海拔的山区。结果表明，先前发生的滑坡在短中期内还会继续成为灾害，新的大规模滑动有时刻被引发的可能。在某些地区，小型密集分布的滑坡有汇集成大型滑坡的风险。虽然滑坡对大熊猫栖息地的影响是有限的，但持续监测和定期评估仍然是必需的。

6.3　动物栖息地生态环境微波遥感监测模型

如前所述，基于雷达干涉的相干图变化检测在直方图零点偏移估计基础上，可用于汶川地震森林退化的定量评估。当震后雷达数据丰富时，在相干图配对三大准则（见 5.2 节）约束下，在能获取震后相干图时间序列信息基础上，就有望利用差分与对比技术，基于相干时序变化建立基于雷达干涉的震后森林恢复监测与评估模型。

6.3.1　震后森林恢复监测与评估方法

为了尽可能获取精确的估算结果，建议使用 L 波段长波雷达数据，以此提高相干图的质量和相干性时序保持能力。森林恢复与评估雷达干涉模型数据处理步骤与方法，如图 6-33 所示。

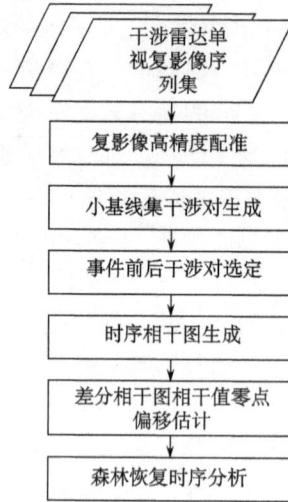

图 6-33　基于雷达相干时序分析的震后森林恢复监测与评估

1. 长时间序列单视雷达复影像高精度配准

单视复影像配准是干涉处理的第一步，它的好坏影响着生成干涉条纹的质量。通常情况下，当两幅 SAR 影像精确配准时，它们的相位差图像就会显现清晰条纹，条纹的变化包含了地表地形信息；反之，如果两幅影像没有配准，则产生的条纹就会模糊不清，甚至完全不能生成条纹，显现噪声信息。干涉处理要求主、辅影像实现 1/10～1/8 像元精度以内。为了抑制数据处理误差，应利用 sinc 函数对辅影像进行无损重采样。

2. 小基线集干涉对生成

为了提升后期相干图质量，小基线干涉影像对组合是最优方案。这里小基线包含两个层面：①短的空间垂直基线，可以抑制因成像几何姿态不同引入的去相干；②短的时间基线，即干涉对主、辅影像重访时间间隔尽可能短，以抑制时间去相干影响。

3. 事件前后干涉对选定

为了抑制地震前后时间-空间去相干，以及物候变化导致的差异性误差，事件前后干涉影像对选定需要遵循三大准则，即①震前与震后相干图获取的时间与空间基线必须一致，用于克服因基线不同导致的误差；②为了提升相干图质量，选择小基线集干涉影像对；③用于对比的干涉影像对数据获取的季节尽量一致，用于抑制季相物候变化导致的去相干误差。

4. 时序相干图生成

选定事件前后影像干涉对后，可以对配准主、辅时序影像对进行共轭相乘得到干涉图。假设干涉图生成过程中，已采用多视处理抑制了斑噪，并假设多视估算窗口内散射体是各态历经的，则相干图可通过计算窗口内的相干系数逐像素获取。

5. 差分相干图相干值零点偏移估计

以震前相干图作为基准，震后相干图同其进行差分，即可得到震前/震后相干差分图。对差分相干图的相干值进行直方图分析与零点位置拟定，可以估算震后震观测时刻相对于震前基准的森林退化率现状（详细方法与技术细节，见 5.2 节）。直方图零点的偏移量表征了地震触发的森林退化率。

6. 森林恢复时序分析

当利用差分相干图零点偏移法获取震后时序观测年度相对于震前基准年的森林退化率数值时，利用退化率差分对比技术，即可计算获取震后森林恢复时序变化信息，进而支撑震后森林恢复监测与定量评估。

6.3.2　森林恢复监测结果与解译

利用汶川震中周边的岷山与邛崃山四川大熊猫栖息地作为示范，采用 L 波段 ALOS PALSAR 数据及图 6-33 震后森林恢复监测与评估数据处理与方法流程，分别获取震前/震后相干图：震前 2007-06-20～2007-02-02，简称震前 2007；震后 2009-06-25～2009-02-07，简称震后 2009，以及震后 2010-06-28～2010-02-10，简称震后 2010。然后以震前 2007 相干图作为基准，震后 2009 与震后 2010 相干图分别与其进行差分，获取差分相干图 2009～2007 年和 2010～2007 年。差分相干图直方图分析发现，零点分别位于 29.34% 和 32.66%（图 5-19），即对应森林退化率 20.66% 和 17.34%。采用直接时序比对，不难发现，汶川地震对该区域森林退化影响显著，并且在震后前三年森林生态恢复较为缓慢，表征为 2009～2010 一年周期内，森林恢复率约 3%（20.66%～17.34%）。低的森林生境恢复率可解释如下：①震后在临近岷江和其他溪流的陡峭坡体，地表覆盖层连同植被因山体滑坡、山崩和泥石流发生剥离，仅留下裸露的地表或者岩体；②震后山体滑坡受影响区域的地表物理特性可发生显著变化，包括饱和含水量、湿度承载力、覆盖层孔隙度及水分保持能力，差的覆盖层地表条件可抑制植被恢复及生长。

6.4　震后大熊猫栖息地生境评价

生物个体或种群在进化过程中不断寻求自身生存需求与周边生境资源的平衡，选择那些能使繁殖成功达到最大的生境，使自己的适合度达到最大。动物如何选择、适应生境一直是动物生态学研究的热点（Kernohan et al., 2001; Powell, 2012）。近一个世纪来，由于全球环境变化、人类活动的干扰及自然灾害的破坏，野生生物生境破碎化甚至丧失，导致整个大熊猫种群分布范围急剧减少，数量下降，处于濒于灭绝的边缘（Macdonald and Rushton, 2003; Viña et al., 2010; Hull et al., 2011）。据古籍记载，大熊猫曾分布在中国南部、中部、西南部（四川、湖北、湖南、云南、贵州），北及北京周口店，南至越南北部和缅甸北部（朱靖和龙志，1983；胡锦矗，1981，1990，2001）。后在地质变迁、气候变化、人类活动、森林砍伐、农业耕地等干扰因素驱动下，目前大熊猫种群被局限在四川、甘肃、陕西三省内的岷山、邛崃山、凉山、大相岭、小相岭和秦岭等崇山峻岭中（图 6-34）。

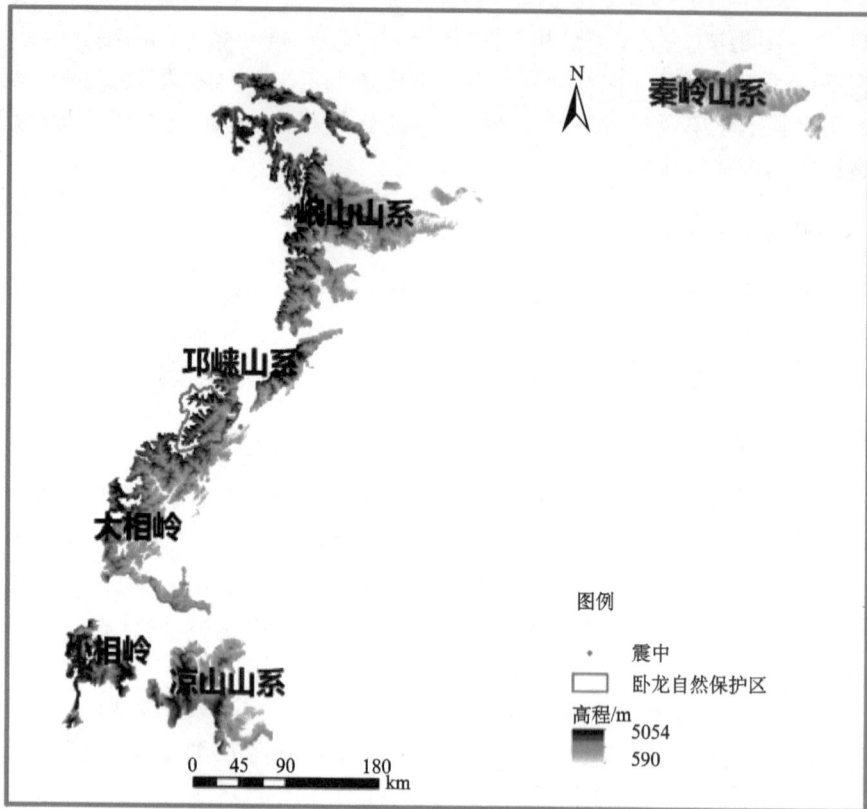

图 6-34　大熊猫分布范围

　　欧阳志云等（2008）、胡锦矗（2001）、潘文石和吕植（2001）认为近几个世纪以来，造成大熊猫赖以生存的栖息地大面积消失的原因是来自外部干扰（图 6-35）。根据全国第三次大熊猫的调查资料，比较高的干扰因子是采伐、放牧、采药、道路、割竹打笋、偷猎等人类干扰（国家林业局，2006）。但是，自然灾害的干扰，如地震、飓风、山洪、火灾、滑坡等相比人类干扰对大熊猫生境造成的威胁更大（程颂等，2008），特别是突发性构造地震触发的地质灾害，可以在短时间内大范围的摧毁大熊猫栖息地，改变栖息地结构和质量，对大熊猫的生存和繁衍产生深刻而长远的影响（Lin et al., 2004）。

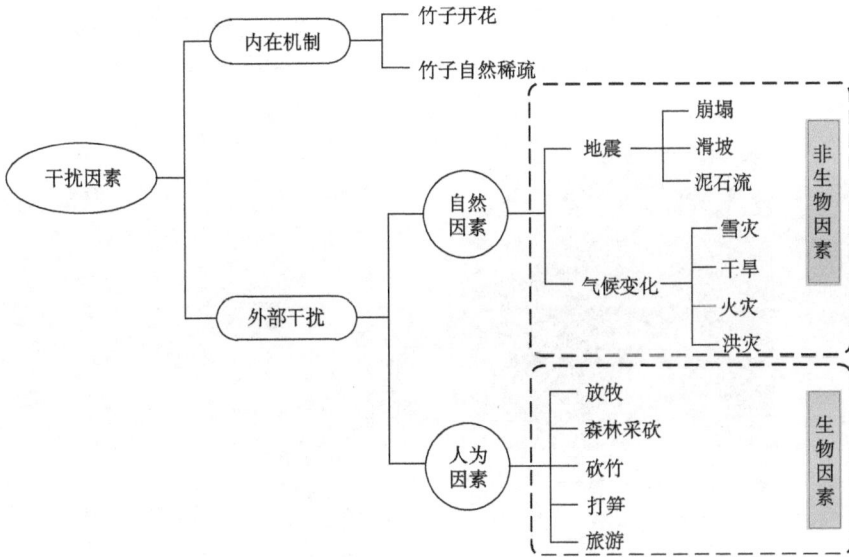

图 6-35　影响大熊猫的干扰因素

6.4.1　不同类型地质灾害对大熊猫栖息地的影响

大熊猫、森林、竹子三者相互影响、协同进化,在长期的演化中已经形成了紧密的联系(Shen et al., 2004)。滑坡等地质灾害迅速剥离植被覆盖,导致大面积的森林和主食竹损坏,影响大熊猫物种的丰富度(秦自生, 1993; 胡锦矗, 2001),而且在未来很长一段时间内持续对生态系统产生干扰。但是,由于生态系统自身的复杂性,并不是所有的地质灾害都起到负面作用(Geertsema et al., 2009; Zhang et al., 2014)。滑坡体的发生伴随着地表大规模物质的移动,一部分岩土体在山谷中形成新的微地貌,此外,滑坡可能使埋藏在地下的土层裸露,提高土壤通气性、排水性和温度,反而更有利于植被的恢复,驱动森林结构更替,提高生物多样性(Vittoze et al., 2001)。国外一些学者已经证实地表滑坡通过改变地形、土壤物理化学性质可在一定程度上增加生物多样性,改善栖息地环境(Lundgren, 1978; Myster and Walker, 1997; Dale and Adams, 2003; Wells et al., 2001; Claessens, 2005, 2006; Geertsema and Pojar, 2007)。此外,不同类型的地质灾害由于发生机制不同对生境的破坏方式也有所差异。

1. 崩塌对大熊猫生境的破坏方式

保护区内的大多数崩塌主要分布在高程 1320~1800m,坡度陡,局部达 70°~80°。出露基岩主要为澄江-晋宁期花岗岩,构造裂隙发育。部分基岩常年裸露于外,临空面岩体风化较为强烈,裂隙发育,下部崩塌区较缓,斜坡上人类活动较少,植被覆盖多为茂盛树林及灌木。根据崩塌的破坏模式,多分为倾倒型和滑移型(乔建平, 2014)。

倾倒型崩塌主要受岩体裂缝切割形成危岩体,位于陡崖上的危岩体受根劈、根系中地下水静水压力等作用形成倾覆力矩,危岩受倾覆力矩而倾倒滚落,在受地震、降水、人类活动等影响时,危岩体极易崩落(图 6-36)。陡崖、陡坡处的崩塌彻底剥蚀植被覆盖，完全破坏植被的根系，使裸露岩石长年暴露。此类型的崩塌对植被影响较为严重，实地考察中也发现，此类型崩塌植被恢复速度很慢，一些学者甚至认为此类型的崩塌至少需要 50 年才可能植被恢复，对生态环境破坏最为严重。

图 6-36　倾倒型崩塌

滑移型崩塌是指滑坡体受外倾结构面控制，在地震、地下水冻融及自重作用下岩体破坏沿一定的结构面方向剪断、滑移形成岩体崩落。崩塌体主要以棱角分明的块石为主，量少但体积大，分布在坡角或散落在河流中，一定程度上阻塞河道。崩塌体存在明显的剪切面，坡面分布较多松散堆积物。此类崩塌体对坡表植被产生破坏，但在崩塌体周边和坡角平缓处已经有部分植被开始恢复生长（图 6-37）。

2. 滑坡对大熊猫生境的破坏方式

保护区内的滑坡多为震裂-溃散型，此类滑坡形态特征明显，坡面、坡角堆积大量松散块石且运动距离长、速度快，往往形成滑坡-碎屑流等次生灾害，危险性大。通过野外考察发现，此类型的滑坡没有完全破坏植被覆盖，在坡体上部可见少量植被分布，且多向一个方向倾斜（俗称"醉汉林"）（图 6-38）。滑坡的剥蚀作用，使得土层的层叠顺序得到重置，原本在下部的富含 Mg、Fe、Ca 等微量元素的黏土层暴露地表，土层的通气性、排水性和温度明显提高，促进土壤的矿化作用和有机物分解，改变土壤化学成分，有利于植物的恢复。滑坡的后壁、坡角、边界处、堆积区等在震后 5 年内都已恢复生长了大量的灌丛，但滑坡体的减损区植被恢复仍少见。

3. 碎屑流、泥石流对大熊猫生境的破坏方式

保护区内的碎屑流、泥石流多为崩塌作用下，松散碎屑物沿地形堆积在沟谷或坡面而成，物源区坡度陡，沟谷斜坡形成的堆积物在降水时，从高位向沟谷汇聚，极易生成高位泥石流。由于出口沟口较高，与一般泥石流相比，规模更大且破坏力更强。同时，此类地质灾害不稳定性大，持续时间长，至少需要 5～10 年才能恢复（Cui et al., 2011），对人类的生活环境和野生动物的栖息地造成影响较大。野外考察可见，植被恢复主要分布在碎屑流坡角平缓处，以及沟谷中下游两侧，其他区域恢复较少（图 6-39）。

图 6-37 滑移型崩塌

(a) 震裂-溃散型滑坡   (b) 震裂-溃散型滑坡剖面图

图 6-38 震裂-溃散型滑坡及剖面图

6.4.2 地质灾害对大熊猫生境影响

汶川地震地质灾害对卧龙自然保护区生境带来极大的损失和影响，主要表现在：①地质灾害在很大程度上改变了景观格局；②地质灾害加速了生境破碎化；③地质灾害影响大熊猫行为模式；④地质灾害阻隔大熊猫基因交流。

图 6-39　碎屑流

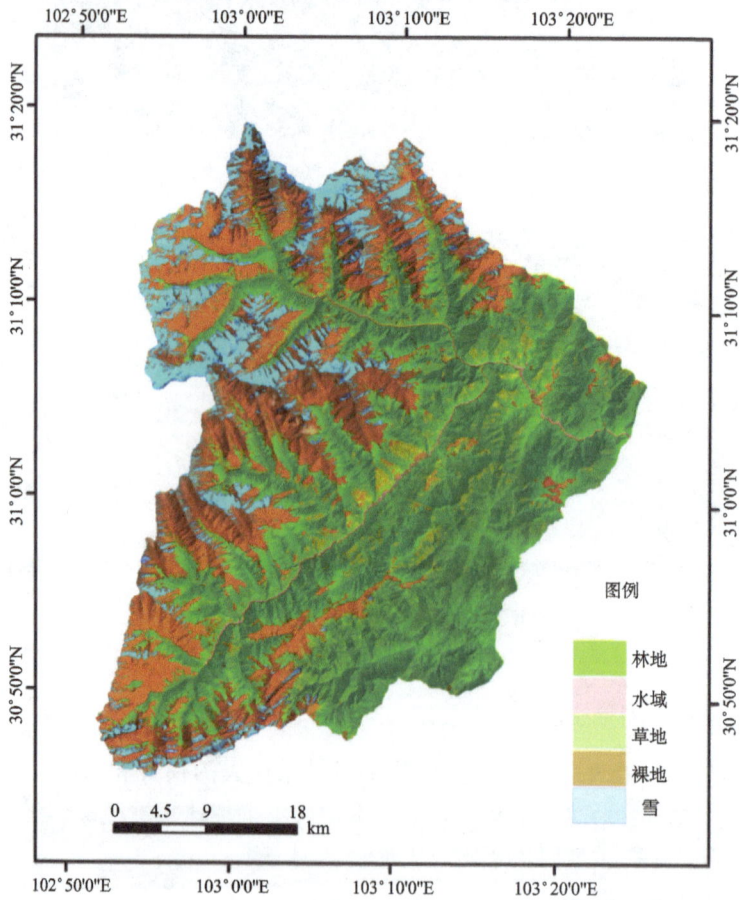

图 6-40　2007 年 9 月卧龙自然保护区地表覆盖图

1. 地质灾害对植被覆盖的变化

　　研究利用 3 景覆盖全区的 TM 遥感影像数据，拍摄时间依次是 2007 年 9 月、2009 年 9 月、2015 年 9 月，分析不同时间的植被覆盖类型的时空变化，结合景观格局理论，统计地震地质灾害造成的大熊猫生境的斑块数、斑块密度和平均斑块面积等景观指数的变化趋势，揭示大熊猫生境的破碎化过程。通过 SVM 监督分类与人工判别相结合，将保护区景观分为林地、草地、裸地、水体、雪地等 5 个景观类型（图 6-40～图 6-42）。从各景观类型所占研究区总面积来看，汶川地震前卧龙自然保护区由 1088.9km^2（约占总面积的 53%）的林地、108km^2（约占总面积 5.3%）的草地、654km^2（约占总面积的 32%）的裸地、175.8km^2（约占总面积的 8.6%）的雪、6.39km^2（约占总面积的 0.3%）的水域构成。由于地质灾害的影响，2009 年林地明显减少至 946.9km^2，而裸地、草地则增加至 716.6km^2、175.7km^2（表 6-11），说明地震地质灾害使部分林地剥蚀成裸地或摧毁树干成草地。2009～2015 年，震后 6 年里，林地增加，裸地、草地面积减少，说明震后景观格局在改变，大部分的灾害体上在自然恢复和人工种植双重作用下已经恢复植被生长，尤其是三江乡西河、中河区域的裸地已被植被覆盖，但耿达乡转经楼附近区域仍有部分裸地尚未恢复，保护区内生境总体恢复情况较好。

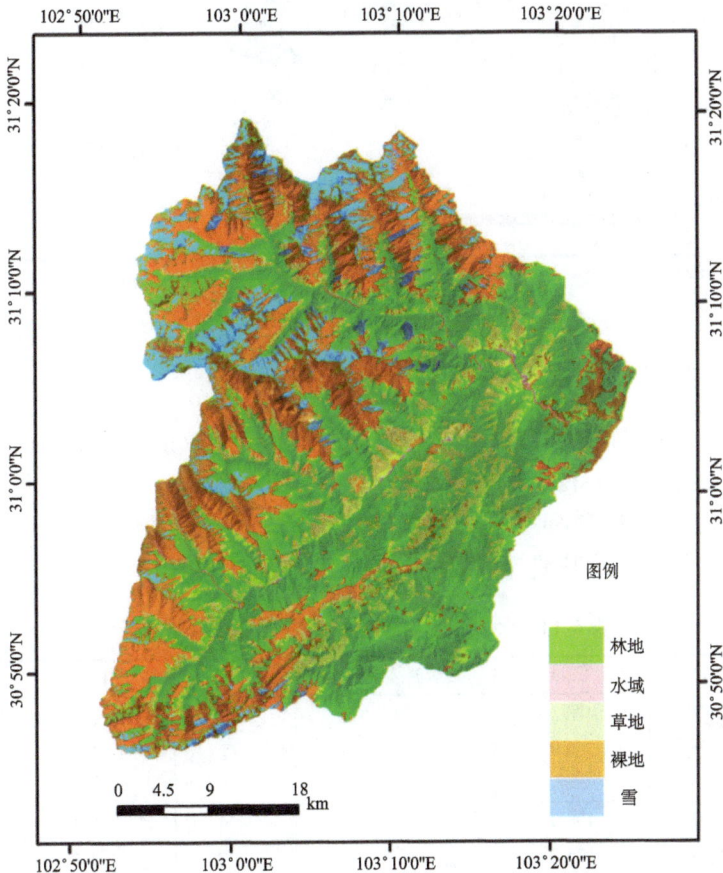

图 6-41　2009 年 9 月卧龙自然保护区地表覆盖图

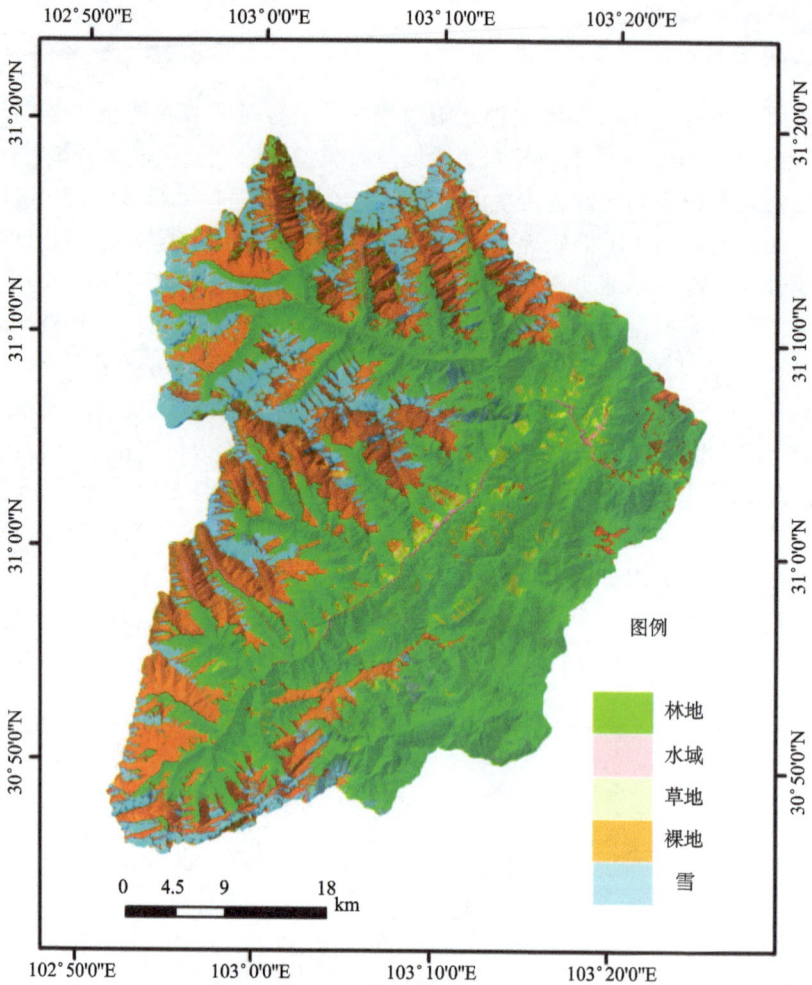

图 6-42　2015 年 9 月卧龙自然保护区地表覆盖图

2. 地质灾害对大熊猫生境破碎化的影响

根据三个不同时期不同景观格局类型，选择斑块数量（number of patches，NP）、平均斑块面积（mean patch size，MPS）、边缘密度（edge density，ED）等景观空间格局指数，借助于景观格局计算软件 Fragstat 4.0 计算林地、草地、裸地、水系、雪地等景观类别的景观空间格局指数反映研究区的生境破碎化（表 6-11）。

表 6-11　卧龙自然保护区景观分类及破碎化指标

类型	年份	面积/km²	占研究区比例/%	NP/个	MPS/hm²	ED/（个/hm²）
林地	2007	1088.9	53.5	285	574.6	15.3
	2009	946.9	46.6	448	319.3	16.9
	2015	1063.1	52.3	341	550.5	15.1
草地	2007	108.0	5.3	1051	15.1	10.3
	2009	175.7	8.6	1157	10.3	15.1
	2015	75.18	3.7	606	12.4	12.4

续表

类型	年份	面积/km²	占研究区比例/%	NP/个	MPS/hm²	ED/（个/hm²）
裸地	2007	654.5	32.1	414	158.1	17.3
	2009	716.6	35.2	756	94.8	20.6
	2015	663.4	32.6	606	109.5	18.6
水域	2007	6.39	0.31	13	49.2	0.9
	2009	6.58	0.32	20	32.9	0.8
	2015	7.58	0.37	18	42.1	1.1
雪	2007	175.87	8.64	484	36.3	8.4
	2009	187.9	9.24	448	41.9	8.1
	2015	224.71	11.0	546	41.5	10.3

从表 6-11 可以看出，地震前后（2007~2009 年）占整个研究区总面积 53.5%的林地面积减少至 946.9km²，但是斑块数量却由原来的 285 块增加至 448 块，斑块平均面积由 574.6hm² 减少至 319.3hm²，边缘密度也由原来 15.3 增加至 16.9，说明地震触发的地质灾害使森林的生境斑块被分割成边缘复杂的细小斑块。从 2009~2015 年林地的面积恢复至 1063.1km²，斑块数量也在减少至 341 个，斑块平均面积增加 550.5hm²，边缘密度也减少至震前水平。2007~2009 年草地的面积、斑块数量、边缘密度在增加，平均斑块面积在减少，表明地质灾害摧毁一部分林地成为草地，生态功能降低，但随着植被自然恢复，草地的面积在减少，斑块数量、边缘密度也在减少，平均斑块面积在增大。裸地的变化趋势与草地相似，裸地面积、斑块数量、斑块密度都是先增大后减少，平均斑块面积先减少后增大。总体来看，目前林地的斑块数量比震前多 56 个，但总面积、平均斑块面积、边缘密度均接近震前水平，说明林地生境恢复最好；草地在总面积恢复至震前的 69.6%，且斑块数量比震前少 445 个，表明草地生态系统恢复水平较好。裸地的总面积虽接近震前水平，但是斑块数量仍多于震前 192 个，平均斑块面积小于震前 48.6hm²，表明部分裸地的生态功能破碎化仍未恢复。

3. 地质灾害对大熊猫行为模式的影响

收集震前、震后大熊猫足迹点的空间分布图和地质灾害空间分布图，通过最小成本距离模型模拟大熊猫迁移路径，分析迁移路径的距离与周围地质灾害点之间的相关关系（图 6-43）。结果表明，随着灾害点的数量增多而大熊猫迁移距离增大且在大熊猫周围 1km² 范围内的地质灾害点对大熊猫的迁移距离影响最强，相关系数 $r=0.647$。

4. 地质灾害阻隔大熊猫基因交流

从图 6-43 可以看出，地质灾害分布的高密度区耿达乡中杠、人初沟（A 区域）附近，震前有很多大熊猫足迹点分布，震后却未出现足迹点，而在耿达西北部的火烧棚附近发现足迹点增多，一定程度上说明了震后 A 区域已不适宜大熊猫生存且大熊猫有主动回避灾害体的本能，向更适宜的环境迁移。同时，此区域属地质灾害高易发区，切断或阻隔大熊猫种群交流的通道可能性较高，大熊猫会因迁移累积成本过高，与其他大熊猫种群基因交流困难，没有人工干预的情况下，在此区域生活的熊猫种群可能沦为"生殖孤岛"。

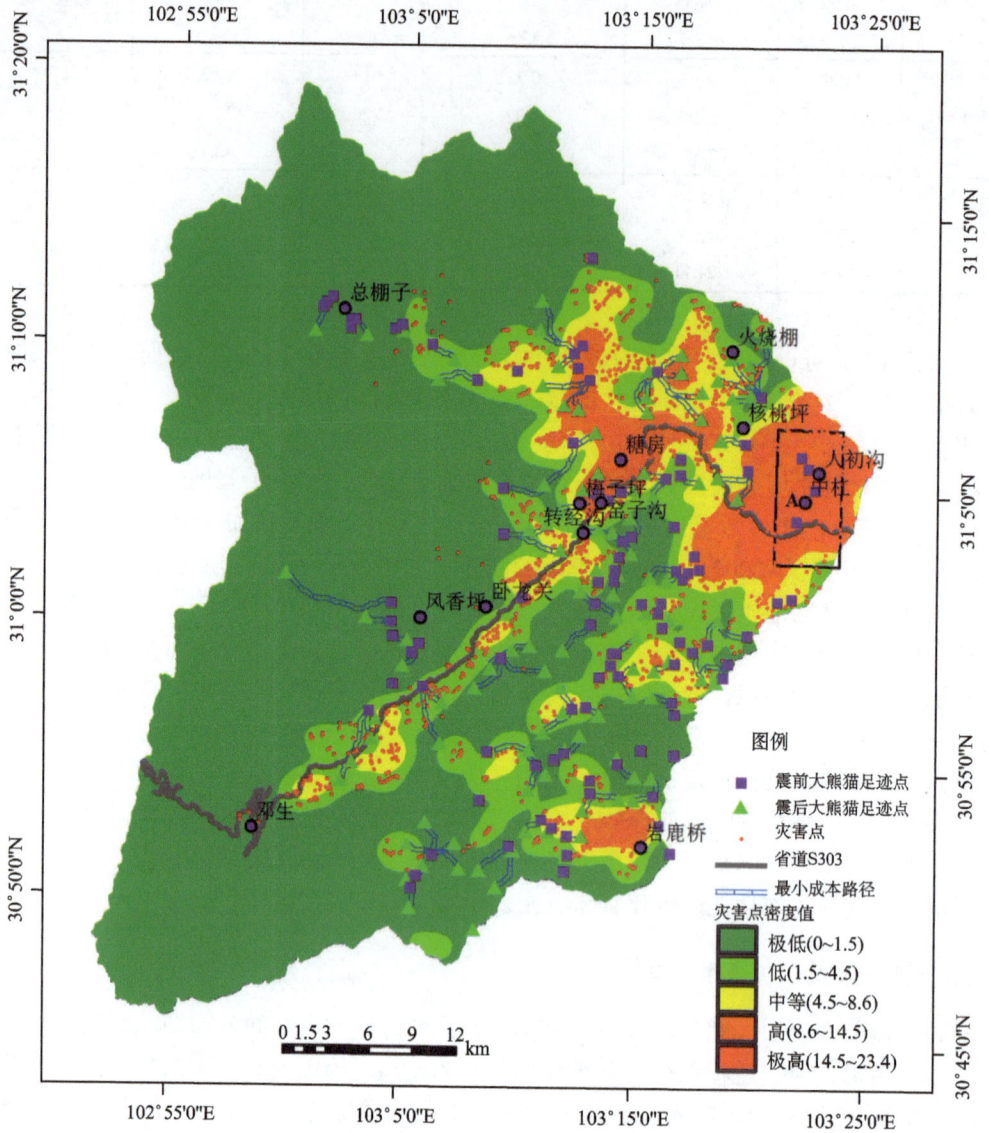

图 6-43　基于最小成本路径分析模拟迁移距离

6.4.3　考虑地质灾害因素的生境适宜度评价

对卧龙保护区大熊猫栖息地评价就是明确影响大熊猫行为的限制因素或主导因素，通过具体指标的立体式或层次式描述，在各个单项指标基础上，根据一定的准则进行综合生境分析与评价。之前的生境评价体系中环境干扰因素里几乎没有考虑地质灾害对大熊猫生境的干扰，更多的考虑的是人为干扰因素。因此，研究首次将地质灾害因素作为环境干扰因素整合至大熊猫生境适宜度评价中，评价工作的主要技术路线如图 6-44 所示。

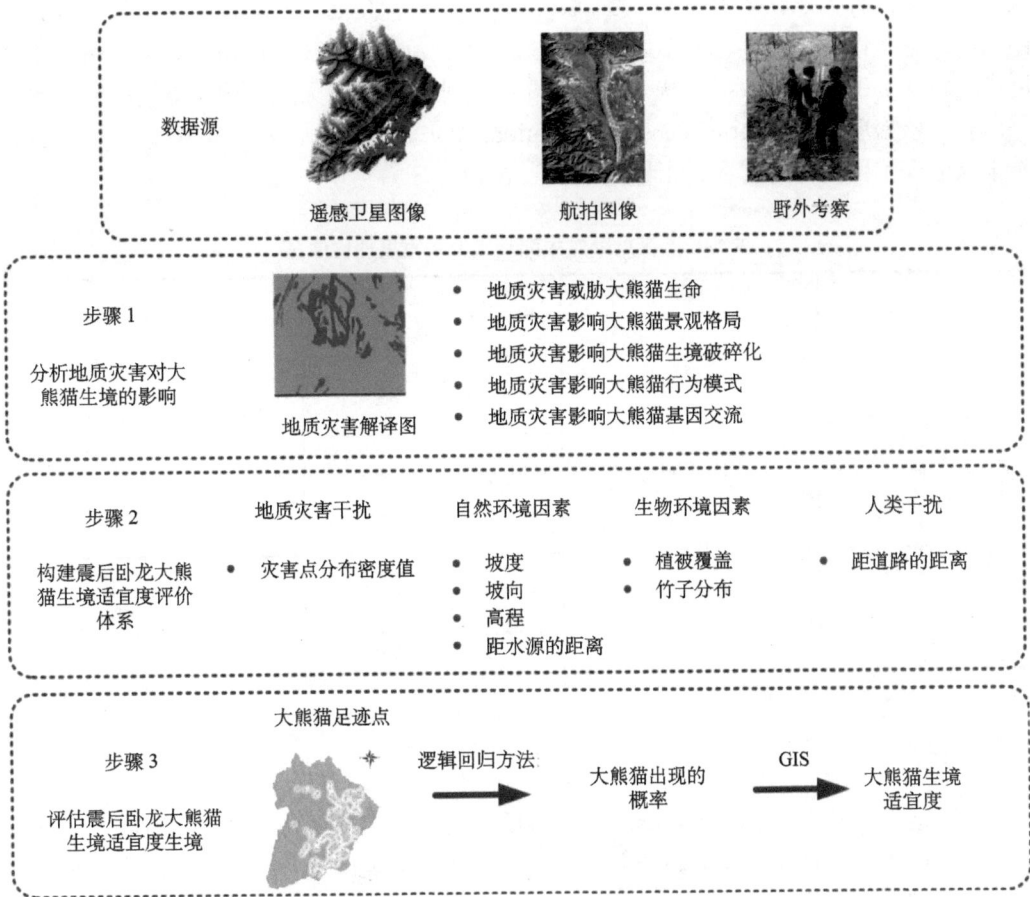

图 6-44　震后大熊猫生境适宜度评价技术路线图

1. 评价因子选择

自然环境因素指物种所处的地理位置、空间状态、生存环境。大熊猫生境中各环境因子之间相互作用的复杂及区域特征的差异，使得全面选择影响大熊猫生境的环境因素具有一定的难度，因此，考虑到评价目的、数据的可获取性、因子之间相互关系等原因，研究选择海拔、坡度、坡向、水源等作为自然环境因素参与卧龙自然保护区大熊猫生境适宜度评价。其中海拔、坡度、坡向来源于 DEM，水源来源于 1∶50000 的地形图。

生物环境因素指与物种相关的生物因素如食物、植被、伴生物种、竞争物种、天敌。据调查研究，大熊猫以取食冷箭竹、短锥玉山竹和拐棍竹为主（易同培，1997；胡锦矗，1981，1985）。针阔混交林及针叶林是大熊猫的最适植被（胡锦矗，1981；唐稚英，1983）。竞争物种主要有竹鼠、小熊猫等食竹类动物，但在卧龙，竞争物种与天敌对大熊猫生境质量没有明显不利影响（欧阳志云等，1996）。本书选择植被类型和食源分布两个因子作为生物环境因素，并在 ArcGIS 中进行矢量栅格化处理。

环境干扰因素是指给物种生存环境造成压力的因素，如人为干扰和自然干扰。由于震后保护区内各大熊猫研究中心、乡镇、学校、民居、交通、通信设施等基础设施大量倒塌，大量居民搬迁至其他安全区域，因此来源于人类的直接干扰相对较少，所以本书选择道路（S303）代表人类干扰。对于定量描述地质灾害对大熊猫的生境的影响，本书采用基于核密度分析（kernel density estimation, KDE）所得地质灾害概率密度值来表示。基于以上评价因子，建立评价指标体系（表 6-12）。

表 6-12　震后卧龙大熊猫生境适宜度评价体系

目标层	因素层	指标层	描述方法
震后卧龙大熊猫生境适宜度评价	自然环境因素	海拔	地形图、DEM、水系分布图
		高度	
		坡度	
		坡向	
		水源	
	生物环境因素	植被类型	栖息地植被分布图
		食源分布	竹子分布图
	环境干扰因素	人类干扰	距道路的距离
		地质灾害干扰	地质灾害点密度

2. 评价方法

生境适宜度模型（habitat suitability model）通过利用动物出现位置和环境因子建立模型，表达生境适宜度与环境因子之间的关系。随着地理信息系统和遥感技术的发展，快速获取和分析大量环境因子数据以刻画动物生存的环境特征已经成为可能，空间信息技术（3S）应用在野生动物空间分析与模拟、生境评价等方面的研究越来越多（Sanchez et al., 2007; Wang and Chen, 2004; Bo et al., 2008; 陈利顶和刘雪华，1999; Liu et al., 1997, 2002）。通过逻辑回归方法统计物种与环境关系之中的出现频率，建立物种和环境之间的回归关系，进而预测物种可能出现的地方即物种适宜性区域（图 6-45）。

3. 评价结果

按照大熊猫生境适宜度的标准差，卧龙自然保护区整个面积的 14.5%、15.9%、20.5%、47.6% 和 1.5% 被划分为极高、高、中等、较低、低五个适宜性区域，其中接近一半的分布在高海拔区域被认为是不适宜大熊猫生活的地方，主要集中在耿达七层楼、塘坊中棚子、中河西部的齐头岩三个区域。将地质灾害的分布图与大熊猫生境适宜度评价图叠加，不难看出，耿达和塘坊两块区域分布着大量的地质灾害，说明两块区域的生境退化主要是地质灾害起主导作用，而中河西部的齐头岩区域，则是因为缺少大熊猫的食源——竹子。

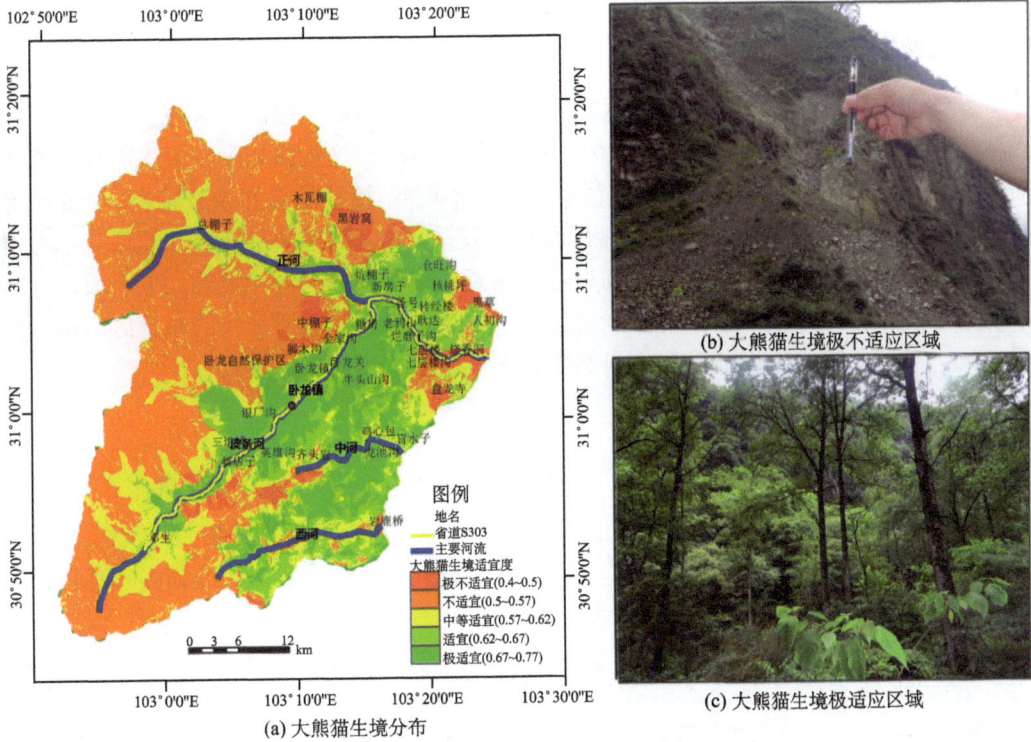

(b) 大熊猫生境极不适应区域

(c) 大熊猫生境极适应区域

(a) 大熊猫生境分布

图 6-45 大熊猫生境适宜度评价图

最适宜大熊猫栖息的地方主要分布在保护区的东南部,由大量的针叶林、针阔混交林、竹林所构成。皮条河、郑河、省道 S303 将整块栖息地切割成三部分。第一部分主要位于耿达乡西北的转经楼-核桃坪-仓旺沟-坑棚子区域。第二部分位于省道 S303 的西部,散落在银长沟、风香坪、花红树、三道桥等区域,此区域由于薪柴采伐、修建公路等人类活动,空间分布趋于破碎化。第三部分分布在道路 S303 的东侧,是整个区域中最大且最完整的栖息地,连接中河盆地、西河盆地和皮条河盆地,约为 73% 的大熊猫足迹点出现于此。从地质灾害分布图上看,此区域受创较少,有少量的地质灾害主要分布在三江的鹿岩桥,但并未对大熊猫种群造成威胁。

6.5 震后大熊猫生境恢复

大熊猫主要栖息在山地森林中,据统计大熊猫在针叶林中的相对丰富度为 54.44%,在阔叶林中的相对丰富度为 40.04%(国家林业局,2006)。震后大熊猫生境的恢复主要是森林面积和郁闭度的恢复,从而达到森林生态系统功能的恢复。保护和恢复大熊猫生境的手段有多种,具体包括自然生态恢复、人工干预、建立生态廊道、加强灾后重建与生态保护等。

6.5.1　自然生态修复

受地震地质灾害的影响，保护区地表植被遭受严重破坏。以卧龙区域为例，针叶林损坏面积最大，占整个森林面积的 70%（孟庆凯，2016）。这些区域是恢复大熊猫生境的关键地区。由于大熊猫所处栖息地气候湿润，降水丰沛，植被的自然恢复较快。Zhang 等（2014）借助于多时期的遥感卫星影像跟踪分析发现，大多数植被破坏区在震后 4 年之内已经恢复 70%。Meng 等（2016）通过野外调查发现，保护区内滑坡的后壁、坡角、边界处、堆积区等在震后 5 年内都已恢复生长了大量的灌丛，但滑坡体的减损区植被恢复仍少见。对于此震后生境的恢复，自然生态恢复是最主要的一种方式。

6.5.2　人工干预

对于因人类过度砍伐或部分崩塌体彻底剥蚀植被覆盖，完全破坏植被的根系的区域，可以通过飞播造林、人工造林等辅助措施，在栖息地种植郁闭度高的树种（云杉、珙桐、红桦等）和适宜竹类（拐杖竹、冷箭竹、华西箭竹等），以形成适宜大熊猫的特有竹林生态结构，促进其向潜在栖息地演替。

6.5.3　建立生态廊道

地震地质灾害对大熊猫生境造成最主要的影响是形成"生殖孤岛"，从而限制和分割在各自生境斑块中的大熊猫交流。而生态廊道的建设可以有效提高大熊猫在生境中的扩散，促进物种基因交流。根据图 6.43 中所示的基于最小成本距离模型模拟的大熊猫迁移走廊，可以考虑在耿达、塘坊附近建立大熊猫生境走廊，对于联系各分散的大熊猫生境斑块具有重要意义。

6.5.4　加强灾后重建与生态保护

整个灾后重建工程于 2009 年开始，2012 年年底完成并投入使用，包括中国保护大熊猫研究中心、中国保护大熊猫研究中心雅安碧峰峡基地和中国保护大熊猫都江堰疾控中心等基础设施重新规划、选址和重建，生态移民及通过信息化手段长期监测大熊猫物种的生境，深化野外巡护和联防工作，建立有效的评价机制，进一步完善保护区的生态保护。

参 考 文 献

陈利顶, 刘雪华. 1999. 卧龙自然保护区大熊猫生境破碎化研究. 生态学报, 19(3): 291~297
陈晓利, 冉洪流, 祁生文. 2009. 1976 年龙陵地震诱发滑坡的影响因子易发性分析. 北京大学学报(自然科学版), 45(1): 104~110
陈智梁, 刘宇平, 赵济湘, 等. 1998. 青藏高原东部地壳运动的 GPS 测量. 中国地质, 5: 32~35
程颂, 宋洪涛. 2008. 汶川大地震对四川卧龙国家自然保护区大熊猫栖息地的影响. 山地学报, 26(s1): 65~69
国家减灾委员会科技部抗震救灾专家组. 2008. 汶川地震灾害综合分析与评估. 北京. 科学出版社
国家林业局. 2006. 全国第三次大熊猫调查报告. 北京: 科学出版社

何宏林, 孙昭民, 王世元, 等. 2008. 汶川 MS8. 0 地震地表破裂带. 地震地质, 30(2): 359~361

胡锦矗. 2001. 大熊猫研究. 上海: 上海科技教育出版社

胡锦矗. 1990. 大熊猫生物学研究与进展. 成都: 四川科学技术出版社

胡锦矗. 1981. 大熊猫的生物学. 科学, 38(3): 181~191

胡锦矗. 1985. 大熊猫的生态地理分布. 南充师范学院学报(自然科学版), 2: 7~15

黄润秋. 2008. "5·12" 汶川大地震地质灾害的基本特征及其对灾后重建影响的建议. 中国地质教育, 17(2): 21~24

黄润秋, 李为乐. 2008. "5·12" 汶川大地震触发地质灾害的发育分布规律研究. 岩石力学与工程学报, 27(12): 2585~2592

黄润秋, 裴向军, 李天斌. 2008. 汶川地震触发大光包巨型滑坡基本特征及形成机理分析. 工程地质学报, 16(6): 730~741

荆凤, 申旭辉, 洪顺英, 等. 2008. 遥感技术在地震科学研究中的应用. 国土资源遥感, (2): 5~8

李勇, Allen P A, 周荣军, 等. 2006. 青藏高原东缘中新生代龙门山前陆盆地动力学及其与大陆碰撞作用的耦合关系. 地质学报, 80(8): 1101~1109

刘传正. 2008. 四川汶川地震灾害与地质环境安全. 地质通报, 7(11): 1907~1912

刘增乾, 余希静, 徐宪, 等. 1980. 青藏高原地质基本特征. 地球学报, 2: 25-48

柳稼航, 杨建峰, 魏成阶, 等. 2004. 震害信息遥感获取技术历史、现状和趋势. 自然灾害学报, 13(5): 46~52

骆耀南, 俞如龙, 侯立伟, 等. 1998. 龙门山–锦屏山陆内造山带. 成都: 四川科学技术出版社

孟庆凯. 2016. 基于 3S 技术的卧龙大熊猫生境地质灾害影响评价研究. 成都: 成都理工大学硕士学位论文

欧阳志云, 徐卫华, 王学志, 等. 2008. 汶川大地震对生态系统的影响. 生态学报, 28(12): 5801~5809

欧阳志云, 王如松, 符桂南. 1996. 生态位适宜度模型及其在桃江土地利用规划中的应用. 生态学报, 16(2): 113~120

潘文石, 吕植. 2001. 继续生存的机会. 北京: 北京大学出版社

乔建平. 2014. 大地震诱发滑坡分布规律及危险性评价方法研究. 北京: 科学出版社

秦自生. 1993. 卧龙大熊猫生态环境的竹子与森林动态演替. 北京: 中国林业出版社

唐稚英. 1983. 竹子与大熊猫的营养. 野生动物, (5): 1

王晓青, 王龙, 王岩, 等. 2008. 汶川 8.0 级大地震应急遥感震害评估研究. 震灾防御技术, 3(3): 251~258

向灵芝, 崔鹏, 张建强, 等. 2010. 汶川县地震诱发崩滑灾害影响因素的易发性分析. 四川大学学报(工程科学版), 42(5): 105~112

肖胜, 叶功实, 倪志荣, 等. 2003. 应用卫星遥感影像分析厦门市地表植被变化. 林业科学, 39(1): 129~133

许强, 裴向军, 黄润秋. 2009. 汶川地震大型滑坡研究. 北京: 科学出版社

许志琴, 侯立炜, 王宗秀, 等. 1992. 中国松潘–甘孜造山带的造山过程. 北京: 地质出版社

易同培. 1997. 四川竹类植物志. 北京: 中国林业出版社

殷跃平. 2008. 汶川八级地震地质灾害研究. 工程地质学报, 16(4): 433~444

朱靖, 龙志. 1983. 大熊猫的兴衰. 动物学报, (1): 96~107

Aleotti P, Chowdhury R. 1999. Landslide hazard assessmentrsummary review and new perspectives. Bulletin of Engineering Geology and the Environment, 58: 21~24

Banair A. 1995. A review of vegetation indices. Remote Sensing Reviews, 13: 95~120

Berardino P, Fornaro G, Lanari R, et al. 2002. A new algorithm for surface deformation monitoring based on small baseline differential SAR interferograms. IEEE Transactions on Geoscience and Remote Sensing, 40: 2375~2383

Bo T, Zhou Y X, Zhang L Q, et al. 2008. A GIS and remote sensing based analysis of migratory bird habitat suitability for Chongming Dongtan Nature Reserve, Shanghai. Acta Ecologica Sinica, 28: 3049~3059

Bovenga F, Wasowski J, Nitti D O, et al. 2012. Using COSMO/SkyMed X band and ENVISAT C band SAR interferometry for landslides analysis. Remote Sensing of Environment, 119: 272~285

Brabb E E, Pampeyan E H, Bonilla M. 1972. Landslide susceptibility in the San Mateo Country, California. USGS: Miscellaneous Field Studies Map

Carrara A. 1983. Multivariate models for landslide hazard evaluation. Journal of the International Association for Mathematical Geology, 15(15): 403~426

Chen F L, Lin H, Hu X. 2014. Slope superficial displacement monitoring by small baseline SAR interferometry using data from L band ALOS PALSAR and X band TerraSAR: A case study of Hong Kong, China. Remote Sensing, 6: 1564~1586

Cheng S, Song H T. 2008. Impact of Wenchuan earthquake on giant panda habitat in Wolong Nature Reserve. Mountain Science, 26: 65~69

Chigira M, Wu X, Inokuchi T, et al. 2010. Landslides induced by the 2008 Wenchuan earthquake, Sichuan, China. Geomorphology, 118: 225~238

Chung C J F, Fabbri A G, Westen C J V. 1995. Multivariate regression analysis for landslide hazard zonation. Advances in Natural & Technological Hazards Research, 5: 107~133

Claessens L. 2005. Modelling landslide dynamics in forested landscapes Adressing landscape evolution, landslide soil redistribution and vegetation patterns in the Waitakere Ranges, west Auckland, New Zealand. The Netherlands: Wagening University. 143

Claessens L. 2006. Contribution of topographically based landslide hazard modelling to the analysis of the spatial distribution and ecology of kauri (*Agathis australis*). Landscape Ecology, 21: 63~76

Constantin M, Bednarik M, Jurchescu M C. 2011. Landslide susceptibility assessment using the bivariate statistical analysis and the index of entropy in the Sibiciu Basin (Romania). Environmental Earth Sciences, 63(2): 397~406

Cui P, Chen X Q, Zhu Y Y, et al. 2011. The Wenchuan Earthquake (May 12, 2008), Sichuan Province, China, and resulting geohazards. Natural Hazards, 56(1): 19~36

Cui P, Zhu, Y Y, Han Y S, et al. 2009. The 12 May Wenchuan earthquake induced landslide lakes: Distribution and preliminary risk evaluation. Landslides, 6: 209~223

Dai F C, Lee C F. 2002. Landslide characteristics and slope instability modeling using GIS, Lantau Island, Hong Kong. Geomorphology, 42(1): 213~228

Dale V H, Adams W M. 2003. Plant reestablishment 15 years after the debris avalanche at Mount St. Helens, Washington. The Science of the Total Environment, 313: 101~113

Ercanoglu M, Gokceoglu C. 2002. Assessment of landslide susceptibility for a landslide prone area (North of Yenice, NW Turkey) by fuzzy approach. Environmental Geology, 41: 720~730

Felicisimo A, Cuartero A, Remondo J, et al. 2013. Mapping landslide susceptibility with logistic regression, multiple adaptive regression splines, classification and regression trees, and maximum entropy methods: A comparative study. Landslides, 10: 175~189

Ferretti A, Fumagalli A, Novali F, et al. 2011. A new algorithm for processing interferometric data stacks: SqueeSAR. IEEE Transactions on Geoscience and Remote Sensing, 49: 3460~3470

Foumelis M, Lekkas E, Parcharidis I. 2004. Landslide susceptibility mapping by GIS based qualitative weighting procedure in Corinth area. Bulletin of the Geological Society of Greece, 46: 904~912

Fruneau B, Achace J, Delacourt C. 1996. Observation and modeling of the Saint Etienne de Tinée landslide using SAR interferometry. Tectonophysics, 265: 181~190

Geertsema M, Highland L M, Vauegois L. 2009. Environmental impact of landslides. In: Sassa K, Canuti P. Landslides-Disaster Risk Reduction. Berlin: Springer.

Geertsema M, Pojar J J. 2007. Influence of landslides on biophysical diversity-A perspective from British Columbia. Geomorphology, 89(1): 55~69

Gokceoglu C, Aksoy H. 1996. Landslides susceptibility mapping of the slopes in the residual soils of the Mengen region (Turkey) by deterministic stability analyses and image processing techniques. Engineering Geology, 44: 147~161

Handwerger A L, Roering J J, Schmidt D A. 2013. Controls on the seasonal deformation of slow moving landslides. Earth and Planetary Science Letters, 377: 239~247

Huang R Q, Li W L. 2014. Post earthquake landsliding and longterm impacts in the Wenchuan earthquake area, China. Engineering Geology, 182: 111~120

Huang R Q, Li W L. 2009. Development and distribution of geohazards Triggered by 5·12 Wenchuan Earthquake in China. Science in China (seriesE): Technological Sciences, 52(4): 810~819

Hull V, Xu W, Wei L, et al. 2011. Evaluating the efficacy of zoning designations for protected area management. Biological Conservation, 144(12): 3028~3037

Kernohan B J, Gitzen R A, Millspaugh J J, et al. 2001. Analysis of animal space use and movements. In: Millspaugh J J, Marzlu J M. Radio Tracking and Animal Populations. Amsterdam: Elsevier. 125~166

Lee S, Min J K. 2004. Probabilistic landslide hazard mapping using GIS and remote sensing data at Boun, Korea. International Journal of Remote Sensing, 25(25): 2037~2052

Lee S, Pradhan B. 2007. Landslide hazard mapping at Selangor, Malaysia using frequency ratio and logistic regression models. Landslides, 4(1): 33~41

Lin C Y, Lo H M, Chou W C, et al. 2004. Vegetation recovery assessment at the Jou Jou Mountain landslide area caused by the 921 Earthquake in Central Taiwan. Ecological Modelling, 176(s1-2): 75~81

Liu X H, Bronsveld M C, Toxopeus AG, et al. 1997. GIS application in research of wildlife habitat change— A case study of the giant panda in Wolong Nature Reserve. The Journal of Chinese Geography, 7(4): 51~60

Liu X H, Skidmore A K, Wang T J, et al. 2002. Giant panda movement pattern in Foping Nature Reserve, China. Journal of Wildlife Management, 66(4): 1179~1188

Lundgren L. 1978. Studies of soil and vegetation development on fresh landslide scars in the Mgeta Valley, western Uluguru Mountains, Tanzania. Geografiska Annaler Series A: Physical Geography, 60: 91~127

Macdonald D W, Rushton S. 2003. Modelling space use and dispersal of mammals in real landscapes: A tool for conservation. Journal of Biogeography, 30(4): 607~620

Meng Q, Miao F, Zhen J, et al. 2016. Analyzing and evaluating landslide impacts on giant pandas and their habitats in the Wolong Natural Reserve, China. Journal of Mountain Science, 13(10): 1789~1805

Meng Q, Miao F, Zhen J, et al. 2015. GIS based landslide susceptibility mapping with logistic regression, analytical hierarchy process, and combined fuzzy and support vector machine methods: A case study from Wolong Giant Panda Natural Reserve, China. Bulletin of Engineering Geology and the Environment, 75(3): 923~944

Micheletti N, Kanevski M, Bai S, et al. 2013. Intelligent Analysis of Landslide Data Using Machine Learning Algorithms. Berlin Heidelberg: Springer. 161~167

Myster R W, Walker L R. 1997. Plant successional pathways on Puerto Rican landslides. Journal of Tropical Ecology, 13: 165~173

Nakamura R, Nakamura S, Kudo N, et al. 2007. Precise orbit determination for ALOS. Proceedings of the 20th International Symposium on Space Flight Dynamics, Annapolis, MD, USA

Nandi A, Shakoor A. 2010. A GIS based landslide susceptibility evaluation using bivariate and multivariate statistical analyses. Engineering Geology, 110(1): 11~20

Nefeslioglu H A, Duman T Y, Duemaz S. 2008a. Landslide susceptibility mapping for a part of tectonic Kelkit Valley (Eastern Black Sea region of Turkey). Geomorphology, 94: 401~418

Nefeslioglu H A, Gokceoglu C, Sonmez H. 2008b. An assessment on use of logistic regression and artificial neural networks with different sampling strategies for the preparation of landslide susceptibility maps. Engineering Geology, 97(3~4): 171~191

Oh H J, Pradhan B. 2011. Application of a neuro fuzzy model to landslide susceptibility mapping for shallow landslides in a tropical hilly area. Computers and Geosciences, 37(9): 1264~1276

Ouyang Z Y, Yang Z, Tan Y C, et al. 1996. Application of geo~graphical information system in the study and management in Wolong Biosphere Reserve. MAB China's Biosphere Res Ann, (special): 47~55

Pepe A, Lanari R. 2006. On the extension of the minimum cost flow algorithm for phase unwrapping of multitemporal differential SAR interferograms. IEEE Trans actions on Geoscience and Remote Sensing, 44: 2374~2383

Piegari E, Cataudella V, Di Maio R, et al. 2009. Electrical resistivity tomography and statistical analysis in landslide modelling: A conceptual approach. Journal of Applied Geophysics, 68(2): 151~158

Powell R A. 2012. Diverse perspectives on mammal home ranges or a home range is more than location densities. Journal of Mammalogy, 93(4): 887~889

Pradhan B. 2010a. Remote sensing and GIS based landslide hazard analysis and cross validation using multivariate logistic regression model on three test areas in Malaysia. Advances in Space Research, 45: 1244~1256

Pradhan B. 2010b. Application of an advanced fuzzy logic model for landslide susceptibility analysis. International Journal of Computational Intelligence Systems, 3: 370~381

Pradhan B. 2011a. Manifestation of an advanced fuzzy logic model coupled with geoinformation techniques for landslide susceptibility analysis. Environmental and Ecological Statistics, 18(3): 471~493

Pradhan B. 2011b. Use of GIS based fuzzy logic relations and its cross application to produce landslide susceptibility maps in three test areas in Malaysia. Environmental Earth Sciences, 63 (2): 329~349

Saha A K, Gupta R P, Arora M K. 2002. GIS based Landslide Hazard Zonation in the Bhagirathi (Ganga) Valley, Himalayas. International Journal of Remote Sensing, 23(2): 357~369

Saha A K, Gupta R P, Sarkar I, et al. 2005. An approach for GIS based statistical landslide susceptibility zonation with a case study in the Himalayas. Lanslides, 2: 61~69

Sanchez Hernandez C, Boyd D S, et al. 2007. Mapping specific habitats from remotely sensed imagery: Support vector machine and support vector data description based classification of coastal saltmarsh habitats. Ecological Informatics, 2(2): 83~88

Sezer E A, Pradhan B, Gokceoglu C. 2011. Manifestation of an adaptive neuro fuzzy model on landslide susceptibility mapping: Klang valley, Malaysia. Expert Systems with Applications, 38(7): 8208~8219

Shen G Z, Jun Qing L I, Jiang S W. 2004. Structure and dynamics of subalpine forests in giant panda habitat. Acta Ecologica Sinica, 24(6): 1294~1299

Süzen M L, Kaya B S. 2012. Evaluation of environmental parameters in logistic regression models for landslide susceptibility mapping. International Journal of Digital Earth, 5(4): 338~355

Tien B D, Pradhan B, Lofman O. 2012. Landslide susceptibility mapping at Hoa Binh province (Vietnam) using an adaptive neuro fuzzy inference system and GIS. Computers and Geosciences, 45(4): 199~211

Viña A, Tuanmu M N, Xu W, et al. 2010. Range wide analysis of wildlife habitat: Implications for conservation. Biological Conservation, 143(9): 1969

Vittoze P, Stewart G H, Duncan R P. 2001. Earthquake impacts in old growth Nothofagus forests in New Zealand. Journal of Vegetation Science, 12: 417~426

Wang J L, Chen Y. 2004. Applications of 3S technology in wildlife habitat researches. Geography and Geoinformation Science, 20(6): 44~47

Wang X, Xu W, Ouyang Z, et al. 2008. Impacts of Wenchuan Earthquake on giant panda habitat in Dujiangyan region. Acta Ecologica Sinica, 28: 5856~5861

Wasowski J, Bovenga F. 2014. Investigating landslides and unstable slopes with satellite Multi Temporal Interferometry: Current issues and future perspectives. Engineering Geology, 174: 103~138

Wells A, Duncan R P, Stewart G H. 2001. Forest dynamics in Westland, New Zealand: The importance of large, infrequent earthquake induced disturbance. Journal of Ecology, 89: 1006~1018

Wilson J P, Gallant J C. 2000. Terrain Analysis: Principles and Applications. New York: Wiley

Wu Y, He S M, Li X P. 2008. Characteristics, causes and prevention measures of the landslides in Sichuan Province. Journal of Anhui Agricultural Sciences, 36: 7387~7390

Yilmaz I. 2009. Landslide susceptibility mapping using frequency ratio, logistic regression, artificial neural networks and their comparison: A case study from Kat landslides (Tokat Turkey). Computers and Geosciences, 35(6): 1125~1138

Yilmaz I, Yildirim M. 2006. Structural and geomorphological aspects of the Kat landslides (Tokat Turkey) and susceptibility mapping by means of GIS. Environmental Geology, 50(4): 461~472

Zhang J, Hull V, Huang J, et al. 2014. Natural recovery and restoration in giant panda habitat after the Wenchuan earthquake. Forest Ecology and Management, 319(3): 1~9

Zhang Y, Cheng Y, Yin Y, et al. 2014. High position debris flow: A long term active geohazard after the Wenchuan earthquake. Engineering Geology, 180: 45~54

第7章 未来气候变化对大熊猫栖息地影响精细评估与应对

7.1 气候变化的影响和评估

7.1.1 气候变化对生态系统的影响

自 20 世纪 50 年代以来，许多观测到的气候变化是以前的几十年至几千年期间前所未有的。最近几十年，气候变化已经对所有大陆上和海洋中的自然系统和人类系统造成了影响，这说明自然系统和人类系统对气候的变化非常敏感（IPCC,2014）。气候变化与其他诸如栖息地丧失、破碎化等压力源共同作用，会导致物种分布范围、种群组成、物候期和生态系统功能的变化，而对于种群数量小、分布范围狭窄、迁移能力弱、食性单一、遗传能力弱的物种可能就会因气候变化而面临灭绝的风险（Li et al., 2015, Root et al., 2003）。据 2013 年 9 月 IPCC 发布的第五次评估报告显示：在一系列温室气体排放情景模式下，以二十年间隔为评价单元并以 1986～2005 年为比较基准，2016～2035 年这一区段全球地表平均气温增幅将达 0.3～0.7℃，而到 21 世纪末的最后二十年，全球地表平均气温更将升高 0.3～4.8℃。以此估计到 21 世纪末，地球气温增幅很可能超过各国政府承诺保持的 2℃临界值。这也意味着 21 世纪及之后，由于气候变化引起的大部分物种灭绝的风险会更大。在多数景观中，大部分植物物种均无法足够快速地自然转换其地理范围，无法跟上当前预估的高速气候变化。在 21 世纪，平坦景观中，多数小型哺乳动物和淡水软体动物将无法跟上在 RCP4.5 及以上情景下预估的速度。更糟糕的是，随着未来全球升温增速，物种灭绝的风险会加快，据估计，在当前的环境下，全球哺乳动物四个物种中就有一个面临灭绝风险，且 1/2 的物种数量正在减少。快速的气候变化正以改变单一物种及其赖以生存的周围环境的方式对生态系统安全和全球生物多样性提出了严峻挑战（Fan et al., 2014）。全球气候变化几乎影响到所有的生物，且 80%的物种都受到了气候变暖的胁迫。全球气候变化的地域之广阔，影响之深远已使野生动物受到很大的冲击，从极地到赤道热带、从海洋到内陆，到处都显示着变化的迹象（彭少麟等, 2002）。如何解读这些变化并据此提出针对性的措施和建议是当前国内外专家学者关注的问题，这就急需探索气候系统和生物系统之间的相互作用，也因此催生了一门崭新的学科——气候变化生物学。该学科诞生于 20 世纪 80 年代后期，是研究气候变化对自然系统影响的学科，重点在于了解人类诱发的气候变化在未来的影响。自 80 年代初开始酝酿和规划全球变化的相关研究，具体实施则可追溯到 80 年代中后期。为公众所熟知的专门负责研究气候变化的政府间科学技术机构——政府间气候变化专门委员会成立于 1988 年，是由世界气象组织和联合国环境署共同组建的。IPCC 于 1990 年发布了《第一次评估报告》，该报告成为指导后续气候变化及其影响研究工作的标准参考书。之后全球范围内关于气候变化引起的动植物分布范围迁移的报道陆续增多，Pounds 等（1999）研究发现中美洲哥斯达黎加高山森林 30km^2 的样地中，50 种无尾动物（青蛙和蟾蜍）中的 20 种都伴随着同期人口的剧增而消失，认为这一区域的鸟类、爬行类和两栖动物种群的变化可能与近期全球变暖有关。Gian-Reto Wahher 等（2002）研究论述了近期动植物对气候变化的生态学响应。作者首先给出了大量春季事件提前的大量证据，同时论述了气候变化下物种分布范围的漂移，包括欧洲和新西兰树线向更高海拔上升；阿拉斯加极地灌木植被向先前无这类植被的地方扩张；欧洲高山植物在海拔方向上每 10 年向上移动 1～4m；北美和欧洲的 39 种蝴蝶在 27 年内向北移动达 200km 等，这些都与全球变暖相关。这一研究采用了调查与历史资料比对的方法，其研究结果可信度较高。Parmesan 和 Yohe（2003）基于长期、大尺度的多个物种数据集，用气候变化预测、荟萃分析和聚类分析对全球超过 1700 个物种进行分析。其研究结果表明：近来生物响应趋势和气候变化预测一致。全球荟萃分析指出物种在极地方向上分布范围漂移的平均速率为 6.1km/10a（或者向高海拔方向米级/10a），春季事件平均提前量约 2.3d/10a。这一研究去除了过去所获大量研究资料中的杂音，获得全球变暖影响物种分布的可靠证据。Root 等（2003）收集了全世界 143 个研究资料，采用荟萃分析方法研究表明，超过 80% 的物种对全球变暖响应的变化方向和基于已知物种生理约束预测的方向一致。同时指出因为气候变暖物种可能出现四种类型的改变。第一，某一区域内物种密度可能会改变，物种范围可能会向极地或者高海拔方向迁移，因为物种要移动到它们新陈代谢可以忍受的温度区域内。第二，由于物种的自然历史特征都是由于温度相关事件触发的，改变可能发生在物候期（物候学），如迁徙、花期或产卵期。第三，形态学的改变，如身体大小及行为的改变。第四，基因序列可能会改变（Root et al., 2003）。目前大量研究和观察表明，物种的分布格局已因为气候变化而改变，向高纬度或高海拔地区迁移是多数物种的适应策略。究其原因可能是因为随着全球变暖，野生动物为了寻求和之前类似的较为凉爽的环境所以分布区会在纬度方向上整体北移，而在动植物分布较为密集的山区则会表现为在海拔方向上向更高处迁移。不同的物种为了适应气候变化的影响会结合自身生态学特征做出具体的响应，全球变暖对某些物种可能有益，使其种群逐步壮大，如一些外来物种、害虫和病原体；而对一些适应和迁移能力差的物种则会受制于这一变化，种群逐渐缩小甚至面临灭绝的威胁，很多珍稀濒危植物都属于后者。总的来看，全球气候变暖将使更多的野生动物无所适从。高山地区相比低海拔的地区而言气候变化将更为突出，尤其是温度升高、降水格局变化及其他极端气候事件。Harald 等（2007）的研究表明，欧洲阿尔卑斯山的升温在过去 50 年中是全球平均温度增幅的 2 倍以上，青藏高原地区的升温速度则更快，相当于全球变暖速率的 3 倍。Chen 等（2011）使用荟萃分析的方法预测出近年来由于气候变暖导致的物种分布在向高海拔方向移动的平均速度约为 11m/10a，在向高纬度方向移动的平均速度约 16.9km/10a。英国生物学家 Chris D. Thomas 教授与来自世界各地的 18 位科学家收集了覆盖全球 20% 陆地面积的六个生物多样性丰富地区的物种分布和区域气候地面数据，经过模型预测发现，在中等气候变暖情景下到 2050 年，采样区内 1103 个物种中有 15%～37%（165～408 个物种）将有灭绝的风险（Thomas et al., 2004）。如果把该研究扩展到全球尺度，研究人员估计到 2050 年，世界上将有 100 多万物种面临灭绝的风险。虽然气候变化预测模型存在一定的不确定性，但是当前非常必要采取一定的措施来阻止气候变化带来的负面影响（Ekins and Speck，2014）。

全球气候变化是全球变化的重要组成部分，而全球变化具有大尺度、长周期的时空演变特点，是一个复杂的系统，需要用多种理论和方法开展研究。对地观测技术的宏观、动态、快速、准确探测特点，使其在全球变化研究中具有独特优势。因此，如何依托迅速发展的对地观测技术来研究和分析气候变化背景下物种栖息地变化趋势、现有保护地能否继续维持物种和生态系统的完整性，以及如何调整才能减缓和降低气候变化对物种的影响是目前生态保护领域亟待解决的问题。

7.1.2　气候变化对大熊猫栖息地影响

大熊猫是我国特有的珍稀濒危动物，被誉为"国宝"与"活化石"，作为公认的濒危物种之一于1990年被列入 IUCN 红色名录，同时它也是世界生物多样性保护的"旗舰物种"，也是世界自然基金会组织的会旗和会徽标志，是世界自然保护的象征。大熊猫具有很高的生态价值、科研价值、经济价值和观赏价值，在政治、经济、外交等领域也发挥着十分独特的作用，其声誉、影响及生存、保护现状受到国际社会的普遍关注。

据化石考证，历史上大熊猫曾广泛分布于我国东南黄河、长江和珠江流域，北及北京周口店，南达东南亚一些国家，如泰国、老挝、缅甸等。其数量和分布范围随着气候变迁、地质和人类活动范围的不断扩大急剧缩小。目前仅局限在四川、陕西和甘肃交界地带的高山密林之中。其濒危状态主要因为人为活动，如过去的3000年里的偷猎和栖息地干扰。这些影响加上该物种特有的生态学限制因素被进一步加重，包括专食性、繁殖率低及受限制的基因交流等。大熊猫起初是大型的食肉动物，经过几百万年的进化和适应环境的改变，不得已逐步进化成专食性动物，现在99%的食物来源都由林下竹类组成。大熊猫分布范围急剧缩小是在近300年左右，由于人口数量的急剧上升和气候变暖增速，尤其是20世纪早期快速的工业化扩张，人类生产经营活动范围的不断扩大和对森林资源的过度采伐利用，导致大熊猫生存环境日益恶化，种群数量锐减，到了20世纪中叶，大熊猫被局限在四川、陕西、甘肃三省孤立的六大山系之中（Zhu et al., 2013；胡锦矗等，2011），保护形势日益严峻。加之由于人类日渐剧烈的资源开发及经济活动，如放牧、交通道路、采药、采伐、狩猎、采矿、水电站建设、旅游开发、输电线路铺设等人为活动的干扰，栖息地破碎化程度越来越严重，局域种群由90年代的24个进一步分化为现在的33个，其中的24个局域种群具有较高的生存风险（约占野外种群总量的12.0%，共涉及大熊猫223只），同时大熊猫遗传能力差、食性单一，99%的食物来源于竹类，这些因素使得大熊猫面临更加严峻的生存挑战（Kang and Li, 2016；国家林业局，2015）。

精确的分析和评估大熊猫物种在未来气候变化情景下栖息地的变化趋势并采取主动保护策略来减缓或降低未来气候变化对该物种的不利影响是十分必要和紧迫的。迅速的气候变化已被广泛认为是对生物多样性的严重威胁，预计将与其他环境因素相互作用。气候变化可能增加已经因小种群、生境特化或者有限的地理范围而濒危物种灭绝的风险。大部分的濒危物种都局限在特定范围栖息地内、对环境变化的耐受性较差，迁移/分散的能力较差，无法跟踪气候变化。这些物种在保护规划方面的一个重大挑战是将气候变化影响纳入物种保护战略。

当前气候变化对大熊猫栖息地的影响评估多聚焦较大尺度上，如针对整体的大熊猫栖息地的研究，或者聚焦在较大的山系尺度上，诸如秦岭山系、岷山山系、大相岭山系等，并且多数研究聚焦在预测栖息地在气候变暖的背景下将在哪个方向增加或缩减，增减幅度如何，但少有研究针对具体的研究区域，结合当前的保护网络给出更加具体明确的保护措施。而这恰恰是为更有效地保护物种延续性，当前大熊猫栖息地管理亟待需要的信息与建议。

Songer 等（2012）采用最大熵模型（maximum entropy model, MaxEnt），在 A2 情景下，选用 GCM3 和 Had CM3 两个模型，使用从 35 个选出的 19 个气候因子对栖息地适宜度与变化情况进行预测，并用 AUC 进行模型精度评估（AUC=0.752）。其研究区为整个大熊猫栖息地，包括秦岭、岷山、邛崃山、大相岭、小相岭和凉山山系六大山系，时间尺度到 2080 年，其研究结论为：在气候变化的影响下，大熊猫分布范围将向高海拔、高纬度转移，这一结论和之前很多研究结论一致。未来约 90% 的适宜栖息地将出现在北部的三个山系，而南方的山系将减少 80% 以上的适宜栖息地。此外，两个气候模型下的预测结果都显示将有 60% 的栖息地消失，但是不同气候模型和地区下预测的栖息地损失程度也有所不同。其中，秦岭情况最乐观，CGCM3 下仅有 1% 栖息地损失，HadCM3 下有 17%，且 70% 的保护区在 2080 年仍有效；其他的山系栖息地损失在 60%～97%，且在 2080 年仅有 1%～28% 的有效保护区。两个气候模型下的预测结果都显示到 2080 年，南边三个山脉所保留的适宜栖息地不多。两个模型下都预测出了在目前分布地之外的潜在栖息地，但仅有 12%～14% 的新栖息地在保护区内；栖息地的破碎化也有所加剧——斑块平均大小（mean patch size, MPS）大幅缩减[由 505km² 缩减到 67km²（CGCM3）和 38km²（HadCM3）]，平均最近距离（mean nearest neighbor distance, MNN）除邛崃山脉和大小相岭都有所增加。

Jian 等（2014）使用多元线性回归模型计算生境适宜度指数并绘出生境适宜度指数图。研究区为三次国家调查除秦岭山系以外大熊猫分布区外扩 30km 缓冲区后的范围（101°19′～109°10′E, 27°52′～34°18′N）。时间尺度选择为 2002～2050 年及 2050～2099 年。其结果显示：2002～2050 年温度会升高 1～2℃，湿度增加 10%～20%，降水也会增多，这将造成 2.64% 非适宜区变为适宜区，1.5% 适宜区变为非适宜区。较高的温度在一定程度上会增加生物量，将研究区西南部的非适宜区变为适宜区；然而，降水的增加也会改变区域环境，造成东北部一些适宜区变为非适宜区。2050～2099 年，温度会再升高 1～3℃，湿度将减少，降水将稳定，这将造成 3.43% 非适宜区变为适宜区，6.59% 适宜区变成非适宜区；过高的温度和减少的湿度会减少西南地区生物量，将适宜区变为非适宜区；然而在东北部，由于适宜气候和稳定的降水，对当地生物量有促进作用，从而适宜区会增加。总体来看，在前阶段（2050 年）气候变化会对栖息地有帮助，而随着其进一步变化，大熊猫栖息地有从南到北移动的趋势。然而，总体变化趋势对大熊猫的生存依然构成威胁。

Fan 等（2014）采用机理模型（mechanistic model），使用 3 个气候因子（1 月、5～10 月的月均气温和年降水量）代替生物因子，分别在两种气候情景（A2 和 B2）下对栖息地进行预测。其研究区为秦岭山系，时间尺度为 2070～2100 年。其研究结论为相比当前阶段（1990～2007 年），2070～2100 年气候变得温暖潮湿——此变化将导致适宜栖息地减少（A2 情景下减少 62%，B2 情景下减少 37%）、海拔增高、西北部将出现新增栖息地，这意味着栖息地整体向西北方向移动。该方法存在问题：一些其他的因素如植被类型及其分布、日照等没有考虑；评估标准具有不确定性——需要加入更多参数来提高评估标准的有效性；国际气象中心提供的气象数据可能无法精确描述当地气象情况；没有考虑极端气候情况。此外，此类模型在生境适宜度的计算过程中很少将物种的真实分布点结合进来，从而得到的结果仅是预测的适宜生境，并不能反映大熊猫对生境的实际利用程度。

Li 等（2015）采用最大熵模型，将竹子分布图、8 个相关性系数低于 0.7 的生物气候因子、环境因子（竹子可得性（bamboo availability）、坡度和坡向）、人为干扰因子考虑进模型中，在五个气候模型的 3 种排放情景（RCP 2.6、4.5 和 8.5）下分别进行计算。其研究区为整个大熊猫栖息地，包括 3 省（四川、甘肃、陕西）。时间尺度到 2070 年。其研究结论为随着气候变化，到 2070 年，适宜栖息地会较目前减少 50%～70%，且适宜栖息地的质量会有所下降，并且出现破碎化严重的趋势。其中，岷山山系区域的栖息地会向西移动，秦岭和邛崃山系的适宜栖息地范围缩小；邛崃山系的栖息地会出现缺口，从而可能对大熊猫造成种群内隔离；适宜海拔普遍升高。总之，气候变化对栖息地影响最大的主要是秦岭、邛崃山和大相岭山系。

Li 等（2015）采用最大熵模型将 8 个相关性系数低于 0.7 的生物因子（Bio 2, Bio 4, Bio 10, Bio 11, Bio 15, Bio 17, Bio 18，Bio 19）加入模型中，在五个气候模型（CCSM4, CNRM-CM5, Had GEM2-ES, MIROC5 和 MPI-ESM-LR）的 3 种排放情景（RCP 2.6、RCP 4.5 和 RCP 8.5）下分别对竹子分布情况进行预测。研究区为整个大熊猫栖息地，时间尺度设定为 2070 年。其研究结果显示：气候变化影响竹子的分布——6 种竹子会从栖息地消失。同时，单一竹种的森林面积将会增加。秦岭、大相岭和邛崃山系竹子种类数量减少最为明显，而在西北部的岷山和南部凉山山系会增加。

Liu 等（2016）采用生境评价模型使用温度数据和代表性的生境因子数据（海拔、植被类型、竹子种类），选取 A2 作为当前温室气体排放情景，RCP2.6 作为 2050 年 CO_2 排放模式，BCC-CSM1-1 作为气候模型，评价栖息地适宜度并对其未来形势进行预测；此外也用最大熵模型对同样的研究区进行预测来比对两种模型的结果。参考 Songer 等（2012），将最炎热季度的均温（the mean temperature of the warmest quarter）视为最强影响因子，并用 2km² 格网法探究大熊猫对气候的偏好。模型验证：计算每个网格内大熊猫出现次数与适宜度的 Pearson 相关系数（$\rho = 0.175$, $P < 0.05$）。其研究区设定在岷山北部，时间尺度到 2050 年。其研究结果显示：15～24℃是大熊猫适宜温度，6～14℃和 25～39℃ 是次适宜；大熊猫出现数据和温度呈负相关（$\rho = 0.133$, $P < 0.05$），揭示大熊猫更适宜在温度较低的地方生活，然而 WorldClim 预测在 2050 年温度将升高至 28.9±11℃，比目前的 20.7℃高很多，所以未来的温度会对大熊猫的生存构成威胁；影响因子贡献度排序：海拔（49.3%）、温度（25.1%）；目前适宜与次适宜区占研究区的 70.7%，东部（76.7%）比西北（66.3%）高；A2 情景下栖息地适宜度将增加 2.7%，东部适宜度减少 7.1%，以东部边缘最为明显，西北部适宜度将增加 9.8%。最大熵模型结果预测显示，目前东部适

宜度 56.1%，西北部 43.4%，到 2050 年适宜度将升高 2%；东部适宜与次适宜区将减少 5.01%，西北增加 7.5%。模型验证：训练 AUC=0.89，测试 AUC=0.79。总体变化趋势与生境评价模型计算结果相同。

吴建国和吕佳佳（2009）利用 CART 模型，在四种温室气体排放情景下（A1、A2、B1 和 B2）对大熊猫分布范围及空间格局在气候变化背景下的变化情况进行了模拟和分析。其研究结果为：当前大熊猫适宜分布范围将在气候变化背景下进一步缩小，其中 A1 情景下变化最大，B1 情景下最小。在气候变化背景下，新适宜分布区将主要向目前适宜分布区西部扩展，而目前适宜分布区的东部、东北和南部一些适宜范围将不再适宜。

7.1.3　气候变化对大熊猫栖息地影响精细评估方法

国家和相关部门历来高度重视大熊猫保护管理工作，并投入巨大的人力、物力和财力，加强大熊猫及其栖息地保护管理。截至目前，国家已完成四次全国范围的大熊猫调查工作，分别为 1974～1977 年组织开展的第一次大熊猫调查，1985～1988 年组织开展的第二次、1999～2003 年组织开展的第三次大熊猫调查，以及 2011～2014 年完成的第四次大熊猫调查工作。前两次由于时间较为久远，且受当时技术、人力等条件限制，其调查结果可以作为重要参考。第三次和第四次调查基本采用相同的方法和技术，且其调查时间相隔在 10 年左右，两次调查结果的综合对比分析是从事大熊猫及其栖息地研究人员的重要数据来源。本书研究也以这两次的调查数据作为重要的输入。

据全国第四次大熊猫调查（2011～2014 年）结果显示，截至 2013 年年底，我国野生大熊猫种群数量达 1864 只，相较于第三次调查时的 1596 只种群数量增加了 268 只，增长率为 16.8%，野生种群数量稳定增长。二是栖息地范围明显扩大。目前全国野生大熊猫栖息地和潜在栖息地面积分别为 258 万 hm^2 和 91 万 hm^2，分布在四川、陕西、甘肃三省，按照行政区划统计，其分布范围涉及的市（州）、县（市、区），以及乡镇数分别为 17 个、49 个和 196 个。与第三次调查相比，增加分布县（市、区）数量为 4 个，栖息地面积和潜在栖息地面积增长率分别为 11.8% 和 6.3%。另外，野生大熊猫的保护管理能力逐步增强。与约 10 年前完成的第三次调查相比，新建保护区 27 处，新增保护区面积 118 万 hm^2，有大熊猫和其栖息地分布的保护区数量已达 67 处，总面积达到 336 万 hm^2。目前的自然保护区网络已涵盖了 66.8% 的野生大熊猫和 53.8% 的大熊猫栖息地，种群和栖息地保护率都不断提高。国际保护自然联盟也把红色名录中大熊猫的保护状态从濒危（endangered）降为低危（vulnerable）（Swaisgood et al., 2016），其依据就是二调（1985～1988 年）和四调（2011～2014 年）之间成年大熊猫数量的增长。

一方面，大熊猫种群数量的增长与适宜栖息地的增加得益于国家陆续开展的一系列重大林业生态保护工程，包括天然林保护、退耕还林还草、野生动植物保护及自然保护区建设等，这些工程的实施对大熊猫保护起到了非常积极的促进作用。另外，也与早些年间大熊猫适宜栖息地的退化与碎片化引起的很多国内外学者的关注和努力有关。自 20 世纪 60 年代中期开始，我国科学工作者开始了野生大熊猫生态学研究工作，卧龙等第一批大熊猫自然保护区在此间建立，并将大熊猫列为禁猎动物。然而，目前大熊猫依然面临着一个重大威胁：适宜栖息地的减少。除了保护目前的大熊猫栖息地和现存的自然保护区之外，对气候与环境进行预测，以便提前了解大熊猫潜在适宜栖息地受气候条件变化的影响也是目前保护物种多样性的要务之一。准确可靠的预测结果可以提供信息给相关部门提前做准备，如建立生态廊道连接现存与未来栖息地、在未来栖息地建立保护区等。

另一方面，野生大熊猫分布区域位于长江上游主要支流源区或流经地及世界生物多样性保护的热点地区，对大熊猫及其栖息地的有效保护，既有利于建设长江上游生态屏障，也有利于"伞护"同域分布的川金丝猴、小熊猫、羚牛、珙桐、银杏等众多国家重点保护野生动植物物种。构建有效的大熊猫栖息地适宜度评估体系，同时对现阶段和未来气候变化背景下大熊猫栖息地的可能变化趋势进行精细评估，是有效保障大熊猫及其栖息地的重要举措。

此外，近年来，生态位模型（ecological niche models, ENMs）越来越多的在全球范围内用于预测气候变化对物种分布的影响（Tanner et al., 2017）。生态位模型是一个以生态位理论为基础的新兴研究领域。生态位模型利用研究对象已知的分布数据和与其相关的环境变量数据，根据一定的理论或模型推算物种的实际生态位，然后将推算结果投射至不同时空新的环境变量空间来预测物种的潜在分布。虽然生态位模型在最初主要是用来研究生物地理学的，但最近更多研究的关注点集中在利用此模型计算物种的潜在分布地（Anderson and Martinez-Meyer, 2004）、物种对气候变化脆弱性评估（Li et al., 2017）、种群规模（Legault et al., 2013）、种群密度（Oliver et al., 2012）、繁衍参数（Brambilla and Ficetola,2012）和物种丰度（Howard et al., 2014），目前已广泛应用于物种分布预测与评估、入侵生物学、保护生物学，以及传染病空间传播的研究中。生态位的概念是由本领域的先驱者Grinnell（1917）在20世纪10~20年代提出的，距今有逾100年的发展历程，经历了概念的确立、分化与统一及量化建模3个主要阶段。该类模型和算法取得长足发展是近二三十年间。目前常用的算法有最大熵模型、生物气候（BIOCLIM）分析系统、生态位因子分析模型（ecological niche factor analysis，ENFA）等20余种，虽然各种模型各自有不同的理论基础、数据需求、数据分析和表达方式，但这些基础算法都使得利用生态位模型精确评估大熊猫栖息地在气候变化背景下的变化情况成为可能。

综上所述，面对国宝大熊猫及其栖息地在气候变化背景下如何更加有效保护的迫切需求，本书拟采用目前应用较为广泛的生态位模型，结合与大熊猫分布紧密相关的生物气候因子数据，同时辅以多尺度、长时间序列、多源遥感数据及相关产品开展气候变化背景下大熊猫栖息地变化的精细评估。

研究计划在两个层次开展气候变化对大熊猫栖息地影响的评估工作。首先是在宏观的大尺度上针对占全国野生大熊猫数量74%以上的四川大熊猫栖息地进行评估，其次是在更精细的空间尺度上对大熊猫栖息地的核心区域——雅安地区开展针对具体区域的预测和评估工作。在两个层次上均对应给出建议的保护策略，同时在精细尺度上用高分辨率遥感数据、DEM、LUCC等专题数据、地理信息系统及地面调查数据验证建议的可行性，以期为保护和管理部门提供信息支撑。值得注意的是，本书的研究方法和技术路线也同样适用于其他国家保护动植物的分析和评价，以期为我国生物多样性保护和生态文明的建设贡献微薄之力。

7.1.4 气候变化对大熊猫栖息地影响评估技术路线

研究中我们使用基于生态位理论的最大熵模型（version3.3.3k）来分析和预测大熊猫栖息地的适宜度。该模型是近年来较为常用的生态位模型，与其他生态位模型相比具有更高的精确度，更好的预测能力，尤其是对于样本点少且只有出现点数据时被认为是预测能力最佳的算法之一，其预测结果优于很多其他算法。另外有研究表明，运用 MaxEnt 模型做入侵物种的潜在分布、保护区规划及全球气候变化对物种分布影响的相关研究已超过 2000 多次，这也从另一个侧面说明了 MaxEnt 的有效性。目前已有的关于气候变化对大熊猫栖息地影响的分析中，应用最大熵模型的研究也较多。但是，大多是大尺度的研究，且结合现有保护网络不够具体，对于管理需要的可操作性不够强。

在气候变化和人类经济活动的双重影响下，生物的适生区会随之改变。在 MaxEnt 模型中，通过用反映未来环境的环境变量替换反映当前环境的环境变量，就可以达到预测未来物种分布范围的目的。由于在全球范围内，物种适宜生境呈持续下降态势，而有效加强物种保护的措施之一即为规划和建立行之有效的自然保护区。最大熵模型可以对物种当前和未来生境适宜度进行评价，从而为管理保护部门提供物种栖息地适宜度状况，为规划自然保护区、建设廊道、设计缓冲带提供参考意见。

我们首先通过数据预处理得到两个尺度研究区对应的物种采样点和单因子图层，然后在整个四川大熊猫栖息地的尺度上，分别开展气候预测时可能导入不确定的数据源进行比较研究，包括基准气候数据集的优选、环境变量的优选、不同全球气候模型和不同典型浓度路径的比较分析等确定优选后的组合方案，在两个尺度分别利用最大熵模型开展当前和未来仅考虑气候变化背景下的栖息地变换情况并进行对比分析。模拟过程通过随机选取大熊猫出现样本点的 75% 为训练样本，其余的 25% 为检验模型结果，每种情景下都用随机生成的 10 个样本集运行模型并以 10 次运行结果的平均值为模型运算结果。同时我们通过受试者工作特征曲线（receiver operating characteristic，ROC）的 AUC（area under the curve）值来衡量模型精度。最大熵模型的输出值是 0～1 的连续数值，AUC 值为 0.5 表示和随机分布结果类似，越接近于 1 表示模型预测精度越佳，AUC 值大于 0.75 被认为模型预测结果是有用的。最大熵模型的结果导入 ArcGIS10.2 中，针对不同的研究区尺度使用不同的阈值分隔方法对模型结果进行重分类。对大尺度研究区，用第十百分位训练点（10 percentile training presence）对应的逻辑值将运行结果分为适宜和不适宜两类；对区域尺度的雅安研究区，为使研究结果与我国第四次大熊猫调查结果相对应，本书使用最小训练出现点（minimum training presence）对应的逻辑值作为低断点，用最大训练敏感性加特异度（maximum training sensitivity plus specificity）逻辑值为高断点将运行结果分为适宜、次适宜和不适宜三类。至此获得气候变化情景下未来 2050 年栖息地适宜度评价图，对此进行深入分析得到栖息地的变化趋势和幅度。再对仅考虑气候变化情景下未来 2050 年栖息地适宜度的基础上叠加道路、采矿点、水电站、景点和输电线路等人为干扰因子的缓冲区，缓冲区半径高速公路为 3km，其余均设置为 2km（四川省林业厅，2015；Zhao et al.，2016），综合分析人为干扰后未来栖息地的变化情况。在此基础上，综合分析提出可能的主动保护建议，以及拟定优先保护区范围。最后，利用高分辨率遥感影像、土地覆盖图、DEM 等遥感数据，并结合实地调查数据验证保护建议的可行性，最终得到可行的大熊猫栖息地保护决策建议。

研究技术路线图如图 7-1 所示。

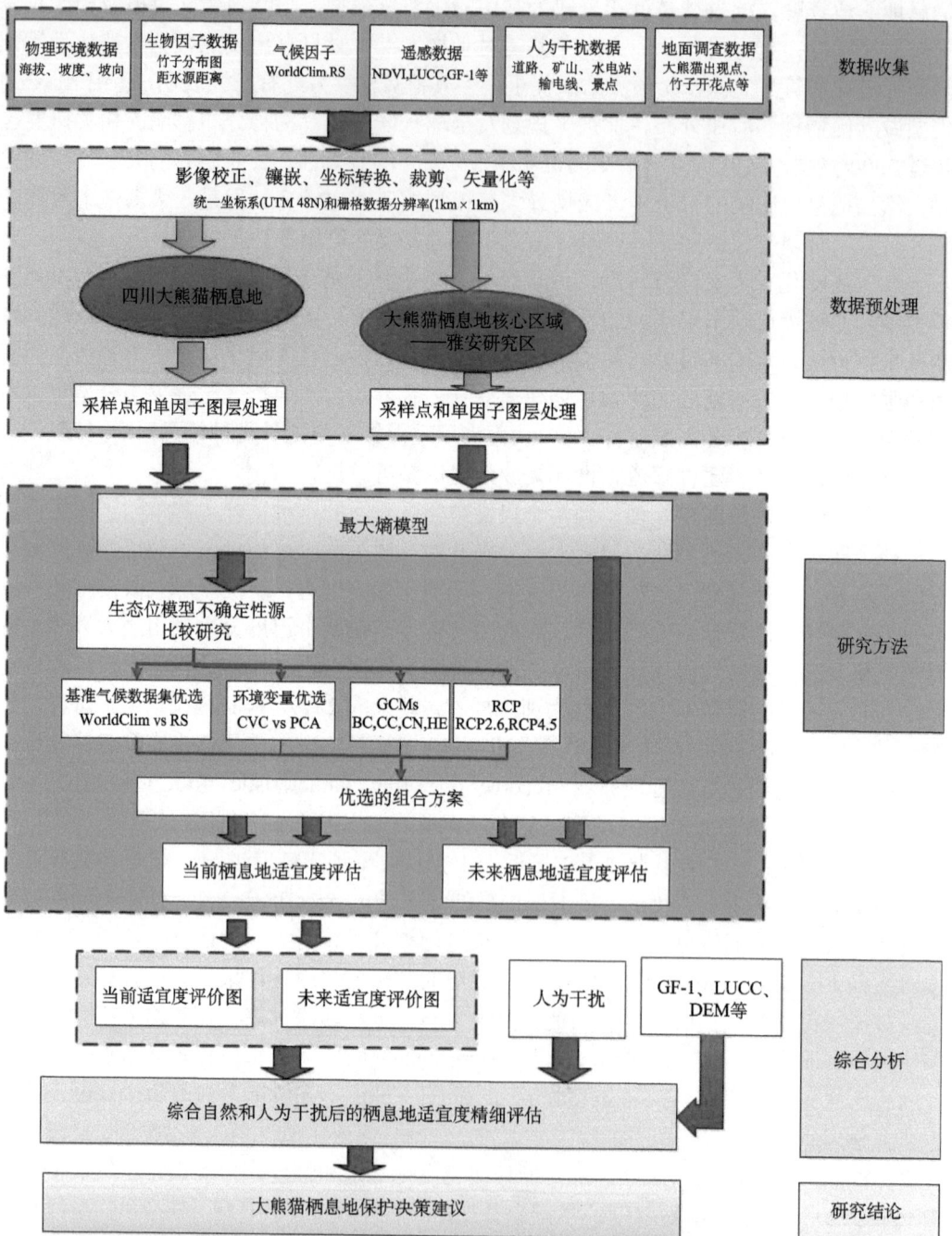

图 7-1 技术路线图

7.2　双尺度研究区介绍

为了实现气候变化对大熊猫栖息地影响的精细评估，研究设定了宏观和区域两个尺度的研究区。宏观尺度选取大熊猫种群数量和密度均处于全国最高水平的四川省大熊猫栖息地为研究区，区域尺度上选取四川大熊猫栖息地的核心区——雅安地区开展进一步的精细评估，该区域不仅在地理位置上位于全国大熊猫栖息地的核心，而且横跨邛崃山系和大相岭山系两大山系，也是全四川省大熊猫栖息地面积最大的市（州）。

7.2.1　四川大熊猫栖息地

大熊猫是我国特有的珍贵野生动物，素有"国宝"与"活化石"之称，也是世界生物多样性保护的旗舰物种，被列入《世界自然保护联盟》濒危物种红色名录（Swaisgood et al., 2016）。历史上大熊猫在我国分布广泛，黄河、长江和珠江流域都发现其化石遗迹，从北京周口店向南，一直到越南、老挝和缅甸的北部都有分布，但随着气候变迁、地质和人类活动范围的不断扩大急剧缩小。大熊猫分布区大面积减少大约开始于 1000 多年以前，而急剧退缩于近 100～200 年。现今大熊猫仅自北向南局限于秦岭、岷山、邛崃山、大相岭、小相岭和凉山六大山系（图 7-2）。在六大山系中，以四川省境内的岷山山系和邛崃山山系为最大分布区。为进一步摸清大熊猫种群及其栖息地的动态变化情况，按照《野生动物保护法》和《陆生野生动物保护实施条例》等法律法规的要求，国家林业局于 2011～2014 年年底，组织开展了目前最新的全国第四次大熊猫调查工作。2015 年 2 月，国家林业局公布了四调结果。调查结果显示：截至 2013 年年底，全国野生大熊猫数量达到 1864 只，与三调相比增长了 16.8%；栖息地面积达到 258 万 hm² ，增长了 11.8%（国家林业局，2015）。另据四川省第四次大熊猫调查报告显示，四川省作为野生大熊猫主要分布地，其大熊猫数量为 1387 只，占全国总数量的 74.4%，四川大熊猫栖息地总面积 243.85 万 hm²，占全国栖息地面积的 94.5%。四川无论是种群的数量还是种群的密度都处于全国最高水平。与第二次和第三次大熊猫调查相比，四川野生大熊猫的数量分别增长 52.59% 和 15.01%，呈持续恢复性增长趋势。此外，四川省第四次大熊猫调查报告已于 2015 年 12 月公开出版，对四川大熊猫的种群数量、栖息地状况、社会经济状况、相关的保护管理措施等进行了系统地阐述，该调查报告与国家林业局 2006 年公开出版的《全国第三次大熊猫调查报告》综合对比研究，可以得到近 10 年来大熊猫及其栖息地的变化情况，也因此研究将四川省大熊猫栖息地选为大尺度层面的研究区域。

按照山系划分，四川省野生大熊猫数量以岷山山系最多，总数为 666 只，占全省野生大熊猫总数的 48.02%；其次是邛崃山系，有大熊猫 528 只，占全省总数的 38.07%；凉山山系在 6 大山系中位列第三，共有野生大熊猫 124 只，占全省野生大熊猫总数的 8.94%；大相岭和小相岭山系野生大熊猫数量相当，分别为 38 只和 30 只，占比分别为 2.74% 和 2.16%；秦岭山系（四川部分）野生大熊猫数量最少，仅为 1 只。大熊猫种群密度按照山系从高到低排序依次为岷山山系、邛崃山系、凉山山系、大相岭山系、小相岭山系和秦岭山系（四川部分）（四川省林业厅，2015）。该排序与栖息地面积从大到小顺序一致。四川大熊猫栖息地内各山系大熊猫数量及与二调、三调时数量对比变化趋势详见图 7-3。

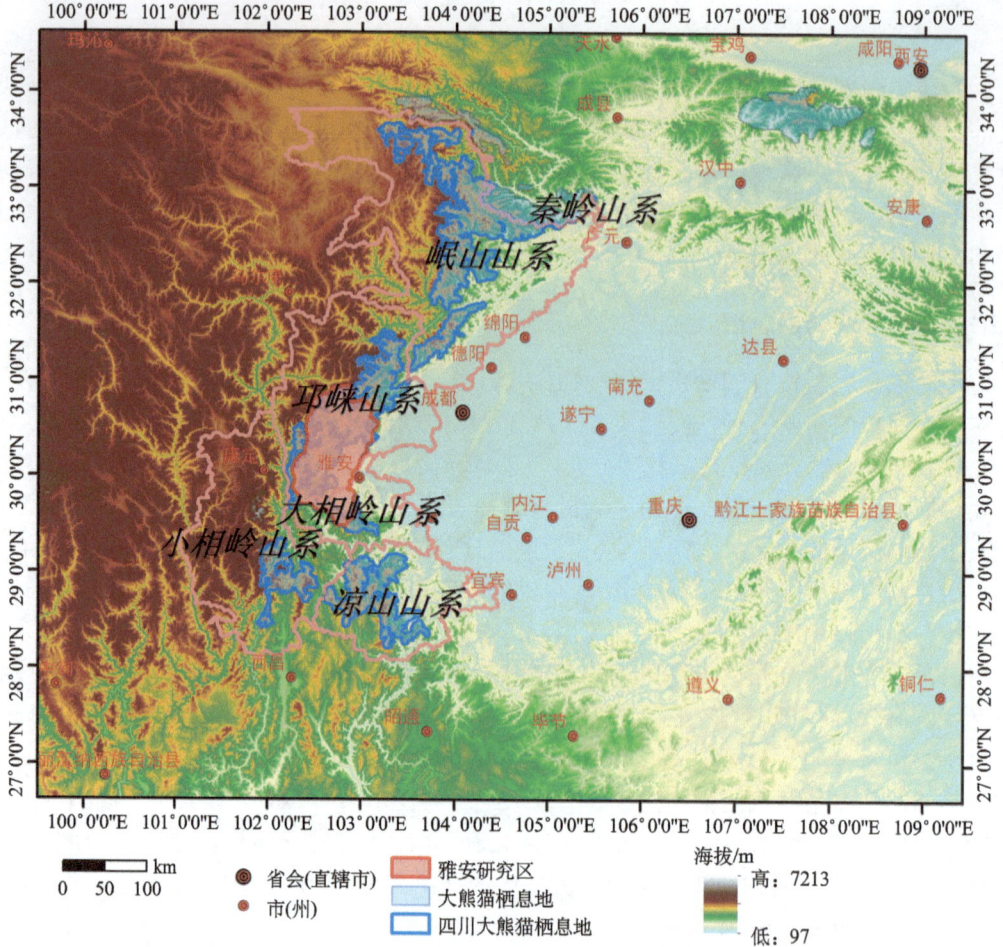

图 7-2 两个尺度研究区地理位置分布图

按照《〈全国第四次大熊猫调查技术规程〉四川省实施细则》划定的四川省大熊猫栖息地及潜在栖息地共分布于全省的 11 个市（州）41 个县，总面积为 243.85 万 hm²，地理位置介于 101°55′～105°27′E、28°12′～33°34′N 之间，全省大熊猫栖息地面积和潜在栖息地面积分别为 202.72 万 hm² 和 41.13 万 hm²。通过此次调查和之前开展的第二次、第三次大熊猫调查结果相比可见，自 1985 年以来，四川省大熊猫栖息地的面积呈持续恢复性增长趋势。

在四川省内以行政区域统计大熊猫栖息地面积，则雅安市是全省大熊猫栖息地面积最大的市（州），其大熊猫栖息地面积达 54.77 万 hm²；而按照县级行政区划来统计，则平武县是全省大熊猫栖息地面积最大的县，该县有"大熊猫第一县"的美称，其大熊猫栖息地面积为 28.83 万 hm²；位居第二的是雅安市的宝兴县，有大熊猫栖息地 19.28 万 hm²。受地震影响比较严重的汶川县排名第三，其大熊猫栖息地面积为 14.83 万 hm²。按照大熊猫栖息地面积占所在县（市、区）国土面积比例来排序，雅安市的宝兴县第一，其大熊猫栖息地占全县面积的 61.91%，蜂桶寨国家级自然保护区也位于该县范围内。其

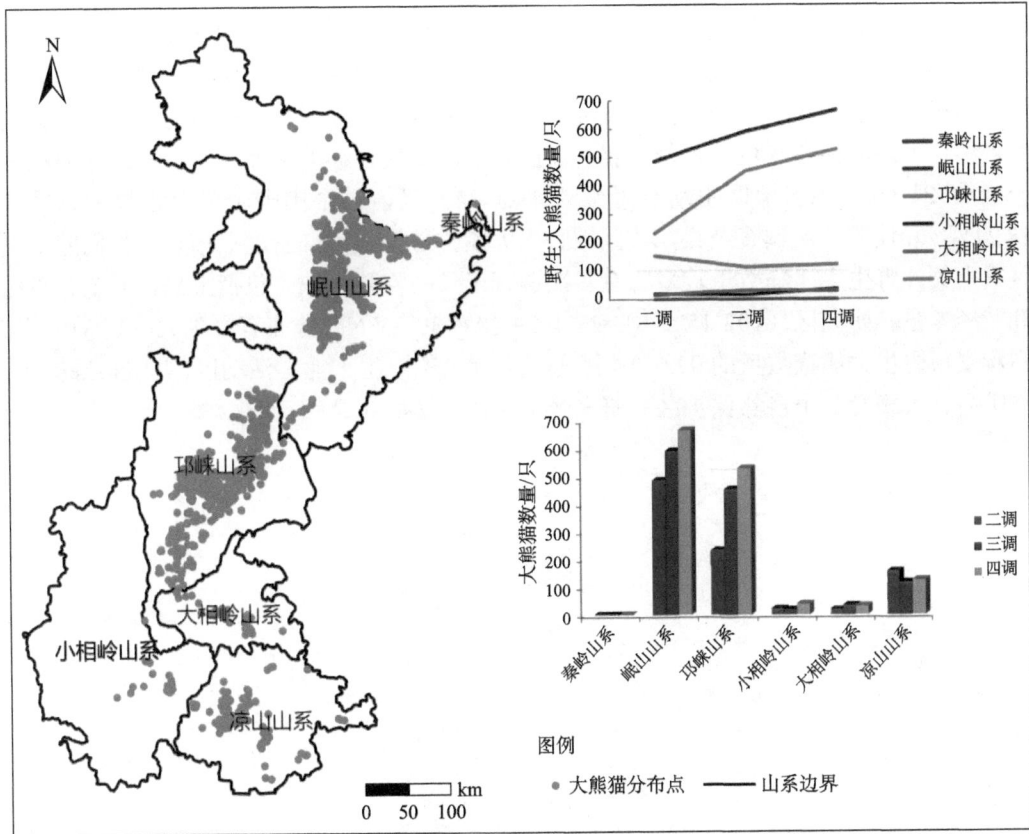

图 7-3　四川大熊猫栖息地内各山系大熊猫数量及变化趋势

次是雅安市的天全县和绵阳市的平武县，其占比分别为 59.68% 和 48.47%。而按照与第三次大熊猫调查结果相比，大熊猫栖息地面积增长最多的市（州）是凉山彝族自治州，其大熊猫栖息地增长面积为 8.47 万 hm^2；其次是雅安市和绵阳市，分别增长 6.55 万 hm^2 和 2.51 万 hm^2。由此可见，无论是大熊栖息地面积、大熊猫栖息地占比，还是增长数量，雅安市都位居前列，也因此研究将区域尺度研究区设为雅安地区，该区域不仅在地理位置上位于全国大熊猫栖息地的核心，而且横跨邛崃山系和大相岭山系两大山系，见图 7-2 中粉色区域为雅安研究区。

7.2.2　雅安研究区介绍

大熊猫作为我国的"国宝"和"活化石"，其祖先始熊猫（*Ailurartos*）的化石可以追溯到 800 万～900 万年前，经过漫长的历史进化，大熊猫已和周边具体环境逐步适应，达到了一种动态平衡。不同山系的大熊猫种群在对生境的选择上存在既相似又趋异的特点，因此，本书除了在大尺度上分析气候变化对四川大熊猫栖息地的影响外，还设定了区域级的研究区进行更精细的评估。所选的研究区即为大熊猫的核心分布区——雅安地区。核心研究区的有关介绍如下。

雅安是世界上第一只大熊猫的发现地，是大熊猫的故乡。雅安地处四川省中部，是四川盆地向青藏高原的过渡地带，也是现有大熊猫分布的六大山系中的邛崃山系和大相岭山系的过渡地带。根据最新的中国第四次大熊猫调查报告显示，雅安市现有大熊猫栖息地面积 54.77 万 hm^2，是全国大熊猫栖息地面积最大的地区，该区域是四川大熊猫世界自然遗产地的核心区域，也是现存的大熊猫栖息地最连续的区域之一，栖息地面积占全国的 21.3%，雅安地区生活有野生大熊猫 340 只，占全国野生大熊猫数量总数的18.24%。相比第三次调查结果，该区域野生大熊猫数量和种群密度双增长。我们的研究区重点关注野生大熊猫数量较多、有多次调查记录的完整区域，包括宝兴、天全、芦山和荥经 4 县。研究区（102°15′～103°23′E,29°28′～30°56′N）分布有野生大熊猫 315 只，占雅安市野生大熊猫数量的 92.65%，涵盖了大部分的野生大熊猫活动区，并包括蜂桶寨、喇叭河、大相岭 3 个自然保护区。研究区位置如图 7-4 所示。

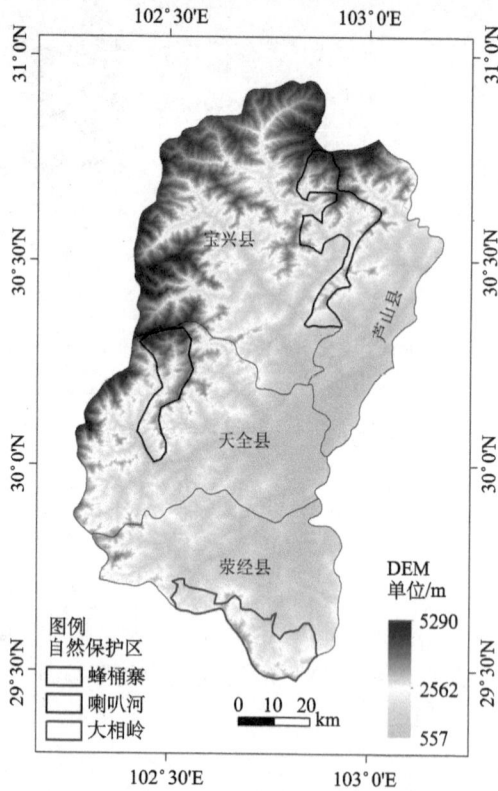

图 7-4　雅安研究区地理位置分布图

全市地形呈北、西、南地势高，东部地势较低的地理格局，北部宝兴县和芦山县境内山地是大熊猫密集分布区，西部天全县境内的山区也有大量野生大熊猫，南部荥经县内山地海拔相对较低，是大相岭山系大熊猫的主要分布区。全市气候属亚热带季风性山地气候，因区内高差变化大，因此气温垂直变化明显，年均温在 14.1～17.9℃。降水量大，素有"雨城"之称，年平均降水量在 1800mm 左右，也是四川降水量最多的区域。雅安地区森林资源丰富，植被类型按海拔由低到高主要有常绿阔叶林、落叶林、混交林（楠木、石栎、桦树、榕树、青岗等）；针阔叶混交林（铁杉等）；亚高山针叶林（冷杉、云杉、桦木等），高山灌丛（杜鹃等）。

7.2.3　研究区地形地貌

现存大熊猫栖息地跨长江和黄河两大流域，处于我国地形第一阶梯——青藏高原向第二阶梯——高原山地盆地的过渡带上。整个栖息地内山岭纵横，地形崎岖，南北之间距离约 750km，东西宽 50～180km，呈狭长形孤岛状间断分布。地势西高东低，海拔高度从东部四川盆地西缘的几百米向西突变到青藏高原东缘的大部分海拔均在 3000m 以上。栖息地内大部分地区多高山峡谷，相对高差达 2000m 以上，如岷山山脉的主峰雪宝顶，海拔 5588m；邛崃山脉的主峰四姑娘山，海拔 6250m；秦岭主峰太白山，海拔高达3767m。大相岭山系最高峰为洪雅、汉源、荥经三县交界的小凉水井，海拔 3552m。栖息地内植被垂直带谱明显，形成了高山峡谷的特殊地貌。研究应用 CGIAR-CSI 提供的SRTM 90m （http://srtm.csi.cgiar.org，version4）数字高程数据制作四川大熊猫栖息地及周边地区数字高程模型图，该数据空间分辨率为 30s（约 1km），全球 DEM 数据分块下载，每块数据由 6000×6000 像元组成。研究区共由六块 DEM 镶嵌而成，详见图 7-5。

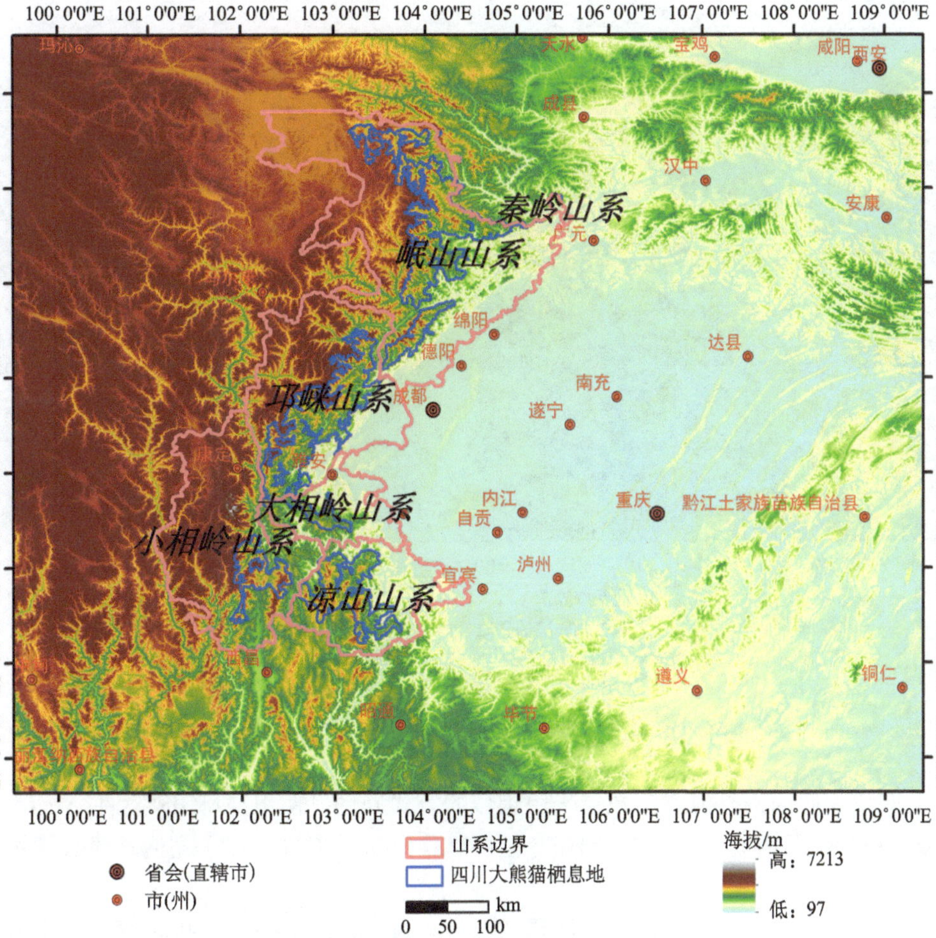

图 7-5　四川大熊猫栖息地数字高程模型图

在获取的四川大熊猫栖息地及周边地区 30s 空间分辨率 DEM 基础之上,借助 ArcGIS 强大的空间分析功能,使用 ArcToolbox 中 3D Analyst 工具/栅格表面/坡度命令得到该区域对应的坡度图。鉴于目前已有很多研究人员基于山系尺度或者保护区尺度对大熊猫栖息地从海拔、坡度、坡向等物理环境进行了描述,研究为了从宏观尺度再现大熊猫对生境的选择规律,并与前人研究结果相对应,所以对坡度图进行了间隔为 5 的重分类,亦即将研究区内的坡度分为 0~5°、5°~10°、10°~15°、15°~20°、20°~25°、25°~30°、30°~35°、35°~40°、40°~45°共 9 个等级,重分类后的坡度图见图 7-6。

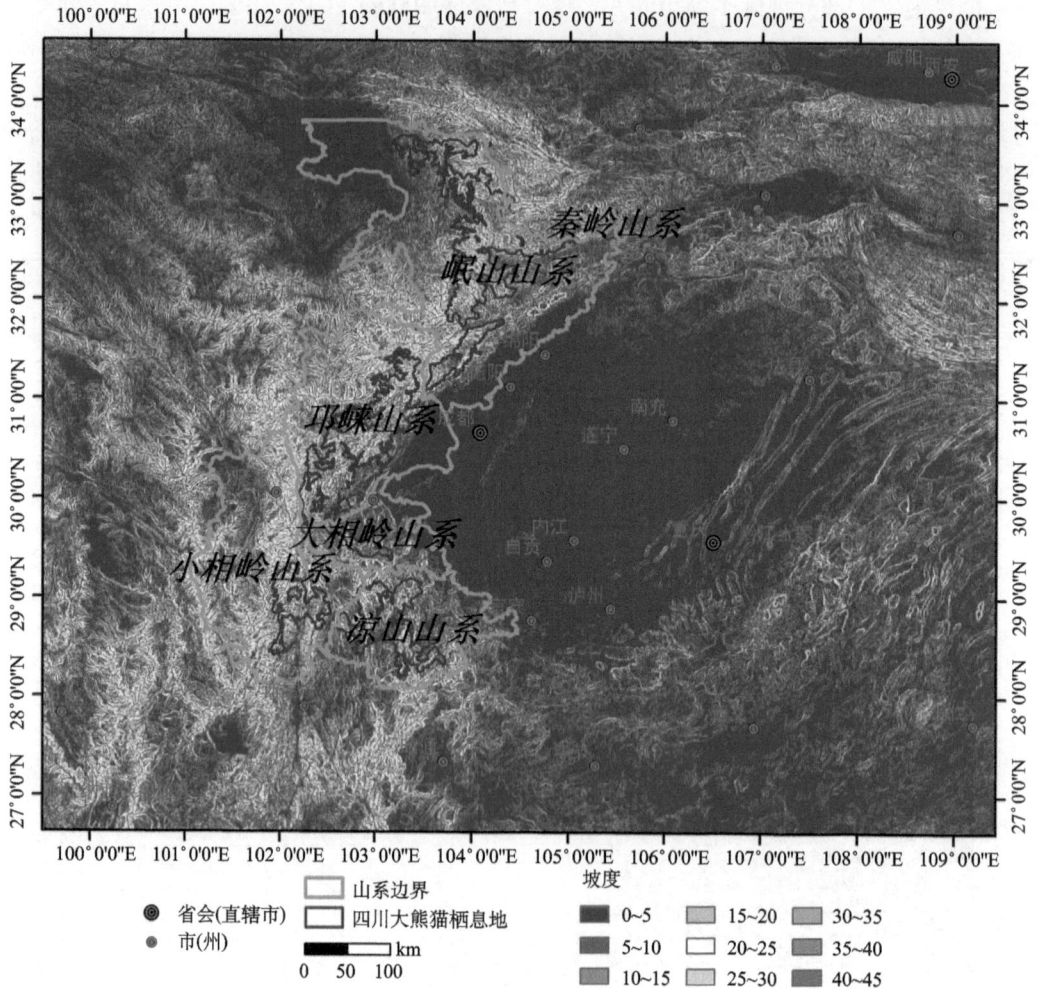

图 7-6　四川大熊猫栖息地坡度图

对四川大熊猫栖息地坡向数据采用类似的方式处理。使用 ArcGIS 软件 ArcToolbox 中 3D Analyst 工具/栅格表面/坡向命令按照软件默认设置执行,得到栖息地对应的坡向图,详见图 7-7。

野生大熊猫的栖息环境,包括海拔、坡度、坡向等地形条件,以及气候、土壤、植被、水域等多种环境因素。这些环境因素不是独立存在的,既互相联系,又互相制约,大熊猫的存活、种群数量、分布和繁殖都受这些环境因素的综合影响。但在不同的历史时期或者不同条件下，各种环境因素中总是有一个居于主导地位，是决定大熊猫对环境因素适应的主要矛盾。因此在不同地区的大熊猫栖息地，它们之间既有空间配置的相似性，又存在着因长期隔离而不断适应导致的差异。四调结果显示，四川省野生大熊猫在六大山系范围内共划分为 22 个局域种群，第一和第二大种群分别为岷山山系的虎牙局域种群和邛崃山系的西岭雪山-夹金山局域种群。最小的局域种群为黑河、小金和毛寨局域种群，均由 1 只野生大熊猫组成，这些数据很少的局域小种群在未来气候变化背景下受到的影响更大，也是气候变化评估时应予以重点关注的对象。

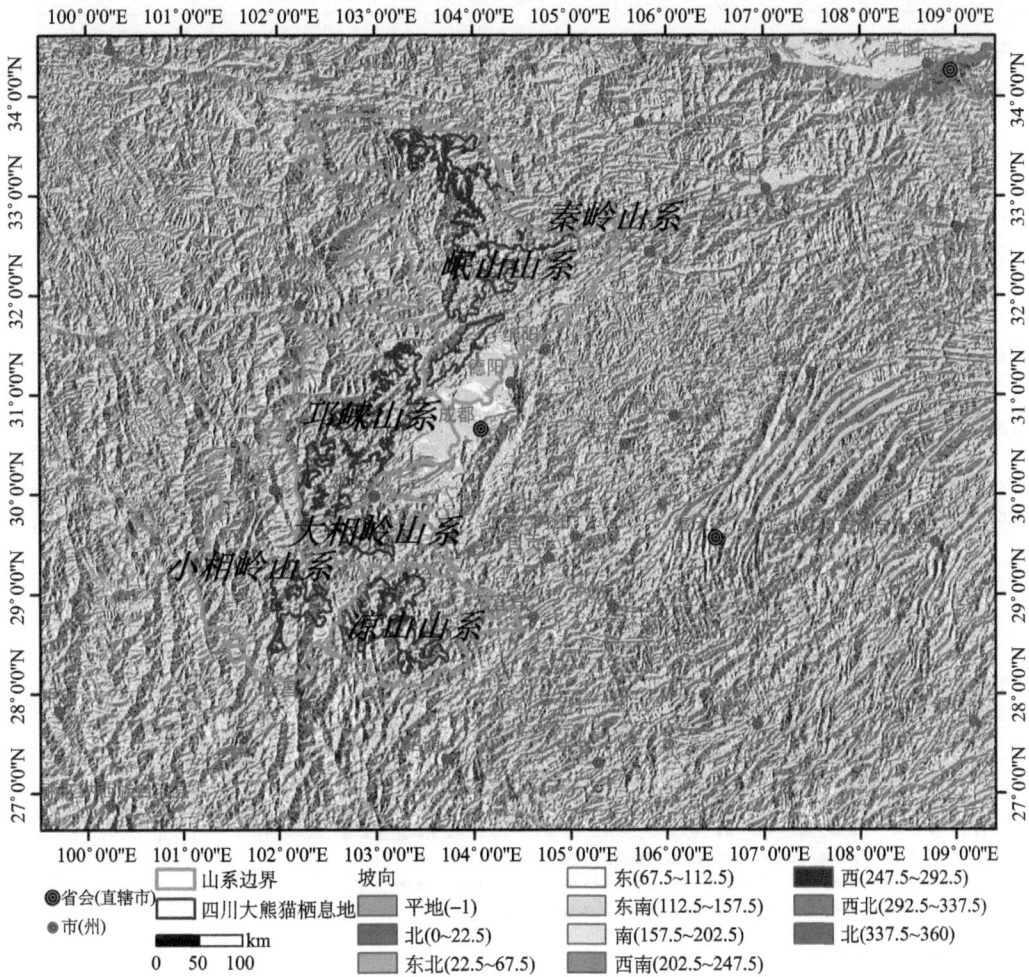

图 7-7　四川大熊猫栖息地坡向图

　　如前所述，已有许多学者基于地面调查数据从山系或者自然保护区角度对大熊猫生境选择要素进行了论述，定量描述中比较有代表性的是欧阳志云等（2001）在对卧龙自然保护区大熊猫生境进行评价时指出卧龙大熊猫生境质量主要取决于包括海拔和坡度在内的物理环境因素，以及大熊猫主食竹的分布、植被类型、人类活动干扰程度等因素。

通过长期观测，他们发现卧龙大熊猫的最适宜生境主要位于海拔 2300～2800m 的平缓山坡与台地，植被类型为亚高山针叶林及针阔叶混交林，林下有稠密的大熊猫的主食竹，包括冷箭竹、短锥玉山竹与拐棍竹等。该研究使用的适宜性评价标准摘录如表 7-1 所示。

表 7-1　卧龙大熊猫生境自然环境因素评价准则

	因素	最适宜	适宜	次适宜	不适宜
物理环境	海拔/m	2250～2750	1500～2250; 2750～3250	≤1500 3250～3750	>3750
	坡度/(°)	≤15	15～30	30～45	>45
生物环境	植被	针阔混交林 亚高山针叶林	常绿落叶阔叶林 针叶林	耐寒灌丛 低山次生灌丛	高山草甸 高山流石滩、稀疏植被

注：根据欧阳志云等（2001）卧龙自然保护区大熊猫生境评价整理。

　　本书根据四川大熊猫第四次调查痕迹点，叠加 DEM、SLOPE 和 ASPECT 数据，通过空间分析大熊猫痕迹点在三个基础物理环境因子不同区间出现的频数，来从宏观尺度再现野生大熊猫对海拔、坡度、坡向三项物理环境代表性指标的选择偏好。大熊猫痕迹点在整个四川大熊猫栖息地范围内在不同海拔、不同坡度、不同坡向的出现频数统计图见图 7-8。

　　图 7-8 显示，四调时四川野生大熊猫痕迹点集中分布在海拔 1600～3600m，其中 2400～3000m 最为密集，据胡锦矗（1986b）绘制的邛崃山系大熊猫的垂直分布对照可知（图 7-9），该海拔区段主要为针阔混交林和亚高山针叶林带，而这两种植被类型也是欧阳志云等（2001）划分为最适宜的栖息地的类型。可见，从宏观角度来统计分析仍可发现和野生大熊猫在区域尺度上类似的生境选择特征。

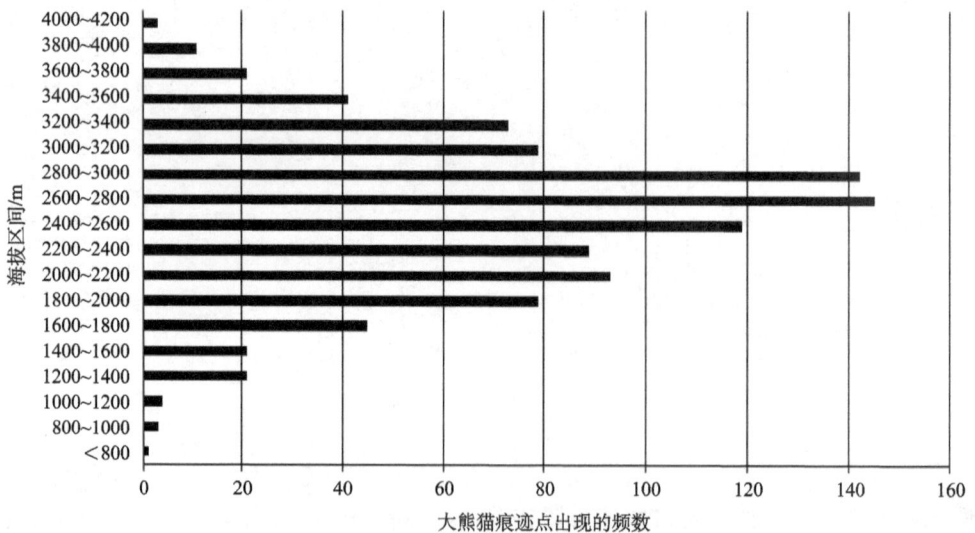

图 7-8　大熊猫痕迹点在不同海拔区间频数分布图

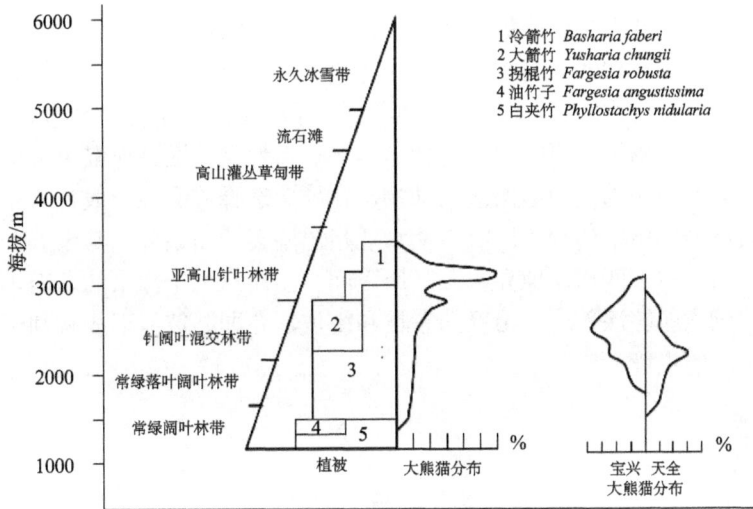

图 7-9　邛崃山系大熊猫垂直分布（据胡锦矗，1986b）

　　野生大熊猫对不同坡度的利用程度详见图 7-10。由图可知，大熊猫主要利用坡度为 5°～20°的缓坡，其中 10°～15°利用率最高，这与胡锦矗等（1980）、魏辅文等（1999）研究结果一致。另据 20 世纪 70 年代末五一棚大熊猫生态生物学研究表明，坡度 20°以下的沟尾平塘、河谷阶地，是野生大熊猫的最佳食物基地。这与大熊猫生态学特征有关。胡锦矗（1990）对卧龙 6 只大熊猫巢域进行研究，发现大熊猫巢域范围为 $3.9\sim6.4\mathrm{km}^2$，雄兽巢域稍大于雌兽，每只大熊猫对其巢域的利用，每月很少超过其总面积的 25%。另外，多数大熊猫日平均移动的直线距离不到 500m，大熊猫体型较大，在相对平缓的山坡觅食有利于降低能量的消耗。

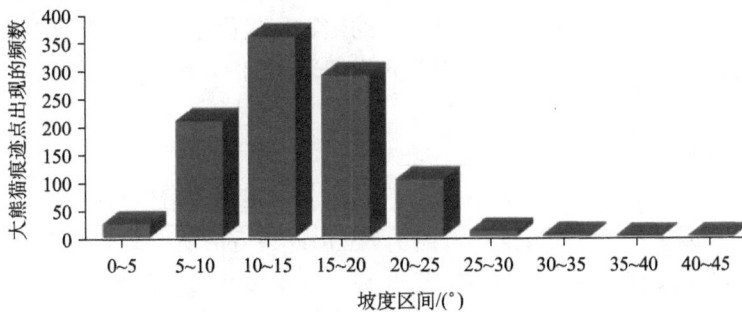

图 7-10　大熊猫痕迹点在不同坡度区间频数分布图

　　图 7-11 显示了四川野生大熊猫四调期间对坡向的选择性，由图可见，大熊猫对坡向选择的差异性并不十分明显，出现在东坡、东南坡和南坡的频数稍高，其他坡向选择频数类似。胡锦矗（1980）在五一棚观察统计时，把坡向分为阳坡、阴坡和半阴坡，其中阳坡包括南、东南、西南；阴坡包括坡向北、东北、西北；半阴坡则包括坡向东、西，其统计发现一年中大熊猫主要在阴坡和半阴坡的环境里活动。这是因为阳坡较干燥，对

竹类的生长而言水热条件不如阴坡和半阴坡，故推导出大熊猫喜欢活动于阴湿凉爽环境里的结论。魏辅文等（1999）对相岭山系大熊猫生境选择分析表明，大熊猫喜欢在向阳的南坡活动，对东坡几乎是随机选择，不喜欢选择西坡和北坡。张泽钧和胡锦矗（2000）对马边大风、冕宁、佛坪、唐家河、蜂桶寨等多个自然保护区大熊猫生境选择资料进行了分析，认为大熊猫作为一种喜温湿的动物，在坡向选择方面，一般喜欢东南坡向或阳坡及半阴半阳坡的生境中活动。同时该文章还指出除秦岭山系外，其余五个山系大体呈南北走向，纵向分布于四川盆地和青藏高原之间，因而从太平洋来的东南季风和从印度洋来的西南季风均能够深入这些山系的东坡和南坡，亦即阳坡能形成有利于大熊猫生存所需的温暖湿润的生境。

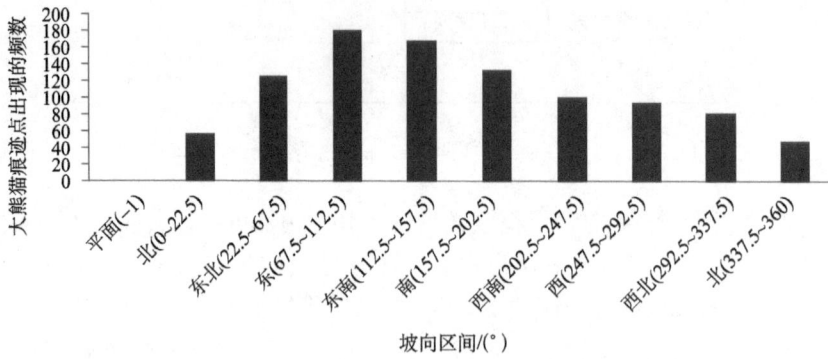

图 7-11　大熊猫痕迹点在不同坡向区间频数分布图

综上所述，我们可以发现大熊猫对生境的选择既在山系之间具有十分显著的相似性，又因为生境选择作为野生大熊猫对周边环境系统长期适应的一种策略表现出局地差异。因此在对该物种栖息地进行适宜度评价，尤其是考虑大尺度上由气候条件（气温、降水等）决定的生境适宜度时，除考虑大尺度上的生物气候因子外，还需要综合考虑海拔、坡度、坡向等诸多和物种适应性息息相关的物理环境因子。

7.2.4　研究区土壤植被

由于受地形的影响，大熊猫栖息地的气候和土壤垂直带谱极其明显，土壤主要类型为山地黄棕壤和棕壤。自然植被垂直带谱明显，沿海拔方向从低到高依次为常绿阔叶林、常绿与落叶阔叶混交林、针阔混交林、针叶林、亚高山和高山灌丛、草甸等，不同植被类型分布的海拔范围因山系所在位置不同、人类活动影响程度不同会存在局部差异。因邛崃山系位于大熊猫栖息地的中间段，且建设有四川大熊猫自然遗产地，人类活动影响适中，因此其植被分布的垂直地带性海拔区间可以作为参考。根据胡锦矗（1986a, 1986b）发表的"邛崃山的大熊猫"整理的垂直带谱见图 7-9，文字描述整理如下：

（1）海拔 1600m 以下，为亚热带常绿阔叶林。海拔区间与人类社会经济活动高度重叠，故大熊猫偶访。

（2）海拔 1600～2000m，为常绿与落叶阔叶混交林。这一海拔区间若无干扰，在受灾情况下，如竹子开花，有可能转化为大熊猫的食物基地。

（3）海拔 2000～2600m，为针阔叶混交林。拐棍竹和大箭竹在该海拔范围的林木下广泛分布，在林下灌木中处于优势地位，在受灾时该区段是大熊猫主要的食物来源。

（4）海拔 2600～3600m 为亚高山针叶林，代表性树种为岷江冷杉和四川落叶松。林下分布有冷箭竹和华西箭竹，冷箭竹占优势。

（5）海拔 3600～4400m 为高山灌丛草甸，因无竹类大熊猫偶访。

（6）海拔 4400～5000m 为流石滩植被，无大熊猫到访。

（7）海拔 5000m 以上为永雪带。

此外，研究还利用中国 1∶10 万比例尺土地利用现状遥感监测数据库中 2010 年的土地利用数据制作了四川大熊猫栖息地及周边地区的土地利用图。该数据集主要数据源是各期的 Landsat TM/ETM 遥感影像，通过人工目视解译生成。从 1990 年开始，每隔五年一期，因四调持续期间与 2010 年时间较为接近，因此本书选用 2010 年度土地利用数据作为基础数据。

土地利用类型包括耕地、林地、草地、水域、居民地和未利用土地 6 个一级类型以及 25 个二级类型。由图综合分析可知，四川大熊猫栖息地主要分布于有林地和疏林地内，以及少部分的灌草丛和草甸。据四川四调结果显示，四川省大熊猫栖息地内共发现野生大熊猫活动痕迹点 3995 处，其中 3987 处位于植被中，8 处位于无植被的河滩及城镇周边。在不同植被分类水平上，以针叶林植被型组、寒温性针叶林植被型、寒温性常绿针叶林植被亚型、冷杉林群系组的野生大熊猫痕迹点最多，分别占全省大熊猫栖息地植被中大熊猫痕迹点总数的 45.12%、40.46%、39.98% 和 32.05%（四川省林业厅，2015）。根据调查结果整理的四川省大熊猫栖息地内大熊猫痕迹点数量居前五位的植被型组及痕迹点情况见表 7-2，可以作为精细尺度上大熊猫栖息地适宜度评价的参考依据。

表 7-2　四川省大熊猫栖息地内大熊猫痕迹点数量居前五位的植被型组

栖息地范围	植被型组	针叶林	阔叶林	灌丛	栽培植被	草甸	针阔林总计
四川大熊猫栖息地	痕迹点数/处	1 799	1 248	580	333	27	3047
	比例/%	45.12	31.3	14.55	8.35	0.68	76.42
岷山山系	痕迹点数/处	994	689	297	118	21	1683
	比例/%	46.91	32.52	14.02	5.57	0.99	79.43
邛崃山系	痕迹点数/处	579	439	231	129	1	1018
	比例/%	41.99	31.83	16.75	9.35	0.07	73.82
大相岭山系	痕迹点数/处	11	33	3	19	0	44
	比例/%	16.67	50	4.55	28.79	0	66.67
小相岭山系	痕迹点数/处	50	18	4	3	0	68
	比例/%	66.67	24	5.33	4	0	90.67
凉山山系	痕迹点数/处	165	82	64	31	5	247
	比例/%	47.55	23.63	18.44	8.93	1.44	71.18

7.2.5　研究区气候特征

大熊猫栖息地位于四川盆地向青藏高原的过渡地带，山高林密。由于盆地和高原之间大气环流的长期作用，形成了大熊猫分布区独特的山地气候效应，即雨量丰沛，干湿季节明显，也是我国南北、东西地域的地理分界线。受太平洋和印度洋季风的影响，整体栖息地内气候温暖湿润，除秦岭山系外，其他山系均处于华西雨屏带上，年降水量为850～1500mm，个别地区高达2000mm，如邛崃山系范围内的雅安市素有"雨城"之称，年降水量在1800mm以上。由于大熊猫以竹类为主食，而竹类又以季风区为分布中心，故大熊猫也就成为一种季风区的喜湿性动物。大熊猫分布区年均气温为10～15℃，1月均温–6～1℃，7月均温11～17.5℃。空气相对湿度70%～85%，日照时数为1040～1830h，雾日5～322天。

7.2.6　研究区内人类活动干扰情况

四川省第四次大熊猫调查共完成13737条野外调查样线，记录到17类人类活动干扰因子。样线遇见率最高的干扰因子是放牧和交通道路，其他样线遇见率相对较低。按照人为干扰因子对栖息地的影响程度，可以分为生产经营性一般干扰和设施建设等大型干扰两种类型。

生产经营性一般干扰主要包括放牧、采伐、割竹、采药、采笋、耕种等，本书根据第四次调查报告简要介绍其中几种代表性的生产经营性一般干扰。

放牧是四川省大熊猫栖息地内和周边社区原住民的传统生产方式，是部分原住民肉类食物和经济收入的重要来源。因此，放牧是样线遇见率最高的干扰因子之一。在各山系中，岷山山系、邛崃山系、小相岭山系和凉山山系放牧干扰最为严重。四川省第四次调查与第三次调查相比，放牧由第二位上升到第一位。大熊猫栖息地内放牧的主要品种有牛、羊、猪、马，不同区域放牧品种存在差异。凉山山系以放养羊和猪为主，其他山系的高海拔地区主要为放养牦牛，低海拔地区则以放养羊居多。放牧在各山系干扰程度差异较大，南边的两个山系影响程度较大。样线遇见率最高的是凉山山系，其样线遇见率高达0.5248个/条，整个山系都比较严重。其次是小相岭山系，样线遇见率为0.4120个/条。岷山山系和邛崃山系分别集中在北部区域和西部区域，大相岭山系放牧活动相对较少。

采伐活动由于1998年开始实施天然林保护工程后，栖息地内天然林商业性采伐已被禁止，因此目前已不存在大规模采伐天然林的行为。和第三次调查相比，采伐也由第一位下降到第四位，各山系中遇见率最高的还是南部的凉山山系和小相岭山系，其样线遇见率分别为0.1036个/条和0.0759个/条。

采药是四川省大熊猫栖息地内和周围社区原住民的传统生产方式，是其现金收入的主要来源，采集品种主要为天麻、重楼、三七、田七、当归、大黄、猪苓等具有较高经济的中药材。采药在全省各干扰因子中位居第三，主要发生在岷山山系和凉山山系。

采笋是四川省大熊猫栖息地内和周边社区原住民的传统生产方式，是部分原住民现金收入的主要来源。被采集的竹子种类较多，但被大规模采集的竹种主要是八月竹和三月竹。采笋的主要目的是出售以获得经济收入，同时，也是部分社区居民的重要食物来源。

其他采集是指采药、采笋外的其他非木材林产品的采集，主要采集品种包括野菜、野生菌、林果、生漆等，是四川省大熊猫栖息地内和周边社区原住民的传统生产方式，是原住民部分经济收入和食物的来源。

薪材是四川省大熊猫栖息地原住民主要的能量来源，用于满足其制作餐食、取暖、加工饲料等生产生活需求。砍材在大熊猫栖息地内高山和偏远山区较为普遍。随着经济社会发展和公共服务向边远地区延伸，大熊猫栖息地内和周边社区居民的能源结构正在发生改变，对大熊猫栖息地内柴薪的依赖正在逐渐减少。

狩猎曾经是四川省大熊猫栖息地内和周边社区原住民的传统生产生活方式，提供原住民的部分经济收入和肉类食物。随着国际和地方相关法律法规的颁布、施行和对非法狩猎行为的严厉打击，以及山区青壮年人口数量的大幅度减少，非法狩猎活动已经减少，专门针对大熊猫的偷猎活动已经基本消除，但出于获取高额经济收入的目的，非法狩猎牛羚、黑熊、麝、鬣羚、毛冠鹿、斑羚等野生动物仍有发生，同时，大熊猫栖息地外居民出于娱乐目的的非法狩猎现象大幅度增加。

耕种是四川省大熊猫栖息地内和周边社区原住民的传统生产方式，集中发生在低海拔的大熊猫栖息地及边缘地带，包括种植农作物、中药材、木材原料林、经果林等。耕种在全省各干扰因子中居第七位，主要发生在邛崃山系和岷山山系。

设施建设等大型干扰主要包括道路、水电站、高压输电线、矿山等。四川省大熊猫栖息地位于四川盆地向青藏高原的过渡地带，栖息地内河流落差大，水力资源丰富。同时，森林植被保存较好，尚存有为数不多的大面积原始森林，景观丰富多样，旅游价值高。此外，栖息地内矿产资源较丰富，品种多样，邛崃山系的锅巴岩、大理石远近闻名。随着我国经济的快速发展，西部大开发战略的深入推进，对大熊猫栖息地内自然资源的开发力度已日益扩大。据第四次调查的不完全统计，四川省大熊猫栖息地内有水电站 314 个，道路 1192km，高压输电线 149km，矿山（采矿点）453 处，旅游景区 14 个。这些基础设施的建设在增加了当地居民收入的同时，也给栖息地带来不同程度的影响，具体如下。

交通道路指机动车通行的道路，包括全省大熊猫栖息地范围内的高速公路、国道、省道、县乡村道、矿山和水电站道路、旅游及自然保护区巡护道路等。在国家西部大开发的大背景下，伴随着基础设施建设和生态旅游等第三产业的快速发展，交通道路的干扰广泛分布在各大山系，其中大相岭山系和邛崃山系最为严重，交通道路加大了大熊猫种群的分割和栖息地的破碎化程度，目前交通道路的样线遇见率仅次于放牧，居全省各干扰因子的第二位。因此对栖息地状况进行质量评估时，交通道路必须作为重要的一项影响因子。本书在后续评估过程中会根据交通道路的级别和影响程度，根据第四次调查报告的结果设置差别化的缓冲区予以分析。

四川省大熊猫栖息地内的河流中基本建有水电站，其中绝大多数为引水式发电的小水电站，坝型多为底格栏栅坝或者低坝。由于近年四川省大熊猫栖息地及其周边区域水电站的陆续投产，与之配套所需的输出工程大幅度增加，其中部分穿越大熊猫栖息地。

水电站周边大熊猫和基地数量和密度均较低，各山系中，除秦岭山系无水电站外，其余按照水电站数量排序依次为邛崃山系、大相岭山系、凉山山系、小相岭山系和岷山山系。水电站在本书后续的气候评估中也会作为一项人为影响因子综合分析。

四川省大熊猫栖息地内矿产资源较丰富，品种多样，随着开采条件较好的其他区域基本被采掘，进入开采条件较差的大熊猫栖息地内及周边区域开矿和探矿较为多见，同时，大熊猫栖息地内部分区域也存在违法盗采的现象。各山系中，按照矿山（采矿点）数量排序依次为岷山山系、邛崃山系、大相岭山系、小相岭山系和凉山山系。秦岭山系（四川部分）无矿山。各县（市、区）中，矿山（采矿点）数量最多的是有"大熊猫第一县"之称的平武县，其次是雅安市内的宝兴县和天全县。由此可见，矿山（采矿点）的密集程度和野生大熊猫密集程度高度重叠，因此在本书后续气候变化评估中也将矿山（采矿点）作为重要的一项人为干扰因子开展综合分析。

我国西部地区水力发电潜力巨大，随着"西电东输"工程的推进，高压输电线路建设也成为大熊猫栖息地内一项较大的基础设施建设内容。目前四川大熊猫栖息地内共有高压输电线总里程129km，各山系中，除秦岭山系（四川部分）无高压输电线路外，按输电线路长度排序依次为邛崃山系、大相岭山系、凉山山系、小相岭山系和岷山山系。高压输电线路周边大熊猫痕迹点数量和密度均较低，这可能与高压输电线路直接占用大熊猫栖息地、清理输电走廊导致栖息地质量下降，以及输电线路噪声影响大熊猫对栖息地的利用等有关。高压输电线路最长的两个县分别为雅安市的天全县和荥经县，因此本书也将高压输电线路作为后续大熊猫栖息地适宜度分析的重要人为影响因子。

随着交通的便捷和生态旅游的兴起，四川省大熊猫栖息地以其丰富多样景观吸引了大批国内外游客。近年来，各地普遍在大熊猫栖息地内和周边区域加快了旅游开发步伐，其中九寨沟、黄龙、西岭雪山等已经建成著名景区。目前四川省大熊猫栖息地内共有大规模的旅游景区14个，景区面积32万 hm^2，年游客总量819万人次，其中旅游景区面积最大和游客数量最多的是九寨沟，全省包括卧龙、唐家河、四姑娘山等在内的20个保护区内均有旅游景区分布。旅游景区周边大熊猫栖息地质量较低，这也是本书将旅游景点作为重要人为影响因子纳入后续大熊猫栖息地适宜度分析的重要原因。

7.3　研究方法和数据

7.3.1　最大熵模型

国内外学者针对物种生境适宜度评价与预测开展了大量的研究工作，都希望找到一种预测性能稳定、精确度高、普适性好的评价方法，从而为保护和恢复生物多样性提供科学依据。目前常用的预测和评估物种生境适宜度方法或模型主要有：最大熵模型（maximum entropy model, MaxEnt）、生态位因子分析模型（ecological niche factor analysis, ENFA）、生物气候分析和预测系统模型（bioclimate analysis and prediction system, BIOCLIM）等。不同的模型预测结果不同，也具有各自的优缺点，这可能与参与模型运算的因子、数量、设置的参数等有关，也可能与模型的选择有关（一项研究表明36%采用最大熵模型的研究只因为利用此模型无需收集非分布数据，而使用其他能处理"存在-不存在"数据的模型能达到更好结果）。

生态位因子分析模型（ENFA 模型）、生物气候分析和预测系统模型等前已述及，详见 7.1.3 节，此处不再专门讨论，以下重点介绍研究中选用的最大熵模型。该模型是基于近年来开始逐步流行的生态位理论。

在生态学中，有大量的研究都是关于对物种多样性及其分布的预测，而生态位模型（ecological niche models, ENMs）在此研究领域中地位突出。生态位模型是假设每个物种都有其对应的适生环境，即生态位。这个生态位可以通过物种实际分布数据和周边环境数据以一定的模型或者算法模拟，反映物种对生境的偏好。每一个物种都有其气候和物理耐性，这决定了它们可在什么地方生存。大多数物种是根据气候线索来开始其内部过程的，这些气候线索包括温度、降水及降水量的季候性等，而确定一个物种能在什么地方生存的综合因素，就是生态位概念，生态位被定义为生态系统中的种群在时间和空间上所占据的位置及其与其他种群之间的关系与作用。生态位模型正是基于生态位的概念，人们常用生态和气候等参数参与生态位模型，来预测气候条件变化对物种数量及其分布的影响。目前，生态位模型已被广泛地应用于研究气候变化对物种分布的影响、外来物种入侵区域预测、关键物种潜在分布区预测、保护区规划调整、生态廊道规划建设等。本书通过广泛文献调研，最后确定使用以生态位概念为基础的最大熵模型开展后续大熊猫栖息地预测和评估工作，以下也将重点介绍该模型。

最大熵模型是以最大熵理论为基础的生态位模型。该模型通过找到在可获取实际存在数据的约束下熵值最大的概率分布（也就是预测分布时每一个变量的均值接近于观测数据的均值）来预测物种的分布（Phillips et al., 2006）。该模型由 S.J.Phillips 等 2004 年构建，是近年来应用较为广泛的生态位模型，具有很好的预测能力，较其他生态位模型具有更高的精确度，尤其是对于样本点少且只有出现点数据时被认为是预测能力最佳的算法之一（Elith et al., 2011; Phillips and Dudík, 2008）。另外有研究表明，运用 MaxEnt 模型开展气候变化对物种分布影响、入侵物种潜在分布预测的相关研究已超过 2000 多次，从另一个侧面说明了该模型的有效性（Zhonglin et al., 2015）。目前已有的关于气候变化对大熊猫栖息地影响的分析中，应用最大熵模型的研究也较多（Gong et al., 2017; Li et al., 2017; Li et al., 2015）。但是，大多是大尺度的研究，且结合现有保护网络不够具体，对于管理需要的可操作性不够强。研究将基于最大熵模型在宏观（四川大熊猫栖息地）和精细（雅安研究区）两个尺度上研究气候变化对大熊猫栖息地的影响，本章将重点介绍最大熵模型和相关研究数据。

7.3.2　最大熵原理

MaxEnt 模型的设计理念为：在学习概率模型时，所有可能的模型中熵最大的模型是最好的模型；若概率模型需要满足一些约束，则最大熵原理就是在满足已知约束的条件集合中选择熵最大模型。最大熵原理指出，对一个随机事件的概率分布进行预测时，预测应当满足全部已知的约束，而对未知的情况不做任何主观假设。此时概率分布最均匀，预测的风险最小，熵值也最大。

　　简单来讲，在最大熵中，需提供一个空间的分布中的一组样本，以及这个空间上的一组特征（实值函数）。最大熵的想法是通过确定最大熵的分布（即最接近于均匀）且受限于该分布下的每个特征的期望值与其经验平均值相匹配的约束来预测目标物种的分布情况。特别地，对于物种分布模型，物种的活动地点作为采样点，需计算分布的区域为感兴趣的地理区域，特征是环境变量（或其功能）。由此预测出的物种潜在分布（即潜在栖息地）是不存在空间相关性的，所以相关性无须考虑到建模过程中。

7.3.3　公式及说明

X 为感兴趣区；

x_i 为分布点数据；

f_i 为原始环境变量或由环境变量获取的更高层次的特征参数；

$\hat{\pi}$ 为模拟物种分布；

$\tilde{\pi}$ 为真实物种分布。

熵被定义为

$$H(p) = -\sum_{x \in X} p(x) \ln p(x) \tag{7-1}$$

用接近物种分布规律的泊松分布（poisson/π distribution）和 f_i 在 π 分布下期望值相同这一准则，对模拟分布向真实情况进行逼近。当然符合这一准则的模拟分布有多种，此时就应用到了最大熵原理——选择一个最接近均匀分布的泊松分布作为模拟物种分布。

或者可以考虑玻尔兹曼分布（Gibbs distribution）：

$$q\lambda(x) = \mathrm{e}^{\lambda \cdot f(x)} \big/ Z_\lambda \tag{7-2}$$

当

$$Z_\lambda = \sum_{x \in X} \mathrm{e}^{\lambda \cdot f(x)} \tag{7-3}$$

时，该分布是一个正态分布。所以，根据 Della Pietra 和 Lafferty（1997），最大熵模型与最大似然玻尔兹曼分布（使相对熵（relative entropy）最小的玻尔兹曼分布）可以相互替换使用。

　　然而，模拟值与实际值不可能完全一致，所以有表达式：

$$\left| \hat{\pi}[f_i] - \tilde{\pi}[f_i] \right| \leqslant \beta_j \tag{7-4}$$

式中，β_j 为模拟分布与真实分布之间的差距。

　　模型中的参数主要分为两大类：连续型（continuous）和分类型（categorical）。前者主要描述现实中的无规律的数值，如降水量、最高温等，categorical 主要描述类别，如土壤类型或植被类型等。目前 MaxEnt 中有 6 种特征，即线性（linear-L）、二次型（quadratic-Q）、片段化（hinge-H）、乘积型（product-P）、阈值性（threshold-T）和类别性（categorical-C）。参数越多，模型越复杂，也越容易过度拟合。

7.3.4　模型结果评价

　　一般预测模型会产生两类错误：一类是过低估计，将实际的阳性区预测为阴性区，为假阴性；另一类错误是过高估计，将实际的阴性区预测为阳性区，为假阳性，这两类错误都与判断阈值密切相关。常用的模型评价指标有灵敏度（sensitivity）、特异度（specificity）、TSS（true skill statistic）、Kappa 统计量及 AUC （王运生等，2007）。MaxEnt 模型的评价主要采用 ROC 曲线（受试者工作特征曲线）下面积的大小作为模型预测效果的衡量指标。AUC 取值范围[0～1]，值越大表示模型预测效果越好。一般认为模型的 AUC 值大于 0.7 则认为达到可接受的性能（Swets，1988）。

7.3.5　优点与局限性

MaxEnt 模型算法明确，它只需要仅出现点数据和影响物种分布的环境变量数据，且其规则化程序可以阻止在小样本的情况下发生过拟合。所以，MaxEnt 更适合模拟分布数据有限、生态位较窄的物种。在当前常用的多种物种分布模型中，最大熵（Phillips,2004）被认为是对分布范围狭窄且只有少量出现点数据的稀有物种建模非常有效的方法（Qin et al.，2017）。值得注意的是，模型利用十分有限的存在点数据，结合某一算法或规则预测到的物种潜在适宜区，此预测结果仅代表预测的适宜区与现状分布区具有相似的环境条件，并不代表物种实际的分布界限。

大熊猫主要分布于位于四川、甘肃、陕西三省的六大山系：岷山、邛崃山、大相岭、小相岭、凉山和秦岭。学者们为研究气候变化对大熊猫栖息地的影响，采取了不同的模型，调查了不同的研究区范围。经过不完全统计，用于大熊猫生境评价与预测的模型主要有：专家系统、神经网络、多元线性回归、生态位因子分析、最大熵等，近五年多数学者采用最大熵模型进行大熊猫生境评估与预测；调查范围主要分为大尺度（六山系）、大中尺度（全国大熊猫调查报告中所显示的大熊猫栖息地周边）、中尺度（个别山系）和小尺度（个别区县或保护区）。

预测结果随研究区域的不同而不同。对于同一研究区域，采用不同的气象模式和排放情景仅会在数字层面上有所差异，但总体预测趋势不受影响（Songer et al.，2012）。一些学者还使用了控制变量的方法采用两种模型来进行预测，两种模型结果趋势一致。然而，依然有个别一些研究成果因为所采用的模型不同而有着相异的预测趋势，这可能与学者所研究的时间尺度也相关。例如，Fan 等（2014）使用机理模型对秦岭的生境进行预测，其选择的时间尺度为 2070～2100 年，结果表明在气候变化的影响下，大熊猫将向海拔高处移动，意味着未来的适宜栖息地将向西北移动，而 Gong 等（2017）使用最大熵模型对秦岭的生境进行的预测结果表明，到 2050 年，大熊猫适宜栖息地将向东移动约 11km；Jian 等（2014）就采用了不同的时间段进行预测（2002～2050 年和 2050～2099 年），得出了不同的气候变化趋势，从而导致不同的生境预测结果。除了地域、气候因子、时间尺度的选取之外，Qi 等（2012）还研究了不同空间尺度上数据参与模型运算，保持其他变量一致，得出了不同的预测趋势。

综上，在进行大熊猫生境评估与预测的过程中，不仅要关注研究的地理区域和所选择的方法模型，还要关注其他因素，如气象模式、排放情景、时间尺度与空间尺度。

7.3.6　大熊猫栖息地适宜度评价指标体系

对生物，尤其是珍稀濒危动植物的生境进行评价，是分析物种种群数量减少、濒危的重要手段，同时也能为制定合理的保护管理对策提供依据（欧阳志云等，2001）。欧阳志云（2001）、周洁敏（2008）等将影响大熊猫生存与种群繁衍的主要因素划分为物理环境因素、生物环境因素和人类活动因素三类。近年来，气候变化增速，其对全球生物多样性影响凸显，对珍稀濒危物种生境评价中也逐步引入了气候因子，因此综合已有的研究成果，研究将影响大熊猫栖息地的因子分为四种类型：物理环境因子、生物因子、人为干扰因子和气候因子（Hull et al., 2016; Liu et al., 2016）。物理环境因子采用海拔、坡度、坡向三个要素来刻画；大熊猫食用竹分布范围、距水源距离作为生物因子；人为干扰因子选取栖息地内遇见率较高的道路、矿山、水电站和输电线路、旅游景区五类干扰因子；气候因子采用由 WorldClim 网站下载的 19 个生物气候因子（简写为 WCBIO）和通过遥感手段获取的类似的 19 个气候因子（简写为 RSBIO）对比分析选定基准气候数据集。同时对参与模型计算的气候因子再使用相关性/贡献度法和主成分分析法进行对比分析，选定最终入选的气候因子。这些气候因子是年均温度和降水经过一定计算组合得到的和动植物分布相关的气候因子，包括年均温、最热月最高温、年降水、最湿季降水等。因为研究在宏观大尺度和核心的区域尺度两个层面进行气候变化对栖息地影响的评估和预测，所以确定的评价指标体系部分有微调，具体如下。

（1）物理环境因子：海拔、坡度、坡向三个要素来刻画；

（2）生物因子：大熊猫食用竹分布范围（核心研究区）、距水源距离作为生物因子；

（3）人为干扰因子：目前人类活动对大熊猫栖息地干扰有很多。四川省第四次大熊猫调查共记录到栖息地内 17 类人类活动干扰因子，包括采伐、道路、放牧、采药、割竹打笋、水电站、输电线路等，其中样线遇见率最高的干扰因子是放牧和交通道路。采伐造成森林面积减少的同时也导致大熊猫栖息地的丧失和破碎化。20 世纪 70 年代初至 80 年代中期仅 15 年的时间里，大熊猫栖息地即递减了 56%以上。道路导致栖息地破碎化，阻碍并减少种群之间的基因交流，可能最终导致栖息地的丧失。雅安地区矿产和竹林资源丰富，因而该地区采矿、割竹、打笋情况较为严重，是大熊猫栖息地的主要干扰因素之一。

（4）生物气候因子：由 WorldClim 网站下载的 19 个生物气候因子（简写为 WCBIO）和通过遥感手段获取的类似的 19 个气候因子（简写为 RSBIO）对比分析选定基准气候数据集。同时对参与模型计算的气候因子再使用相关性/贡献度法和主成分分析法进行对比分析，选定最终入选的气候因子。

7.3.7　研究数据

根据确定的生境适宜度评价指标体系，研究总共涉及以下 6 类数据。

（1）物理环境因子。据调查研究，位于邛崃山系卧龙保护区内大熊猫通常在海拔 1400～3600m 的范围内活动，并喜欢在地形坡度平缓、一般在 20°以下平缓上升的山脊与平台活动取食。此外，目前大熊猫仅存于六大山系的高山密林之中，栖息地内植被垂直地带性明显，不同植被类型随海拔不同交替变化。因此研究选取海拔、坡度和坡向作为物理环境因子。海拔由数字高程模型获取。大尺度范围内 DEM 研究应用 CGIAR-CSI 提供的 SRTM 90m（http://srtm.csi.cgiar.org/,version4）数字高程数据制作，该数据空间分辨率为 30s（约 1km），以 DEM 为基础，可以利用地理分析功能得到对应的坡度、坡向数据。核心研究区的 DEM 数据采用新版 ASTER GDEM 地球电子地形产品。该 DEM 数据空间分辨率为 30m，垂直精度为 20m。坡度和坡向两个物理环境因子由 DEM 通过 ArcGIS10.2 的 Arctoolbox 中的"slope"和"aspect"生成。

（2）生物因子。大熊猫是专食性动物，其 99% 的食物来源于竹类，因此主食竹分布对其栖息地适宜性影响很大。本书核心区尺度研究中主食竹空间分布图来源于全国第三次大熊猫调查，并用 2017 年 3 月 7 日的高分一号影像分类结果进行了局部修正。水系数据主要来自国家基础地理信息系统数据，并辅以遥感影像解译和前期野外调查的记录数据作为补充。距离水源的距离计算是通过 ArcGIS10.2 中计算每个像元点到离其最近的水源的欧式距离。

（3）人为干扰因子。本书根据第四次大熊猫调查报告，获取该区域内遇见率高且影响程度较大的五项大型干扰，具体为道路、水电站、景区、矿山和输电线路。

（4）气候因子。全球气候模式（global climate model，GCM）是用来描述在预设情景下未来气候可能产生的变化。它可以提供气候变化对研究区影响、适应和脆弱性及减排进行分析。最新引入的预设情景被称为"典型浓度目标（representative concentration pathways，RCPs）"情景，分别为 RCP8.5 情景、RCP6.5 情景、RCP4.5 情景及 RCP2.6 情景。相比于 2000 年 IPCC 定义的排放情景（SRES），RCPs 考虑到了社会经济和各国气候政策对温室气体及气溶胶的影响，更科学地描述了未来气候变化的预估结果。基于不同的 RCPs 情景使用不同的模式可以预估未来的气候变化趋势，现在比较常用的模式有：MRI-CGCM3、NorESM1-M、MIROC5 和 BCC-CSM1.1；或者先分析各个气候模式在某区域的模拟能力，确定各模式模拟的权重，之后对多模式做集合模拟。从世界气象数据库（http://www.worldclim.org）中可以得到的气候环境数据。该数据库由 Hijmans 等（2005）创建，通过收集全球 1950～2000 年各地气象站所记录的详细气象信息，并采用插值法生成。其空间分辨率为 30s（约 1km），同时可根据需求选择 10 余个气象模式下分别对应的 19 个气象栅格数据。四种典型浓度路径按照温室气体排放从高到低依次为 RCP8.5、RCP6.5、RCP4.5 和 RCP2.6。本研究选取的为 RCP4.5 和 RCP2.6 两种排放情景。

研究中大尺度研究区采用了两种基准气候数据集进行对比研究，其中之一来源于常用的 WorldClim 网站（http://www.worldclim.org）；另一个气候因子是通过 RS 方式获取的由 Deblauwe 等编辑而得估计的温度和降水数据，分辨率为 0.05°（约 6km），其温度时间范围为 2001～2013 年，降水时间范围为 1981～2013 年。月平均值被用于提取与 WC 可获取的同样的 19 个生物气候因子。生物气候因子可以从 https://vdeblauwe.wordpress.com 下载。研究大尺度范围采用了四种气候模型两种典型浓度路径进行对比分析；核心研究区采用了更适合我国西南部地理环境的 BCC-CSM1-1 气候模型和 RCP4.5 排放情景下。19 个气候因子的具体含义如表 7-3 所示。

表 7-3　生物气候因子名称及含义

气候因子	环境变量英文名称	环境变量中文名称	单位
BIO1	annual mean temperature	年平均气温	℃
BIO2	mean diurnal range[mean of monthly（max temp-min temp）]	昼夜温差月均温	℃
BIO3	isothermality（BIO2/BIO7）（×100）	等温性	℃
BIO4	temperature seasonality（standard deviation ×100）	温度季节性变化标准差	℃
BIO5	max temperature of warmest month	最暖月最高温	℃
BIO6	min temperature of coldest month	最冷月最低温	℃
BIO7	temperature annual range（BIO5-BIO6）	温度年较差	℃
BIO8	mean temperature of wettest quarter	最湿季均温	℃
BIO9	mean temperature of driest quarter	最干季均温	℃
BIO10	mean temperature of warmest quarter	最暖季均温	℃
BIO11	mean temperature of coldest quarter	最冷季均温	℃
BIO12	annual precipitation	年平均降水量	mm
BIO13	precipitation of wettest month	最湿月降水量	mm
BIO14	precipitation of driest month	最干月降水量	mm
BIO15	precipitation seasonality（coefficient of variation）	降水量季节性变化方差	mm
BIO16	precipitation of wettest quarter	最湿季度降水量	mm
BIO17	precipitation of driest quarter	最干季度降水量	mm
BIO18	precipitation of warmest quarter	最暖季度降水量	mm
BIO19	precipitation of coldest quarter	最冷季度降水量	mm

注：BIO1～BIO11 是温度相关气候因子，其结果是实际温度值×10；BIO12～BIO19 是降水相关数据，单位为 mm

WorldClim 气候数据空间分辨率为 30arc-seconds（相当于在赤道地区约为 0.86km^2，通常描述为约 1km），这也是目前 WorldClim 网站可获取的最高分辨率的气候数据。WorldClim 网站气候数据由 Hijmans 等（2005）利用全球范围内大量气象站点记录的气象信息，大部分为 1950～2000 年的资料，通过整合插值生成全球气候栅格数据（Hijmans et al., 2005）。该数据空间分辨率比之前应用的分辨率为 10arc min 的全球陆面插值气候数据（南极洲除外）（赤道地区相当于 18.5km 分辨率；New et al.,2012）要高出 400 多倍，而且其插值过程中应用了改进的高程数据。未来气候数据我们之所以在核心区研究时选择 BCC-CSM1-1 这种全球气候模式是因为该模式由北京气候中心研发，且参加了第五次国际耦合模式比较计划（简称 CMIP5 计划），同时，该模型也是中国国家气候影响评估报告所选的模型之一，并证明其评估结果具有高可信度的稳健性（Shen et al., 2015）。RCP 4.5 是综合考虑中国的发展趋势作为未来的气候排放情景。

同时，从国家气象科学数据共享服务平台（http://data.cma.cn）获取了 1951～2016 年 65 年的雅安研究区气温降水数据，以辅助分析该区域大熊猫栖息地气候变化趋势和变化率。

（5）多源遥感数据。我国西南地区多云多雨，光学遥感数据质量不佳。本次研究选用 2001 年 6 月 13 日和 2011 年的 7 月 19 日较少云量的 Landsat 数据，选择该两个时相数据是顾及已经开展的第三次（2000～2001 年）和第四次（2011～2014 年）大熊猫地面调查的时间段。Landsat 数据用来对应两次大熊猫地面调查期间的 LUCC 变化情况研究。同时以 2017 年 3 月 7 日的高分一号影像数据用以辅助分类并开展后期保护网络可行性分析验证。

此外，随着遥感技术的快速发展，由传感器不同波段之间的运算衍生出一些能反映特定地物类别特征的指数，其中应用较广的有植被指数。植被指数是通过反射特征计算出来用于反映地表植被覆盖、生长、生物量及判别植物种类的重要指标，能很好地反映地表植被活动的强度。目前已发展了多种植被指数用以反映植被变化特征，常用的归一化植被指数作为表征地表植被活动的指标，能够在较大时空尺度上反映植被覆盖的信息，被广泛应用于土地覆盖监测、土地覆盖分类、作物估产等领域。常用的大范围内的归一化植被指数按统计周期可分为月度均值、季度均值、年均值以及多年平均等，因该指标能较好地反映不同时间间隔内植被的生长状态、植被覆盖度和人为活动的变化，而大熊猫栖息地和植被覆盖紧密相关，因此本书也选用 NDVI 指标用于大熊猫栖息地的适宜性评价研究。

NDVI 数据作为一种有效反映植被特性的数据广泛用于物种分布模型（species distribution models，SDMs）中。研究中在四川大熊猫栖息地研究尺度上采用了时间序列 NDVI 产品数据为 2001 年 1 月到 2015 年 12 月共 15 年逐月的 MODIS MOD13A3 NDVI 数据，分辨率为 30s（约 1km）。MODIS 的 NDVI 产品数据被认为是 AVHRR NDVI 的延续和升级，排除了大气水汽的干扰，提高了空间分辨率和叶绿素敏感度，调整了合成方法，其产品数据都是由 NASA MODIS 陆地产品组根据统一算法开发获得。

四川大熊猫栖息地 2001～2015 年 15 年间逐年 NDVI 均值变化趋势图见图 7-12。

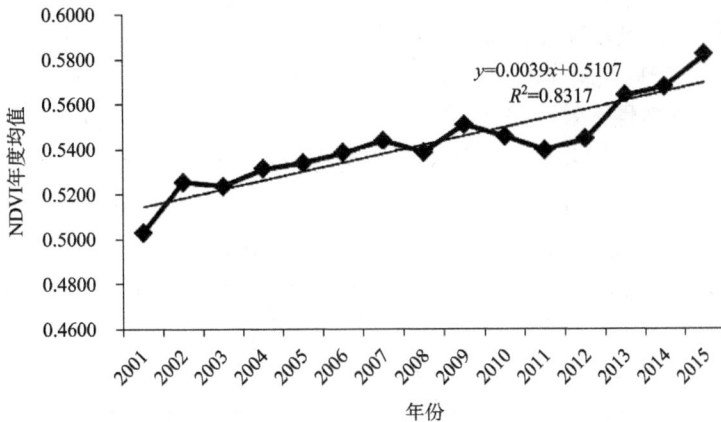

图 7-12　四川大熊猫栖息地 2001～2015 年逐年 NDVI 均值变化图

由图 7-12 可以看出，NDVI 均值整体趋势是逐年升高的，这说明该区域植被覆盖程度逐年增加，这得益于国家长期以来对大熊猫栖息地的持续关注，以及退耕还林、天然林保护工程等一系列保护措施。同时，从图中可以明显看到 2008 年 NDVI 均值突然降低，这是由于 2008 年 5 月汶川地震后大面积森林、草地等绿色植被被破坏，导致绿色植被显著减少，并且震区内植被恢复需要经历一段时间，直至 2014 年才基本恢复到原有水平。2013 年暴发的雅安地震在此曲线上反映并不明显，由此可知雅安地震对大熊猫栖息地的影响并不显著。

四川大熊猫栖息地 2001 年 1 月～2015 年 12 月月度 NDVI 均值变化图见图 7-13。

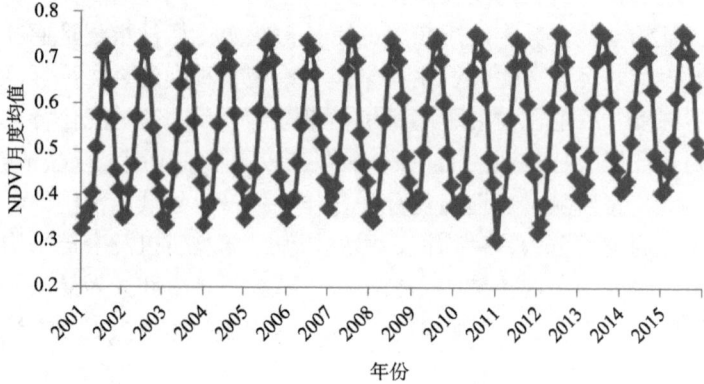

图 7-13　四川大熊猫栖息地 2001 年 1 月～2015 年 12 月月度 NDVI 变化图

由图 7-13 可知，整个四川大熊猫栖息地内冬季和夏季的 NDVI 均值基本呈逐步上升趋势，这与年度趋势表现一致。从图中仍可以看到 2011 年和 2012 年冬季 NDVI 均值明显低于相邻年份，这也从图 7-12 年度 NDVI 均值曲线上有所反映，可能与地震后植被的逐步恢复有关。

除 NDVI 可以间接反映栖息地内的植被状况外，研究也在大尺度上使用了土地覆盖类型数据参与模型计算。虽然 MaxEnt 既可以支持连续型环境因子，也支持分类数据，如土地利用覆盖，但是连续型变量预算结果更佳。因此研究采用的土地覆盖/利用数据是 Tuanmu 和 Jetz（2014）制作的全球 1km 连续型土地覆盖数据，该数据是利用四个全球土地覆盖产品的一致性计算得出，给出每个像元对应 12 种土地覆盖类型的连续型概率估计。这些数据已显示出比其对应的原始土地覆盖产品预测物种分布时能力更佳。该数据可以从网址：http://www.earthenv.org/landcover 下载，是 1992～2006 年土地覆盖的估值，对于近期的数据给予更大的权重（Tuanmu and Jetz，2014）。

（6）大熊猫栖息地调查数据。国家林业局于 2011～2014 年完成了第四次大熊猫调查工作，本书中的大熊猫痕迹点、人为干扰因子（道路、水电站、旅游景区、输电线路等）、保护区范围均来源于第四次大熊猫调查报告。

此外，围绕该研究区，研究组成员先后开展了 3 次野外调查和验证工作，自北向南涵盖了王朗自然保护区、卧龙自然保护区和雅安地区，主要工作内容包括对植被类型分类精度及大熊猫生境适宜度评价结果验证，对人为干扰因子进行实地勘察，当地社区走访，以及与当地研究部门进行资料和数据的交流共享等。

本书在两个研究区尺度上使用的数据清单见表 7-4。

表 7-4　研究使用的数据清单

数据类型	四川大熊猫栖息地研究区	大熊猫栖息地核心区——雅安研究区
物理环境因子	DEM- CGIAR-CSI 提供的 SRTM 90M DEM，version4，30s 空间分辨率（约 1km）	ASTER GDEM，空间分辨率为 30m，垂直精度为 20m
	SLOPE：ArcGIS10.2 基于 DEM 制作	SLOPE：ArcGIS10.2 基于 DEM 制作
	ASPECT：ArcGIS10.2 基于 DEM 制作	ASPECT：ArcGIS10.2 基于 DEM 制作
生物因子	距水源距离	竹子分布数据
		距水源距离
人为干扰因子	道路（高速公路、国道、省道）	道路（高速公路、国道、省道）
	矿山	矿山
	水电站	水电站
	输电线路	输电线路
	景点	景点
气候因子	基准数据集：①WorldClim 网站下载 19 个生物气候因子，30s 空间分辨率；②通过遥感影像获取的 19 个生物气候因子，空间分辨率 0.05°（约 6km）	WorldClim 网站下载 19 个生物气候因子，30s 空间分辨率
	时间段（2）：现阶段和 2050 年	时间段（2）：现阶段和 2050 年
	GCMs（4）：BCC-CSM1-1（BC）、CCSM4（CC）、CNRM-CM5（CN），以及 HadGEM2-ES（HE）	GCMs：BCC-CSM1-1（BC）
	RCP（2）：RCP2.6 和 RCP4.5	RCP：RCP4.5
多源遥感数据	NDVI：2001 年 1 月～2015 年 12 月　逐月 NDVI 数据，空间分辨率为 30s（约 1km）	Landsat 及专题分类数据
	连续型土地覆盖/利用数据，空间分辨率 1km，12 个图层	GF-1：用于验证建议的可行性
大熊猫栖息地调查数据	四川省第四次调查报告大熊猫痕迹点、种群数量、自然保护区、人为干扰因子等；项目组两次大熊猫栖息地外业考察数据	四川省第四次调查报告大熊猫痕迹点、种群数量、自然保护区、人为干扰因子等；项目组两次大熊猫栖息地外业考察数据

所有的数据均统一为 UTM WGS84 坐标系，因为大熊猫栖息地山高林密，气候观测站点稀疏，因此所有栅格数据分辨率统一为 1km×1km 以匹配气候数据。

7.4　气候变化情景下未来大熊猫栖息地变化评估

气候变化在整个地球历史时期内是一项频繁事件,在最近的 42 万年里至少发生了四次主要的气候变化事件（Petit et al., 1999）。现在气候变化的速度可能会对大量物种带来严重威胁。尽管气候变化模型存在不确定性，但现在也必须采取措施来阻止气候变化过程带来的负面影响。大量气候变化情景对动植物地理分布的影响已经在很广泛的范围内按照门类通过生态位模型进行了评估。每一个物种其脆弱性取决于暴露度、敏感性和适应能力的组合程度。虽然已经预测到气候变化已成为 21 世纪生物多样性的主要威胁，但是精确的预测和有效的解决方案却证明非常难以实施（Dawson et al., 2011）。现阶段利用生态位模型预测物种在气候变化背景下可能的适宜分布区并结合当前的保护状态给出针对性的建议和措施的相关研究得到了广泛关注。

值得注意的是，对所有的气候变化评估而言不确定性是一项重要考虑。忽略或最小化不确定性的重要性都会负面影响用于制定决策和规划的评估结果的有用性（Winkler, 2016）。不确定性对于气候变化背景下物种未来分布评估是特别关注的问题，因为敏感度分析表明多种来源的不确定性可以大幅影响评估结果。这些来源包括物种信息的可获取性和质量，开发生态位模型的方法，能够捕获对物种分布影响的环境预测变量的选择，把模型运行的连续型的物种存在可能性数值转换为二元物种出现预测结果的阈值，气候变化评估模型参数的设置和调整，以及未来气候模拟数据的选择等。虽然很少有评估明确地考虑所有这些不确定性来源，常常是因为来源的限制，但是这些不确定性在解释和应用这些评估发现来制订保护规划时的重要性已经在文献中有很好的描述。

研究在气候变化预测过程中可能导入不确定性的多个环节进行了综合分析，包括基准气候数据集的比较研究、环境变量的优选方案的对比研究，以及四种气候模型、两种典型浓度路径的综合分析，详细分析过程参见文献（甄静，2018）。本研究使用对比研究后的优选组合方案分别预测四川大熊猫栖息地和雅安研究区两个研究区在 2050 年时间节点时仅考虑气候变化背景下的栖息地适宜度情况，即使用通过相关系数/变量贡献度法（correlation variable contribution，CVC 法）从 WorldClim 数据集中筛选出的 2050 年 6 个相关系数小于 0.8 的变量（bio4、bio3、bio14、bio6、bio12 和 bio7）作为生物气候因子，以及 DEM、坡度、坡向等 16 个来自遥感数据单因子图层一起参与模型运算，每种预测都是基于四种 GCMs（BC 模型、CC 模型、CN 模型和 HE 模型）和 2 种典型浓度路径（RCP2.6 和 RCP4.5），且都是采取运行 10 次取平均值的策略作为模型运算结果。在此基础上还分别对两个研究区的预测结果进行了分析，详述如下。

7.4.1　四川大熊猫栖息地变化评估

根据上述计算策略，四川大熊猫栖息地在 2050 年的适宜度情况对应 80 种可能预测结果（4GCMs*2RCPs*10），对应的平均 AUC 均值和方差见表 7-5。因每种气候模型在特定典型浓度路径下的 ROC 曲线形状类似，本书以 BC 模型在典型浓度路径 RCP2.6 情景下的 10 次运算结果的 ROC 曲线为例来说明模型运算精度，详见图 7-14。

表 7-5　四川大熊猫栖息地 2050 年预测结果精度评价表

气候模型	典型浓度路径	
	AUC 均值和方差（RCP2.6）	AUC 均值和方差（RCP4.5）
BC 模型	0.943±0.005	0.944±0.005
CC 模型	0.943±0.005	0.944±0.004
CN 模型	0.944±0.004	0.944±0.005
HE 模型	0.943±0.004	0.943±0.004

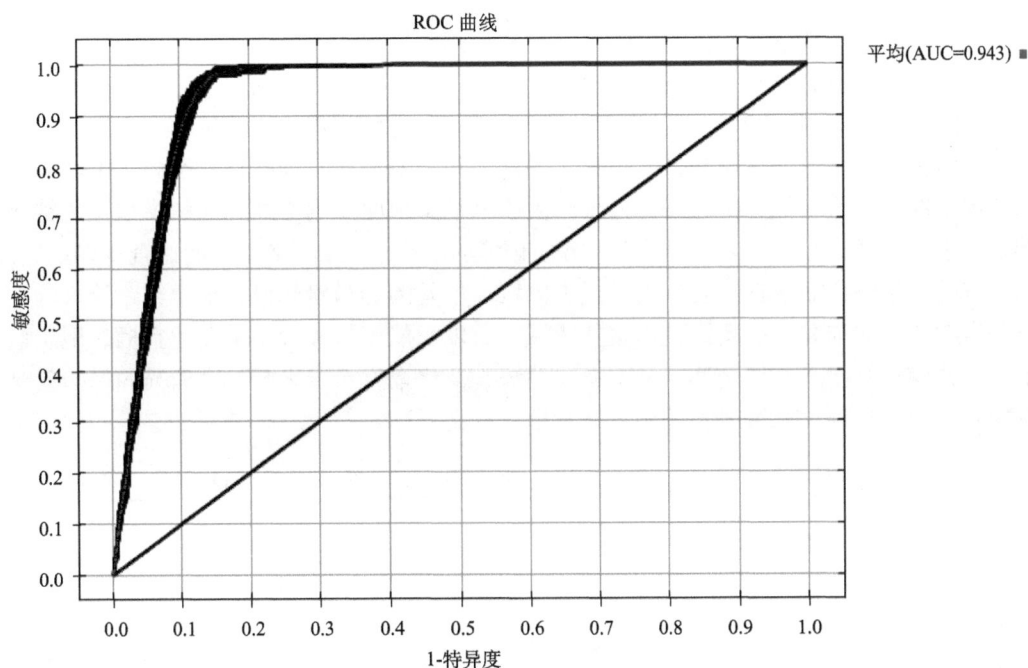

图 7-14　BC 模型 RCP2.6 情景下的 10 次随机采样运算结果 ROC 曲线

由表 7-5 和图 7-14 综合分析可知，80 种模型预测结果的平均 AUC 值为 0.943 或 0.944，全部大于 0.9；AUC 的方差为 0.004 或者 0.005，说明预测结果在均值附近高度收敛、集中，这两项指标说明模型预测结果良好，可信度高。

采用第十百分位训练点逻辑值（10 percentile training presence）作为阈值将不同模型结果离散化，得到 8 种组合状态下（4GCMs*2RCPs）大熊猫适宜栖息地面积及对应的变化率，详见表 7-6。

表 7-6　四川大熊猫栖息地 2050 年预测结果及变化率表

现阶段适宜栖息地/km²	气候模型（GCMs）	2050 年（RCP2.6）	2050 年（RCP4.5）	变化率/%（RCP2.6）	变化率/%（RCP4.5）
37167	BC 模型	36775	35470	−1.05	−4.57
	CC 模型	36168	34557	−2.69	−7.02
	CN 模型	35212	34230	−5.26	−7.90
	HE 模型	36854	34546	−0.84	−7.05

当前阶段四川大熊猫栖息地适宜度评价图见图 7-15，预测到 2050 年，四川大熊猫栖息地适宜度减少量最多的预测结果（CN GCMs，RCP4.5）见图 7-16。因四个模型预测趋势相同，因此研究仍使用由我国自主开发的 BC 模型在 RCP4.5 情景下的 2050 年预测结果为 2050 年预测值，其适宜度情况与现在四川大熊猫栖息地适宜度情况利用 ArcGIS 进行空间叠加分析，得到至 2050 年四川大熊猫栖息地适宜度变化图，见图 7-17。图中

绿色点为适宜度增加区域，红色点为适宜度降低的区域。

图 7-15 是使用 CVC 方法选取的 6 个气候因子，以及 16 个遥感专题数据因子使用 MaxEnt 模型运算得到初始连续的大熊猫出现概率图，再使用第十百分位训练点逻辑值作为阈值将模型结果离散化得到。经计算，当前四川大熊猫栖息地的适宜区为 37167km^2，而全国第四次大熊猫调查报告得到的全国大熊猫栖息地面积为 25800km^2，模型预测结果明显大于实际调查结果，这可能由于一方面预测的适宜区山高林密，地面调查难以到达；另一方面，虽然自然条件综合预测是适宜区域，但是因为道路建设、输电线路等人为干扰的影响，大熊猫并不能实际使用这些区域。所以虽然模型评价结果在适宜栖息地总量上和实地调查有出入，但是其预测的变化趋势、变化幅度对未来野生大熊猫的保护策略制定和保护区规划、廊道建设等还是具有指导意义。

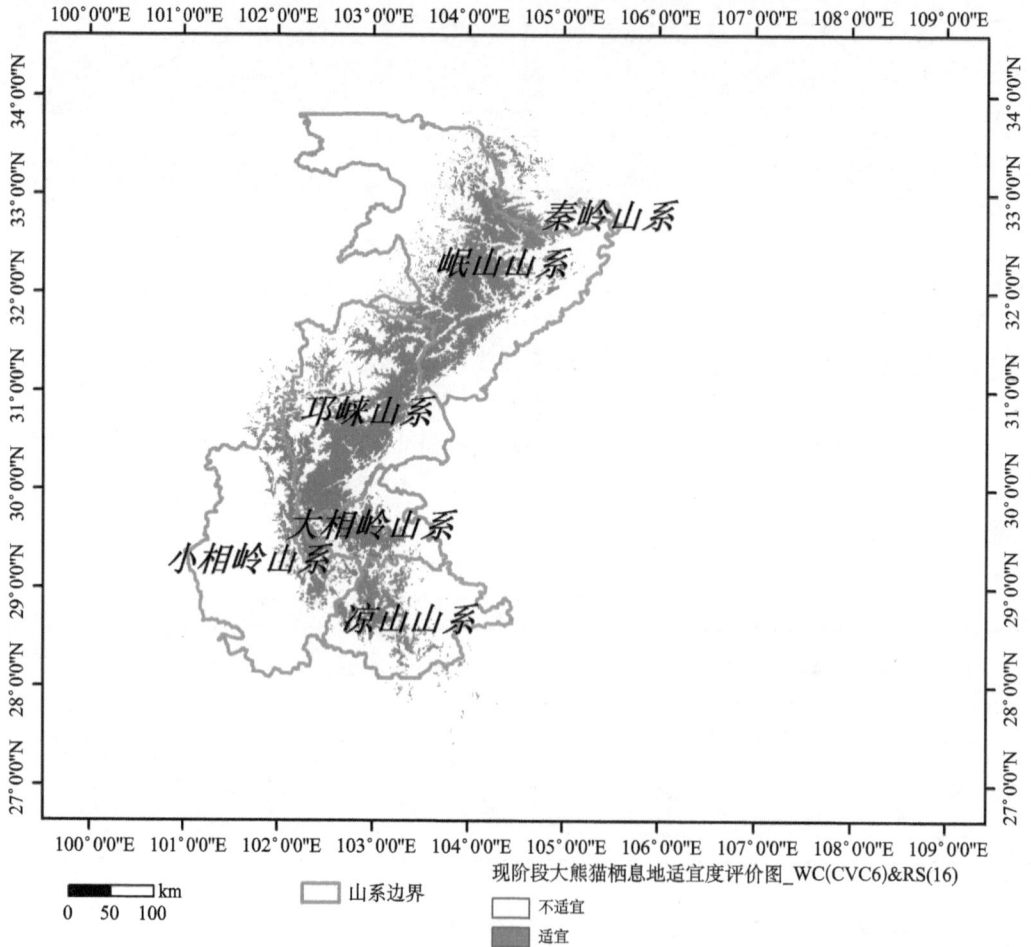

图 7-15　现阶段大熊猫栖息地适宜度评价图

6 个优选 WC 气候因子和 16 个遥感专题图层综合评价结果

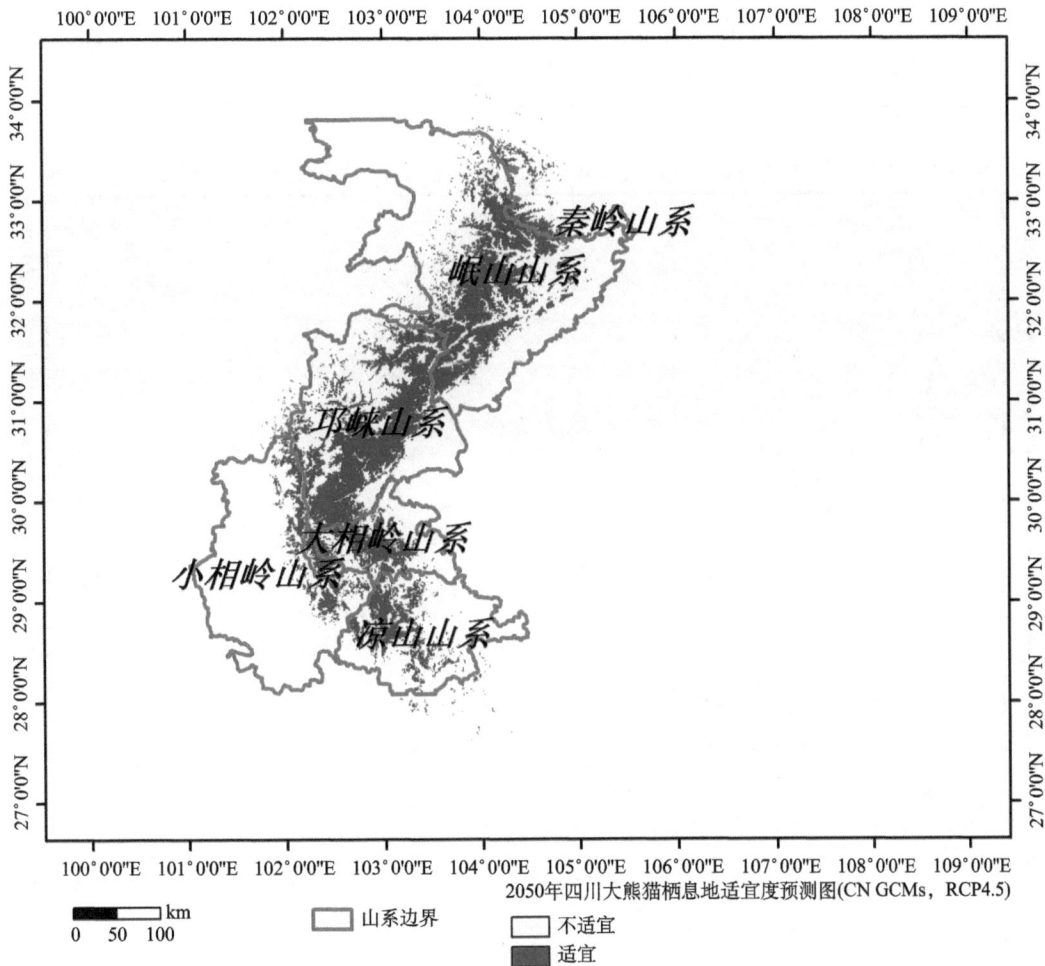

图 7-16　2050 年四川大熊猫栖息地适宜度预测图

由表 7-6 可知，未来 2050 年四川大熊猫栖息地无论在哪种气候模型或者哪种典型浓度路径，其适宜区都是减少的。在比较理想状态的 RCP2.6 温室气体排放情景下，HE 模型预测的适宜栖息地减少量最少，仅为当前适宜区的 0.84%，CN 模型预测的适宜区减少的幅度最大，为 5.26%，由我国自行开发的 BC 模型其预测未来大熊猫栖息地适宜区减少幅度为 1.05%，仅次于 HE 模型，比 CC 和 CN 两模型预测结果的减少幅度要小。对于中等温室气体排放情景 RCP4.5，我国自行开发的 BC 模型预测的未来 2050 年大熊猫适宜栖息地减少幅度最小，为 4.57%，不到当前适宜栖息地的 5%，其他三种模型其预测的大熊猫适宜栖息地减少幅度都在 7% 以上，其中 CN 模型减少幅度最大，接近 8%，大熊猫栖息地整体减少幅度在 10% 以内。

另外，由图 7-17 可知，气候变化对不同山系的影响并不相同。在岷山山系的西北部有较密集的适宜度改善，岷山山系的中部和西部会有较少范围适宜度增加，亦即大熊猫适宜栖息地有向西向北扩散的趋势，这和之前多数研究结果相同。同时，在位于南部的大相岭山系和小相岭山系的东北部会有大面积的适宜度降低，尤其是大相岭山系，几乎全山系范围内都会经历适宜度降低，相关保护管理部门应予以关注。同时，气候变化对位于中部的邛崃山系的东部和中部影响不大，这也是大熊猫栖息地的核心区和四川大熊猫世界自然遗产所在位置。

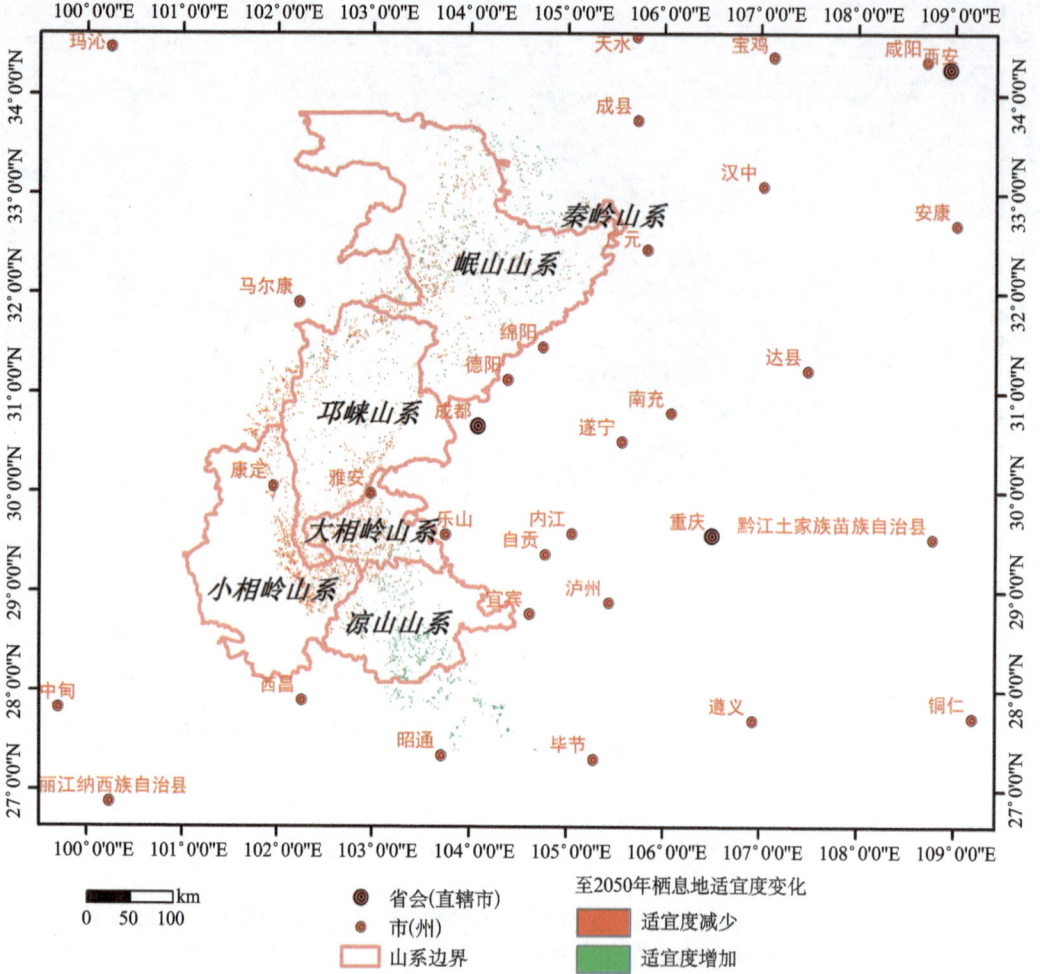

图 7-17　至 2050 年四川大熊猫栖息地适宜度变化趋势图

综上所述，仅考虑气候变化情景下，四川大熊猫适宜栖息地到 2050 年呈减少趋势，但减少幅度不大，在 RCP4.5 典型浓度路径下，减少量在 10% 以内。

7.4.2　大熊猫栖息地核心区变化评估

本书在区域研究尺度上仍采用最大熵模型来对气候变化情景下大熊猫栖息地核心区——雅安研究区进行精细评估和预测，具体步骤为：

（1）样本点的选取和处理。MaxEnt 模型对样本量要求较低（> 5），只需要物种出现点即可。本书基于全国第四次大熊猫调查报告获取研究区内大熊猫的痕迹点，并以物种名称、经度和纬度顺序录入 Excel 软件，存储为 *.csv 格式文件。

（2）环境变量的获取与处理。MaxEnt 模型在对环境变量处理上连续型和离散型变量均可，不过连续型变量的预测效果更佳。MaxEnt 在处理不同来源的环境因子变量方面要求必须各单因子图层严格对齐，即需保证研究区边界、坐标系统、栅格单元严格一致，并转换成 *.asc 格式。

研究在最大熵模型中，共使用 313 个出现点和 24 个环境变量参与模型运算，其中环境变量包括 3 个物理环境变量（海拔、坡度、坡向）、2 个生物因子（主食竹分布图、距离水源距离）和 6 个气候因子（通过相关系数-贡献度方法从 19 个生物气候因子中选出）。最大熵模型在处理不同来源的数据时要求所有的栅格数据必须保持分辨率一致，且地理位置严格对齐。研究将所有环境变量统一为 1km×1km 空间分辨率，坐标系统统一为 UTM WGS84 坐标系。参与模型运算的样本中，随机选取 75%用于模型训练，25%的数据用于精度验证，用随机生成的 10 个样本集进行运算并取其平均值为模型运行结果。将输出的连续预测结果在 GIS 软件支持下进行格式转换和重分类，得到现阶段和未来 2050 年气候变化背景下雅安区域大熊猫栖息地适宜度评价图（图 7-18）。

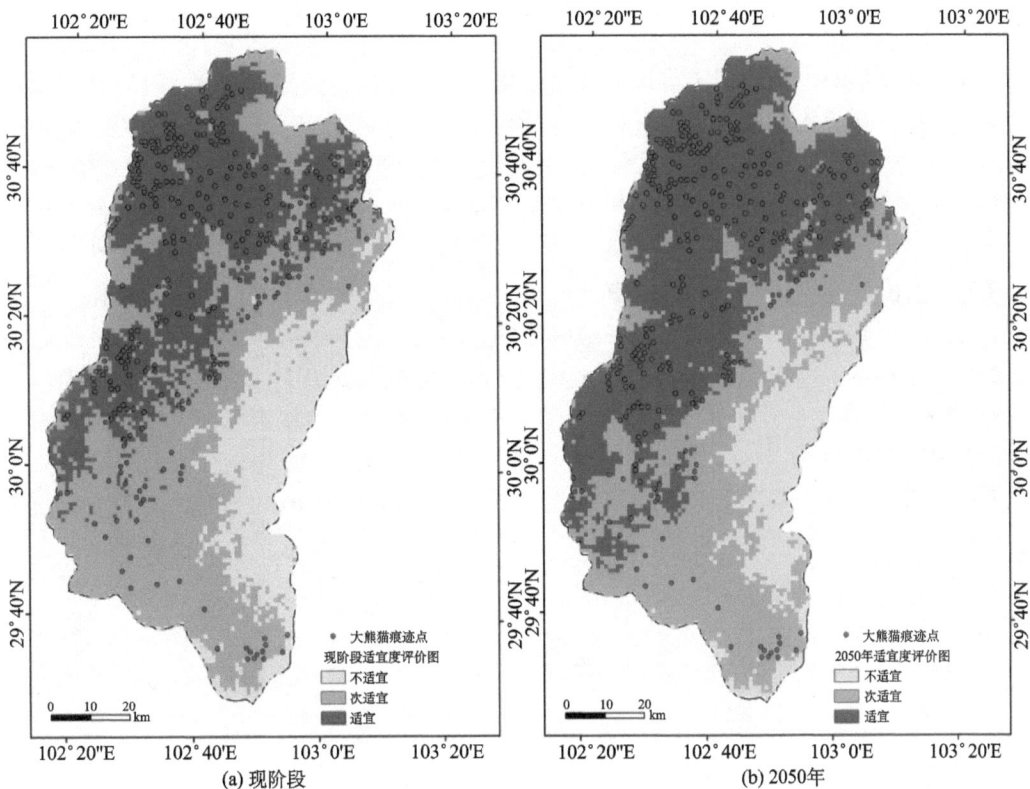

图 7-18　现阶段和 2050 年气候变化下雅安大熊猫栖息地适宜度评价图

（3）结果验证。MaxEnt 模型结果常用 AUC（ROC 曲线下面积）来评价预测模型的性能。AUC 值是生态位模型结果评价最常用的方法之一。AUC 值越大，表示离随机分布越远，说明模型模拟效果越好。

研究利用 AUC 值来评价模型预测的准确度，一般认为 AUC 值为大于 0.7 时预测结果可信。研究最大熵模型平均训练样本 AUC 值为 0.74，测试样本 AUC 值为 0.72，模型运行结果可以作为预测依据。

通过对预测经过处理、分析，其研究结果表明：

仅在气候变化背景下，该研究区潜在适宜栖息地面积整体呈增加趋势。该研究结果不同于以往多数预测栖息地面积减少的结论。

适宜度增加的较集中的区域位于研究区西北方向、东北方向和东南方向，变化情况见表 7-7。

表 7-7　当前和 2050 年雅安大熊猫栖息地适宜度变化情况表

适宜度类型	适宜/km^2	次适宜/km^2	不适宜/km^2
当前	3038.00	3922.00	1515.00
2050 年	4057.00	3241.00	1177.00
变化情况	1019.00	−681.00	−338.00
变化率/%	33.54	−17.36	−22.31

这一变化趋势可能的原因可以从气候变化导致阔叶林、针阔混交林、针叶林范围扩大得到解释。从收集到的雅安地区自 1951 年有连续气象数据记录以来至 2016 年共 65 年的气象观测数据表明该区域年平均温度呈持续上升趋势，气温的变化率为 0.114℃/10a，尤其是 20 世纪 90 年代以来，气温增暖的态势加速。年降水量缓慢减少，降水变化率为−33.22mm/10a，总体呈"暖干"趋势，这一结论符合已有的研究结果（王锐婷等，2010），详见图 7-19。同时有研究指出，森林生态系统将受益于气候变化，中国西南地区受气候变化影响突出的领域是自然生态系统，生态植被带发生迁移，林线海拔升高，灌木种类入侵高山草甸。四川省大熊猫栖息地植被型组中，阔叶林面积最大，为 74.86 万 hm^2，其次是针叶林，面积为 70.33 万 hm^2，两个植被型组面积占全省大熊猫栖息地植被总面积的 71.88%。我们研究组研究已经表明，过去 30 年，在卧龙、王朗大熊猫栖息地的山地垂直带发生上升现象（常纯等，2015；廖颖，2016）。因此，随着气候变暖，林线将上升，导致阔叶林、针阔混交林、针叶林范围变化甚至有的植被带将扩大，大熊猫栖息地的范围相应变化甚至扩大，这可能是导致该研究区潜在适宜栖息地面积整体增加的原因之一。

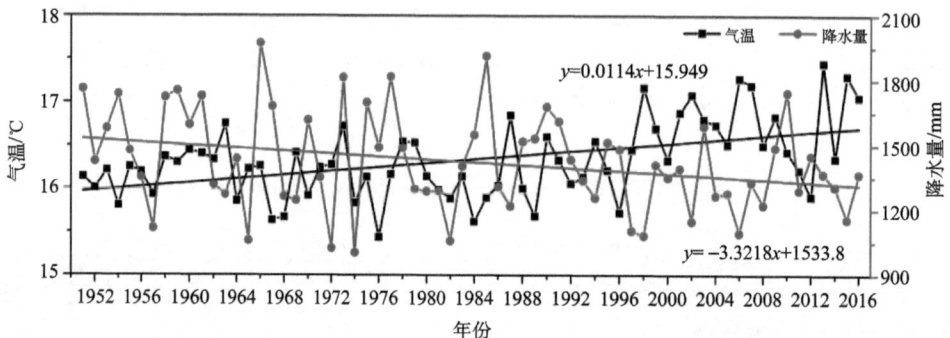

图 7-19　雅安地区 1951～2016 年气温、降水量变化图

7.4.3   不同尺度下栖息地变化趋势对比

通过整个四川大熊猫栖息地和栖息地的核心区域两个尺度研究区的对比分析，我们发现：

（1）气候变化对四川大熊猫栖息地的影响在不同尺度下影响结果和程度均不相同，就整个四川大熊猫栖息地而言，未来 2050 年仅考虑气候变化背景下其适宜栖息地面积总体会减少，根据四个气候模型和两种典型浓度路径下的减少趋势的综合评估，在大尺度层面栖息地面积在 RCP4.5 典型浓度路径的温室气体排放情景下，栖息地减少量在 10% 以内。

（2）在整个四川大熊猫栖息地的大尺度层面，气候变化对不同山系的影响并不相同。图 7-17 给出了预测的至 2050 年栖息地适宜度变化情况。由图可见，在岷山山系的西北部有较密集的适宜度改善，亦即大熊猫适宜栖息地有向西向北扩散的趋势，这和之前多数研究结果相同。同时，在位于南部的大相岭山系和小相岭山系的东北部会有大面积的适宜度降低，尤其是大相岭山系，几乎全山系范围内都会经历适宜度降低，相关保护管理部门应予以关注。

（3）研究在南部的凉山山系还预测到有较大范围的适宜度增加，这在目前的研究中少有提及。根据四川省第四次大熊猫调查报告显示，凉山山系相较于第三次大熊猫调查，其大熊猫栖息地面积增长了 37.18%，增长率在六大山系中位于第三。同时，通过种群空间遗传结构分析得知，凉山山系是独立的遗传基因簇，分为勒乌、大风顶、拉咪、锦屏山和五指山 5 个局域种群。最大的局域种群是勒乌局域种群，由 92 只野生大熊猫组成，最小的是拉咪和五指山局域种群，分别由 3 只野生大熊猫组成，凉山山系共生活着 124 只野生大熊猫，是四川大熊猫栖息地内除岷山山系和邛崃山系之外野生大熊猫数量最多的山系，因此建议有关保护管理部门加大对凉山山系的保护力度。

（4）对于小尺度的大熊猫栖息地核心区——雅安研究区，仅考虑气候变化背景下其适宜度会少量增加，这不同于之前多数研究预测的大熊猫栖息地减少的结果，但整体增加幅度不大，在 10% 左右。详细系统的分析可参见研究组已发表文章（Zhen et al., 2018）。

综上所述，应用不同的模型对气候变化的影响进行评估时，研究区的尺度选择也很重要，尺度不同其研究结论可能有很大差异，应予以关注。

7.5   人为干扰与气候变化综合影响下大熊猫栖息地评估

7.5.1   四川大熊猫栖息地变化评估

大熊猫栖息地受到的自然和人为两方面的干扰，其中自然干扰包括地震、竹子开花、泥石流、滑坡、火灾等；人为干扰则包括采伐、放牧、道路、旅游景点、矿山等。随着社会经济的发展，人为干扰已成为当前大熊猫栖息地遭受的主要干扰。人为干扰通过直接破坏栖息地植被（如采伐、采药）、影响大熊猫正常生活（如旅游、耕种）、造成大熊猫栖息地缩小和破碎化（如道路、输电线路）等方式造成大熊猫栖息地质量下降甚至丧失、片段化。四川省第四次大熊猫调查共记录到栖息地内 17 类人类活动干扰因子，研究根据干扰因子的影响幅度将其分为生产经营性一般干扰和设施建设等大型干扰，一般而言，设施建设等大型干扰对栖息地的影响更大，详见 7.2.6 节。

为了进一步精细评估气候变化和人为干扰综合影响下大熊猫栖息地的状况，研究选取设施建设等大型干扰中 5 类遇见率较高的人为干扰因子来进行深入分析，包括交通道路（国道、省道、高速公路）、水电站、采矿场、旅游景点、输电线路。该部分的分析功能在 ArcGIS10.2 软件支持下将人为干扰因子和 2050 年大熊猫栖息地适宜度情况进行叠加分析获得。

首先，对 5 类遇见率较高的人为干扰因子进行缓冲区分析，缓冲区的设置参照四川省第四次调查报告中记录的野生大熊猫痕迹点数量和密度随距干扰因子距离的变化情况，研究中将高速公路的缓冲半径设置为 3km，其余干扰因子的缓冲半径均为 2km。

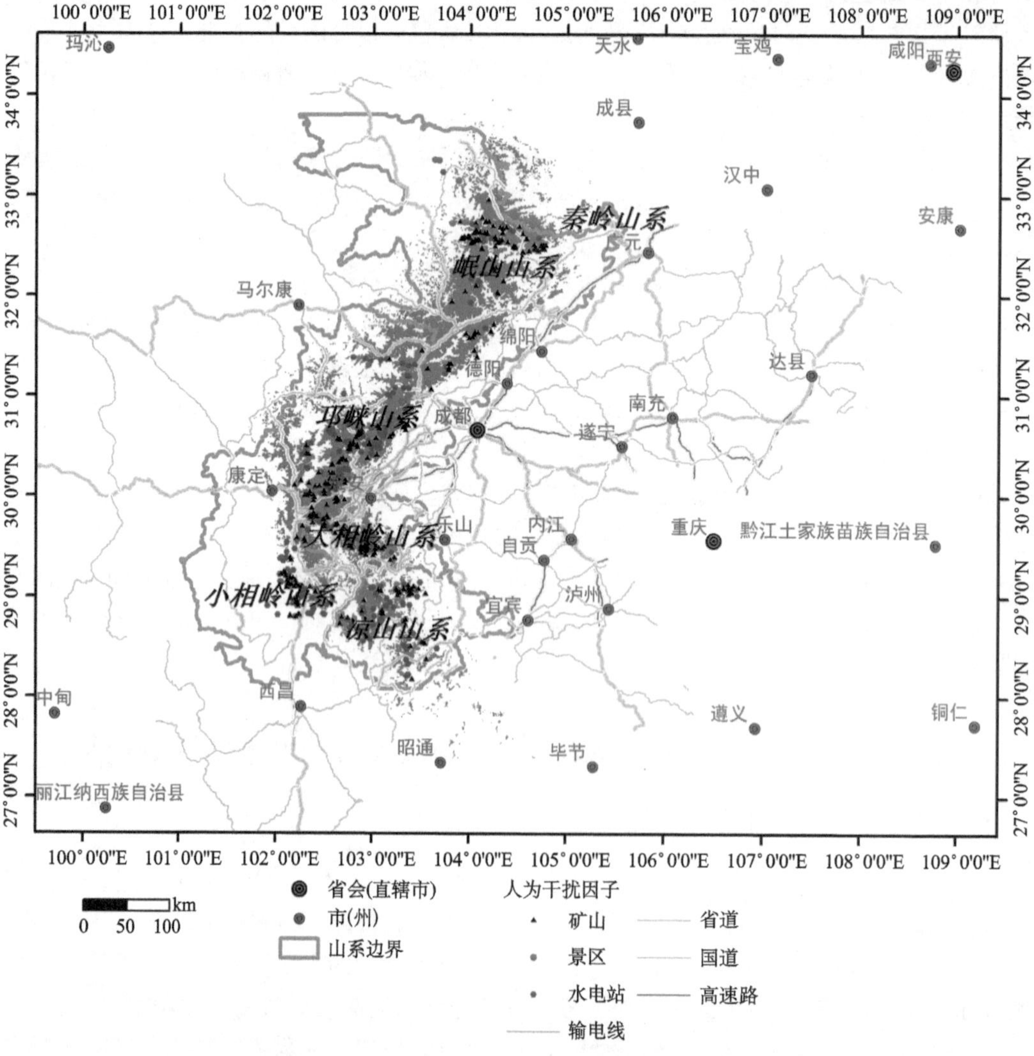

图 7-20　2050 年气候变化和人为干扰综合影响下栖息地适宜度分布图

其次,将各人为干扰因子的缓冲区和 2050 年预测得到的大熊猫栖息地适宜度图进行叠加分析,因四川大熊猫栖息地整体而言其适宜栖息地是减少的,因此研究分析了加入人为干扰对适宜度变化区域的影响;对于小尺度的雅安研究区,因预测得到的栖息地范围是微量增加的,所以研究在小尺度上将适宜度和人为干扰进行了叠加分析,求得去掉人为干扰区域后的大熊猫适宜栖息地。

最后对增加人为干扰前后的大熊猫栖息地状况进行对比分析,并结合比较分析结果给出针对性的意见和建议。

根据上述步骤,得到 2050 年四川大熊猫栖息地在现状 5 类人为干扰因子保持不变的前提下的适宜度分布图及适宜度变化图,见图 7-20 和图 7-21。

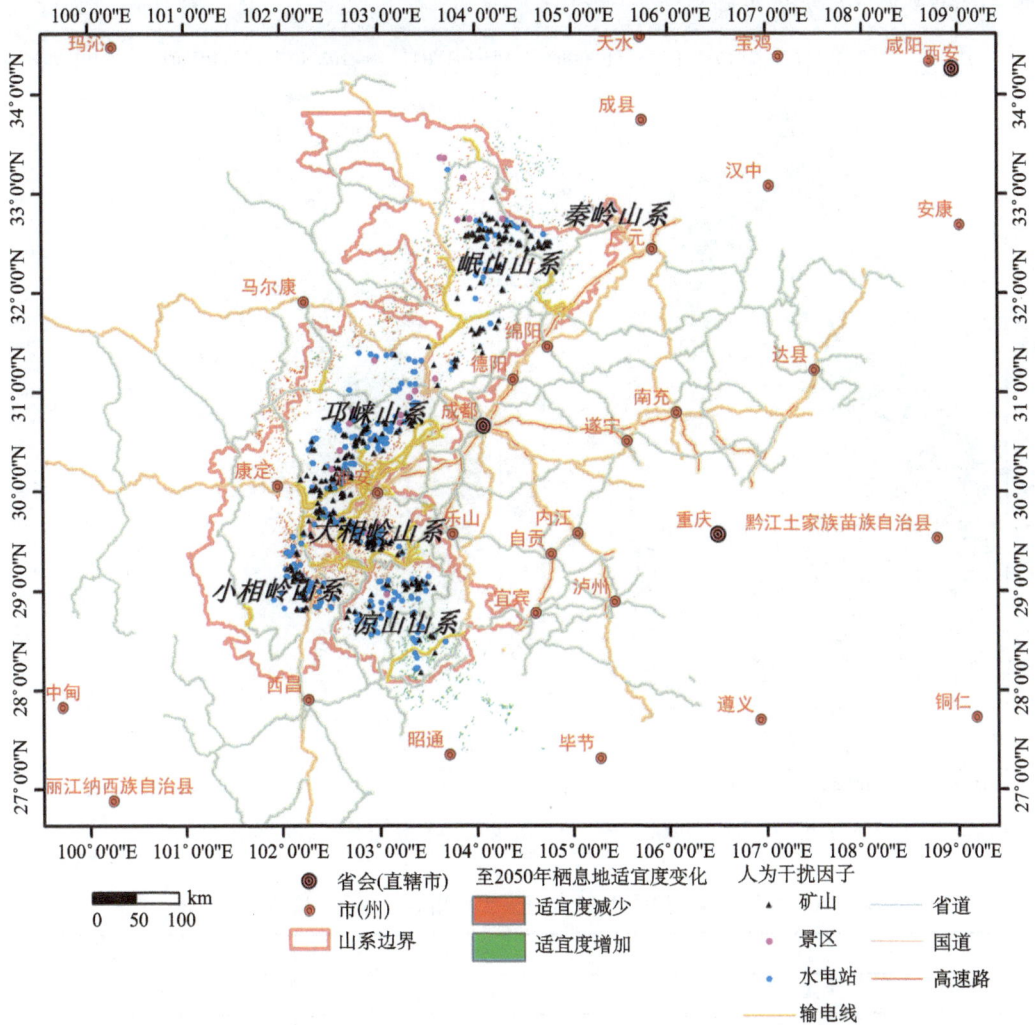

图 7-21　2050 年气候变化和人为干扰综合影响下栖息地适宜度变化图

虽然只考虑气候变化影响下,四川大熊猫栖息地适宜区减少不大,总量在 10% 左右,但是由图 7-20 和图 7-21 综合分析可知,加入人为干扰后,四川大熊猫栖息地潜在适宜栖息地将大幅减少，且破碎化更加严重。尤其是野生大熊猫分布数量较大的岷山山系北部、邛崃山系东南部适宜程度会大幅下降。另外，凉山山系虽然预测到适宜度会少量增加，但加入人为干扰后，水电站和输电网络会影响适宜度可能增加区域，因此建议该区域的基础设施规划和建设方面可以综合考虑未来可能的适宜度改善情况。

7.5.2　雅安研究区大熊猫栖息地变化评估

考虑人工干扰因子后，雅安研究区潜在适宜栖息地面积将改变原来的整体增加趋势，转为大幅减少（图 7-22），适宜栖息地急速变化为减少约 58.56%；次适宜栖息地面积仍呈减少态势，其减少幅度将达 62.29%（表 7-8）。同时由于道路、输电线路的分割作用，栖息地的破碎化更加严重。

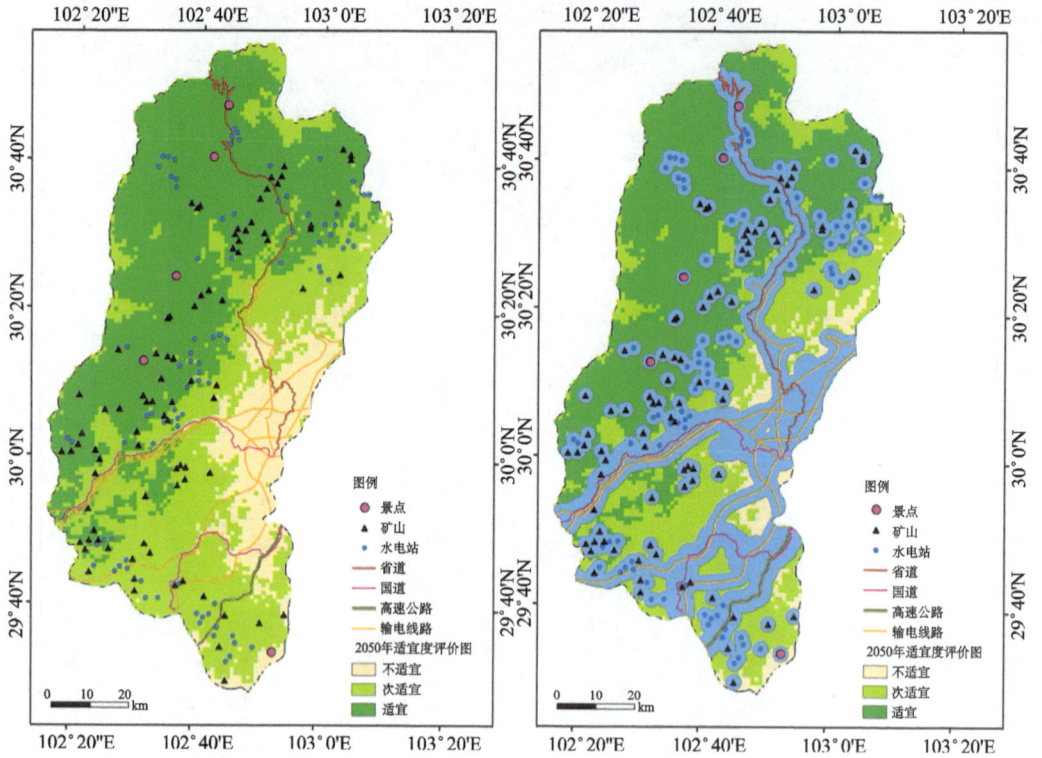

图 7-22　未来 2050 年加入人为干扰因子后栖息地适宜度变化图

表 7-8　加入人为干扰后 2050 年雅安大熊猫栖息地适宜度变化估算表

栖息地适宜度类型	适宜/km²	次适宜/km²
当前	3038.00	3922.00
2050 年	4057.00	3241.00
叠加人为干扰因子分析	1259.00	1479.00
变化情况	−1779.00	−2443.00
变化率/%	−58.56	−62.29

7.5.3　不同尺度下栖息地变化趋势对比研究

综上所述，如果综合考虑气候变化和人为干扰的综合影响，无论大尺度还是区域尺度上大熊猫栖息地的适宜性都会显著降低，且破碎化更加严重。目前，大熊猫栖息地的退化、破碎化是影响大熊猫种群数量和栖息地适宜度情况的重要原因。现有的保护体系多是基于当前的栖息地状况，因此经过研究在不同尺度下对大熊猫栖息地状况开展的预测和分析，对分析得到的适宜度增加和降低区域应重点关注，并且建议相关保护管理部门在制定保护措施时兼顾未来可能的适宜区变化情况。

参 考 文 献

常纯, 王心源, 杨瑞霞, 等. 2015. 基于 DEM-NDVI 的高山植被带定量刻划. 地理研究, (11): 2113~2123

国家林业局. 2015. 国家林业局举行全国第四次大熊猫调查结果新闻发布会. http: //www. scio. gov. cn/xwfbh/gbwxwfbh/fbh/Document/1395514/1395514. htm[2015-02-28]

胡锦矗. 1986a. 大熊猫的生物学. 科学, (3): 181~191, 239

胡锦矗.1986b. 邛崃山的大熊猫.南充师院学报(自然科学版), 1: 21~28

胡锦矗, G. B. SchallerK. G. Johnson. 1990. 唐家河自然保护区大熊猫的觅食生态研究. 西华师范大学学报(自然科学版), (1): 182~194

胡锦矗, 邓其祥, 余志伟, 等. 1980. 大熊猫金丝猴等珍稀动物生态生物学研究. 南充师院学报(自然科学版), 2: 3~41, 127~134

胡锦矗, 张泽钧, 魏辅文. 2011. 中国大熊猫保护区发展历史、现状及前瞻. 兽类学报, (1): 10~14

廖颖. 2016. 王朗自然保护区亚高山植被垂直带精细观测与定量刻划. 北京: 中国科学院大学(中国科学院遥感与数字地球研究所)硕士学位论文

欧阳志云, 刘建国, 肖寒, 等. 2001. 卧龙自然保护区大熊猫生境评价. 生态学报, 21(11): 1869~1874

彭少麟, 李勤奋, 任海. 2002. 全球气候变化对野生动物的影响. 生态学报, 22(7): 1153~1159

四川省林业厅. 2015. 四川的大熊猫: 四川省第四次大熊猫调查报告. 成都: 四川科学技术出版社

王锐婷, 范雄, 刘庆, 等. 2010. 气候变化对四川大熊猫栖息地的影响. 高原山地气象研究, 30(4): 57~60

魏辅文, 冯祚建, 王祖望. 1999. 北京. 相岭山系大熊猫和小熊猫对生境的选择. 动物学报, (1): 57~63

吴建国, 吕佳佳, 艾丽. 2009. 气候变化对生物多样性的影响: 脆弱性和适应. 生态环境学报, 18(2): 693~703

甄静. 2018. 未来气候变化对大熊猫栖息地影响精细评估与应对. 北京: 中国科学院大学(中国科学院遥感与数字地球研究所)博士学位论文

Anderson R, Martinez-Meyer P E. 2004. Modeling species' geographic distributions for preliminary conservation assessments: an implementation with the spiny pocket mice (Heteromys) of Ecuador. Biological Conservation, 116(2): 167~179

Brambilla M G, Ficetola F. 2012. Species distribution models as a tool to estimate reproductive parameters: a case study with a passerine bird species. Journal of Animal Ecology, 81(4): 781~787

Chen I, Hill J K, Ohlemüller R, et al. 2011. Rapid range shifts of species associated with high levels of climate warming. Science, 333(6045): 1024

Dawson T P, Jackson S T, House J I, et al. 2011. Beyond predictions: biodiversity conservation in a changing climate. Science, 332(6025): 53~58

Elith J S, Phillip S J, Hastie M, et al. 2011. A statistical explanation of MaxEnt for ecologists. Diversity and Distributions, 17(1): 43~57

Ekins P, Speck S. 2014. The fiscal implications of climate change and policy responses. Mitigation and Adaptation Strategies for Global Change, 19(3): 355~374

Fan J, Li J, Xia R, et al. 2014. Assessing the impact of climate change on the habitat distribution of the giant panda in the Qinling Mountains of China. Ecological Modelling, 274: 12~20

Gong M, Guan T, Hou M, et al. 2017. Hopes and challenges for giant panda conservation under climate change in the Qinling Mountains of China. Ecology and Evolution, 7(2): 596~605

Grinnell J. 1917. The niche-relationships of the California Thrasher. Auk, 34(4): 427~433

Harald P, Michael G, Karl R, et al. 2007. Signals of range expansions and contractions of vascular plants in the high Alps: observations (1994~2004) at the GLORIA* master site Schrankogel, Tyrol, Austria. Global Change Biology, 13(1): 147~156

Hijmans R J, Cameron S E, Parra J L, et al. 2005. Very high resolution interpolated climate surfaces for global land areas. International Journal of Climatology, 25(15): 1965~1978

Howard C, Stephens P A, Pearce‐Higgins J W, et al. 2014. Improving species distribution models: the value of data on abundance. Methods in Ecology and Evolution, 5(6): 506~513

Hull V, Zhang J D, Huang J Y, et al. 2016. Habitat use and selection by giant pandas. PLoS ONE, 11(9): e0162266

Intergovernmental Panel on Climate Change (IPCC). 2014. Climate Change 2014: Synthesis Report. Geneva, Switzerland: IPCC

Jian J, Jiang H, Jiang Z, et al. 2014. Predicting giant panda habitat with climate data and calculated habitat suitability index (HSI) map. Meteorological Applications, 21(2): 210~217

Kang D W, Li J Q. 2016. Connect the fragmented habitat patches for giant panda. Environmental Science and Pollution Research, 23(12): 11507~11508

Legault A, Theuerkauf J, Chartendrault V, et al. 2013. Using ecological niche models to infer the distribution and population size of parakeets in New Caledonia. Biological Conservation, 167(3): 149~160

Li J, Liu F, Xue Y D, et al. 2017. Assessing vulnerability of giant pandas to climate change in the Qinling Mountains of China. Ecology and Evolution, 7(11): 4003~4015

Li R, Xu M, Wong M H G, et al. 2015. Climate change threatens giant panda protection in the 21st century. Biological Conservation, 182: 93~101

Liu G, Guan T, Dai Q, et al. 2016. Impacts of temperature on giant panda habitat in the north Minshan Mountains. Ecology Evolution, 6(4): 987~996

Oliver T H, Gillings S, Girardello M, et al. 2012. Population density but not stability can be predicted from species distribution models. Journal of Applied Ecology, 49(3): 581~590

Parmesan C, Yohe G. 2003. A globally coherent fingerprint of climate change impacts across natural systems. Nature, 421(6918): 37~42

Petit J R, Jouzel J, Raynaud D, et al. 1999. Climate and atmospheric history of the past 420 000 years from the Vostok ice core, Antarctica. Nature, 399(6735): 429~436

Phillips S J, Anderson R P, Schapire R E. 2006. Maximum entropy modeling of species geographic distributions. Ecological Modelling, 190(3/4): 231~259

Phillips S, Dudík J M. 2008. Modeling of species distributions with Maxent: new extensions and a comprehensive evaluation. Ecography, 31(2): 161~175

Pounds J A, Mpl J F, Campbell H. 1999. Biological response to climate change on a tropical mountain. Nature, 398(398): 611~615

Qi D, Hu Y, Gu X, et al. 2012. Quantifying landscape linkages among giant panda subpopulations in regional scale conservation. Integrative Zoology, 7(2): 165~174

Root T L, Price J T, Hall K R, et al. 2003. Fingerprints of global warming on wild animals and plants. Nature, 421(6918): 57~60

Shen G Z, Pimm S L, Feng C Y, et al. 2015. Climate change challenges the current conservation strategy for the giant panda. Biological Conservation, 190: 43~50

Songer M, Delion M, Biggs A, et al. 2012. Modeling impacts of climate change on giant panda habitat. International Journal of Ecology, 2012: 108752

Swaisgood R, Wang D X, Weif F. 2016. Ailuropoda melanoleuca. (errata version published in 2016) The IUCN Red List of Threatened Species 2016: e. T712A102080907

Tanner E P, Papes M, Elmore R D, et al 2017. Incorporating abundance information and guiding variable selection for climate-based ensemble forecasting of species' distributional shifts. PLoS ONE, 12(9): e0184316

Thomas C D, Cameron A, Green R E, et al. 2004. Extinction risk from climate change. Nature, 427(6970): 145~148

Tuanmu M, Jetz N W. 2014. A global 1-km consensus land‐cover product for biodiversity and ecosystem modelling. Global Ecology and Biogeography, 23(9): 1031~1045

Walther G R, Post E, Convey P, et al. 2002. Ecological responses to recent climate change. Nature, 416(6879): 389~395

Winkler J A. 2016. Embracing complexity and uncertainty. Annals of the American Association of Geographers, 106(6): 1418~1433

Xu Z L, Peng H H, Peng S Z, et al. 2015. The development and evaluation of species distribution models. Acta Ecologica Sinica, 35(2): 557~567

Zhu L F, Hu Y B, Zhang Z J, et al. 2013. Effect of China's rapid development on its iconic giant panda. Chinese Science Bulletin, 58(18): 2134~2139

第8章 大熊猫栖息地可持续发展建议

8.1 气候变化对大熊猫栖息地影响结论

气候变化已经对全球的生物多样性提出了严峻挑战，随着地球的快速升温和降水格局的改变，很多物种不得不通过调整自身的分布范围、改变自身的生态学特性、繁殖规律等方式来适应气候的变化。大熊猫作为全球生物多样性保护的旗舰物种，吸引了大量国内外学者开展气候变化对其栖息地影响的相关研究。本书基于遥感、地理信息系统等空间技术手段，使用目前应用较为广泛的最大熵模型在宏观和区域两个尺度对大熊猫栖息地开展了评估和预测工作。本书的研究结果对于当前及未来大熊猫栖息地的有效保护，以及栖息地的生态保护和当地经济协调发展具有重要意义。

研究结果表明：

（1）气候变化对大熊猫栖息地的影响在不同研究尺度下并不相同。就整个四川大熊猫栖息地而言，不管采用何种全球气候模型和典型浓度路径，到2050年大熊猫适宜栖息地面积均呈减少趋势。在RCP4.5排放情景下大熊猫适宜栖息地的减少幅度在10%以内。

（2）气候变化对不同山系的影响也不相同。位于大熊猫栖息地南部的凉山山系和北部的岷山山系东北部会有少量增加，而中部偏南的大相岭山系和小相岭山系东北部会大幅减少。尤其是大相岭山系，几乎全域都会经历适宜栖息地的减少，该区域的保护工作应该予以关注。

（3）位于邛崃山系中部的雅安研究区在气候变化背景下栖息地变化趋势不同于整个四川大熊猫栖息地。

具体为：仅考虑气候变化背景下，到2050年该区域适宜栖息地面积将增加，该结论与之前多数预测的由于气温升高导致面积减少的预测不同；新增加的大熊猫适宜栖息地呈现向西、向北、向东的扩展趋势，西北部的宝兴县、西部的天全县、东北部的芦山县、南部的荥经县都有增加，这个结论与中国开展的第四次大熊猫栖息地实际调查数据的变化趋势一致；虽然气候变化背景下适宜栖息地呈增长趋势，但是综合考虑道路、输电线路、采矿场、水电站等人为干扰因素后，适宜栖息地面积将大幅减少（减小比例约58.56%），且破碎化更加明显；当前研究区内的三个保护区目前彼此相距甚远，且不能涵盖未来气候变化后出现的潜在适宜栖息地。应该予以必要的调整。

本书对增加人为干扰后气候变化对大熊猫栖息地适宜度状况进行了进一步分析和预测。

四川大熊猫栖息地虽然在只考虑气候变化影响下适宜栖息地减少不大，在RCP4.5典型浓度路径下总量减少在10%以内，但是加入人为干扰后，四川大熊猫栖息地潜在适宜栖息地将大幅减少，且破碎化更加严重。尤其是野生大熊猫分布数量较大的岷山山系北部、邛崃山系东南部适宜程度会大幅下降。另外，凉山山系虽然预测到适宜度会少量增加，但加入人为干扰后，水电站和输电网络会影响适宜度可能增加的区域。

雅安研究区在考虑人工干扰因子后，未来潜在适宜栖息地面积将改变原来的整体增加趋势，转为大幅减少，适宜栖息地减少 58.56%；次适宜栖息地面积将减少 62.29%。同时由于道路、输电线路的分割作用，栖息地的破碎化更加严重。

8.2　大熊猫栖息地可持续发展的建议保护措施

本书利用生态位原理，采用最大熵模型在整个四川大熊猫栖息地和大熊猫栖息地核心区域——雅安研究区两个层次对气候变化，以及气候变化和人为影响两种情形下的适宜度情况进行了精确分析。根据研究结果，建议如下：

建议 1：对于野生大熊猫分布数量最多的岷山山系，因其西北部可能存在潜在适宜区，因此可以加强该区域的保护管理工作，另外，岷山山系北部矿山、水电站和旅游景区较为密集，在发展经济的同时应对大熊猫的保护予以关注，适度降低人为干扰对栖息地的影响。

建议 2：研究预测到凉山山系将会有少量适宜度增加，但加入人为干扰后，水电站和输电网络会影响适宜度可能增加区域，因此建议该区域的基础设施规划和建设方面可以综合考虑大熊猫栖息地的潜在适宜区。

针对大熊猫栖息地的核心区域——雅安研究区，目前研究区内的 3 处自然保护区呈分散状态，这不利于同一山系内不同区域大熊猫个体之间的交流，以及大熊猫种群的稳定和增长（胡锦矗等，2011），需要进行必要的调整。

建议 3：以蜂桶寨国家级自然保护区为基础，在其东侧可以考虑扩建保护区。在未来气候变化背景下，蜂桶寨保护区的西北侧和东侧均有较大面积适宜栖息地斑块出现，另据第四次大熊猫调查报告显示，仅在该保护区内，四调较之三调大熊猫栖息地面积由 30936hm^2 增长到 32899hm^2，变化率为 6.35%。建议应以蜂桶寨保护区为基础，在东侧考虑扩建保护区，如图 8-1 蓝色实线所示 A 区，面积为 12784.2hm^2。

建议 4：在喇叭河省级保护区的西侧扩建南北联通的新保护区以涵盖后续可能会增加的适宜栖息地。模型预测显示，喇叭河省级保护区的西部和西北部未来会有较密集的新增大熊猫适宜栖息地，同时根据第四次大熊猫调查报告显示，喇叭河保护区野生大熊猫数量增幅明显，由三调时的 11 只增加到四调时的 20 只，变化率为 81.82%。建议该保护区应予以重点关注并在西侧扩建南北联通的新保护区以涵盖后续可能会增加的适宜栖息地，如图 8-1 蓝色实线所示 B 区，面积 54826.8hm^2。

建议 5：大相岭省级保护区未来可以考虑迁地保护措施。根据模型预测，位于南部荥经县内的大相岭省级保护区将有大面积的栖息地退化，这与 Cheng Zhao 等（2016）的研究结果一致（Zhao et al., 2016）。大相岭山系在没有调整与邛崃山系的分界线之前，是大熊猫种群数量和栖息地面积最小的，大熊猫第三次调查时该山系仅有大熊猫 16 只。第四次调查显示大相岭保护区内共有大熊猫 7 只。虽然荥经县内规划建设有重要的泥巴山大熊猫走廊带，该走廊带涵盖大相岭自然保护区，但该走廊带受国道 108 线（从成都到昆明）分割严重。同时，该走廊带内矿山、水电站分布较为密集。综上，未来该区域内的大熊猫栖息地退化和破碎化将十分严重，种群之间基因交流非常困难，该区域分布的大熊猫生存前景堪忧。鉴于此情况，如果开展栖息地改善措施不易落实情况下，可以考虑迁地保护措施。

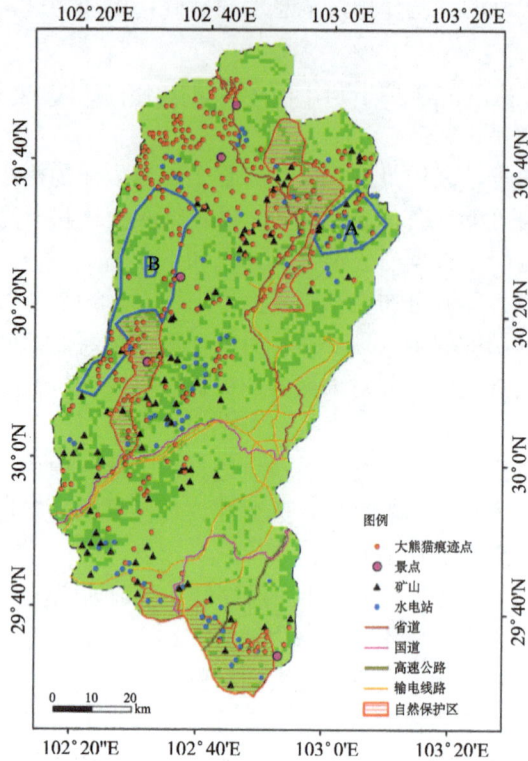

图 8-1　研究区内自然保护区现状及建议新建保护区分布图

A区：研究建议的基于蜂桶寨国家自然保护区扩建的保护地，B区：研究建议的基于喇叭河省级自然保护区拟新建的保护地

建议6：在2050年内，大熊猫主食竹大范围开花枯死造成食物短缺的风险依然存在。大熊猫是专食性动物，其食物99%来源于竹类。四川省大熊猫栖息地内共生长有大熊猫取食竹7属32种，分布面积192.55万 hm^2，占全省大熊猫栖息地总面积的94.88%。其中，分布面积最大的为冷箭竹，其次为缺苞箭竹、短锥玉山竹、八月竹。据四川省范围内主食竹开花历史记录显示，在20世纪70年代中期至80年代中期，该研究区范围内的天全县、宝兴县、芦山县、荥经县四个县均发生过主食竹大面积开花枯死现象，而据历史文献和当地老者访谈整理，竹子开花的周期有50年、60年、90~100年3种记录，若以60年推算，21世纪40年代左右将迎来新一轮的大范围竹子开花枯死现象。同时有研究显示（Parmesan and Yohe，2003），气候变化可能导致植物物候期提前，因此未来该区域内竹子的复壮、竹种的丰富需要考虑。竹子大面积开花枯死这一现象虽然周期较长（60~120年），但对大熊猫影响很大。有研究针对此情况建议：人为种植竹子，增加竹子的物种多样性，对一些较老的森林进行保护等（Li et al.，2015）。

针对大熊猫栖息地的核心研究区——雅安区域，我们将拟新建的A、B两区的保护区范围与该区域2017年3月的GF-1影像（图8-2）和研究区DEM叠加分析（图8-3），

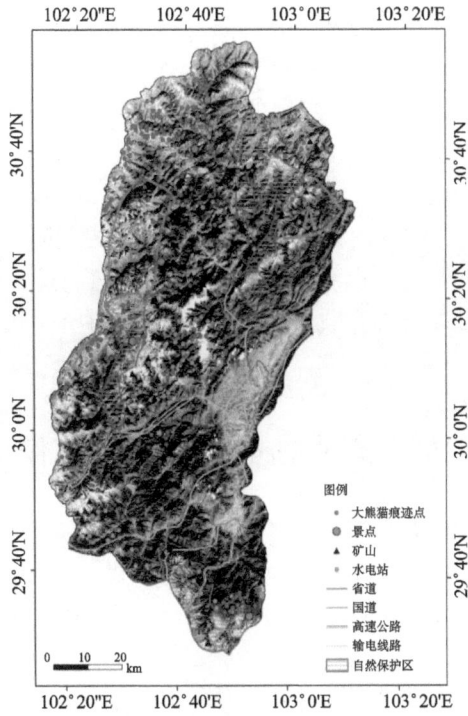

图 8-2　建议扩建保护地与 2017 年 3 月 GF-1 影像叠加分析

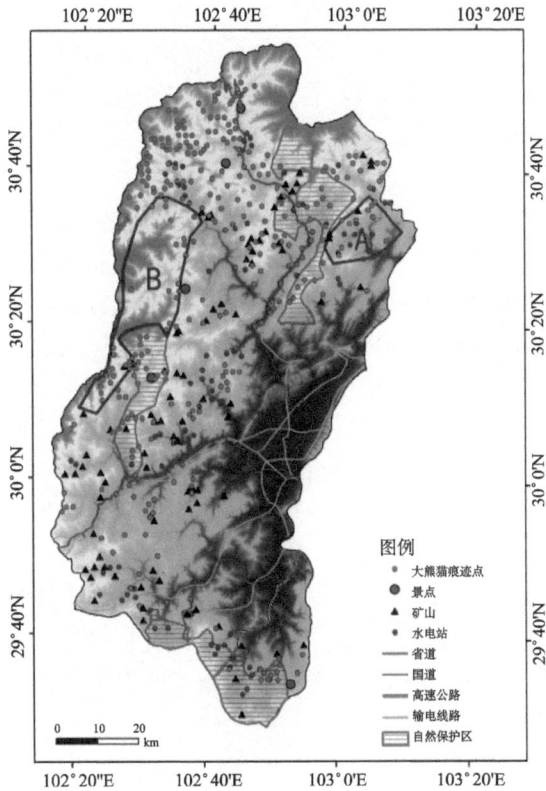

图 8-3　建议扩建保护地与研究区 DEM 数据叠加分析

A 区植被类型为针叶林或针阔混交林，海拔高度在 965～2229m，平均海拔为 1561m。B 区将现有喇叭河保护区向北扩充一个完整支沟，且多数区域为林地和草地，海拔在 1500～3400m。根据现有大熊猫对栖息地的利用情况分析，建议的 A、B 两个区域具有新建大熊猫栖息地的可行性。

另据研究，1 只大熊猫的最小的巢域范围为 400hm² (Shen et al., 2008; 胡锦矗, 1990)，而第四次调查显示大相岭保护区内共有大熊猫 7 只。根据我们测算，北部拟新增 A、B 两处保护地面积 67611hm²，迁到北部扩大后的蜂桶寨与喇叭河新保护区完全有能力承载大相岭山系目前的大熊猫所需的栖息地生存范围，而且有利于增进不同种群之间的交流 (Songer et al., 2012)。

8.3　大熊猫栖息地空间观测工作展望

从先后开展的四次大熊猫调查数据可知，虽然四川省大熊猫的数量和栖息地面积出现持续性恢复增长，但栖息地破碎化、种群分割等有进一步加剧趋势，所以整体形势不容乐观，主要威胁体现在以下四点。

1）来自物种自身生物学特性的挑战

任何物种的濒危均是自身生物学特性与周边环境相互作用的结果。大熊猫食性单一，其食物 99%以上来源于竹类，而竹子具有周期性开花枯死的现象，且开花后竹子的复壮需要 5～10 年时间。因此，若大熊猫栖息地内竹种单一，一旦发生大面积开花事件则可能导致大熊猫食物短缺，造成大熊猫体质下降甚至死亡。20 世纪 70 年代中期岷山地区竹子开花事件曾导致近 150 只大熊猫死亡。加之野生大熊猫繁殖率低，这在很大程度上妨碍了种群的恢复。

2）栖息地破碎化

大熊猫栖息地破碎化形势严峻，主要原因是国道、省道和高速公路的建设与横穿，以及终年积雪的高山、水流湍急的宽阔河流、星罗棋布的农村聚落和悬崖峭壁的深切河谷的存在。大熊猫种群生存力分析表明，对局部小种群而言，随着时间的推移其灭绝风险将不断加大，即使其栖息地得到良好保护并将人为捕杀等因素降到最低亦很难保障其长期存活。因此，如何使破碎栖息地中大熊猫小种群在未来免于灭绝的威胁是今后大熊猫保护工作面临的艰巨挑战。

3）大熊猫保护与区域经济发展需求相冲突

全国第四次大熊猫调查结果表明，四川省大熊猫栖息地受到一般性人为干扰的排序前 4 项为放牧、交通、其他采集和采药，从长远来看，可以通过给附近居民提供激励或者为他们提供教育机会让生活在大熊猫分布范围内的年轻人在城市里找到工作并安家的方式来保护大熊猫及其栖息地是十分必要的。经济上可支付，社会上可接受，生态上合理且长期可持续的替代措施需要加快探索。此外随着西部生态旅游的兴起，旅游资源的开发导致大熊猫栖息地成片消失，生态旅游和栖息地保护如何协调发展也需进一步尝试。

4）地质灾害、竹子开花等自然灾害影响

大熊猫栖息地大部分位于龙门山断裂带影响范围内，2008 年的汶川地震和 2013 年的雅安地震都给大熊猫栖息地造成了一定的破坏。地震除了会导致大熊猫赖以生存的环境产生改变，还有可能诱发主食竹开花，严重威胁到大熊猫的健康和食物安全。自然灾害，包括地震、火灾、竹子开花等对大熊猫及其栖息地影响也不容小觑，除通过卫星遥感等新技术优势开展大范围监测，加强野外巡检力度等措施外，在进行适宜度评价时这些自然灾害影响也应考虑在内，也是后续研究的重要内容。

根据学者们对大熊猫适宜栖息地的预测，栖息地将发生转移，即一些目前属于适宜栖息地在未来将属于次适宜甚至不适宜栖息地，反之亦然。然而，大熊猫由于其行动缓慢、繁殖能力弱等特点，可能无法很好地适应栖息地的改变，加之一些转移后的栖息地与现存栖息地距离较远、栖息地破碎化严重，建议人为转移一些圈养大熊猫，并增加廊道建设。在保护区之间建立连接的交流廊道还能够达到增加孤立种群之间的流动这一目的，是增加基因多样性的有效措施，有助于缓解栖息地破碎化带来的负面影响，因为小种群对基因多样性的贡献是不能忽视的。

除了由于自然原因所面临的问题，人为因素对大熊猫的影响也很大。目前已有保护红线管理，来减少人为因素对大熊猫栖息地的破坏与打扰。但除了在一些区域对人类活动进行直接禁止，政府还应关注大熊猫栖息地周围人民的生活水平，来间接减少人类活动给当地生态环境带来的破坏：在生活水平较低、就业率较低的一些地区，人们经常把违法捕猎、采摘作为收入来源，这将无疑对大熊猫造成干扰，建议当地政府增加就业机会。

当前大熊猫分布区内的自然保护区、风景名胜区等地的管理制度也有一些混乱，且由于大熊猫分布区地势等问题，保护与监控、数据中心——如气象中心的分布依然较为稀疏，导致高质量的数据获取、措施采取不及时。所以，建议在保护区或栖息地附近地带建立气象观测站，以便更好地掌握气候变化形势，及时制订保护计划、采取保护措施。

总之，本书依托遥感和地理信息系统的技术优势，利用生态位模型在大尺度和重点区域对大熊猫栖息地适宜度及在气候变化背景下可能的变化趋势进行了探讨，积累了一些初步研究结果，但鉴于气候数据空间分辨率和反演气温、降水梯度变化方面的局限性，以及参与模型运算的环境因子的有限性（如仅考虑了面状竹子分布对大熊猫栖息地适宜度的影响，具体竹种在未来气候变化背景下的变化趋势未深入分析），后续在研究方法层面待解决的主要问题包括以下三个方面。

（1）依托遥感技术获取高分辨率的生物气候数据提高生态位模型预测精度。对于气候数据应用而言，通常是研究大尺度的宏观条件下的整体性趋势，且气象数据的实测站点也不均匀，经济发达地区可能较密集，而偏远的经济欠发达地区往往气象观测站点稀疏甚至没有，而且全球不同地区有观测数据的起始年限不同，观测内容及数据格式等也有差异，这就导致气候数据插值的精度多在几十甚至上百千米，多以经纬度的5°、2.5°、1°或者30′等来表示。2005年Hijmans等通过对全球范围内的气象观测站点数据进行收集、处理，得到了最高分辨率为30s的气候数据，该数据相比于之前的气候数据分辨率提高了400多倍，在赤道地区相当于$1km^2$的水平分辨率，也是WorldClim网站可以获取的最高分辨率的气候数据。但是，就生态应用而言，如生态位模型进行适宜度评价，如果结合气候数据，那就和我们常用的30m左右分辨率的遥感数据的匹配出现了问题。基准气候数据空间分辨率较低，如何与分辨率较高的遥感专题数据的匹配、综合使用亟待解决。目前多数大范围的研究都是把较高分辨率的遥感数据采样为低分辨率的气候数据，这样就会损失掉遥感数据本身的很多细节内容；或者将气候数据再划分采样为 30m 的分辨率以匹配遥感数据，两种方法均有应用实例。目前采用的是前者方法来进行处理，同时也在与气象部门的有关技术人员进行沟通，以期能找到更加实用的两种数据结合的有效方式。另一方面，近年来遥感技术发展迅速，空间分辨率和时间分辨率都大幅提升，相应的高分辨率的全球或者大范围的标准化的遥感数据集越来越多，如 Deblauwe 等（2016）通过遥感数据综合处理获得了遥感方式估计的温度和降水数据，其分辨率为 0.05 度（约 6km），温度数据时间跨度从 2001～2013 年，降水量数据时间跨度从 1981～2013 年。作者曾使用 WorldClim 气候数据集与全球 0.05°（约 6km）的遥感手段获取的气候数据集进行了对比研究（甄静，2018），虽因后者空间分辨率较低未被采用，但是这是一个可行的提高模型预测精度的研究方向。

（2）在更精细尺度上开展气候变化背景下典型动植物生境适宜度评估与预测。通过本书两个尺度上模型预测结果的对比研究可知，同样的模型和方法，选择的研究尺度不同，其研究结果可能有较大差异。仅从宏观大尺度进行气候变化或者气候变化和人为影响综合评估对政策制定的支撑仍显不足。研究的技术路线和研究步骤可以用作其他物种或保护区的参考，用来对区域级或者某个具体的保护区开展针对性的精细评估，得到更能直接操作的结论和建议，更好的为大熊猫国家公园的建设提供数据和信息支撑，这也是后续计划深入研究的方向。

（3）未来气候变化对具体竹种的影响有待进一步研究。大熊猫是专食性动物，其食物来源的 99%以上依赖于竹类。目前研究只是将面状分布的竹类数据纳入模型运算，并未深入分析未来气候变化对具体竹种的影响。后续将联系获取各山系大熊猫主食竹的分布点数据，同时结合已有的模型和方法，对具体竹种在未来气候变化情景下的相应模式和幅度进行研究，并和已有的研究结果综合分析，以期得到更精确的未来大熊猫栖息地适宜度分布情况。

此外，模型预测与实地调查结果，以及研究物种的生态学特征必须紧密结合，综合分析，才能提高所得建议的可行性和可操作性。利用生态位模型进行预测时都是基于"静态的生态位"，即通过采样训练的模型映射关系不变的前提下通过更换时间或者某些环境变量重新投影得到变换时空条件下的新的物种出现概率情况，但是物种的生存和繁衍都是长期进化的结果，是对周边环境的持续适应，物种的潜在分布既依赖于时间、空间的改变，还依赖于自身的适应能力和物种本身的迁移能力，如大熊猫为了适应环境从肉食性动物转变为 99%的食物来源于竹类，而且为了尽量减少人类对它们自身的干扰，其分布的海拔也越来越高，这些都说明物种的生态位是一个"动态的生态位"。因此，后续气候变化对物种影响的研究中物种本身的适应能力和迁移能力也应一并考虑在内。

总之，本书在气候变化对我国国宝大熊猫及其栖息地影响的评估方面做了一些有益探索，以期为同类研究提供借鉴，为我国生物多样性的保护和生态文明的建设贡献微薄之力。

8.4　实现保护和捍卫世界遗产 SDG11.4 目标的建议

包括大熊猫栖息地在内的世界自然及文化遗产是全人类的共同财富，具有突出的普遍价值（OUV）。保证世界遗产的原真性、完整性是遗产保护的首要条件。世界遗产是了解我们居住地球的演化历史、认识人类自身进化发展、理解不同民族的习俗文化的"物证"。它们具有知识教育、文明传承、精神激励、形象招揽的意义和作用，可以为世界和平与安全作出独特的贡献。世界遗产不只是一种荣誉，或是旅游金字招牌，更是对遗产保护的郑重承诺。正因为如此，联合国在《2030 年可持续发展议程》，提出"进一步努力保护和捍卫世界文化和自然遗产"的要求与呼吁。

1. 联合国（UN）提出的可持续发展目标 SDG11.4 的内容

1972 年，联合国教育、科学及文化组织（UNESCO）在巴黎总部举行的第十七届大会上通过了《保护世界文化和自然遗产公约》（以下简称《公约》）。

《公约》旨在确认、保护、保存、展示具有突出的普遍价值的文化和自然遗产，并将其代代相传。《公约》是 20 世纪人类最具智慧的呐喊，它得到了全世界的积极响应，目前已有 195 个国家和地区作为缔约成员。《公约》对于弘扬世界遗产的突出普遍价值，进行原真性与完整性的保护具有重要意义。自从 1972 年通过《公约》以来，国际社会全面接受了 "可持续发展"这一概念。而保护、保存自然和文化遗产就是对可持续发展的巨大贡献。

2015 年 9 月 25 日，在联合国可持续发展峰会上，193 个成员国正式通过《2030 年可持续发展议程》，确定未来 15 年实现 17 项可持续发展目标（sustainable development goals，SDGs）及 169 个子目标，以综合方式彻底解决社会、经济和环境三个维度的发展问题，转向可持续发展道路。可持续发展是人类对工业文明进程进行反思的结果，是一种新的发展观、道德观和文明观。它以保护自然资源环境为基础，以激励经济发展为条件，以改善和提高人类生活质量为目标的发展理论和战略，涉及自然、环境、社会、经济、科技、政治等诸多方面，要求发展应与资源、环境及人口相协调与适应。

在 17 项可持续发展目标（SDGs）中，目标 11 "建设包容、安全、有抵御灾害能力和可持续的城市和人类住区"。该目标包括 7 个直接子目标，以及 3 个间接子目标。子目标 SDG11.4 提出"进一步努力保护和捍卫世界文化和自然遗产"，包含 1 个指标（表 8-1）。但是，该指标实际是无数据、无方法，属于 Tier III 类。

表 8-1　子目标 11.4　进一步努力保护和捍卫世界文化和自然遗产

子目标	指标
11.4　进一步努力保护和捍卫世界文化和自然遗产	11.4.1　保存、保护和养护所有文化和自然遗产的人均支出总额（公共和私人），按遗产类型（文化、自然、混合、世界遗产中心指定）、政府级别（国家、区域和地方/市）、支出类型（业务支出/投资）和私人供资类型（实物捐赠、私人非营利部门、赞助）分列

对于无数据、实际无方法的该指标，如何实现保护和捍卫世界遗产，需要我们深入研究找到解决途径。特别是找到充分利用当代先进的科学技术，给该目标更加全面的、可操作的刻画。

按照 UN 给出的"11.4.1 保存、保护和养护所有文化和自然遗产的人均支出总额（公共和私人），按遗产类型（文化、自然、混合、世界遗产中心指定）、政府级别（国家、区域和地方/市）、支出类型（业务支出/投资）和私人供资类型（实物捐赠、私人非营利部门、赞助）分列"，实际上就是按照"人均支出总额（公共和私人）"来衡量"加大努力"的"力度"。但是，由于世界遗产存在于不同国家和地区，在不同文化背景和不同的发展水平下，对于如何评价"进一步努力保护和捍卫世界文化和自然遗产"成为难点。实际上，一国的人均支出总额的大小，至少与下列因素有关：①该国的所有文化和自然遗产的数量及其面积总量；②该国对于每个文化和自然遗产的投入的经费量；③该国的人口数量。

通过对评价目标体系的研究解读、可靠的数据较便利的获取和符合实际测度的制定综合考虑，我们提出对于"衡量资金投入"，特别是对于自然遗产及混合遗产可以从保护区单位面积投入来尝试计算，即单位面积投入费用=总费用/遗产地面积（km^2 或者 hm^2）这个指标来衡量"加大资金投入"的情况。通过中国案例地的研究与比较发现，"单位面积投入费用"比"人均支出总额（公共和私人）"更加合理。因此，建议 1：将目前的联合国可持续发展 SDG11.4 给出的指标概括为 11.4.1 "加大单位面积资金投入，保护和捍卫世界文化和自然遗产"。

根据《公约》及《实施世界遗产公约的操作指南》有关条款与内容，我们认为： UN 给出的 11.4.1 指标没有完全满足 "进一步努力，保护与捍卫世界文化与自然遗产"的责任，因此，在将给出的指标概括为 11.4.1 "加大资金投入，保护和捍卫世界文化和自然遗产"之外，我们建议 2：另外增加 11.4.2 "加大科学和技术投入，保护和捍卫世界文化和自然遗产"，及 11.4.3 "加大教育和宣传力度，保护和捍卫世界文化和自然遗产"。11.4.1、11.4.2 及 11.4.3 三个指标方能够综合反映教育-科学-文化在"进一步努力，保护与捍卫世界文化与自然遗产"的作用。目标分解如图 8-4 所示。

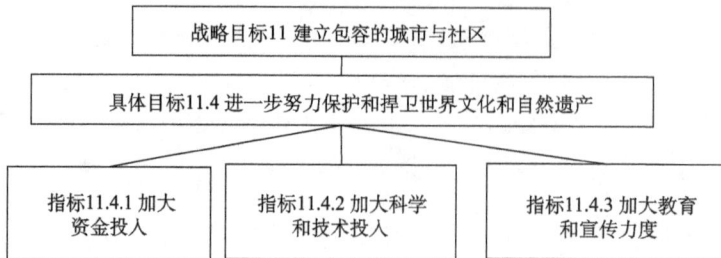

图 8-4　SDG11.4 目标分解图

2. 加大科技与教育的投入，实现 UN 可持续发展目标 SDG11.4

如上述所论，对于 11.4 "进一步努力保护和捍卫世界文化和自然遗产"，可以分为三个指标来衡量、刻画。只有把资金投入、科学技术投入、教育与宣传投入多方面的有机结合，方能真正实现世界遗产的有效保护与可持续发展。

只有充分发挥包括空间信息在内的科技与教育作用，才能解决目前自然遗产保护所面临的亟待解决的一些问题。在自然遗产保护方面，一是要加大科学研究与技术应用于自然遗产保存、保护和养护及修复、恢复等方面的投入。特别要充分发挥空间信息技术宏观、快速、准确的优势，加强由于全球变化、人类活动的影响监测及潜在威胁风险的识别与评价。通过开展科学和技术研究，找出消除对遗产的威胁的方法。二是充分利用空间信息技术，科学确立自然遗产地划定的边界。科学评估当前的遗产地边界是否反映其成为世界遗产基本条件的栖息地、物种、过程或现象的空间要求，让遗产地的边界具有包括与具有突出的普遍价值紧邻的足够大的区域，以保护其遗产价值不因人类的直接侵蚀和该区域外资源开发而受到损害。另外，目前的遗产地边界可能会与一个或多个现存或已建议的保护区重合，如国家公园或自然保护区、生物圈保护区、文化或历史保护区等，虽然保护区可能包含几个管理带，可能只有个别地带能达到世界遗产的要求。因此，要抓紧划清不同的保护要求，这对于世界遗产地所在国家（地区）具有重要意义。三是基于空间信息技术，实现数字自然遗产。这里的数字自然遗产是指由现有的实体或者模拟的自然遗产转为数字形式的资源或产品，包含与自然遗产的数字产品生成与记录、保存与保护，以及加工（研究）、传播与呈现等有关的所有动态或静态的数字信息。数字自然遗产能够实现自然遗产突出普遍价值、原真性与完整性的有效记录与保存，实现自然遗产数字化与全景的虚拟展示，能最大程度地实现为公众教育、科学研究与文化服务的功能。

实现保护和捍卫世界遗产，加大教育和宣传力度将具有根本性的作用。一方面，通过教育和宣传来增强人民对世界遗产的赞赏和尊重，实现对于世界遗产地的广泛了解与认识，达到大众对于遗产地面临威胁的深刻认知，促进人人参与遗产保护的科学行动，并把教育和宣传转化为有效和有针对性的能力建设活动，支持实施世界遗产可持续发展目标的实现。另一方面，通过教育与宣传来提高对于遗产保护与利用之间关系的科学认知。积极促进世界遗产地要为当地社区提供就业与福利的增长作贡献，特别是要研究并做好遗产保护与旅游利用的合理平衡点，真正达到社区的发展与世界遗产自觉保护的有机统一与良性互动，从而实现联合国《2030 年可持续发展议程》的发展目标。

参 考 文 献

胡锦矗. 1990. 唐家河自然保护区黑熊的觅食生态研究. 西华师范大学学报(自然科学版), 3: 182~194

胡锦矗, 张泽钧, 魏辅文. 2011. 中国大熊猫保护区发展历史、现状及前瞻. 兽类学报, 1: 10~14

甄静. 2018. 未来气候变化对大熊猫栖息地影响精细评估与应对. 北京: 中国科学院大学(中国科学院遥感与数字地球研究所)博士学位论文

Deblauwe V, Droissart V, Bose R, et al. 2016. Remotely sensed temperature and precipitation data improve species distribution modelling in the tropics. Global Ecology and Biogeography, 25(4): 443~454

Hijmans R J, Cameron S E, Parra J L, et al. 2005. Very high resolution interpolated climate surfaces for global land areas. International Journal of Climatology, 25(15): 1965~1978

Li R, Xu M, Wong M H G, et al. 2015. Climate change threatens giant panda protection in the 21st century. Biological Conservation, 182: 93~101

Parmesan C, Yohe G. 2003. A globally coherent fingerprint of climate change impacts across natural systems. Nature, 421(6918): 37~42

Shen G, Feng C, Xie Z, et al. 2008. Proposed conservation landscape for giant pandas in the Minshan Mountains, China. Conservation Biology, 22(5): 1144~1153

Songer M, Delion M, Biggs A, et al. 2012. Modeling impacts of climate change on giant panda habitat. International Journal of Ecology, 20(12): 1~12

Zhao C, Yue B, Ran J, et al. 2016. Relationship between human disturbance and endangered giant panda *Ailuropoda melanoleuca* habitat use in the Daxiangling Mountains. Oryx, 51(1): 146~152